钚元素在环境中的迁移分布和模拟预测

刘志勇　编著

本书由苏州大学优势学科和国家自然科学基金面上项目“中国海岸带^{239}Pu，^{240}Pu，^{241}Pu分布特征及物源示踪”（41773004）联合资助

科学出版社

北　京

内 容 简 介

本书共分9章，第1章概述环境中放射性核素钚的来源；第2章介绍在地球表层的水圈、大气圈和土壤圈各圈层中钚的来源与扩散传播；第3章对长江口和苏北潮滩沉积物中钚的分布与迁移特征进行综合分析；第4章通过辽河口沉积物中钚的分析，对其沉积环境的变迁进行了阐述；第5章将渤海湾沉积物和辽河口潮滩沉积物中钚的特征进行比较；第6章是对北部湾陆海环境中钚的分布与传输特征的分析；第7章是对华南地区河流流域沉积物中钚的分析；第8章根据珠江口和南海北部沉积物中钚的分布，对区域环境中钚的传输、廓清特征进行综合分析；第9章对环境中的辐射影响模型的构建、ERICA评估模型的具体使用方法进行概括。

本书可供海洋科学、地球化学、环境科学、放射化学、生态学及相关领域的学生和研究人员阅读参考。

审图号：GS(2021)240号

图书在版编目(CIP)数据

钚元素在环境中的迁移分布和模拟预测/刘志勇编著. —北京：科学出版社，2021.5

ISBN 978-7-03-067403-6

Ⅰ. ①钚…　Ⅱ. ①刘…　Ⅲ. ①钚-放射性核素迁移　Ⅳ. ①X591

中国版本图书馆CIP数据核字(2020)第266064号

责任编辑：王腾飞　曾佳佳/责任校对：杨聪敏

责任印制：张　伟/封面设计：许　瑞

科学出版社出版

北京东黄城根北街16号

邮政编码：100717

http://www.sciencep.com

北京市金木堂数码科技有限公司印刷

科学出版社发行　各地新华书店经销

*

2021年5月第　一　版　开本：720×1000　1/16

2024年8月第四次印刷　印张：17 1/2

字数：350 000

定价：128.00元

(如有印装质量问题，我社负责调换)

作 者 名 单

主要作者： 刘志勇

参与作者：（按姓氏拼音排序）

陈兰花　韩笑笑　雷　玲　刘　敏

孙舒悦　王睿睿　许嘉伟　张克新

序

钚(Pu)是一种放射性元素，也是一种重要的可裂变元素。1941 年，Kennedy、Seaborg、Segre 和 Wahl 发现了 ^{239}Pu 的裂变能力，这一重要发现奠定了 ^{239}Pu 成为重要核能资源的基础。目前，Pu 主要用于核武器、核反应堆、同位素电池和中子源的制备。全球生态环境中 Pu 的主要来源是人类大规模的大气层核武器试验，通过大气扩散和洋流传输，Pu 进入地球各个圈层，成为“地球科学”研究的重要“示踪”元素。

20 世纪 50 年代期间，美国在太平洋核试验场进行了大规模的核武器试验，一部分核试验产生的放射性物质随大气运动，参与全球循环，另一部分沉降在周围海域的岛礁及海水中，随北太平洋暖流与黑潮运动，成为西北太平洋及其边缘海区域中放射性 Pu 污染的主要来源。此外，由于核电站事故，如 1986 年的苏联切尔诺贝利核电站事故、2011 年的日本福岛核电站事故，核电堆芯中释放出的 Pu 对周边环境造成了区域性的放射性污染。

“人新世”(Anthropocene)由诺贝尔化学奖得主保罗·克鲁岑在 2000 年率先提出。他认为地球已进入新的地质时代，在此时代中，人类处于主导地位，上至大气，下至地壳，都留下人类的深刻印记，地球在人新世中面临环境恶化、能源匮缺、物种灭绝的危险。目前，放射性元素 Pu 作为环境放射性示踪元素已经被广泛用于研究海洋、河流、湖泊等沉积物的沉积年代，土壤侵蚀模型的建立及推算，在大气气溶胶污染物的传输，耕地与森林等土地利用类型中钚的迁移，不同海域范围内海水及颗粒物质中钚的传输、迁移、转换吸附及混合沉降等复杂作用机制方面，更是取得了较好的研究成果。

《钚元素在环境中的迁移分布和模拟预测》一书作者刘志勇，博士研究生期间在导师潘少明和郑建教授的指导下，对长江口和江苏北部潮滩环境中的 Pu 的迁移动态进行了初步探索，并参与了日本放射线医学综合研究所在 2011 年福岛核电站事故之后对环境中 Pu 污染的部分分析评价工作。作为他在苏州大学特种医学博士后研究工作期间的导师，我了解他近年来对中国海岸带典型河口与海岸沉积环境中 Pu 的迁移动态等的研究进展。在《核电中长期发展规划》的纲要中，对 Pu 在环境中的迁移动态与模拟进行预测是一项非常重要的工作。作者尝试从同位素指纹特征入手，从陆海交互作用的“源”和“汇”等角度，建立中国近海海岸带 Pu 的指纹特征数据库，利用 Pu 同位素的指纹特征，判别 Pu 的污染来源和扩散特征，研究 Pu 指纹特征的演变历史与各阶段特征，确定近几十年来中国海岸带内 Pu 的指纹特征变化的时空特征与驱动机制；利用耦合模型模拟海岸带的放射性物质污染迁移的过程，通过模拟中国海岸带 Pu 的传输以及陆海交互作用下 Pu 的迁移分布，预测未来核工业发展和核污染情况发生等场景下的海陆 Pu 传输变化情景和通量特征；构建未来自然与人文驱动机制的 Pu 的综合模型，模拟不同量级的突发核事故影响下的中国沿海地区甚至内陆地区的放射性污染扩散情景，针对不同情景提出有效减缓污染扩散、疏散污染区群众、减小经济损失等应急措施。

该书的出版，是作者前期基础研究工作的总结与今后工作方向的展望，希望能为 Pu 在环境中的迁移机制与模拟预测，以及核事故背景下风险的评估和决策提供有力的支撑，并期望该研究工作能进一步结合多学科的交叉研究方法与研究技术，对推动放射化学、海洋化学与辐射防护等相关的研究起到积极作用。

特之为序。

中国科学院院士

2020 年 10 月 30 日

目 录

第1章 绪 论

1.1 放射性核素和钚及其同位素

放射性核素，也称为不稳定核素。与稳定核素不同的是，放射性核素的原子核不稳定，能自发地放出α、β或γ射线，通过衰变形成稳定的核素。衰变时放出的能量称为衰变能，衰变到原始数目一半所需要的时间称为衰变半衰期，不同的核素其半衰期不同，从 10^{-7}s 到 10^{15}a 不等。

自放射性核素被发现后，放射性核素的应用逐渐扩展，包括医学(癌症治疗、放射性药物显影)、工业(产品测厚、材料辐射改性)、生活(火灾报警)、考古和环境(放射性定年、污染源检测)、航天和深海探测(同位素电池、同位素热源)等。放射性核素的广泛应用，同时带来了很多问题，如放射性核素在环境中的排放造成的放射性污染。本书选取放射性污染中的核素钚，研究钚在我国部分环境中的分布特征和其环境意义，同时介绍放射性核素在环境中扩散的模型，研究放射性核素在环境中的扩散特征、评估环境放射性的污染，为相关部门进行环境政策制定和应急决策提供技术方面的支持。

环境中的放射性核素主要分为天然存在的放射性核素和人工生成的放射性核素。天然存在的放射性核素主要分为原生放射性核素和宇生放射性核素两种。原生放射性核素是指原始存在于地球上的放射性核素，代表有铀系(^{238}U)、锕系(^{235}U)、钍系(^{232}Th)这三大衰变系列的核素。宇生放射性核素是指宇宙射线与物质相互作用，通过核裂变或捕获中子的方式产生的放射性核素，代表有 ^{14}C、^{7}Be、^{22}Na 和 ^{3}H 等。人工生成的放射性核素主要是加速器或反应堆通过核反应合成，已知的放射性核素大约有 2000 多种。

钚，Plutonium，简称 Pu，为锕系元素的成员和放射性元素。Pu 在化学、物理、工业和国防上有着非常重要的地位。1941 年，Kenndey、Seaborg、Segre 和 Wahl 发现了 ^{239}Pu 的裂变能力，这一重要发现奠定了 ^{239}Pu 成为重要核能资源的基础。同年，钚被确认为 94 号元素。1942 年，在芝加哥大学 Metallurgical Laboratory 工作的 Cunningham 和 Werner 成功从 90kg 的硝酸铀酰中分离出了约 1μg 的 $^{239}_{94}$Pu。该实验使得 Pu 成为第一个以可见量获得的人造元素[如 Pu(Ⅳ)碘酸盐]。首次发现 Pu 时，其只有亚微克的质量，现今可利用铀在核反应堆中大批量生成并分离 Pu。一方面，人类利用 Pu 进行发电，利用核反应堆可生成巨大的能量进行核能发电；另一方面，Pu 也可以用来制造核武器，这使得各国加快了对 Pu 的研究。至 2018 年，全球大约生产了 1300t 的 Pu，这些 Pu 存在于核燃料、核武器、核库存及各种核废料中，且 Pu 的总量每年增加 70～75t。Pu 的使用、储存和后处理对于人类来说都是巨大的挑战。

Pu 在一般情况下有六种同素异形体，且其相态随温度、气压、化学状态和时间的不同极容易变化。其单质外表呈银白色，在接触空气后容易腐蚀、氧化，在表面生成无光泽的二氧化钚。Pu 有六种氧化态，且易和碳、卤素、氮、硅起化学反应，所以暴露在空气中时能生成各种化合物(包括氰化物)和复合物，体积最大可膨胀 70%，尤其是屑状的 Pu 能发生自燃。同时，Pu 也是一种放射性的毒物，衰变时产生的 α 射线的穿透能力非常弱，对人体影响较小，但 Pu 可被人体吸入或经食物链进入人体，在人体内 α 射线会造成细胞和染色体的损伤，同时 Pu 也易在骨髓和肝脏中富集，对人的健康产生影响，因此操作处理 Pu 元素具有一定的危险性。

Pu 的 20 种放射性同位素是 ^{228}Pu～^{247}Pu，它们大部分是由中子反应生成的。最基础的反应是铀-238(^{238}U)吸收中子形成 ^{239}Pu，^{239}Pu 继续吸收中子形成更重的同位素，也可以衰变分裂形成较轻的核素。Pu 同位素的半衰期、衰变方式以及衰变产物如表 1.1 所示。

表 1.1　Pu 同位素的放射性性质

同位素	半衰期	衰变方式	衰变产物
228	1.1s	α	^{198}Pt(^{34}S,4n)
229	—	α	^{207}Pb(^{26}Mg,4n)
230	2.6min	EC, α	^{208}Pb(^{26}Mg,4n)
231	8.6min	EC 90%, α10%	^{233}U(^{3}He,5n)
232	33.1min	EC≥80%, α≤20%	^{233}U(α,5n)
233	20.9 min	EC99.88%, α0.12%	^{233}U(α,4n)
234	8.8 h	EC94%, α6%	^{233}U(α,3n)
235	25.3 min	EC>99.99%, α3×10^{-3}%	^{235}U(α,4n)
236	2.858 a	α	^{235}U(α,3n)
	1.5×10^{9} a	SF 1.37×10^{-7}%	^{236}Np 子体
237	45.2 d	EC>99.99%	^{235}U(α,2n)
		α4.24×10^{-3}%	^{237}Np(d,2n)
238	87.74 a	α	^{242}Cm 子体
	4.77×10^{10} a	SF 1.85×10^{-7}%	^{238}Np 子体
239	2.41×10^{4} a	α	^{239}Np 子体
	8×10^{15} a	SF 3.0×10^{-10}%	

续表

同位素	半衰期	衰变方式	衰变产物
240	6.561×10^3a	α	多中子捕获
	1.15×10^{11}a	SF 5.75×10^{-6}%	
241	14.35a	β^{-1}>99.99%, α2.45×10^{-3}%	多中子捕获
		SF 2.4×10^{-14}%	
242	3.75×10^5a	α	多中子捕获
	6.77×10^{10}a	SF 5.54×10^{-4}%	
243	4.956 h	β^-	多中子捕获
244	8.08×10^7 a	α 99.88%	多中子捕获
	6.6×10^{10} a	SF 0.1214%	
245	10.5 h	β^-	^{244}Pu(n,γ)
246	10.84 d	β^-	^{245}Pu(n,γ)
247	2.27 d	β^-	多中子捕获

在 Pu 的众多同位素中，被人类广泛关注的同位素为 ^{239}Pu。其半衰期为 2.41×10^4a，常被用来制作核武器，且具有大规模杀伤破坏力，第二次世界大战中投放在长崎市的原子弹，就使用 Pu 制作了内核的部分。^{239}Pu 和另一种 Pu 的同位素 ^{241}Pu 都易裂变，也就是说它们的原子核在慢速热中子撞击下产生核分裂，释放出能量、γ 射线以及中子辐射，从而形成核连锁反应，该技术也被应用于核反应炉上。

同样备受关注的还有 ^{238}Pu 和 ^{240}Pu。^{238}Pu 的半衰期为 87.74a，衰变时释放出 α 粒子；^{240}Pu 自发裂变的概率高，容易造成中子激增，因而影响了 Pu 作为核武器和反应器燃料的适用性。分离 Pu 同位素的过程成本极高又耗时耗力，因此，Pu 的特定同位素几乎都是以特殊反应合成的。

最常合成的 Pu 同位素有 ^{238}Pu 和 ^{239}Pu。^{239}Pu 是使用铀(U)和中子(n)，并以镎(Np)作为中间体，产生 β 衰变(β^{-1})而合成的。反应如式(1.1)所示：

$$^{238}_{92}\mathrm{U}+{}^{1}_{0}\mathrm{n}\longrightarrow{}^{239}_{92}\mathrm{U}\longrightarrow{}^{239}_{93}\mathrm{Np}\longrightarrow{}^{239}_{94}\mathrm{Pu} \tag{1.1}$$

^{235}U 裂变中的中子被 ^{238}U 俘获，形成 ^{239}U；β 衰变将其中一个中子转变成质子，形成镎-239(衰变期为 2.36d)，另一次 β 衰变则形成 ^{239}Pu。^{239}Pu 在高中子通量条件下俘获中子得到 ^{240}Pu。并且，随着裂变反应时间的增长，^{240}Pu 的含量会增高，^{240}Pu 与 ^{239}Pu 之间的同位素比值会逐渐增大。

^{238}Pu 是以氘核(D，重氢的原子核)撞击 ^{238}U，通过式(1.2)、式(1.3)反应合成：

$$^{238}_{92}\mathrm{U}+{}^{2}_{1}\mathrm{D}\longrightarrow{}^{238}_{93}\mathrm{Np}+2\,{}^{1}_{0}\mathrm{n} \tag{1.2}$$

$$^{238}_{93}\mathrm{Np}\longrightarrow{}^{238}_{94}\mathrm{Pu} \tag{1.3}$$

在此反应过程中，一个氘核撞击 ^{238}U，生成两个中子和镎-238，镎-238 再发射 β 粒子，产生自发衰变，形成 ^{238}Pu。

1.2 环境中的 Pu

自然界存在天然的非人工合成的 Pu，到现今只发现了两种同位素，一种是 ^{244}Pu，是从氟碳铈镧矿中发现的，它是 Pu 的同位素中寿命最长的，半衰期长达 8.08×10^7a，它具有足够长的半衰期，可能是地球上原始存在的；另一种是 ^{239}Pu，存在于含铀矿中，是 ^{238}U 吸收自然界的中子而形成的，其余 Pu 的同位素均为人工核反应合成。除了自然界本身存在的 Pu，全球环境中 Pu 的主要来源是人类大规模的大气核武器试验，通过大气扩散和洋流传输，进入地球各个圈层。研究表明，大量的放射性污染物进入近岸海域后，直接引发海洋的大面积污染，同时污染物质在迁移的过程中，通过物理、化学和生物作用改变存在的形态或是依次转化为不同种类的污染物质，最终进入水体、沉积物、生物体或是滞留在水体与颗粒物中，并在迁移、转化及归趋过程中对地表生态环境和海洋生态环境造成不同程度的危害。

通常关注的 Pu 的同位素有 ^{238}Pu、^{239}Pu、^{240}Pu 和 ^{241}Pu，而目前环境中 ^{239}Pu 与 ^{240}Pu 主要来源于 1945～1980 年的大气核试验，世界各有核国除中国外，均在本国领土之外设立了核试验场地，而 Pu 通过大气环流、大气沉降、海洋洋流等作用在全球扩散，这使得 Pu 的污染几乎遍布全球。

图 1.1 为世界各国大气核试验和地下核试验产生的当量，其中 20 世纪 50 年代后期和 60 年代初期的核试验在环境中产生了最大量的 Pu。

全球主要的大气核试验场分布在新地岛(Novaya Zemlya)地区(苏联)、塞米巴拉金斯克(苏联)、罗布泊(中国)、太平洋试验场(Pacific Proving Grounds, PPG)(美国)、内华达核试验场(美国)以及南太平洋波利尼西亚地区(法国)。全球大气核试验的历史大致分为两个阶段，即以 1958～1961 年苏联与美国施行“暂停(moratorium)核试验的宣言”为界：暂停核试验前(pre-moratorium)，即 1952～1958 年，主要是美国在 PPG 进行核试验，一部分核试验产生的放射性物质随大气运动，参与全球循环，另一部分沉降在周围海域的岛礁及海水中，随海水运动，此区域成为太平洋中一个放射性污染物质的重要来源；暂停核试验后(post-moratorium)，即 1961～1962 年，主要是苏联在北冰洋及西伯利亚地区进行一系列大规模核试验。1963 年 8 月，美、苏、英签订《部分禁止核试验条约》(*Partial Test Ban Treaty*, PTBT)，结束了大规模的大气核武器试验。20 世纪 70 年代，中法两国进行了少量的核试验。此外，由于核电站事故，如 1986 年的苏联切尔诺贝利核电站事故、2011 年的日本福岛核电站事故，Pu 对周边的环境造成了污染。

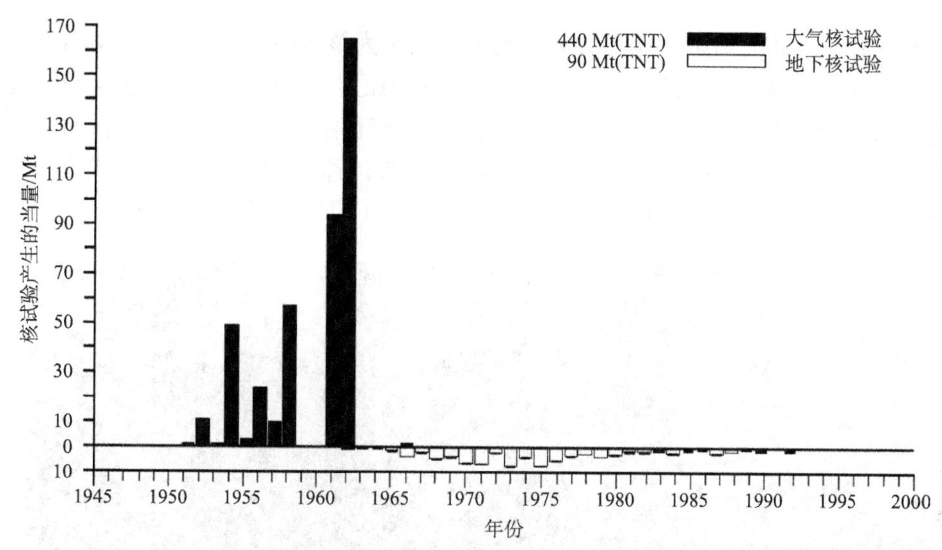

图 1.1 世界各国大气核试验和地下核试验产生的当量(UNSCEAR, 2000)

经测算被排放至环境中 Pu 的总量：^{238}Pu 为 330 TBq，^{239}Pu 为 7.41 TBq，^{240}Pu 为 5.2 TBq，^{241}Pu 为 170 TBq。Pu 的同位素中，通常被关注的有 ^{238}Pu($t_{1/2}$=87.74 a)、^{239}Pu($t_{1/2}$=2.411×10^4 a)、^{240}Pu($t_{1/2}$=6.561×10^3 a)、^{241}Pu($t_{1/2}$=14.35 a)。其中，作为重要的长寿命放射性核素，^{240}Pu 和 ^{239}Pu 在研究中备受关注，且由早期研究发现，不同来源产生的 ^{240}Pu/^{239}Pu 有较大的差异，因此该比值能够被很好地用来解析 Pu 的来源，例如可将全球放射性沉降和其他来源及事件区分开来，如表 1.2 所示。

表 1.2 不同来源的 ^{240}Pu/^{239}Pu 同位素比值(Warneke et al., 2002)

来源	^{240}Pu/^{239}Pu 同位素比值
核武器级	0.007～0.01
大气核试验	0.18
核反应堆	0.23～0.67
切尔诺贝利计算值	0.42

全球沉降的 ^{240}Pu/^{239}Pu 同位素平均值约为 0.18，^{241}Pu/^{239}Pu 同位素平均值约为 0.0011，民用核反应堆产生的 ^{240}Pu/^{239}Pu 同位素比值范围为 0.2～0.8。美国太平洋试验场(PPG)沉降在岛礁周边的人工放射性核素 Pu 的 ^{240}Pu/^{239}Pu 同位素比值也较高(0.30～0.36)，Pu 伴随北赤道暖流(NEC)、黑潮暖流(KC)和台湾暖流(TWC)传输进入西北太平洋及其边缘海内，人们已在该地区多个海域内确认了来自 PPG 的 Pu 外源输入。特别是东亚范围内，相关主要研究已经证明洋流传输的强大作用，使得来自 PPG 的人工放射性核素分布在日本本州岛沿岸的海域内，以及中国南海南部等区域(Liu et al., 2013, 2011; Dong et al., 2010; Zheng and Yamada,

2004; Tims et al., 2010）。这种分布特征的研究，为核素的传输方式、传输路径、海陆交互方式以及核素的背景值等提供了重要的论点。但是在一些相对封闭的边缘海域，如我国的渤海、北部湾地区，相关的研究相对匮乏(图 1.2)。图 1.2(a)标明了西北太平洋边缘海，特别是中国海岸带沿岸流的主要特征，成为研究中国海岸带陆海 Pu 同位素交互作用的基础。图 1.2(b)为长江口及东海区域中，

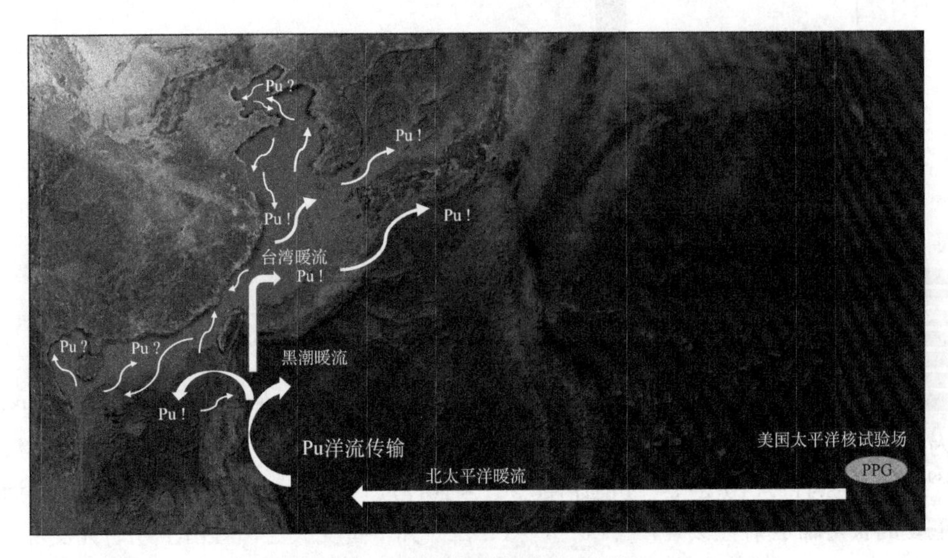

(a) 西北太平洋及边缘海区域Pu的传输路径

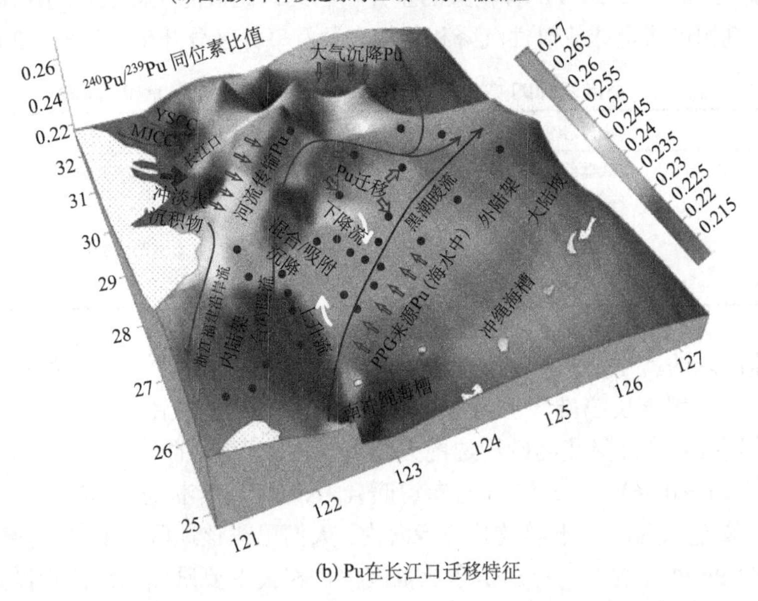

(b) Pu在长江口迁移特征

图 1.2　西北太平洋及边缘海区域 Pu 的传输路径及其在长江口迁移特征

$^{240}Pu/^{239}Pu$ 同位素比值的空间分布规律及迁移控制的主要机制，该图基于长江口及东海区域内约 80 个空间采样点，在实验室内完成 Pu 同位素的分析之后，结合已经报道的约 20 个数据绘制而成;清晰地表明了在中国海岸典型陆海交互作用的长江口区域、陆架区域 Pu 的传输、迁移、转换吸附及混合沉降等复杂作用机制。

1.3 环境中放射性核素的研究历史进展

1.3.1 放射性核素在陆地、湖泊、大气等环境中的研究进展

在过去几十年中，放射性核素如 ^{239}Pu、^{240}Pu、^{137}Cs 和 ^{210}Pb 作为示踪元素被广泛应用于沉积物的研究中。沉积物的研究区域多种多样，主要集中在边缘海区域、海岸带区域、河流湖泊内、河口区域及核武器试验场区域和核事故发生的区域，放射性核素作为示踪元素，被用作定年的工具来重建历史时期的环境信息，评价这些放射性元素在特定环境中的分布和迁移运动趋势，区分放射性元素的来源和判定特定环境中的生态过程等。其中放射性核素 ^{137}Cs 和 ^{210}Pb 作为环境放射性示踪元素已经被广泛用于研究海洋、河流、湖泊等沉积物的沉积年代。

20 世纪 60 年代初期，Ravera（1961）对意大利 Maggiore 湖泊沉积物进行研究，发现沉积物中放射性射线随柱样深度而变化；在此之后，学者们对其他放射性物质在沉积物中的垂直分布情况进行了研究，发现在沉积物中的放射性核素其每一年的沉降比率与总 β 活度的垂直分布是相关的（Nelson et al., 1966; Schreiber et al., 1968; Pickering, 1969）。1971 年，Ravera 和 Premazzi 发现，沉积物沉积速率也可以用已知大气中放射性核素的垂直分布来计算。

最先提出将 ^{210}Pb 应用于百年尺度内沉积地层测年的是 Goldberg 和 Koide（1963）；1973 年，Pennington 和 Cambray 首次采用放射性核素 ^{137}Cs 的测年方法来计算湖泊沉积物的沉积速率；Ritchie 等（1973, 1985）通过在试验中采用不同的方法测定沉积物的沉积速率发现，利用标准的沉积调查方法测定沉积速率和利用沉积剖面中 ^{137}Cs 的垂直分布情况来计算沉积速率这两种方法计算得到的结果具有可比性，且相较于其他测量方法，^{137}Cs 方法具有快速、在同一位置无须多次测量等优点。

在此之后，同位素测年方法被普遍应用于海洋、河流、湖泊和湿地等区域的现代沉积速率计算中（Aston and Stanners, 1981; Ritchie and McHenry, 1985; Milan et al., 1995; Walling and He, 1997; Benninger et al., 1998; Radakovitch et al., 1999; Bai et al., 2002; Duran et al., 2004; Neill and Allison, 2005; Leonardo et al., 2008; Everett et al., 2008；Hirose, 2009；Zaborska et al., 2010）。

Milan 等（1995）利用 ^{137}Cs 的特性，研究了路易斯安那州三角洲平原盐沼的 46

个沉积物柱样中 ^{137}Cs 比活度、^{137}Cs 自身的迁移行为、地表侵蚀和堆积状况。Benninger 等(1998)利用核素 ^{210}Pb、^{137}Cs 和 $^{239+240}Pu$ 估算尼罗河三角洲 Manzala 潟湖的沉积速率，得出该地区过去 7500 年来的平均沉积速率略低于其现代沉积速率 1.2cm/a，而产生这种变化主要是人类活动的加剧使得该地区沉积速率增大。Radakovitch 等(1999)对地中海西北部罗纳河水下三角洲沉积物柱样中核素 ^{210}Pb、^{137}Cs 与 ^{134}Cs 的比值进行分析，并根据核素 ^{210}Pb、^{137}Cs 的计年时标估算该区域的沉积速率，发现在河口附近区域的沉积速率相对较大，向海方向的沉积速率逐渐减小；该区域沉积物中核素具有明显的净输入和蓄积特征，且罗纳河口水下三角洲是入海泥沙及污染物重要的汇。Goff(1997)发现新西兰地区沉积物中 ^{137}Cs 峰值的出现比北半球约晚一年，并用核素 ^{210}Pb 的测年结果进行比较后发现，采用核素 ^{210}Pb 测定的沉积速率要略小于用 ^{137}Cs 绝对定年法测出的沉积速率；这主要是生物的扰动作用及物理混合过程造成 ^{137}Cs 的向下迁移，这种现象在潮间带区域极其常见。Dyer 等(2000)利用核素 ^{210}Pb、^{137}Cs 和 ^{241}Am 对荷兰潮滩沉积物进行了分析，推导潮滩沉积物的沉积速率，判断过去人类在该区域进行的航路疏浚等活动对潮滩沉积环境造成的影响。Neill 和 Allison(2005)利用核素 ^{210}Pb 和 ^{137}Cs 估算路易斯安那州阿查法拉亚河(Atchafalaya)三角洲的沉积速率，发现其最大沉积速率出现在水下三角洲的顶积层区域，且沉积速率逐渐向湾内减小。

Leonardo 等(2008)也利用 ^{210}Pb 和 ^{137}Cs 估算地中海西西里岛海岸区域的沉积速率，并通过对总有机碳(total organic carbon, TOC)和汞含量的分布特征探讨人类活动对远海的影响。Everett 等(2008)使用 ^{137}Cs、Pu 作为示踪指标，推导了澳大利亚 Herbert 河流域内的土壤侵蚀状况，流域内土壤沉积物中(<10 μm 的细颗粒物质)的 ^{137}Cs、Pu 的比活度具有很好的相关关系，表明流域内 ^{137}Cs、Pu 都很好地与细颗粒物质结合；^{137}Cs 曾被广泛用作示踪流域土壤侵蚀的工具，Pu 也同样具有该功能。Hancock 等(2009)使用 ^{137}Cs、Pu 作为计年时标来测量澳大利亚和新西兰海湾与湖泊中的沉积速率。Reilly 等(2011)使用 ^{210}Pb 的 CIC 和 CRS 模型计算了英格兰湖泊中沉积物的沉积速率，并使用 ^{137}Cs 与 ^{241}Am 作为校正的计年工具。Kirchner 和 Ehlers(1998)对海湾和湖泊中的沉积物使用了 ^{210}Pb 作为工具来计年。

我国于20世纪80年代中期开始采用 ^{137}Cs 与 $^{239+240}Pu$ 等放射性核素估算湖泊、河流等环境中沉积物的沉积速率，近年来，利用 ^{137}Cs 与 $^{239+240}Pu$ 等作为示踪元素来研究环境中的相关机制与动态的也越来越多(万国江等，1985，1986，1990，1997，1999，2011；林瑞芬等，1992；潘少明等，1994，1997，2008；夏小明等，1999，2004；张燕等，2005；王福等，2006；张瑞等，2008，2009；董微，2010；刘旭英，2009；Liu et al.，2010，2011，2013；王安东和潘少明，2011；Pan et al.，2011，2012；杨旭等，2013；曹立国等，2014)。

林瑞芬等(1992)用放射性核素 ^{210}Pb、^{228}Th 和 $^{239+240}Pu$ 估算了新疆博斯腾湖沉积岩心的沉积速率，发现 $^{239+240}Pu$ 比活度的峰值出现在(1963±2)年，这与 20 世纪 60 年代进行大量核试验的历史阶段一致。潘少明等(1994, 1997)探讨分析海南洋浦港、厦门外港和宁波象山港三个区域的现代沉积速率，发现 ^{137}Cs 起始层位法计算出沉积速率的精确度和可信度要低于 ^{137}Cs 最大峰值法计算出沉积速率的精确度和可信度。Bai 等(2002)通过分析云南湖泊和土壤中 ^{7}Be 与 ^{137}Cs 的沉积速率来分析该区域的沉降特征、土壤侵蚀的特征及青藏高原对 ^{7}Be 与 ^{137}Cs 沉降的影响。王爱军等(2005)利用核素 ^{210}Pb 和 ^{137}Cs 对江苏王港盐沼进行了现代沉积速率研究，探讨了区域现代沉积过程的变化。王福等(2006)利用核素 ^{210}Pb 和 ^{137}Cs 对渤海湾地区进行了现代沉积速率研究。王安东和潘少明(2011)通过构建 ^{137}Cs 理论峰值模型，对长江口水下三角洲沉积物柱样中 ^{137}Cs 实测最大峰值是否对应于 1963 年所在沉积层位的可靠性进行验证，结果表明：^{137}Cs 理论计算峰值与沉积物中 ^{137}Cs 实测峰值有较好的对应关系，且计算结果在测试误差允许的范围内；^{137}Cs 的理论计算峰值可以作为判定沉积物中 ^{137}Cs 实测最大值是否对应于 1963 年所在层位的一个标准。

董微(2010)研究发现，在我国新疆地区，表层土壤中 $^{239+240}Pu$ 的比活度范围为 0.101～0.827 mBq/g，$^{240}Pu/^{239}Pu$ 同位素比值范围为 0.155～0.214；在我国内蒙古地区，土壤样品的 $^{239+240}Pu$ 的比活度为 0.237 mBq/g，$^{240}Pu/^{239}Pu$ 同位素比值为 0.174～0.200；在我国华北地区、中部地区和其他地区，表层土壤中的 $^{239+240}Pu$ 的比活度范围为 0.046～0.678 mBq/g，$^{240}Pu/^{239}Pu$ 同位素比值范围为 0.179～0.220。我国环境土壤中的 Pu 主要来源为全球大气沉降，在我国核爆烟云的三条主要路径上，都没有发现明显的我国核试验产生的区域性 Pu 放射性核素环境污染(毛兴俭和仁天山, 1993)。Zheng 等(2009)也曾对甘肃和兰州附近土壤中的 Pu 的组成做过研究，发现在库姆塔格沙漠表层(0～5 cm)土壤细颗粒物质(＜150μm 颗粒物)中的 $^{239+240}Pu$ 的比活度范围为 0.005～0.157 mBq/g，$^{239+240}Pu$ 的比活度是细颗粒物质(150 μm～1 mm)中的 1.3～2.1 倍；$^{240}Pu/^{239}Pu$ 同位素比值范围为 0.168～0.192，平均值为 0.182±0.008；这与全球大气沉降的平均值相似。然而，对我国核试验场罗布泊周边湖泊(苏干湖、双塔湖)中沉积物柱样的分析表明，苏干湖沉积物中出现了 $^{240}Pu/^{239}Pu$ 同位素比值为 0.103±0.010 的较低值，这可能表示受到了我国罗布泊核试验场 Pu 的污染(Wu et al., 2011)。

我国西南部的湖泊沉积物中，红枫湖中的 $^{240}Pu/^{239}Pu$ 同位素比值为 0.185±0.009，$^{137}Cs/^{239+240}Pu$ 的比率为 31.1 和 36.7，两者均说明沉积物中的 Pu 为全球大气沉降的结果(Zheng et al., 2008b)。在其附近的湖泊程海湖中，$^{240}Pu/^{239}Pu$ 同位素比值范围为 0.166～0.271，平均值为 0.195±0.021，稍微高于全球沉降的平均值，同时在沉积物的柱样中发现了三组 ^{137}Cs 及 $^{239+240}Pu$ 的峰值，并且 ^{137}Cs 及

$^{239+240}Pu$ 的峰值深度处于相同的位置，这三组峰值从底部往上可能代表了 1963～1964 年全球最大沉降峰值，1970 年我国核试验场的核试验造成的区域沉积，以及 1986 年欧洲切尔诺贝利核电站事故造成的北半球区域的放射性核素的沉降(Zheng et al., 2008a)。

我国的第一大淡水湖泊鄱阳湖中，沉积物(0～11cm)中 $^{239+240}Pu$ 的比活度范围为(0.104±0.010)～(0.665±0.019) mBq/g，$^{240}Pu/^{239}Pu$ 同位素比值范围为(0.185±0.025)～(0.191±0.029)；$^{240}Pu/^{239}Pu$ 同位素比值与全球大气沉降的平均值相似，说明鄱阳湖沉积物中 Pu 的来源为全球大气沉降(Liao et al., 2008)。

Pu 由大气沉降进入水体后，经过水体对流、重力沉降等方式吸附到沉积物中，Pu 在湖泊沉积物中的沉降历史会通过 Pu 在该沉积物中的信息反映出来。已有研究表明：我国湖泊沉积物中 Pu 的大气沉降通量值空间分布的差异性较大(表 1.3)。在东北地区的四海龙湾湖沉积物中，核素 Pu 的沉降通量值相对较高，约为 62.7 Bq/m^2(Wu et al., 2010)，新疆博斯腾湖 Pu 的沉降通量值在 46.6～56.4 Bq/m^2(Liao et al., 2014)，云南程海湖与贵州红枫湖 Pu 的沉降通量值分别为 35.4 Bq/m^2 和 50.7 Bq/m^2(Zheng et al., 2008a, 2008b)，它们均与同纬度全球沉降值相似。而在西北地区的双塔湖和苏干湖中，Pu 的沉降通量值出现一个极大值和一个极小值，分别为 240.6 Bq/m^2 和 20.2 Bq/m^2(Wu et al., 2010)；且苏干湖沉积物柱样中 $^{240}Pu/^{239}Pu$ 同位素比值出现了一列远低于全球大气沉降的同位素比值 0.18 的情

表 1.3　我国部分湖泊沉积物中 $^{239+240}Pu$ 的沉积总量及其 $^{240}Pu/^{239}Pu$ 同位素比值

采样地点	样点数	$^{239+240}Pu$ 沉降通量 /(Bq/m^2)	$^{240}Pu/^{239}Pu$ 同位素比值	参考文献
博斯腾湖	3	46.6±2.1	0.179±0.015	Liao et al.，2014
		56.4±2.0	0.179±0.008	
		51.6±4.3	0.167±0.035	
双塔湖	1	240.6±5.3	0.178±0.007	Wu et al.，2010
苏干湖	2	20.2±0.8	0.174±0.054	Wu et al.，2010
		24.2±0.7	0.164±0.026	
青海湖	3	68.4±2.7	0.181	Wu et al.，2011
		31.9±0.9	0.175	
		42.8±0.9	0.17	
程海湖	1	35.4	0.195	Zheng et al.，2008a
红枫湖	1	50.7	0.185±0.009	Zheng et al.，2008b
四海龙湾	1	62.7±3.2	0.182±0.012	Wu et al.，2010

况，仅为 0.103±0.01；西北地区相对干旱的气候可能是低值产生的原因之一，而产生的较高值可能是受地表侵蚀再堆积而引起的。万国江等(2011)通过测定程海湖沉积物柱样中 ^{137}Cs、$^{239+240}Pu$ 比活度以及 $^{240}Pu/^{239}Pu$ 同位素比值，发现 ^{137}Cs 与 Pu 比活度的垂直分布是基本相似的，且在北半球范围内 ^{137}Cs 的逐年沉降量与 $^{239+240}Pu$ 比活度之间也有较好的对应性，这说明采用 $^{239+240}Pu$ 时标定年的方法也可以估算湖泊沉积物的沉积速率。

春季我国大陆偶尔爆发的沙尘天气将大量的黄沙沉积物质吹入朝鲜半岛和日本，研究认为，朝鲜半岛和日本大气中接受的黄沙物质成为 Pu 在东亚区域传输的另外一个渠道(Choi et al., 2006)。Hirose 等(2004)利用韩国大田广域市(Daejeon)的干湿沉降收集物，分析了沉积物中 Pu 的浓度和同位素比值，结果也表明，韩国春季大气沉降物中的 Pu 来自东亚黄沙，这些 Pu 曾因大气沉降吸附在细颗粒物质中，通过沙尘风暴的传输运动至该区域。

Hirose 等(2010)利用日本筑波(Tsukuba)和榛名山(Haruna)采集的 2006～2007 年间每月的大气沉降物质，分析了其中的 $^{239+240}Pu$ 和 ^{230}Th、^{232}Th。利用 Th/Pu 的比值分析了 Pu 在不同季节的来源特征，表明春季沉降物中的 Pu 为东亚黄沙来源。由于气候的变化和人类活动的影响，东亚黄沙的发生次数未来可能增加，因此携带核素漂移的黄沙会对东亚区域范围内环境的健康产生更多更大的影响。

Hirose 等(2001)利用日本气象研究所(Meteorological Research Institute)的观测记录，分析了长时间周期的 Pu 的沉降，1957～1997 年间的观测表明，由于大规模核试验的停止，1985 年以后大气沉降物质中的 Pu 下降至背景值水平，但是 1990 年以后大气沉降物质中的 Pu 又出现增加的趋势，这源于东亚黄沙的影响(因为 Pu 的沉降主要在春季)，东亚黄沙成为影响该区域 Pu 再次分布的重要因素。由于每次核武器试验产生的 $^{240}Pu/^{239}Pu$ 同位素比值有差异，如能对这些大气沉降物质中的 $^{240}Pu/^{239}Pu$ 同位素比值进行分析，则可以进一步地判断不同的核试验造成的环境影响，分析大气中物质的运动状态和趋势。

1.3.2 放射性核素在海洋环境中的研究进展

河口及海洋沉积物中的放射性核素经常作为计年的工具来推导历史时期的沉积环境及其变化过程。这些核素也作为示踪的工具，来研究海洋环境中的生态过程、动力过程，例如，通过研究核素在某特定区域内的物质平衡，可判断该区域内的沉积物的运动及沉积过程、生态过程，核素与沉积物之间的相互作用过程，核素的吸附扩散行为等(Lindahl et al.，2010)，这是因为核素有聚集在某些物质中(如有机物质、细颗粒沉积物质等)的特征，并且不同的核素聚集吸附及转移的速度均有差异。

Koide 等(1975)研究发现：在北美西海岸圣巴巴拉市和索莱达的沉积物中

$^{239+240}Pu$ 的含量从 20 世纪 50 年代初到 70 年代中期有增加的趋势，且该区域 $^{239+240}Pu$ 的来源主要是全球沉降和陆地风蚀的土壤颗粒物质。1978 年，Delaune 等首次选用核素 ^{137}Cs 时标定年的方法计算路易斯安那海岸盐沼的现代沉积速率。而 Livingston 和 Bowen(1979)于 1964～1975 年间在美国西海岸采集 21 个沉积物柱样，对其中的 ^{137}Cs、^{238}Pu、$^{239+240}Pu$ 比活度比值做了研究，发现 $^{239+240}Pu/^{137}Cs$ 的比活度比值在浅水区随深度逐渐减小，在较深水域其比值没有变化；而 $^{238}Pu/^{239+240}Pu$ 的比活度比值随深度在浅水或者较深水域中均无明显差异，这主要是化学交换作用和生物扰动过程导致这种现象的发生。Koide 等(1979)利用人工放射性核素(^{137}Cs、^{238}Pu、$^{239+240}Pu$、^{241}Am、^{90}Sr 等)对南极罗斯冰架中的沉积历史做了研究，并用 ^{210}Pb 估算冰盖的沉积年代以及这些核素在南极冰盖中的年沉降通量。在 1981 年，他们又对极地冰川中 $^{241}Pu/^{239+240}Pu$、$^{240}Pu/^{239}Pu$ 同位素比值进行了计算分析，发现在 20 世纪 50 年代初期 $^{241}Pu/^{239+240}Pu$ 同位素比值约为 26，而到了 60 年代初期，却降低到 12～14；且 $^{240}Pu/^{239}Pu$ 同位素比值与 $^{241}Pu/^{239+240}Pu$ 同位素比值也有相似的差异性。这种显著的差异性与美国和苏联当时的核武器试验年代的结果一致，从而找到了一种测定现代或近代冰川和沉积物的年代学方法(Koide and Goldberg，1981)。Aston 和 Stanners(1981)对爱尔兰海岸潮间带沉积物中 Pu 同位素迁移和沉积特征做了研究，发现沉积物剖面中 $^{239+240}Pu$ 比活度和 $^{238}Pu/^{239+240}Pu$ 同位素比值在沉积后的迁移是可以忽略的，且 $^{239+240}Pu$ 沉降的传输时间和淋洗率有 2～3 年的延迟时间。

牟德海(2002)对我国广东大亚湾的放射生态学及沉积物的生物地球化学进行了研究，使用 ^{210}Pb 研究了大亚湾的沉积速率和沉积通量，使用 ^{137}Cs 等其他放射性核素研究了大亚湾核电站废液中主要放射性核素在表层沉积物上的吸附行为及一些海洋生物对这些放射性核素的吸收和累积行为。Crusius 等(2004)使用 ^{210}Pb 和 $^{239+240}Pu$，并结合一个沉积物混合模型对美国 Massachusetts 海湾沉积物中的生物扰动作用、沉积过程和沉积速率进行了研究。沉积物同位素的剖面特征表明生物干扰作用的深度达到 25～35 cm，生物扰动的速率为 0.7～40 cm^2/a，生物扰动作用会造成表层附近同位素剖面特征的干扰，在其下部产生一个同位素比活度的高值区域，因此生物扰动作用后使用同位素计年的准确度受到限制。

Park 等(2004)对韩国 Yangnam 河口日本海域中海水和沉积物中的 ^{137}Cs 进行了分析，^{137}Cs 的比活度与沉积物的粒度、TOC、H、N、S 的含量呈线性相关；^{137}Cs 比活度与粒度、TOC 能进行较好的多元回归；沉积物中 ^{137}Cs 的吸附系数(^{137}Cs 的吸附能力)与粒度、TOC 存在很强的相关关系。

Ligero 等(2005)对西班牙一个海湾沉积物中的 ^{137}Cs 比活度的空间和垂直的分布状态进行了测量，同时考虑其与水动力环境和沉积环境的关系，然后提出了一个 ^{137}Cs 在该区域沉积环境中迁移运动的模型。^{137}Cs 比活度与海湾内潮流的强度有关，弱潮流区域细颗粒沉积物和有机质容易沉积，^{137}Cs 比活度较大；然而对于 ^{137}Cs 比活度的垂直分布，由于沉积物粒度与 ^{137}Cs 比活度之间的相关关系消失，^{137}Cs 的沉积通量与沉积物的粒度之间没有相关关系。影响 ^{137}Cs 在沉积物中迁移分布的因素主要有水-沉积物交换界面间离子的浓度以及这些离子在沉积物中运动迁移的能力。

Figueira 等(2006)分析了巴西东南沿海沉积物中的 ^{137}Cs、^{238}Pu 和 $^{239+240}$Pu，发现 ^{137}Cs 在深度 100 m 以内的沿岸区域比活度分布较高，而 Pu 在深度 100 m 以上的区域比活度分布较高；$^{239+240}$Pu/^{137}Cs 的比值与全球沉降的比值一致，其中 ^{238}Pu/$^{239+240}$Pu 的比值则显示了 SNAP-9A 事故(携带核动力装置卫星的坠落，造成了 0.6 PBq 的 ^{238}Pu 释放到大气中)给该区域造成的 Pu 的同位素污染。Gomes 等(2011)对巴西东南沿海-海湾沉积物中的 ^{210}Pb、^{137}Cs 和 ^{207}Bi 进行了分析，判别了该海湾内的核电站排放物质是否对该区域的 ^{137}Cs 和 ^{207}Bi 同位素造成影响。

Mahmood 等(2010)对马来西亚半岛东海岸区域表层海水中的 $^{239+240}$Pu 和 ^{241}Am 进行了研究，分析了同位素与海水中的盐度、颗粒物质含量等的关系，结果表明 Pu 和 Am 在该区域的分布受到同位素的吸附转移能力、颗粒物质的含量、海水的浑浊度、近岸沉积物质输入、再悬浮等因素的影响。

Barsanti 等(2011)使用 ^{210}Pb、^{137}Cs 及 ^{14}C 对地中海区域海底沉积物中的表层生物扰动作用进行了研究。结果表明在深海沉积物环境中，生物的扰动作用是同位素剖面特征的主要控制因素，同时生物扰动作用强烈的区域(达到 13 cm 深度)，沉积物中的 ^{210}Pb 和 ^{137}Cs 的通量也相应较高。

太平洋西北边缘海中 Pu 的特征有很多的研究报道，其中以日本为中心的数量最多，也最为重要。因为日本处于黑潮的流经路径上，接受了来自 PPG 的影响，图 1.3 为美国太平洋马绍尔群岛附近核试验场的 Pu 通过海流在太平洋的传输路径。受黑潮流经路径的影响，在日本的太平洋沿岸的海岸带和日本海、韩国东南沿海、冲绳海沟中都发现了 PPG 来源的 Pu(Zheng and Yamada, 2004, 2006b; Kim et al., 2004; Wang and Yamada, 2005; Lee et al., 2005; Otosaka et al., 2006; Yamada et al., 2007)。

Yamada(2004)分析了中国东海(East China Sea)和冲绳海沟不同水深中沉降粒子中的 $^{239+240}$Pu 和 ^{210}Pb 的比活度，从而推测大陆架区域沉积物的运动特征。研究发现，海水中的 $^{239+240}$Pu 比活度从表层往海洋底部增加，在近底层的水深位置出现了 $^{239+240}$Pu 比活度的最大值，并且发现 $^{239+240}$Pu 的通量从表层往底层增加，在近底层达到最大。较高的 $^{239+240}$Pu 通量源于底部海流输运了大量的陆源沉积物质至海沟中。而 ^{210}Pb 的比活度也表现了随深度增加的趋势，并且 ^{210}Pb 的通量随季节变化较大，近底层的变化最大。这些都表明，沉积物随海流作用在底部向大陆架外部输运是该区域物质运动的重要途径。

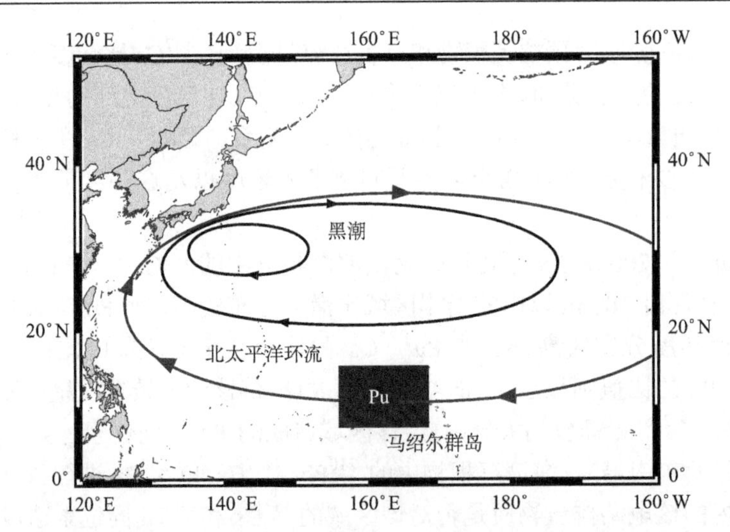

图 1.3　美国太平洋马绍尔群岛附近核试验场的 Pu 通过海流在太平洋的传输路径(Zheng and Yamada, 2004)

Zheng 和 Yamada(2006a)在我国东海和冲绳海域，使用沉积物捕集器采集了不同水深中的沉降粒子，由此分析了 $^{239+240}Pu$ 的比活度、$^{240}Pu/^{239}Pu$ 同位素比值和 Pu 的通量以及沉降粒子通量。他们发现 Pu 从海水中向颗粒物质中的吸附廓清(scavenging)作用和沉降粒子的通量呈现明显的正相关关系，在西北太平洋的边缘海区域，海水中溶解的 PPG 来源的 Pu 通过吸附廓清转移到颗粒物质中沉降下来是 Pu 在此区域海域中的普遍特征。

Yamada 等(2007)分析了西北太平洋边缘海范围内海水中的 ^{137}Cs、$^{239+240}Pu$ 的比活度、$^{240}Pu/^{239}Pu$ 同位素比值。采集海水的样品范围包括西北太平洋海域、苏禄海和印度尼西亚海、东印度洋、孟加拉湾、安达曼海及中国南海。表层海水中 ^{137}Cs 浓度的变化并没有反映出 ^{137}Cs 全球沉降的纬度分布趋势。这些区域中 ^{137}Cs 从表层海水向深层迁移的速率远低于西北太平洋海岸带中的值，原因可能是本书研究区域内的海水水平或垂直交换不强烈，较少产生吸附作用。同时，也得到了西北太平洋、苏禄海及中国南海海水中的 $^{240}Pu/^{239}Pu$ 同位素比值，平均值范围为(0.199±0.026)～(0.248±0.027)，这些高于全球大气沉降的平均值说明研究区域内接受了来自 PPG 来源的 Pu。

Yamada 和 Wang(2007)研究了南太平洋海水中的 ^{137}Cs 特征。100～1000 m 水深的海水中，^{137}Cs 的通量从 1973 年的(400±30) Bq/m^2 增加到了 1992 年的(560±30) Bq/m^2。海水中总的 ^{137}Cs 通量范围为(850±70)～(1270±90) Bq/m^2。高纬度海水中的 ^{137}Cs 通量值要高于低纬度海水中的 ^{137}Cs 通量值。海水中的 ^{137}Cs 通量要大于 10°N～10°S 范围内的大气沉降的推算值，可能是因为此区域接受了来自北半球大气核试验的物质沉降，或者是北半球含有 ^{137}Cs 的海水循环交换作用的结果。

Hirose 和 Aoyama(2003)对过去40年内太平洋表层海水中(0～20 m)的 ^{137}Cs 和 $^{239+240}Pu$ 的特征进行了研究。使用的数据来自国际原子能机构(International Atomic Energy Agency, IAEA)设立在摩纳哥的海洋环境实验室(Marine Environment Laboratory)。研究结果表明，^{137}Cs 和 $^{239+240}Pu$ 在太平洋表层海水中的分布，在20世纪60年代受美国和苏联1961～1962年的大气核试验影响，呈现纬度分布差异；1970年以后，^{137}Cs 在海水中浓度的变化主要受物理因素影响；90年代，^{137}Cs 在表层海水中的分布呈现纬度均一的状态。生物地质化学作用和物理因素是影响 $^{239+240}Pu$ 分布的主要因素。人工放射性核素的时间序列数据表明，风带推动的海流、沉积作用以及海水中的上升流是影响这些核素分布的主要因素。根据 ^{137}Cs 和 $^{239+240}Pu$ 在不同海洋区域内不同年代之间的分布特征，计算出了各个海洋区域内 ^{137}Cs 和 $^{239+240}Pu$ 的衰变周期(衰变周期受到海洋动力环境和自身物理衰变的影响)。$^{239+240}Pu$ 的衰变周期比 ^{137}Cs 短，说明了在海水中 $^{239+240}Pu$ 更容易吸附到颗粒物质中。

Duran 等(2004)使用了亚洲太平洋地区海洋放射性数据库(Asia-Pacific Marine Radioactivity Database，ASPAMARD)来对50°N～60°S、60°E～180°E 区域海水及沉积物中的 ^{137}Cs、$^{239+240}Pu$ 的比活度进行了综述。

Povinec 等(2005)在 IAEA 的项目 WOMARS(Worldwide Marine Radioactivity Studies)支持下，研究了太平洋、印度洋表层海水中的 ^{90}Sr、^{137}Cs、$^{239+240}Pu$ 随时间变化的浓度分布特征。他们根据同位素浓度的分布差异将大洋表层划分为不同的小区域，并给出了各个区域中同位素的平均浓度；并且推导了 ^{90}Sr、^{137}Cs、$^{239+240}Pu$ 在海水中的平均衰变周期。

Kim 等(2004)对韩国沿海区域海水中的 $^{239+240}Pu$ 和 $^{240}Pu/^{239}Pu$ 同位素比值进行了测量。黄海海域中 $^{239+240}Pu$ 的浓度范围为4.00～10.2 mBq/m^3，对马海峡海域中 $^{239+240}Pu$ 的浓度范围为4.16～7.94 mBq/m^3，冬季表层值高于夏季，与日本海中的值相似，而且均高于西北太平洋海水中的值。日本海、黄海和对马海峡海水中的 $^{240}Pu/^{239}Pu$ 同位素比值均高于全球大气沉降的平均值，说明该区域内洋流携带的 PPG 的 Pu 吸附交换进入了海水中的颗粒物质中。

Garcia-Orellana 等(2009)首次对地中海深海平原沉积物(＞2000m)中人工放射性核素 ^{137}Cs 与 $^{239+240}Pu$ 的分布特征做了分析，发现 $^{239+240}Pu$ 的主要来源是核试验产生大气直接沉降，而 ^{137}Cs 的通量却受到切尔诺贝利核事故的影响；且深海沉积物中 ^{137}Cs 与 $^{239+240}Pu$ 的总量只占到全区域的约40%，这表明深海沉积物的总量远低于大陆架沉积物和水柱中 ^{137}Cs 与 $^{239+240}Pu$ 的含量。

Yamada 和 Zheng(2010)研究了不同年代之间日本海海水中的 $^{239+240}Pu$ 和

$^{240}Pu/^{239}Pu$ 的同位素比值，对 Pu 在该海域的沉降特征进行了探讨。研究表明，日本海海水中 $^{239+240}Pu$ 浓度的变化是由于海流不断输入太平洋内的 PPG 来源的 Pu，Pu 吸附到颗粒物质中并且逐渐地往海水的深度位置沉降下来。

Kinoshita 等(2010)从物质运动迁移的角度分析了东太平洋海域中海水及沉积物中 Pu 的特征、海水(250L)及沉积物中(长度约 30 cm)Pu 的分布特征，以及其中的氮和磷的含量与海水的温度和密度之间的相关关系。海水采取氢氧化铁(ferric hydroxide)沉淀的方法进行分析。他们也观察到了北半球沉降的 Pu 是南半球沉降的 3～4 倍(UNSCEAR, 2000)。

Corcho-Alvarado 等(2014)用不同放射性核素 ^{210}Pb、^{137}Cs 与 $^{239+240}Pu$ 对加勒比沿海不同沉积环境(Guanaroca 潟湖、Havana 港湾、Batabano 海湾和 Sagua 河口)的沉积过程做了研究，发现在 Guanaroca 潟湖和 Sagua 河口的 ^{137}Cs 与 $^{239+240}Pu$ 总量远高于该区域 ^{137}Cs 与 $^{239+240}Pu$ 的大气沉降量，原因在于这两个区域离海岸线较近，流域的表层土壤通过侵蚀和输运的方式到达该区域；但 $^{238}Pu/^{239+240}Pu$ 和 $^{241}Am/^{239+240}Pu$ 的同位素比值却表明，Pu 主要来自大气核试验。Guanaroca 潟湖和 Sagua 河口有明显的淡水输入，其 $^{239+240}Pu/^{137}Cs$ 比活度比值很接近全球大气沉降 $^{239+240}Pu/^{137}Cs$ 的比活度比值；而另外两个站点与远海有相似的盐度，但全球大气沉降的 $^{239+240}Pu/^{137}Cs$ 比活度比值与这两个站点的 $^{239+240}Pu/^{137}Cs$ 比活度比值却存在较大的差异性。

我国海洋环境中 ^{137}Cs 与 $^{239+240}Pu$ 的研究主要集中在东、黄海，研究内容主要是 ^{137}Cs 与 $^{239+240}Pu$ 的比活度、分布和来源等。早期主要是在 1987 年对东、黄海表层沉积物 ^{137}Cs 与 $^{239+240}Pu$ 比活度的分析，得出以下结果：^{137}Cs 与 $^{239+240}Pu$ 比活度和总量分别为 0.35～6.11 mBq/g、42～745 Bq/m^2[平均为(2.30±0.24) mBq/g、(365±14) Bq/m^2，n=6]和 0.107～0.467 mBq/g、8.9～79.9 Bq/m^2[平均为(0.247±0.011) mBq/g、(44.3±1.3) Bq/m^2，n=6](Nagaya and Nakamura，1992)；沉积物中 ^{137}Cs 的蓄积总量低于 ^{137}Cs 全球大气直接沉降通量值(约 2074 Bq/m^2)，而 $^{239+240}Pu$ 总量高于全球大气沉降所产生的沉降通量值(约 36 Bq/m^2)(UNSCEAR, 1982)。这也表明海洋中 ^{137}Cs 的地球化学行为与 $^{239+240}Pu$ 有一定的差异性存在，^{137}Cs 的水溶性使其更多地存储在水体中且在东海陆架水体中的周转时间较短(约 2 a)(Chen and Huh, 1999; Su and Huh, 2002)；且 ^{137}Cs 极易吸附于易溶解的颗粒物(如碎屑矿物、碱性金属等)中，而 $^{239+240}Pu$ 却易吸附在难溶解的氧化物、胶状颗粒物或有机物中；且 $^{239+240}Pu$ 颗粒活性较强，更易被沉降颗粒物转移至沉积物中，从而使得 $^{239+240}Pu$ 在沉积物中有较高的储量(Nagaya and Nakamura, 1987, 1993; Smith et al., 1995; Dai et al., 2001)。因此，该区域 $^{239+240}Pu$ 的来源除全球大气沉降以外，还有其他来源。Su 和 Huh(2002)采用质量平衡模型对东海沉积物中的 Pu 进行估算，也证明了这一结论。Dong 等(2010)对南海海盆沉积物中 ^{137}Cs 与

$^{239+240}Pu$ 的研究表明，该区域沉积物中仍然有较高的 $^{240}Pu/^{239}Pu$ 同位素比值(约0.251)，其主要是北太平洋PPG的贡献。

王中良等(2007)探讨分析南海及西北太平洋表层海水、东海与冲绳海槽沉积物中 $^{240}Pu/^{239}Pu$ 同位素比值，目的是用其来判定我国邻近海域中Pu同位素的来源及其传输路径。结果表明：西北太平洋、南海以及南海附近海域表层海水中 $^{240}Pu/^{239}Pu$ 同位素比值高于全球大气沉降值0.18，基本处于0.22～0.24；而冲绳海槽及东海沉积物中 $^{240}Pu/^{239}Pu$ 同位素比值(0.24～0.31)远高于全球大气沉降值。这说明我国近海及其附近海域中Pu的来源除了全球大气沉降的一部分，另外一个重要来源是美国于20世纪50年代在PPG进行的一系列大气核试验；北太平洋赤道环流及其在西北太平洋的分支洋流是PPG来源的Pu向我国领海传输迁移的主要路径。采用端元混合模型的计算结果也进一步证明：PPG来源的Pu对中国南海及附近海域表层海水、东海及冲绳海槽沉积物还有西北太平洋表层海水的贡献率分别约为40%、55%和20%。Wu等(2013, 2014)也证明南海北部陆架区表层沉积物中Pu同位素的来源是全球大气沉降和区域性沉降，而区域性沉降主要和美国于1952～1958年在太平洋马绍尔群岛进行的一系列大气核试验有关；在珠江口，Pu同位素的主要来源是太平洋黑潮入侵而不是陆地。此外，Wu等(2013, 2014)还证明了中国南海北部Pu同位素主要来源于PPG经北赤道流和黑潮的输入，且该输入形式到目前为止仍然存在着。

综上可以看出，通过分析核素(^{210}Pb、^{137}Cs、^{239}Pu、^{240}Pu)在不同环境中的含量、分布特征、影响分布的原因等，探明这些核素在海洋环境中与海水、沉积物、微生物等之间的相互作用，进一步阐明了核素污染及运动转移的特征、海水空间上的横向和纵向上的交换特征、颗粒物质在海洋中的运动沉积特征等其他环境和生态的演变过程。

对于利用模型模拟的方式模拟Pu的扩散和Pu的指纹特征的研究国外早已出现。在欧洲，研究人员设计了拉格朗日模型(Breton and Salomon, 1995)，来模拟计算分析英国塞拉菲尔德(Sellafield)和法国的阿格(La Hague)核废料处理厂排入北大西洋海洋中的 ^{137}Cs 和 ^{129}I 的扩散路径，模型将 ^{137}Cs 在海洋中的分布分为海水中的可溶态的 ^{137}Cs、沉积物中的 ^{137}Cs 和海水与沉积物中相互交换的 ^{137}Cs 三个主要部分来进行计算分析模拟，结合初始核废料处理厂中排出的 ^{137}Cs 数据、海洋环流数据(数据来自日本海洋研究开发机构，JAMSTEC)，对1969～2027年北大西洋中海水和沉积物中的 ^{137}Cs 的迁移分布进行模拟，并与1990～2000年的多次实测分析数据进行比对，发现模型的模拟达到了较好的效果。

法国东南滨地中海的海港城市土伦(Toulon)，是法国海军核动力舰艇的基地，也是欧洲最大的核动力海军基地，Dufresne等(2018)和Christiane等(2018)使用了一个“水沉积(hydro-sedimentary)模型”模拟了可能突发情况下，放射性核素

^{137}Cs 和 ^{239}Pu 在该区域的扩散模式，结果发现大气的风力作用和河流的淡水径流输入极大地控制了这些放射性核素在海港及邻近区域海底沉积物中的扩散，区域内的水动力环境在核素污染释放的第一天内对核素的扩散模式起重要的影响作用，该模型的模拟能为核事故的应急处置决策提供基础诊断工具。Duffa 等(2016)设计了一个 STERNE 模型来模拟法国地中海沿岸区域中，突发核事故后放射性核素在海洋中的迁移动态，为后期的核安全应急管理提供决策的基础工具。

在亚洲的福岛核电站区域，Min 等(2013)设计了一个拉格朗日模型(Lagrangian particle-tracking model)，海洋环流如潮流、风向和密度环流等数据从美国海军研究实验室(USNRL)和日本海洋研究开发机构获取，放射性 ^{137}Cs 输入海洋和大气中的数据从东京电力公司(TEPCO)获取，模型模拟了福岛核电站事故向海洋中释放的 ^{137}Cs 的扩散过程。

Aliyu 等(2015)利用关键词，“源”“放射性污染”“人类健康”“生物”组合“福岛”进行了文献检索的综述研究，对福岛核电站事故向环境中释放的放射性核素的“大气环境模型模拟”“陆地环境模型模拟”“海洋环境模型模拟”和“生物环境模型模拟”进行了综合分析，在此基础上特别对福岛核电站事故中 ^{137}Cs 和 ^{131}I 的释放进行了生物环境模型模拟的分析。

Hirose(2016)总结了福岛核电站事故发生以来，放射性核素在大气和海洋中的传输；分析了多篇文献中核素大气传输、海洋传输模型应用的特点，归纳结果发现：尽管模型的尺度范围大小不一样，但模拟任务第一项是对释放的核素的“源头和数量”进行精确的输入，第二项是分析核素在大气和海洋中传输的具体机制，第三项是对这些核素长周期的“宿命”进行模拟分析。对海洋模型模拟来说，模型中输入的“水动力条件”对最终的结果影响较大，也包含了一些不确定性的因素，但总体上，模型模拟的结果与现场实证研究的结果具有一定的相关性，在核素示踪模拟的同时，也为海洋环境中的具体迁移动态提供了较好的研究机会。

Batlle 等(2018)模拟研究了福岛核电站事故后中长周期的放射性核素(^{137}Cs 和 Pu 等核素)在海岸带周边区域中的迁移以及辐射生态环境。对核素在海水-沉积物-生物三种环境要素中的动态迁移进行了模拟，其间考虑增加了福岛核电站地下水输入海洋中的核素污染、海洋环流导致的核素迁移动态等参数值。Kierepko 等(2016)通过分析欧洲大气沉降物质中 Pu 的同位素特征，模拟了 Pu 在环境及人体中循环的控制因素、Pu 的吸收剂量对健康的影响等。Periáñez 等(2015)在太平洋开放的海域内，利用 IAEA MODARIA 项目的 3D 水动力模型来模拟福岛核事故释放的放射性物质在海岸带区域内的迁移，发现模型输入的水动力条件对最终的模拟产生较大的影响，如在“预测评估与决策”情况下使用模型，还需将此扩散模型中的水动力环境参数的设定进行更多验证。近年来，中国科学技术大学有研究组发展了一个基于计算流体力学(computational fluid dynamics, CFD)的三维近岸海域放射性核素弥散模型（林韩清，2018），用于对排放的近岸海域的液态放射性物质的时空分布进行三维精确模拟，对核事故后的应急响应的决策支持进行了尝试研究，并对目前主流的海洋放射性物质扩散模拟模型的优缺点进行了评述。

近年来，研究者从整个流域与海洋的作用考虑，进行陆海交互作用下放射性核素的迁移动态与模拟。例如，新西兰的一个小流域中曾进行了“源到汇”（source-to-sink，即 MARGINS S2S 项目）的长时空周期的模拟（Miller, 2008；Steven et al., 2016）。该项目也是从海陆交互作用的角度，利用模型模拟、实地观测验证、采样分析追溯等手段来系统地阐述边缘海区域中一个流域与海岸带之间的物质传输与地学信息的可追溯性。通过新西兰与美国多个部门的合作，把流域与海岸带区域整合研究，连接了海岸带的沉积动力环境、流域的土地利用类型的变化、地貌类型、气象气候条件、河流输入的通量、沉积环境记录的历史信息等，进行较大尺度时空范围的模拟研究，并把一部分的模拟结果与海岸带、湖泊中的沉积物质的放射性核素（^{7}Be、^{13}C、^{14}C）的示踪信息进行校准比对研究，综合分析模拟得到流域与海岸带之间的物质通量、河口区域有机碳的来源比例以及在海岸带复杂动力环境下的分布迁移特征。Jalowska 等（2017）利用同位素的指纹特征（$^{210}Pb_{xs}/^{137}Cs$），根据流域内水文站点采集数据的实测分析，结合流域土地利用类型、地貌、河段输沙量、沉积物特征、气象气候等数据，对流域中土地利用类型的变化、河流大坝建造等人类活动原因导致的泥沙输入量减少，河口区域沉积三角洲沉积环境变化进行了模拟分析（蒙特卡罗模拟），结果表明同位素指纹特征指示了三角洲沉积环境中，流域各个部分贡献的物质通量来源的比率。

福岛核电事故后，Mori 等（2015）结合通用地表流体流动模拟器（GETFLOWS），对福岛核事故后流域中的放射性物质 ^{137}Cs 在流域中的分布迁移、滞留状态进行了模拟分析，结果表明，水文模型能很好地模拟核素在河流与流域中的迁移运动、核素在流域中的滞留时间、输入河口中的通量等情况。Periáñez 等（2015，2016）也在国际原子能机构（IAEA）的 MODARIA 项目框架下，对福岛核电站的放射性污染物质的传输以及北大西洋海域中 ^{137}Cs 的污染进行了模拟。Villa 等（2015）对北大西洋海域中 ^{129}I 的污染进行了模拟研究。Sakuma 等（2018）在距离核电站西南 15 km 的一个面积为 7.7 km^2 的小流域内，利用 GETFLOWS，模拟了 ^{137}Cs 在流域水稻田、森林及河岸附近环境中的迁移动态，输入河口的污染物质中各种来源所占的比例及未来可能迁移的趋势；该模拟也是采用模拟加流域内站点实地校验的形式进行模型验证的。Jaegler 等（2018）研究了日本福岛区域中，沿海地区河流中 Pu 的同位素特征，并利用其指纹特征的变化来研究 Pu 在流域中传输的机制、Pu 的来源等核电事故后产生的环境问题。

参考文献

曹立国, 潘少明, 刘旭英, 等. 2014. 长江口水下三角洲 $^{239+240}$Pu 和 ^{137}Cs 的分布特征及环境意义. 地理科学, 34(1): 97-102.

董微. 2010. 放射性同位素钚在环境中的分布与行为研究. 北京: 北京大学: 1-3.

林韩清. 2018. 基于 CFD 的近岸海域放射性核素弥散数值模拟研究. 合肥: 中国科学技术大学: 1-6.

林瑞芬, 卫克勤, 程致远, 等. 1992. 新疆博斯腾湖沉积岩心的 ^{210}Pb、^{228}Th、$^{239+240}$Pu 和 ^{3}H 的分布及意义. 地球化学, (1): 63-69.

刘旭英. 2009. 长江口水下三角洲 $^{239+240}$Pu 的分布特征及环境意义. 南京: 南京大学.

毛兴俭, 仁天山. 1993. 人体与放射计量学研究——核试验场下风向居民剂量与健康研究. 北京: 原子能出版社.

牟德海. 2002. 大亚湾放射生态学及沉积物的生物地球化学研究. 广州: 暨南大学.

潘少明, 郭大永, 刘志勇. 2008. ^{137}Cs 剖面的沉积信息提取——以香港贝澳湿地为例. 沉积学报, 26(4): 655-660.

潘少明, 王雪瑜, Smith J N. 1994. 海南岛洋浦港现代沉积速率. 沉积学报, 12(2): 86-93.

潘少明, 朱大奎, 李炎, 等. 1997. 河口港湾沉积物中的 ^{137}Cs 剖面及其沉积学意义. 沉积学报, 15(4): 67-71.

万国江. 1986. 放射性核素和纹理计年对比研究瑞士格莱芬湖近现代沉积速率. 地球化学, (3): 259-270.

万国江. 1997. 现代沉积的 ^{210}Pb 计年. 第四纪研究, 17(3): 230-239.

万国江. 1999. 现代沉积年分辨的 ^{137}Cs 计年——以云南洱海和贵州红枫湖为例. 第四纪研究, 19(1): 73-80.

万国江, 林文祝, 黄荣贵, 等. 1990. 红枫湖沉积物 ^{137}Cs 垂直剖面的计年特征及侵蚀示踪. 科学通报, 35(19): 1487-1490.

万国江, 吴丰昌, 万恩源, 等. 2011. $^{239+240}$Pu 作为湖泊沉积物计年时标: 以云南程海为例. 环境科学学报, 31(5): 979-986.

万国江, Santschi P, Farrenkothen K, 等. 1985. 瑞士 Greifen 湖新近沉积物中的 ^{137}Cs 分布及其计年. 环境科学学报, 5(3): 360-365.

王福, 王宏, 李建芬, 等. 2006. 渤海地区 ^{210}Pb、^{137}Cs 同位素测年的研究现状. 地质论评, 52(2): 244-250.

王爱军, 高抒, 贾建军, 等. 2005. 江苏王港盐沼的现代沉积速率. 地理学报, 60(1): 61-70.

王安东, 潘少明. 2011. 长江口水下三角洲 ^{137}Cs 最大蓄积峰的分布特征. 第四纪研究, 31(2): 329-337.

王中良, 山田正俊, 郑建. 2007. 钚同位素法示踪中国领海核爆散落物钚的主要来源与迁移途径. 地球与环境, 35(4): 289-296.

夏小明, 谢钦春, 李炎, 等. 1999. 东海沿岸海底沉积物中的 ^{137}Cs、^{210}Pb 分布及其沉积环境解释. 东海海洋, 17(1): 20-27.

夏小明, 杨辉, 李炎, 等. 2004. 长江口-杭州湾毗连海区的现代沉积速率. 沉积学报, 22(1): 130-135.

杨旭, 潘少明, 徐仪红, 等. 2013. Pu 同位素比值在沉积物测年中的应用. 海洋通报, 32(2): 227-234.

张瑞. 2009. 利用 ^{210}Pb 和 ^{137}Cs 分析近五十年来长江口水下三角洲现代沉积过程对入海泥沙变化的响应. 南京: 南京大学.

张瑞, 潘少明, 汪亚平, 等. 2008. 长江河口水下三角洲 ^{137}Cs 地球化学分布特征. 第四纪研究, 28(4): 629-639.

张燕, 彭补拙, 陈捷, 等. 2005. 借助 ^{137}Cs 估算滇池沉积量. 地理学报, 60(1): 71-78.

Aliyu A S, Evangeliou N, Mousseau T A, et al. 2015. An overview of current knowledge concerning the health and environmental consequences of the Fukushima Daiichi Nuclear Power Plant (FDNPP) accident. Environment International, 85: 213-228.

Aston S R, Stanners D A. 1981. Plutonium transport to and deposition and immobility in Irish Sea intertidal sediments. Nature, 289: 581-582.

Bai Z G, Wan G J, Huang R G, et al. 2002. A comparison on the accumulation characteristic Cs of ^{7}Be and ^{137}Cs in lake sediments and surface soils in western Yunnan and central Guizhou, China. Catena, 49: 253-270.

Barsanti M, Delbono I, Schirone A, et al. 2011. Sediment reworking rates in deep sediments of the Mediterranean Sea. Science of the Total Environment, 409(15): 2959-2970.

Batlle J V, Aoyama M, Bradshaw C, et al. 2018. Marine radioecology after the Fukushima Dai-ichi nuclear accident: Are we better positioned to understand the impact of radionuclides in marine ecosystems? Science of the Total Environment, 618(2): 80-92.

Benninger L K, Suayah I B, Stanley D J. 1998. Manzala lagoon, Nile delta, Egypt: Modern sediment accumulation based on radioactive tracers. Environmental Geology, 34: 183-193.

Breton M, Salomon J C. 1995. A 2d long-term advection-dispersion model for the channel and southern North Seapart. A: Validation through comparison with artificial radionuclides. Journal of Marine Systems, 6(5-6): 495-513.

Chen H Y, Huh C A. 1999. ^{232}Th-^{228}Ra-^{228}Th disequilibrium in East China Sea sediments. Journal of Environmental Radioactivity, 42: 93-100.

Choi M S, Lee D S, Choi J C, et al. 2006. $^{239+240}Pu$ concentration and isotope ratio ($^{240}Pu/^{239}Pu$) in aerosols during high dust (Yellow Sand) period, Korea. Science of the Total Environment, 370(1): 262-270.

Christiane D, Celine D, Vincent R, et al. 2018. Hydro-sedimentary model as a post-accidental management tool: Application to radionuclide marine dispersion in the Bay of Toulon (France). Ocean and Coastal Management, 153: 176-192.

Corcho-Alvarado J A, Diaz-Asencio M, Froidevaux P, et al. 2014. Dating young Holocene coastal sediments in tropical regions: Use of fallout $^{239+240}Pu$ as alternative chronostratigraphic marker. Quaternary Geochronology, 22: 1-10.

Crusius J, Bothner M H, Sommerfield C K. 2004. Bioturbation depths, rates and processes in Massachusetts Bay sediments inferred from modeling of ^{210}Pb and $^{239+240}$Pu profiles. Estuarine, Coastal and Shelf Science, 61(4): 643-655.

Dai M H, Buesseler K O, Kelley J M, et al. 2001. Size-fractionated plutonium isotopes in a coastal environment. Journal of Environmental Radioactivity, 53: 9-25.

Delaune R D, Patrick J R W H, Buresh R J. 1978. Sedimentation rates determined by ^{137}Cs dating in a rapidly accreting salt marsh. Nature, 275: 532-533.

Dong W, Zheng J, Guo Q J, et al. 2010. Characterization of plutonium in deep-sea sediments of the Sulu and South China Seas. Journal of Environmental Radioactivity, 101: 622-629.

Duffa C, Bois P B, Caillaud M, et al. 2016. Development of emergency response tools for accidental radiological contamination of French coastal areas. Journal of Environmental Radioactivity, 151: 487-494.

Dufresne C, Duffa C, Rey V, et al. 2018. Hydro-sedimentary model as a post-accidental management tool: Application to radionuclide marine dispersion in the Bay of Toulon (France). Ocean and Coastal Management, 153: 176-192.

Duran E B, Povinec P P, Fowler S W, et al. 2004. ^{137}Cs and $^{239+240}$Pu levels in the Asia-Pacific regional seas. Journal of Environmental Radioactivity, 76: 139-160.

Dyer K R, Christie M C, Wright E W. 2000. The classification of intertidal mudflats. Continental Shelf Research, 20(10): 1039-1060.

Everett S E, Tims S G, Hancock G J, et al. 2008. Comparision of Pu and ^{137}Cs as tracers of soil and sediment transport in a terrestrial environment. Journal of Environmental Radioactivity, 99: 383-393.

Figueira R C L, Tessler M G, Mahiques M, et al. 2006. Distribution of ^{137}Cs, ^{238}Pu and $^{239+240}$Pu in sediments of the southeastern Brazilian shelf-SW Atlantic margin. Science of the Total Environment, 357(1): 146-159.

Garcia-Orellana J, Pates J M, Masqué P, et al. 2009. Distribution of artificial radionuclides in deep sediments of the Mediterranean Sea. Science of the Total Environment, 407(2): 887-898.

Goff J R. 1997. A chronology of natural and anthropogenic influences on coastal sedimentation, New Zealand. Marine Geology, 138: 105-117.

Goldberg E D, Koide M. 1963. Rates of sediment accumulation in the Indian Ocean//Geiss J, Goldberg E D. Earth Science and Meteoritics. Amsterdam: North-Holland Publishing Company: 90-102.

Gomes F C, Godoy J M, Godoy M L, et al. 2011. Geochronology of anthropogenic radionuclides in Ribeira Bay sediments, Rio de Janeiro, Brazil. Journal of Environmental Radioactivity, 102: 871-876.

Hancock G J, Leslie C, Everett S E, et al. 2009. Plutonium as a chronomarker in Australian and New Zealand sediments: A comparison with ^{137}Cs. Journal of Environmental Radioactivity, 102: 919-929.

Hirose K. 2009. Plutonium in the ocean environment: Its distributions and behavior. Journal of Nuclear and Radiochemical Sciences, 10: 7-16.

Hirose K. 2016. Fukushima Daiichi Nuclear Plant accident: Atmospheric and oceanic impacts over the five years. Journal of Environmental Radioactivity, 157: 113-130.

Hirose K, Aoyama M. 2003. Analysis of ^{137}Cs and ^{239,240}Pu concentrations in surface waters of the Pacific Ocean. Deep-Sea Research II, 50: 2675-2700.

Hirose K, Igarashi Y, Aoyama M, et al. 2010. Depositional behaviors of plutonium and thorium isotopes at Tsukuba and Mt. Haruna in Japan indicate the sources of atmospheric dust. Journal of Environmental Radioactivity, 101: 106-112.

Hirose K, Igarashi Y, Aoyama M, et al. 2001. Long-term trends of plutonium fallout observed in Japan. Radioactivity in the Environment, 1(1): 251-266.

Hirose K, Kim C K, Kim C S, et al. 2004. Wet and dry deposition patterns of plutonium in Daejeon, Korea. Science of the Total Environment, 332(1-3): 243-252.

Jaegler H, Pointurier F, Onda Y, et al. 2018. Plutonium isotopic signatures in soils and their variation in sediment transiting a coastal river in the Fukushima Prefecture, Japan. Environmental Pollution, 240: 167-176.

Jalowska A M, McKee B A, Laceby J P, et al. 2017. Tracing the sources, fate, and recycling of fine sediments across a river-delta interface. Catena, 154: 95-106.

Kierepko R, Mietelski J W, Ustrnul Z, et al. 2016. Plutonium isotopes in the atmosphere of Central Europe: Isotopic composition and time evolution vs. circulation factors. Science of the Total Environment, 569/570(1): 937-947.

Kim C K, Kim C S, Chang B U, et al. 2004. Plutonium isotopes in seas around the Korean Peninsula. Science of the Total Environment, 318(1-3): 197-209.

Kinoshita N, Sumi T, Takimoto K, et al. 2010. Anthropogenic Pu distribution in Tropical East Pacific. Science of the Total Environment, 409(10): 1889-1899.

Kirchner G, Ehlers H. 1998. Sediment geochronology in changing coastal environments: Potentials and limitations of the ^{137}Cs and ^{210}Pb methods. Journal of Coastal Research, 14: 483-492.

Koide M, Goldberg E D. 1981. ^{241}Pu/$^{239+240}$Pu ratios in polar glaciers. Earth and Planetary Science Letters, 54: 239-247.

Koide M, Griffin J J, Goldberg E D. 1975. Records of plutonium fallout in marine and terrestrial samples. Journal of Geophysical Research, 80: 4153-4162.

Koide M, Michel R, Goldberg E D. 1979. Depositional history of artificial radionuclides in the Ross Ice Shelf, Antarctica. Earth and Planetary Science Letters, 44: 205-223.

Krey P W, Hardy E P, Pachucki C, et al. 1976. Mass isotopic composition of global fallout plutonium in soil. In Transuranium Nuclides in the Environment, Vienna: 671-678.

Lee S H, La Rosa J, Gastaud J, et al. 2005. The development of sequential separation methods for the analysis of actinides in sediments and biological material using anion-exchange resins and extraction chromatography. Journal of Radioanalytical and Nuclear Chemistry, 263: 419-425.

Leonardo R D, Bellanca A, Angelone M, et al. 2008. Impact of human activities on the central Mediterranean offshore: Evidence from Hg distribution in box-core sediments from the Ionian Sea. Applied Geochemistry, 23: 3756-3766.

Liao H Q, Bu W T, Zheng J, et al. 2014. Vertical distributions of radionuclides ($^{239+240}$Pu, ^{240}Pu/^{239}Pu and ^{137}Cs) in sediment cores of Lake Bosten in Northwestern China. Environmental Science and Technology, 48: 3840-3846.

Liao H Q, Zheng J, Wu F C, et al. 2008. Determination of plutonium isotopes in freshwater lake sediments by sector-field ICP-MS after separation using ion-exchange chromatography. Applied Radiation and Isotopes, 66: 1138-1145.

Ligero R A, Barrera M, Casas-Ruiz M. 2005. Levels of ^{137}Cs in muddy sediments of the seabed of the Bay of Cadiz, Spain. Part I. Vertical and spatial distribution of activities. Journal of Environmental Radioactivity, 80(1): 75-86.

Lindahl P, Lee S H, Worsfold P, et al. 2010. Plutonium isotopes as tracers for ocean processes: A review. Marine Environmental Research, 69(2): 73-84.

Liu Z Y, Pan S M, Liu X Y, et al. 2010. Distribution of ^{137}Cs and ^{210}Pb in sediments of tidal flats in north Jiangsu province. Journal of Geographical Sciences, 20: 91-108.

Liu Z Y, Zheng J, Pan S M, et al. 2011. Pu and ^{137}Cs in the Yangtze River estuary sediments: Distribution and source identification. Environmental Science and Technology, 45: 6539-6551.

Liu Z Y, Zheng J, Pan S M, et al. 2013. Anthropogenic plutonium in the North Jiangsu tidal flats of the Yellow Sea in China. Environmental Monitoring and Assessment, 185: 6539-6551.

Livingston H D, Bowen V T. 1979. Pu and ^{137}Cs in coastal sediments. Earth and Planetary Science Letters, 43: 29-45.

Mahmood Z U W, Shahar H, Ahmad Z, et al. 2010. Behavior and distribution of $^{239+240}$Pu and ^{241}Am in the east coast of Peninsular Malaysia marine environment. Journal of Radioanalytical and Nuclear Chemistry, 286: 265-272.

Milan C S, Swenson E M, Turner R E, et al. 1995. Assessment of the ^{137}Cs method for estimating sediments accumulation rates: Louisiana Salt Marshes. Journal of Coastal Research, 11: 296-307.

Miller A J. 2008. A modern sediment budget for the continental shelf off the Waipaoa River, New Zealand. Williamsburg: The College of William and Mary.

Min B, Periáñez R, Kim I G, et al. 2013. Marine dispersion assessment of ^{137}Cs released from the Fukushima nuclear accident. Marine Pollution Bulletin, 72: 22-33.

Mori K, Tada K, Tawara Y, et al. 2015. Integrated watershed modeling for simulation of spatiotemporal redistribution of post-fallout radionuclides: Application in radiocesium fate and transport processes derived from the Fukushima accidents. Environmental Modelling and Software, 72: 126-146.

Nagaya Y, Nakamura K. 1987. Artificial radionuclides in the western Northwest Pacific(Ⅱ): ^{137}Cs and ^{239,240}Pu inventories in water and sediment columns observed from 1980 to 1986. Journal of Oceanography, 43: 345-355.

Nagaya Y, Nakamura K. 1992. ^{239,240}Pu and ^{137}Cs in the east China and the Yellow seas. Journal of Oceanography, 48: 23-35.

Nagaya Y, Nakamura K. 1993. Distributions and mass-balance of $^{239+240}$Pu and ^{137}Cs in the Northern North Pacific. Oceanography, 59: 157-167.

Neill C F, Allison M A. 2005. Subaqueous deltaic formation on the Atchafalaya Shelf, Louisiana. Marine Geology, 214: 411-430.

Nelson J L, Perkins R W, Neilsen J M, et al. 1966. Reaction of radionuclides from Hanford reactors with Columbia River sediments//Disposal of radioactive waste in seas, oceans, and surface waters. Vienna: International Atomic Energy Agency. 139-161.

Otosaka S, Amano H, Ito T, et al. 2006. Anthropogenic radionuclides in sediment in the Japan Sea: Distribution and transport processes of particulate radionuclides. Journal of Environmental Radioactivity, 91: 128-145.

Pan S M, Tims S G, Liu X Y, et al. 2011. ^{137}Cs, $^{239+240}$Pu concentrations and the ^{240}Pu/^{239}Pu atom ratio in a sediment core from the sub-aqueous delta of Yangtze River estuary. Journal of Environmental Radioactivity, 102: 930-936.

Pan S M, Xu Y H, Wang A D, et al. 2012. The ^{137}Cs distribution in sediment profiles from the Yangtze River estuary: A comparison of modeling and experimental results. Journal of Radioanalytical and Nuclear Chemistry, 292: 1207-1214.

Park G, Lin X J, Kim W, et al. 2004. Properties of ^{137}Cs in marine sediments off Yangnam, Korea. Journal of Environmental Radioactivity, 77: 285-299.

Pennington W, Cambray R S. 1973. Observations on lake sediments using fallout ^{137}Cs as a trace. Nature, 242: 324-326.

Periáñez R, Brovchenko I, Duffa C, et al. 2015. A new comparison of marine dispersion model performances for Fukushima Dai-ichi releases in the frame of IAEA MODARIA program. Journal of Environmental Radioactivity, 150: 247-269.

Periáñez R, Suh K S, Min B. 2016. The behavior of ^{137}Cs in the North Atlantic Ocean assessed from numerical modelling: Releases from nuclear fuel reprocessing factories, redissolution from contaminated sediments and leakage from dumped nuclear wastes. Marine Pollution Bulletin, 113: 343-361.

Pickering R J. 1969. Distribution of radionuclides in bottom sediment of the Clinch River, eastern Tennessee. Geological Survey Professional Paper: H1-H25.

Povinec P P, Aarkrog A, Buesseler K O, et al. 2005. ^{90}Sr, ^{137}Cs and ^{239,240}Pu concentration surface water time series in the Pacific and Indian Oceans-WOMARS results. Journal of Environmental Radioactivity, 81: 63-87.

Radakovitch O, Charmasson S, Arnaud M, et al. 1999. ^{210}Pb and caesium accumulation in the Rhône delta sediments. Estuarine Coastal and Shelf Science, 48: 77-92.

Ravera O. 1961. Sediments//Accumulation of Fission Products from Fall-out in Lake Biota (Lake Maggiore). Vienna: International Atomic Energy Agency: 31-37.

Ravera O, Premazzi G. 1971. A method to study the history of any persistent pollution in a lake by the concentration of Cs-137 from fall-out. Proceedings of the International Symposium on Radioecology Applied to the Protection of Man and His Environment: 703-719.

Reilly J O, Vintro L L, Mitchell P I, et al. 2011. ^{210}Pb-dating of a lake sediment core Lough Carra (Co. Mayo, western Ireland): Use of paleolimnological data for chronology validation below the ^{210}Pb dating horizon. Journal of Environmental Radioactivity, 102: 495-499.

Ritchie J C, McHenry J R. 1985. A comparison of three methods for measuring recent rates of sediment accumulation. Water Resources Bulletin, 21: 99-103.

Ritchie J C, McHenry J R, Gill A C. 1973. Dating recent reservoir sediments. Limnology and Oceanography, 18: 254-263.

Sakuma K, Malins A, Funaki H, et al. 2018. Evaluation of sediment and ^{137}Cs redistribution in the Oginosawa River catchment near the Fukushima Dai-ichi Nuclear Power Plant using integrated watershed modeling. Journal of Environmental Radioactivity, 182: 44-51.

Schreiber B, Pelati L T, Mezzadri M G, et al. 1968. Gross beta radioactivity in sediments of the North Adriatic Sea: A possibility of evaluating the sedimentation rate. Archives of Oceanography Limnology, 16: 45-62.

Smith J N, Ellis K M, Naes K, et al. 1995. Sedimentation and mixing rates of radionuclides in Barents Sea sediments off Novaya Zemlya. Deep Sea Research Part Ⅱ, Topical Studies in Oceanography, 42: 1471-1493.

Steven A K, Clark R A, Neal E B, et al. 2016. A source-to-sink perspective of the Waipaoa River margin. Earth-Science Reviews, 153: 301-334.

Su C C, Huh C A. 2002. ^{210}Pb, ^{137}Cs and ^{239,240}Pu in East China Sea sediments: Sources, pathways and budgets of sediments and radionuclides. Marine Geology, 183: 163-178.

Tims S G, Pan S M, Zhang R, et al. 2010. Plutonium AMS measurements in Yangtze River estuary sediment. Nuclear Instruments and Methods in Physics Research Section B, 268 (7-8): 1155-1158.

UNSCEAR . 1982. Exposure resulting from nuclear explosions. In Ionizing: Sources and Biological. New York: United Nations: 211-248.

UNSCEAR. 2000. Sources and Effects of Ionizing Radiation: United Nations Scientific Committee on the Effects of Atomic Radiation Exposures to the Public from Man-made Sources of Radiation. New York: United Nations.

Villa M, Lopez-Gutierrez J M, Suh K S, et al. 2015. The behavior of ^{129}I released from nuclear fuel reprocessing factories in the North Atlantic Ocean and transport to the Arctic assessed from numerical modelling. Marine Pollution Bulletin, 90: 15-24.

Walling D E, He Q. 1997. Use of fallout ^{137}Cs in investigations of overbank sediment deposition on river floodplains. Catena, 29: 263-282.

Wang Z L, Yamada M. 2005. Plutonium activities and ^{240}Pu/^{239}Pu atom ratios in sediment cores from the East China Sea and Okinawa Trough: Sources and inventories. Earth and Planetary Science Letters, 233: 441-453.

Warneke T, Croudace W I, Warwick E P, et al. 2002. A new ground-level fallout record of uranium and plutonium isotopes for northern temperate latitudes. Earth and Planetary Science Letters, 203(3-4): 1047-1057.

Wu F C, Zheng J, Liao H Q, et al. 2010. Vertical distributions of plutonium and ^{137}Cs in lacustrine sediments in northwestern China: Quantifying sediment accumulation rates and source identifications. Environmental Science and Technology, 44: 2911-2917.

Wu F C, Zheng J, Liao H Q, et al. 2011. Anomalous plutonium isotopic ratios in sediments of Lake Qinghai from the Qinghai-Tibetan Plateau, China. Environmental Science and Technology, 45: 9188-9194.

Wu J W, Zheng J, Dai M H, et al. 2014. Isotopic composition and distribution of plutonium in northern South China Sea sediments revealed continuous release and transport of Pu from the Marshall Islands. Environmental Science and Technology, 48: 3136-3144.

Wu J W, Zhou K B, Dai M H. 2013. Impacts of the Fukushima nuclear accident on the China Seas: Evaluation based on anthropogenic radionuclide ^{137}Cs. Chinese Science Bulletin, 58: 552-558.

Yamada, M. 2004. Material transport processes on the continental margin in the East China Sea. Global Environmental Change in the Ocean and on Land: 173-187.

Yamada M, Wang Z L. 2007. ^{137}Cs in the western South Pacific Ocean. Science of the Total Environment, 382 (2-3) : 342-350.

Yamada M, Zheng J. 2010. Temporal variation of ^{240}Pu/^{239}Pu atom ratio and $^{239+240}$Pu inventory in water columns of the Japan Sea. Science of the Total Environment, 408 (23) : 5951-5957.

Yamada M, Zheng J, Wang Z L. 2007. ^{240}Pu/^{239}Pu atom ratios in seawater from Sagami Bay, western Northwest Pacific Ocean: Sources and scavenging. Journal of Environmental Radioactivity, 98: 274-284.

Zaborska A, Mietelski J W, Carroll J, et al. 2010. Sources and distributions of ^{137}Cs, ^{238}Pu, ^{239,240}Pu radionuclides in the north-western Barents Sea. Journal of Environmental Radioactivity, 101: 323-331.

Zheng J, Yamada M. 2004. Sediment core record of global fallout and Bikini close-in fallout Pu in Sagami Bay, Western Northwest Pacific margin. Environmental Science and Technology, 38: 3498-3504.

Zheng J, Yamada M. 2006a. Inductively coupled plasma-sector field mass spectrometry with a high-efficiency sample introduction system for the determination of Pu isotopes in settling particles at femtogram levels. Talanta, 69: 1246-1253.

Zheng J, Yamada M. 2006b. Determination of Pu isotopes in sediment cores in the Sea of Okhotsk and the NW Pacific by sector field ICP-MS. Journal of Radioanalytical and Nuclear Chemistry, 267: 73-83.

Zheng J, Liao H Q, Wu F C, et al. 2008a. Vertical distributions of $^{239+240}$Pu atom ratio in sediment core of Lake Chenghai, SW China. Journal of Radioanalytical and Nuclear Chemistry, 275: 37-42.

Zheng J, Wu F C, Yamada M, et al. 2008b. Global fallout Pu recorded in lacustrine sediments in Lake Hongfeng, SW China. Environmental Pollution, 152: 314-321.

Zheng J, Yamada M, Wu F C, et al. 2009. Characterization of Pu concentration and its isotopic composition in soils of Gansu in Northwestern China. Journal of Environmental Radioactivity, 100: 71-75.

第 2 章　全球 Pu 来源及各圈层的扩散

早在之前的研究中，研究者就提出要以系统、全面的眼光研究污染物的迁移和分配过程，而不是孤立地考虑一个过程。自然界的一个扰动都将影响整个系统，发生耦合或是反馈循环，人为排放的 Pu 对环境的污染问题也是如此。以核武器试验释放的放射性核素为例，环境中的 Pu 首先因为核爆炸被释放于大气圈层中，再由于大气沉降作用沉降于土壤圈表层或是水圈表层，核素由于水的迁移扩散作用在土壤圈和水圈传播，进而影响生物圈层。核素在各圈层之间传播、扩散的同时，还会发生物理变化、化学变化、生物过程等不同的变化。

由此可见放射性核素的污染不是单独的一个过程。各圈层之间有着密切的联系，核素在不同的圈层中的传播扩散又有着不同的特点。因此，本章将针对水圈、大气圈和土壤圈层中 Pu 的来源及扩散和分布特点分别进行分析。

2.1　水圈中 Pu 的来源及其扩散

2.1.1　水圈中 Pu 的扩散

水污染是指由有害化学物质造成水的使用价值降低或丧失的现象。通常主要的水污染物质：酸、碱、无机盐类等，铜、镉、汞、砷等物质，苯、二氯乙烷、乙二醇等有机有毒物等。人类对放射性核素的研究，如核武器试验、核工业生产、高放废物处置等活动，造成了人为放射性核素排放于环境中，导致水体的污染。这些污染进入不同水体(海洋、湖泊、河流、地下水、土壤水等)，通过在水、沉积物或是鱼类等生物中富集，再通过食物链进入人体，对人类的健康产生影响，图 2.1 为海洋中放射性物质影响人类的途径。

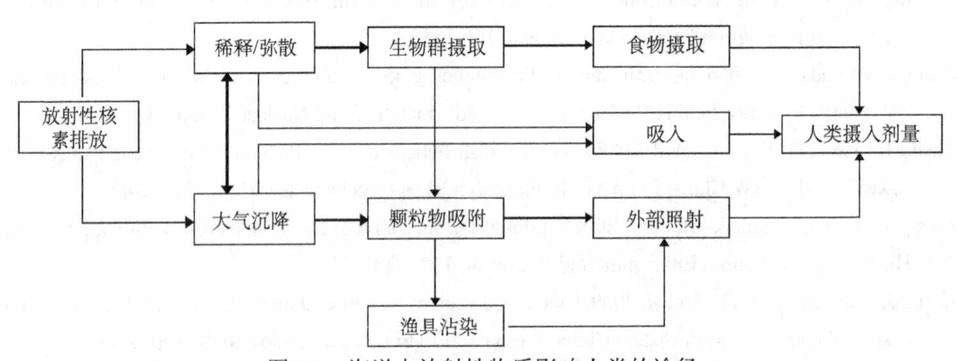

图 2.1　海洋中放射性物质影响人类的途径

水体中的Pu，主要来源于核电站事故中排放于水体中的放射性污染物、核武器试验后沉降在水体中的放射性污染物、核动力卫星爆炸的污染、向海底投放的放射性废物、核潜艇少量的放射性废物的排放等，这些过程排放于环境中的放射性核素的量对环境产生的影响，不能忽视。

放射性核素Pu进入溶液中时，主要以离子态、胶态和颗粒态(吸附于颗粒物)三种形态存在。它们在水体中的运动(传播、扩散)受各种因素的影响，如水文因素(如洋流等)、物理化学因素(如吸附、沉淀等)、生物因素(如吞食、吸收等)。研究表明，Pu溶解于水中时，主要以Pu(Ⅳ)、Pu(Ⅴ)存在，且水的酸碱度对Pu形态分布的影响很大，如在酸性溶液中，Pu主要以Pu^{3+}存在；偏中性环境中，Pu主要以$Pu(OH)_3^+$存在；碱性环境中，Pu主要以$Pu(OH)_4$存在。研究还指出，溶液中不同离子的浓度对Pu在溶液中的形态及含量有一定的影响(成建峰等，2017)。

海洋面积约占地球面积的71%，由于水在地球上的循环过程，海洋成了释放到环境中的人工放射性核素的主要受体(Aarkrog, 2003)。2011年福岛核电站事故，造成了历史上最严重的海洋放射性污染事故，该事故造成了世界范围的恐慌，尤其是人类活动集中的近海海域，核污染在该区域的扩散、沉积等影响成为研究者关注的重点。福岛核电站事故的研究表明，该次事故释放的放射性物质80%排入了太平洋，其中释放的$^{239+240}Pu$的总量预测为1.0×10^9～2.4×10^9Bq，在事故发生后的短时间内，大部分Pu都集中在福岛周边20～30km的范围内(Zheng et al., 2013)。Pu通过扩散作用等的方式进入海岸带环境中，其中包括很多物理、化学及生物过程，如洋流的扩散作用、Pu在海水中与颗粒物质的交互作用(吸附、解吸、离子交换等)、Pu在沉积物中的聚集累积(吸附、颗粒物廓清、沉积)、Pu通过生物作用在海岸内的传输与转移、Pu在海岸带内的再沉积作用(解吸、沉积物再悬浮、生物作用等)。

众多研究表明，由于各种因素的影响，区域内核素的分布差异显著，且不同来源的Pu，其$^{240}Pu/^{239}Pu$和$^{241}Pu/^{239}Pu$同位素比值存在显著的差异特征。利用Pu的同位素指纹特征作为其物源的示踪指标，可以清楚分辨区域放射性核素的来源及其传播、扩散机制。主要的Pu的指纹特征如下：对于全球平均沉降(30°N～70°N)来说，$^{240}Pu/^{239}Pu$和$^{241}Pu/^{239}Pu$的基准值为0.180和0.0018；对于福岛核电站事故释放的Pu来说，$^{240}Pu/^{239}Pu$和$^{241}Pu/^{239}Pu$的基准值的范围是0.303～0.330和0.103～0.135；对于PPG来源的Pu来说，$^{240}Pu/^{239}Pu$和$^{241}Pu/^{239}Pu$的基准值的范围是0.33～0.36和0.0018～0.0025；其他民用核反应堆产生的$^{240}Pu/^{239}Pu$同位素比值为0.2～0.8(Warneke et al., 2002; Zheng et al., 2013; Bu et al., 2014a, 2014b)。因此，选取放射性物质Pu作为一个指纹识别特征来研究地球生物化学过程，通过提取区域中Pu的沉降历史信息，结合观测分析数据阐明其迁移变化特征和通量特征，模拟外源输入时 Pu 在海岸带环境中的平衡过程与最终的归宿，能清楚地了解 Pu 在全球范围的迁移变化特征以及源、汇变化过程。

放射性核素的传播和扩散受海洋洋流的影响。有研究表明，PPG 来源的人工放射性物质由于沉降在岛礁周边，其 Pu 的 $^{240}Pu/^{239}Pu$ 同位素比值也比较高(0.30～0.36)，并伴随北赤道暖流、黑潮暖流和台湾暖流传输进入西太平洋及其边缘海内，科学家已在该地区多个海域内确认了来自 PPG 的 Pu 外源输入，特别是东亚范围内。相关主要研究已经证明洋流传输的强大作用，使得来自 PPG 的人工放射性核素分布在日本本州岛沿岸的海域内、我国沿海海域等区域(Zheng and Yamada, 2004; Tims et al., 2010; Dong et al., 2010; Liu et al., 2011, 2013; Zhang et al., 2018; Wu et al., 2014, 2018)。

在深海 Pu 的传输方面，研究人员利用沉降阱研究了西北太平洋深海区域中 PPG 传输进入的 Pu，通过海水向颗粒物质中的吸附廓清趋势进行了分析，发现沉降物的通量控制了外源 PPG 的 Pu 廓清速度(Zheng and Yamada, 2006)。厦门大学的研究团队利用 2012～2014 年南海区域 $^{240}Pu/^{239}Pu$ 同位素比值(0.184～0.250，平均值 0.228)，结合南海海洋洋流的空间分布特征，判定了区域中有 PPG 来源的 Pu 污染通过北太平洋暖流和黑潮暖流分支传输进入，并且在不同海洋深度和海洋颗粒物浓度大小存在差异的情况下，从海水向颗粒物质中转移吸附廓清的 Pu 的强度和浓度也存在较大的差异(Wu et al., 2018)。

在北太平洋的南部边缘海区域，PPG 来源的 Pu 通过北太平洋暖流和棉兰老流(MC)传输进入菲律宾海，海岸沉积物中 PPG 来源的 Pu 占总量的 60%，该区域中 $^{240}Pu/^{239}Pu$ 同位素比值范围在 0.26～0.29，其指纹特征清楚地显示了棉兰老流和黑潮暖流一样，具有运输 PPG 来源 Pu 的强大能力(Pittauer et al., 2018)。

Pu 在我国海岸带大河口区域的分布特征方面，$^{240}Pu/^{239}Pu$ 同位素比值在长江口和珠江口的分布特征表明，大河口区域内陆源 Pu 与海洋输入的 Pu 在河口区域有强烈的交互作用，并且 Pu 最终的归驱受控于细颗粒沉积物的沉降特征(Liu et al., 2011; Wu et al., 2014)。有研究通过综合分析核素 ^{210}Pb、$^{239,240}Pu$ 和 ^{137}Cs，研究长江口及东海区域的沉积速率、沉积物的混合作用机制、核素的地球化学特征，并估算了区域内泥沙和 Pu 核素的收支平衡(Huh and Su, 1999; Su and Huh, 2002)。在长江口及其邻近的东海区域内，研究小组对东海及长江口区域沉积物中 Pu 的同位素特征进行了分析，发现 $^{240}Pu/^{239}Pu$ 同位素比值(0.158～0.297)超过了全球沉降均值，说明 PPG 是该地区的主要输入来源，通过分析发现 PPG 来源的 Pu 通过黑潮暖流和台湾暖流输运至该区域时，其中 10%的海水中 PPG 来源的 Pu 可通过颗粒物的廓清作用发生转移；该区域中 $^{239+240}Pu$ 的通量范围为 2～807Bq/m^2，大部分集中在长江口及东海沿岸区域，长江输入量为 2.4×10^{10}Bq，长江口及东海区域内总的 $^{239+240}Pu$ 量为 3.1×10^{13}Bq，其中 45%～52%的 Pu 为 PPG 来源的外源输入。

在核事故的应急示踪与指纹特征方面，福岛核电站事故后有研究利用 $^{240}Pu/^{239}Pu$ 同位素比值(0.323～0.330)和 $^{241}Pu/^{239}Pu$ 同位素比值(0.128～0.135)指纹特征，判断分析核事故释放的 Pu 同位素来源于 1～3 号机组，而不是 4 号机组，释放到环境中的 Pu 占核电站内总的 Pu 核燃料通量的 $2\times10^{-5}\%$(Batlle et al., 2018; Zheng et al., 2013)，同时利用 $^{240}Pu/^{239}Pu$ 和 $^{241}Pu/^{239}Pu$ 同位素比值研究福岛核电站向海洋中释放的 Pu 的污染情况，判断 Pu 在近岸区域及远太平洋区域的污染传输范围(Bu et al., 2014a, 2014b; Men et al., 2018)。核事故释放的 Pu 随风向污染了流域，河流接收了来自流域内的核素沉降，研究利用 $^{240}Pu/^{239}Pu$ 同位素比值(0.182～0.208)和 $^{135}Cs/^{137}Cs$ 同位素比值(0.329～0.391)的指纹识别特征，分析福岛核电站周边河流微量悬浮颗粒物中(1～2 g)核素的污染情况，对核事故造成的河流及流域内放射性核素 Pu 和 Cs 的污染情况进行评估，为河流向海洋中的核素污染传输提供基础分析数据(Cao et al., 2016)。

综上可以看出，放射性核素 Pu 的同位素比值差异可以作为一种指纹识别特征来研究陆海交互作用的过程信息；通过分析该指纹识别特征，可以了解污染物质在水圈中的转移、扩散特征；了解了其转移、扩散机制，就能对放射性核素排放等突发事件进行及时的控制和清除，以防止事故影响的扩散。

由于福岛核电站事故的发生，各国对于近海海域的核安全问题越来越关注。我国海岸线绵长且核能设施大都建设在沿海地区，作为人类生活和资源开发重要区域，海岸线的核安全成了我国研究者研究的重点问题。一方面，该区域为放射性污染的潜在“源”，由于海岸带核能的发展，核设施的增加、核废料与乏燃料的处理、海上反应堆系统等均存在一定的安全隐患，增加了核污染的危险；另一方面，海岸带为放射性核素的重要“汇”，受洋流等因素的影响，放射性核素易在海岸带沉积，作为人类活动的集中区域、海产养殖区、工业发展区，放射性污染将带来巨大的经济损失，威胁海岸带及近海区域的居民以及生物的安全。

近几年，研究者针对海岸带放射性核素的研究越来越多，主要分为两种类型，一是对海水和沉积物中放射性核素的监测，如通过科学考察船采样或是监测站点上的探测设备来对海洋和沉积物中放射性核素的变化进行监测；二是利用模型模拟的方式，通过对观测数据的处理，结合模型模拟放射性核素在海岸带的扩散时空变化特征，预测污染对人类、生物等的影响，为决策的制定提供科学依据。

放射性核素 Pu 在海岸带的扩散过程十分复杂，不仅与污染物的排放途径及放射性核素 Pu 的理化特性有关，还与海洋环境动力学特征等有关，如海水的流速、水温、海面风力、海底坡度等特征，其扩散过程包括了物理、化学和生物变化的复杂过程。有研究者排除了复杂的海洋生物对核素的吸收、吸附、转化和代谢等生物过程的影响，将放射性核素 Pu 在海岸带的扩散分为三大过程。这三个过程分别为输运、中间转移和衰变。输运过程主要包括水体环境的对流和扩散以及排放过程引起的对流和扩散，即放射性核素 Pu 排入海洋时，会引起局部的对流和扩散过程；同时污染物会随着洋流方向向下对流输运，并向四周扩散，该扩散过程包括了湍流扩散和分子扩散。

中间转移过程包括了放射性核素的吸附与解析、沉淀与溶解、挥发等，且最主要的转移过程是沉淀与溶解。放射性核素 Pu 吸附于海洋中的具有较大表面积的悬浮颗粒物，同时与颗粒一起随着水体漂流，除了小部分进入海洋生物体内，大部分受到重力等作用沉积于海洋底部。因此，放射性核素 Pu 在沉积物中的浓度较大。

海水中的 Pu 主要存在形式为 Pu(Ⅴ)，并且 Pu(Ⅲ，Ⅳ，Ⅴ，Ⅵ)与海水中的有机质或无机物形成复杂的络合物，环境中的微生物对 Pu 的存在形式起很大作用(Lindahl et al., 2010; Hirose and Aoyama, 2002)(图 2.2)，能将 Pu(Ⅵ)迅速还原为 Pu(Ⅳ)，对 Pu(Ⅴ)的还原速率较慢；海水中的顺序提取方法表明，表层海水中的 Pu 主要与颗粒物中的有机质结合，但是结合的价态和机制并不明确(Hirose and Aoyama, 2002)。锕系元素，特别是 Pu 在环境中的状态和转换机制比较复杂，需结合 Eh、pH、离子强度、有机和无机物质配位体、歧化反应动力学等进行综合研究(Maher et al., 2012; Silver, 2001; Kersting, 2013)，pH 的轻微变动影响整个系统中 Pu 的溶解度和结合颗粒物的能力(Kaplan et al., 2006)，因此选取关键的控制因素对 Pu 在海岸环境中的行为研究尤为重要。

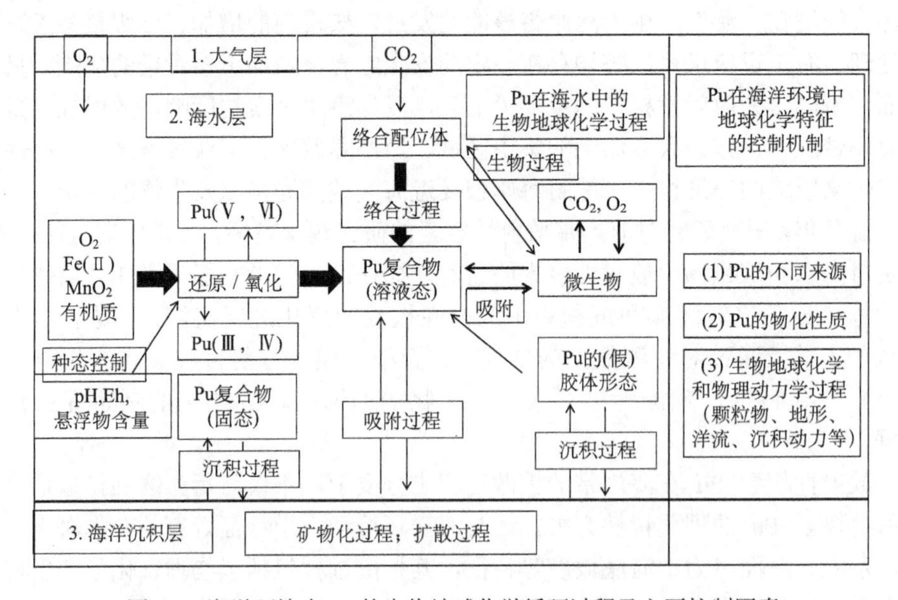

图 2.2　海洋环境中 Pu 的生物地球化学循环过程及主要控制因素

2.1.2　水圈中 Pu 的扩散模型

对于 Pu 在水圈中的传播和扩散，下面将集中介绍放射性核素在海岸带地区的弥散模型方法。

常用于评估水中放射性核素运输的模型可以分为三类：箱体模型、欧拉模型及拉格朗日模型。

1. 箱体模型

将海域划分成子区域，即箱体，在箱体内假设各物理量呈均匀和瞬时的状态。其余的过程，如溶解于水中的放射性核素与悬浮颗粒物之间的转换、悬浮颗粒物的沉积、沉积物中放射性核素的吸附等过程均可以利用箱体模型实现。当上述过程达到平衡状态时，利用平衡分配系数 K_d 值表示该状态（常见地区 K_d 值见表 2.1）。常见的箱体模型有 POSEIDON-R（Maderich et al., 2014）。

表 2.1　开放海域及海洋边缘常见元素 K_d 值（IAEA, 2001）

元素	开放海域	海洋边缘
H	1×10^{-3}	1×10^{-3}
Cr	4×10^{2}	5×10^{1}
Mn	2×10^{5}	2×10^{3}
Co	5×10^{4}	3×10^{2}
Ni	3×10^{2}	2×10^{1}
Sr	2×10^{-1}	8×10^{-3}
Tc	1×10^{-1}	1×10^{-1}
Cd	3×10^{0}	3×10^{1}
Sb	4×10^{0}	2×10^{0}
Cs	2×10^{0}	4×10^{0}
Ba	5×10^{0}	2×10^{0}
Pb	1×10^{4}	1×10^{0}
Po	2×10^{4}	2×10^{4}
Ra	4×10^{0}	2×10^{0}
Th	5×10^{3}	3×10^{3}
U	5×10^{-1}	1×10^{0}
Pu	1×10^{2}	1×10^{2}
Am	2×10^{3}	2×10^{3}

2. 欧拉模型

放射性核素浓度C_α (Bq/m^{3}或Bq/kg)在笛卡儿坐标系中的一般方程形式为

$$\frac{\partial C_\alpha}{\partial t}+\frac{\partial(u_\alpha C_\alpha)}{\partial x}+\frac{\partial(v_\alpha C_\alpha)}{\partial y}+\frac{\partial(w_\alpha C_\alpha)}{\partial z}$$

$$=\frac{\partial}{\partial x}\left(K_{\mathrm{h}}\frac{\partial C_\alpha}{\partial x}\right)+\frac{\partial}{\partial y}\left(K_{\mathrm{h}}\frac{\partial C_\alpha}{\partial y}\right)+\frac{\partial}{\partial z}\left(K_{\mathrm{v}}\frac{\partial C_\alpha}{\partial z}\right)+\sum_{\beta=1}^{n}k_{\beta\alpha}C_\beta+S_\alpha-\lambda C_\alpha \tag{2.1}$$

其中，x、y、z为坐标轴；u_α、v_α、w_α为α状态下各方向上放射性核素的流速；K_{h}和K_{v}为在水平和垂直方向上放射性核素的扩散率(包括湍流扩散、分子扩散和底层沉积物的生物扰动)，扩散率均随时间和空间变化；$\sum_{\beta=1}^{n}k_{\beta\alpha}C_\beta$项表示放射性核素在各状态下的一级反应，其中$k_{\beta\alpha}$为动力传递系数，且在各$\alpha$状态下$\sum_{\beta=1}^{n}k_{\beta\alpha}=0$；$S_\alpha$为源项；$\lambda$为放射性核素衰变常数。该方程可进行有限差分，通常有数值解(Periáñez, 2005)。

欧拉模型中放射性核素弥散过程的计算基于固定空间中的网格。利用每个网格点来计算污染物的流动和弥散，而弥散过程用湍流形式的菲克扩散定律来计算。该模型适用于远距离的放射性核素计算，但分辨率低，若提高分辨率，计算成本大大增加；该模型能考虑弥散过程中污染物的化学反应；但原始方程闭合困难，且计算过程容易发生数值发散(de Visscher, 2013；刘爱华和蒯琳萍，2011)。

常见的利用欧拉模型模拟放射性核素在海洋中传输的例子有Breton和Salomon(1995)、Harms(1997)、Koziy等(1998)、Preller和Cheng(1999)、Cetina等(2000)、Baily du Bois 等(2012)、Estournel 等(2012)、Periáñez 等(2012)和Maderich等(2016, 2017)。

3. 拉格朗日模型

拉格朗日模型利用污染物颗粒来描述污染物在海洋中的排放轨迹，而放射性核素污染由单个颗粒物组合计算而得。在α状态下，颗粒物的运动轨迹由Ito随机微分方程(Protter, 2004)给出：

$$dx = u_\alpha dt + \frac{\partial K_h}{\partial x} dt + \sqrt{2K_h} dW_x \tag{2.2}$$

$$dy = v_\alpha dt + \frac{\partial K_h}{\partial y} dt + \sqrt{2K_h} dW_y \tag{2.3}$$

$$dz = w_\alpha dt + \frac{\partial K_h}{\partial z} dt + \sqrt{2K_h} dW_z \tag{2.4}$$

其中，u_α、v_α、w_α 为 α 状态下各方向上的速度；W_x、W_y、W_z 为随机运动的独立分量，且对于有限时间步长 Δt，该三项可写为 $\Delta W_x = \sqrt{\Delta t} R_x$，$\Delta W_y = \sqrt{\Delta t} R_y$，$\Delta W_z = \sqrt{\Delta t} R_z$，其中 R_x、R_y、R_z 呈正态分布且均值和标准差为 0。上述扩散系数的导数防止了低扩散率区域内粒子的人为聚集(Proehl et al., 2005; Lynch et al., 2015)。

拉格朗日模型基于常微分方程，有效避免了空间截断误差和数值发散；且模型计算成本与网格分辨率无关，与污染物颗粒数有关，因此输出的结果具有高网格分辨率；但模型成本与源项数量有关，因此该模型适用于少源项的情况(Thiessen et al., 1999; Zhao et al., 2011)。

常见的利用拉格朗日模型模拟放射性核素污染扩散的研究个例有 Schonfeld(1995)、Harms 等(2000)、Periáñez 和 Elliot(2002)、Toscano-Jimenez 和 Garcia-Tenorio(2004)、Periáñez(2005)、Nakano 等(2010)、Kawamura 等(2011)、Kobayashi 等(2007)、Min 等(2013)和 Periáñez 等(2016)。

放射性核素在海洋环境中的主要传输过程为洋流平流传输、湍流混合、水和沉积物的交换作用及生物吸收。一般而言，箱体模型、欧拉模型及拉格朗日模型均可模拟平流传输和湍流混合过程。箱体模型一开始就假设核素在每一个箱体中的传输是瞬时完成的且均匀分布，因此箱体模型适合大空间尺度下的长期评估；同时，箱体模型可长期有效评估紧急情况下的放射性污染，也可用于评估核设施的慢性排放。欧拉模型和拉格朗日模型能够较好地模拟水流的运动场，因此可以模拟放射性核素的分布特征，应用于核事故及事故后的核污染监控。拉格朗日模型较欧拉模型而言，能模拟核素污染梯度较大的情况且不易发生数值发散，计算更快速，但拉格朗日模型大多运用于平稳和均匀的湍流条件，无法直接解决涉及非线性化学反应的问题；欧拉模型虽能解决化学反应的问题，但存在方程闭合和数值扩散的问题，且其分辨率越高计算量越大，因此实际情况中欧拉模型的分辨率均较低。

2.2 大气圈中 Pu 的来源及其扩散

大气中的污染物一直都是人类关心的问题。2012 年联合国环境规划署公布的《全球环境展望 5》指出，每年有近 70 万人死于臭氧导致的呼吸系统疾病，有近 200 万的过早死亡病例与颗粒物污染有关。大气污染已严重影响到人类的日常生活和生产等各个方面，大气污染物的治理已经引起全球范围的关注。

大气污染物主要可以分为两类：一种是天然污染物，另一种是人为污染物。天然污染物主要来源于土壤扬尘、海盐气溶胶、火山灰尘等自然过程，大气中自然 Pu 的含量非常少，可忽略不计；而人为污染物来源于人类活动，如汽车尾气排放、工业排放、农业生物物质燃烧等。人为污染物可分为以下几种：颗粒物、硫氧化物、碳氧化物、氮氧化物、碳氢氧化物及重金属等。由于人类对核武器的研究和使用以及对核电的开发，放射性物质成为一种新的大气污染物。

大量研究表明，放射性核素并不会直接存在于大气中，一般会附着在可吸入颗粒上，随着可吸入颗粒进行传播。可吸入颗粒是指空气动力学直径≤10μm 的颗粒物，它包括细颗粒物和超细颗粒物，它们的空气动力学直径分别为≤2.5μm 和≤0.1μm。可吸入颗粒由于直径小、质量轻，容易均匀地分散且悬浮于大气中，并且形成一个庞大的且相对稳定的分散体系；其沉降速度慢，能够长时间存在于大气中；颗粒物还能随着气流在全球范围传播，从而对局部和全球大气环境产生一定的影响。由于具有这一特性，吸附了放射性核素的颗粒物是全球大气辐射危害的主要来源。

研究表明，放射性核素如核爆炸、核事故等排放的人工放射性核素铯(^{137}Cs)、Pu 和铀等均具有颗粒物活性，能够吸附在大气中的非放射性颗粒物上成为放射性气溶胶粒子；尤其是能形成亚微米级的放射性气溶胶颗粒，随着气流进行远距离传输，造成区域性的放射性污染。放射性核素附着于可吸入颗粒上，形成的放射性气溶胶容易通过呼吸作用进入人体，增加了人体潜在的呼吸暴露危害。研究表明，放射性 ^{137}Cs 同位素属于易挥发放射性核素，主要吸附在 0.1～1μm 细颗粒物上，以颗粒态形式在大气中传播；对于低挥发性的锕系元素铀和 Pu，放射性铀同位素主要吸附在 2～6μm 颗粒物上；Pu 通常吸附在非放射性的惰性颗粒上，像地壳物质等，能够均匀分散在颗粒物表面或是单独吸附在某个位点上，高浓度的 Pu 主要分布在空气动力学直径<0.49μm 的细颗粒物上，并形成辐射热点。

除了核试验和核事故产生了大量的 Pu，核工业生产中也产生了半衰期很长的 Pu 的放射性气溶胶，如金属燃料制备、核设施的运行、事故、退役以及核废料的存储、运输等过程中也会产生放射性微粒物质而弥散于空气中形成放射性气溶胶。放射性气溶胶按照放射性的种类主要分为 α、β、γ 衰变放射性气溶胶。而铀、Pu

等毒性大且半衰期较长的放射性核素以α衰变为主，公众或工作人员吸入含有铀、Pu等核素的放射性气溶胶后，该放射性物质将长期滞留于人体内部，对人的身体健康产生严重的危害。因此检测放射性气溶胶的量和预测其分布是人类辐射防护与评价的重要内容。

大气中Pu的来源众多，各国在1945～1980年开展的核试验是重要的全球Pu的来源，除此之外，卫星发射事故以及核电站事故导致的放射性核素的泄漏也是大气放射性污染的来源。Pu污染物在大气中的扩散过程完整且复杂，其通过风、湍流等作用输送、扩散、稀释，使得污染物离开源地，浓度降低。影响大气污染物的浓度和分布特征的因素有很多，首先Pu的污染物的排放量直接决定了大气中污染物的总量，其次距污染源的距离不同使得浓度分布呈现很大的局域差异，但上述因素一般都是可确定的。决定污染物浓度变化分布的因素是大气扩散能力，影响大气扩散能力的因素包括气象因素和地理因素。

影响大气扩散的气象因素主要有风、大气湍流和大气层结稳定度。风使用风向和风速来描述其特征，风向影响污染物的扩散方向，通常污染物的浓度高值出现在污染物的下风向。风速影响着大气污染物的扩散速度，一般来说，污染物的浓度随着风速的增大而降低，呈反比关系。可是实际情况中风速对大气扩散的影响远远比这复杂。风速小增大了污染物抬升高度，反而使得地面浓度减小，降低了污染物的地面浓度，显然风速的这种复杂作用对高架点源的影响更重要。

大气在热力和动力的作用下会产生不规则的大气湍流运动。在大气边界层内，下垫面起伏很大，粗糙度也不同，同时地表受热不均，这导致大气经过下垫面时形成剧烈的机械湍流和热力湍流。若大气中没有湍流作用，污染物延期排出后只会保持着近似同样的浓度向下风向运动而不会向四周扩散。湍流作用导致空气分子与污染物气团在横向和垂直方向上交换混合，大气中的污染物浓度分布非常不均匀，从而使污染物得到稀释，浓度降低。

大气层结稳定度对大气扩散能力有很大的影响。通常，气温随高度的增加而降低，相反则形成逆温。逆温条件下大气稳定，很难发生垂直运动，阻碍了污染物的传播扩散和稀释，因此逆温条件下污染物容易积累在近地面，浓度也随之增加；大气层结不稳定则加强湍流运动，使大气扩散强烈，从而有利于污染物的稀释，浓度降低。

影响大气扩散的地理因素主要有下垫面和局地气流。地面由于地形和建筑等的存在具有不同的粗糙度，当污染物排出后，与不同粗糙度的地形地物产生摩擦，大气的风向、风速发生变化，导致污染物浓度差异产生。下垫面起伏对大气扩散的影响程度与障碍物的形状、大小等密不可分。在地形起伏比较大的地区，由于山体的影响，大气在动力热力作用下向垂直于山体的方向抬升，过山后大气下沉，从而影响大气扩散；在比较封闭的山谷盆地地区，周围高地形的屏障作用使得区域内的风速较小，大气污染物容易积累形成高浓度。而在城市中由于建筑物的影响，地面起伏也比较大，大气扩散受到高大建筑物的阻挡容易在小范围内形成涡流，导致污染物停滞而不易扩散。

地形地貌的不同造成地表热力不均，会形成局部气流，这对局部区域的大气污染作用显著。在山区由于局部温度的差异产生山谷风，山谷风环流稳定导致污染物持续累积从而浓度增加。一般来说，山谷风出现的时候冷空气下沉使得山谷出现逆温，此外大气污染物会被山风压回谷底，加重了山谷里的污染，甚至会出现非常高的浓度。在城市中下垫面和人类生产生活特性的影响下，城乡温差大，形成热岛效应，污染物不易扩散，此外由于城市地面对大气污染物的消耗吸收比较少，大部分污染物都是通过湍流传输给大气，加剧了城市大气污染。

而核试验产生的放射性核素主要通过以下途径传播：比较大的颗粒，即空气动力学直径在 50～100μm 的颗粒，由于重力作用能很快地沉降在试验区附近，在爆炸中心和下风向形成污染带；较小的颗粒，即空气动力学直径在 1～10μm 的微粒，可能停留在大气的对流层中，然后受大气环流的作用，沉降在同一纬度的地区，这一现象称为带状下沉或纬度下沉；小于 1μm 的放射性微粒受爆炸的作用进入大气的更高上空——平流层，受平流层稳定气流的作用，这些放射性微粒能在平流层存在几年甚至几十年，通过扩散和混合作用沉降到全球表面，这一沉降方式称为全球沉降，这一作用下放射性核素能扩散并影响全球各地。Pu 的沉降方式主要有全球沉降(平流层)和区域沉降(对流层)两种，据 UNSCEAR (2000) 计算，只有 15%的 Pu 在爆炸地区沉降，大约 85%的 Pu 被释放到大气当中，并随着大气运动在全球各地扩散和沉降。20 世纪 50 年代，美国在太平洋地区进行的核试验产生的气流除进入平流层外，大部分注入对流层产生区域沉降，而 60 年代，苏联的核试验产生的细颗粒物质大部分直接到达平流层并随大气环流在大气中传播和扩散，经很长时间才能落回到对流层，形成全球沉降。Pu 的全球大气沉降量的 75%左右来源于 60 年代苏联的核试验，最大的沉降年份在 1963 年。太平洋中的 Pu 总输入量为 3.397PBq，其中来自太平洋核试验区域沉降的 Pu 为 1.978PBq。

不同来源的 Pu 的时空特性不同，虽然单纯的 Pu 能够提供的来源信息很少，但不同源产生的 ^{240}Pu/^{239}Pu 同位素比值有较大的差异。利用该比值能够解析 Pu 的来源，并且可以将该比值作为大气污染物的示踪剂。通过分析土壤表层颗粒物即沉降在地表的 Pu，可以反映土壤和沙尘污染物的再悬浮和远距离传输的特性。在 80 年代大气核武器试验结束后，沉积的放射性核素的再悬浮被认为是近地面空气和大气沉降中 Pu 的主要来源，有大量的研究结果支持了该结论。

Hirose (1998) 分析日本筑波市大气沉降样品中的 Pu 同位素比值，结果表明大量的 Pu 沉降主要归因于东亚干旱地区风力作用下吸附了 Pu 的表层土壤颗粒的远距离传输，并且认为 $^{239+240}$Pu 含量的增加趋势可能反映了东亚大陆荒漠化的恶化，同时，研究者认为 Pu 还可以作为亚洲粉尘的指示剂。

Igarashi 等(2003)利用蒙古地表土壤中人工放射性 Pu 同位素组成推测了亚洲粉尘源区变化，暗示可以示踪东亚大陆的放射性核素土壤颗粒的再悬浮过程。

Choi 等(2006)通过分析韩国气溶胶样品中的 Pu，发现韩国大气中高浓度的 Pu 出现在高尘事件爆发期间收集的高尘气溶胶样品中，高尘气溶胶中 $^{240}Pu/^{239}Pu$ 同位素比值接近全球沉降值，说明韩国春季高浓度的 Pu 与春季频发的黄沙尘暴有关，表明来自我国的土壤再悬浮颗粒会通过黄沙事件促使韩国地区大气中的 Pu 浓度升高，同时证明了 Pu 可以示踪我国北方沙漠地区污染物的远距离传输。大量的实验研究结果表明，$^{240}Pu/^{239}Pu$ 同位素比值不仅能够应用于放射性核素的来源识别，也有很好的示踪作用，同时也表现了 Pu 随大气的传播和扩散效应。

2.2.1　大气圈中 Pu 的扩散

Pu 在大气中主要以 Pu 的气溶胶形式存在。Pu 气溶胶主要来源于 Pu 金属的氧化或挥发、辐照后的 U 或 UO_2 的氧化或挥发、Pu 悬浮液或水溶液的飞沫分散、被 Pu 污染后的土壤或粉尘的再悬浮等(宋妙发和强亦忠，1999；刘文杰等，2011；欧阳洁等，2017；谢波等，2017)。在对流层中悬浮的 Pu 气溶胶能在短时间内(几周至几个月)通过干湿沉降的方式沉降下来，而平流层的 Pu 气溶胶粒子由于平流层的稳定结构而很难消除，通常是通过平流层和对流层的交换作用来进入对流层从而达到 Pu 的消除。研究表明，平流层 Pu 的含量已经非常少，几乎可以忽略不计，而大气中 Pu 的主要来源是土壤和海洋 Pu 颗粒的再悬浮。

Pu 气溶胶能稳定在大气中，人体通过吸入 Pu 气溶胶，气溶胶颗粒在人体中沉积、吸收和转移，这个过程涉及巨噬细胞的吞噬作用、气管及支气管的纤毛运动、Pu 粒子的溶解和吸收以及通过淋巴系统的转移等，导致人体内辐射损伤效应，摄入微克量级的 Pu 甚至会导致死亡。因此，对大气中 Pu 气溶胶的研究刻不容缓。

Pu 气溶胶的特征主要用 Pu 颗粒的大小、溶解度、价态、核素组成等来衡量，而这些特征参数主要依赖于 Pu 气溶胶形成时的三种模态，这三种模态是按空气动力学粒径来划分的，分为核模态、积累模态和粗粒子模态。

核模态是指气溶胶颗粒的粒度为 0.005～0.1μm，几何平均直径范围为 0.015～0.038μm，平均直径为 0.029μm，几何标准偏差为 1.7。核模态气溶胶是由大气中的光化学反应和燃烧形成的。由于它的短暂性，核模态气溶胶仅在其源头附近显著存在，如高速公路上。

积累模态是指气溶胶颗粒的粒度为 0.1～2μm，大气中复杂反应导致硫和氮的氧化，产生含有无机化合物如硫酸铵、硝酸铵等积累模态的粒子。积累模态粒度范围也含有有机碳和元素碳粒子。

粗粒子模态是指气溶胶颗粒的粒度大于 2μm。这些粒子主要来源于土壤的矿物粒子、生物粒子(花粉粒子等)、海盐粒子等。

按照形成 Pu 气溶胶粒子时化学反应的剧烈程度，可以将 Pu 材料氧化、燃烧以及炸药爆炸与爆轰等不同场景下 Pu 气溶胶形成划分为 3 种类型，一是低于燃点的 Pu 氧化；二是低于沸点的 Pu 燃烧，包括静态燃烧、动态燃烧(分为液滴爆裂和未发生液滴爆裂)；三是高能事件下的 Pu 气溶胶化，包括真实高能事件(化学爆炸、运输事件中撞击坠毁等)和模拟高能事件(等离子弧切割、激光加热、氢爆炸、电流熔爆等)。

在温度低于燃点时，Pu 氧化形成气溶胶的反应机理分为两点：燃烧时生成了具有阴离子晶格缺陷的 PuO_{2-X}，氧化是通过阴离子向内扩散而不是通过阳离子向外扩散进行的；Pu 气溶胶形成时的释放率仅取决于 Pu 金属同素异形相和空气湿度。随着温度的升高，可吸入部分非线性下降，且与 Pu 金属材料有关。Pu 的氧化产物主要是 PuO_2，但 Pu_4O_7 比 PuO_2 更稳定，所以在 Pu 气溶胶中发现 Pu_4O_7 和 Pu_2O_3 等低价氧化物是有可能的。

在温度低于沸点时，Pu 燃烧形成气溶胶的反应机理为氧化 Pu 层颗粒的碎裂。在燃烧过程中，氧化并不完全按照反应式 $Pu+O_2 = PuO_2$ 进行，燃烧温度与反应完成程度之间的差异表明 PuO_2 晶格有阴离子缺陷，滴液最终爆裂发光是由于大量 Pu 蒸气被释放到环境中并冷凝成气溶胶。

动态燃烧条件分为未发生液滴爆裂和发生液滴爆裂两种情形。未发生液滴爆裂情况下，Pu 气溶胶形成的 3 个阶段特征：基本没有 Pu 气溶胶释放，原因是温度低于金属 Pu 熔点未发生熔融，包装体保持完整；包装体开始破裂，熔融液态 Pu 金属和氧进行反应，形成气溶胶；形成的 Pu 气溶胶源项基本恒定，即氧化 Pu 总活度与气溶胶释放份额的乘积基本恒定。发生液滴爆裂情况下，Pu 气溶胶的形成分为点火阶段、持续反应阶段和爆炸阶段。

在炸药爆炸条件下 Pu 气溶胶形成的化学反应动力学问题尚不明确，但可以从爆炸过程的三个化学反应阶段分别考虑 Pu 气溶胶的生成问题：在无氧爆炸反应阶段，持续时间数百万分之一秒，分子形式的氧化还原反应；爆炸后的无氧燃烧反应阶段，时间约为数万分之一秒，是粒子的燃烧；最后为有氧燃烧反应阶段，时间为千分之一秒，粒子燃烧产物与周围空气混合燃烧，火势变大。该理论尚未得到实验的证实。

为了研究真实高能事件发生时 Pu 气溶胶的形成，研究者利用各种实验手段来模拟高温、高压气溶胶形成的场景。研究者认为，气溶胶粒子的生成机制有两种：一种是金属蒸气的凝结；另一种是熔融金属形成液滴。而小粒子在大粒子表面的富集过程分为两种情况：一是冷却压缩的小粒子被吸附在更大粒子的表面，这种更大粒子的产生是由于成核与凝聚；二是已成核的小粒子被凝聚在先前冷却压缩的大粒子表面，大粒子位于粒子的中心。

2.2.2　大气气溶胶 Pu 的测定

因为大气气溶胶中 Pu 的含量很低，目前一般在 $10^{-8}\sim10^{-7}Bq/m^3$，换算成 ^{239}Pu 的质量浓度则为 $10^{-18}\sim10^{-17}g/m^3$，直接分析如此少量的 Pu 几乎是不可能的，需要对大气样品进行预富集。

1. 气溶胶样品的预富集

大气样品可使用抽气过滤法富集大气中的气溶胶。将纤维滤材放在滤材架上，用抽气泵抽气，使空气通过纤维滤材，空气中的悬浮颗粒被收集在滤材上。通过一段时间取样的积累，滤材上富集足够量的气溶胶粒子，分析滤材上的特定物质，并根据抽气所用的时间及空气的流量可知道通过滤材的空气体积，计算该物质在空气中的浓度。

2. 样品的化学处理

相对于 Pu 而言，气溶胶样品中铀的量要大得多，其浓度为 Pu 的 10^6 倍左右。天然铀的主要同位素是 ^{238}U，环境样品中的 Pu 主要是 ^{239}Pu。在 ICP-MS 分析时，等离子体中 ^{238}U 可能与氢离子结合形成质量数为 239 的 U-H 复合离子，而对 ^{239}Pu 的测定形成干扰。有文献曾报道 ICP-MS 分析 $^{238}UH^+/^{238}U^+$ 为 10^{-5} 量级，所以在气溶胶样品超痕量 Pu 的分析中，UH^+ 对 ^{239}Pu 可能有至少 10 倍以上的干扰。如果直接从测量结果中扣除，会产生很大的不确定度，因此，必须对气溶胶样品进行化学处理以除去常量基体并实现铀和 Pu 的分离。

用铂坩埚对滤材样品进行处理，加入 ^{242}Pu 稀释后在马弗炉中灰化完全，对灰化后的样品进行化学分离流程，实现其中的铀钚分离。收集到的样品浓缩至约 0.8mL，送质谱仪分析。

3. 同位素稀释法定量

本书介绍采用同位素稀释法进行 Pu 的定量分析。在化学流程前向样品中加入 ^{242}Pu 作为同位素稀释剂，这样可以不必考虑样品在化学流程中的损失，同位素稀释剂同时起到了内标的作用。这样，样品中 ^{239}Pu 的量可用式(2.5)得到

$$^{239}Pu_s = {}^{242}Pu_d \times \left(R_{\frac{239}{242m}} - R_{\frac{239}{242d}} \right) \times \frac{239}{242} \tag{2.5}$$

其中，$^{239}Pu_s$ 为样品中 ^{239}Pu 的质量；$^{242}Pu_d$ 为加入稀释剂中 ^{242}Pu 的质量；$R_{\frac{239}{242m}}$ 为样品加入稀释剂后 $^{239}Pu/^{242}Pu$ 同位素比值的测量值；$R_{\frac{239}{242d}}$ 为稀释剂中 $^{239}Pu/^{242}Pu$

的同位素比值。

2.2.3　大气圈中 Pu 的扩散模型

1. Pu 气溶胶源模型

1）二源模型

Mietelski 和 Was（1995）利用气溶胶中 Pu 同位素比值来示踪 Pu 的来源，并通过建立二源模型来区分切尔诺贝利核事故源和全球沉降源的 Pu，用式（2.6）、式（2.7）来计算这两种来源的贡献率：

$$A_{239} = A_{\mathrm{g}} + A_{\mathrm{ch}} \tag{2.6}$$

$$A_{238} = \zeta A_{\mathrm{g}} + \xi A_{\mathrm{ch}} \tag{2.7}$$

其中，A_{239} 和 A_{238} 代表样品中 ^{239}Pu 和 ^{238}Pu 的比活度；A_{g} 和 A_{ch} 分别代表全球沉降和切尔诺贝利沉降贡献的 $^{239+240}Pu$ 比活度；ζ、ξ 分别是全球沉降和切尔诺贝利核事故沉降中 $^{238}Pu/^{239+240}Pu$ 比活度比值。则切尔诺贝利对该地区气溶胶样品中 Pu 总活度的贡献率计算公式为

$$F = A_{\mathrm{ch}}\left(A_{239}\right)^{-1} = \left[A_{238}\left(A_{239}\right)^{-1} - \zeta\right] \cdot \left(\xi - \zeta\right)^{-1} \times 100\% \tag{2.8}$$

结果表明切尔诺贝利核事故中 Pu 的贡献率为 0～100%（由于影响各采样点 Pu 分布的因素不确定性）。

2）三源模型

Kierepko 等（2016）在 Mietelski 的二源模型的基础上提出了一种三源模型，更有利于解决混合 Pu 源的区分问题，主要通过测定源和受体样品中 $^{238}Pu/^{239}Pu$ 和 $^{238}Pu/^{240}Pu$ 比活度比值来进行 Pu 的多源识别，通过式（2.9）～式（2.11）计算各个来源的贡献率：

$$C_{239} = C_1 + C_2 + C_3 \tag{2.9}$$

$$C_{238} = aC_1 + bC_2 + cC_3 \tag{2.10}$$

$$C_{240} = \alpha C_1 + \beta C_2 + \gamma C_3 \tag{2.11}$$

式中，C_{239}、C_{238}、C_{240} 分别表示样品中 ^{239}Pu、^{238}Pu、^{240}Pu 的比活度浓度；C_1、C_2、C_3 表示三种 Pu 源贡献的比活度浓度；a、b、c 分别表示三种 Pu 源样品中 $^{238}Pu/^{239}Pu$ 比活度比值；α、β、γ 分别代表三种 Pu 源样品中 $^{238}Pu/^{240}Pu$ 比活度比值，再通过式（2.12）计算出每个来源的贡献率：

$$F_i = \frac{C_i}{C_{239}} \times 100\% \tag{2.12}$$

其中，i=1,2,3。

2. Pu 的大气弥散模型

在切尔诺贝利核事故之后，国际原子能机构和世界气象组织(World Meteorological Organization, WMO)动员科学界测试和验证大气弥散的数值模型，以模拟意外大气污染释放。至 2018 年，已经有数个大气弥散模型可模拟大气污染物的弥散过程，如拉格朗日弥散模型 FLEXPART，能够模拟单点污染物源头的、大范围的、中尺度的污染物传输(陶文铨，2001；彭慧等，2017)；由美国海洋和大气管理局空气资源实验室开发的混合单粒子拉格朗日积分轨迹模型(HYSPLIT)，可用核爆炸的表面信息模拟核爆炸后污染物的弥散和沉积。此外，还有许多用于当地中小尺度的弥散模型，如中尺度大气传输与化学模型(meso-scale atmospheric transport and chemistry, MATCH)、美国气象局模型 NAME、欧洲大气污染和弥散逆模型(EURAD-IM)及丹麦 Rimpuff 和欧拉意外释放模型(DREAM)。

3. Pu 气溶胶再悬浮模型

1) Pu 气溶胶再悬浮理论

Pu 气溶胶的再悬浮是指 Pu 气溶胶由于沉降作用沉积在环境土壤中，但其仍会因为自然因素，如植被生长、地表风、大气湍流等，或人为因素，如人类活动、污染土壤的运输和转移等重新进入大气体系。Pu 气溶胶的再悬浮使得放射性污染区可能较长时期存在不同程度的生物及环境危害，因此对 Pu 气溶胶再悬浮的环境危害进行系统的评估非常有必要。

美国从 20 世纪 50 年代起就开展了含核材料爆轰试验(核试验及安全试验)场地及周边区域空气和土壤中的 Pu 气溶胶浓度的测量。Anspaugh 等(1976)根据历年来核试验场的环境监测结果，提出了 Pu 气溶胶在土壤中沉积和空气中分布的一些规律：

(1) 试验过后，试验点及周边区域空气中的 Pu 气溶胶浓度会在短期内快速衰减。试验后 100h 空气中气溶胶的平均浓度仅有爆轰烟云稳定时刻浓度的百分之一至千分之一，表明绝大部分 Pu 气溶胶会迅速在土壤中沉积。

(2) 对试验场空气中 Pu 气溶胶浓度短期测量结果显示，再悬浮的 Pu 气溶胶浓度受气象条件和人类活动(针对污染土壤的净化和移除)影响，可能出现数量级的波动。

(3) 对试验场空气中 Pu 气溶胶浓度中期测量结果显示，空气中气溶胶浓度的进一步衰减受气象条件和人为因素影响，呈现一定的时间特性，空气中 Pu 气溶胶浓度的半衰期为 5～10 周。

(4) 试验场空气中 Pu 气溶胶浓度变化强烈地依赖于人为因素的扰动。具有 10

年历史的污染区在遭受人为扰动后，空气中 Pu 气溶胶浓度的半衰期仍可达到 9 个月；具有 10～20 年历史的污染区一旦遭到外来扰动仍是重要的放射性颗粒再悬浮源项。

(5)无论是短期还是中长期污染区，空气中 Pu 气溶胶测量结果显示，再悬浮的 Pu 气溶胶颗粒中可吸入比率均为 0.15～0.25。

上述规律显示 Pu 气溶胶再悬浮研究的重要性和复杂性。直径较小的气溶胶颗粒更容易遭受外界扰动，脱离土壤区域而再悬浮于空气中，而再悬浮的 Pu 气溶胶可吸入比率是较高的。因而如果污染土壤未经过系统有效的净化处理，放射性污染区的可吸入危害将具有长期性和随机性等特点。

2)Pu 气溶胶再悬浮模型的发展

Anspaugh 等(1975)以大气物理学、地质学和辐射剂量学为基础，通过引入假设和约束条件，初步建立了用于评估放射性 Pu 气溶胶再悬浮的经验模型。该气溶胶再悬浮模型是建立在地质学中的土壤侵蚀和沙土运动学基础上的。由地表风驱动的土壤运动主要有三种方式：地表蠕动(岩石碎片和土壤沿着受风雨侵蚀的滑坡向下缓慢移动)、跳动和悬浮。颗粒在遭遇气流后突然垂直上升并获得水平动量，而后由于重力作用重新回到土壤表面，以跳动方式运动的颗粒直径为 50～500μm，较大尺寸(500μm～2mm)颗粒的运动方式主要为地表蠕动，悬浮的颗粒尺寸小于 100μm，且沉降速度需小于地表风的湍流涡旋速度。表征单位时间内土壤中颗粒再悬浮能力的物理量为垂直通量(也称为再悬浮释放率)Q[Bq/(m^2·s)]，Gillette 等(1972)最先提出其经验公式：

$$Q = -K_{\mathrm{A}} \rho \frac{\partial n}{\partial z} \tag{2.13}$$

其中，ρ 为空气密度，g/m^3；n 为单位质量空气颗粒数；z 为垂直高度，m；K_{A} 为气溶胶交换系数，近似等于涡流黏度 K(m^2/s)，即

$$K_{\mathrm{A}} \approx K = kzu^{*} \tag{2.14}$$

式中，k 为 Karman 常数，平滑地形和粗糙地形的 k 值分别为 0.35 和 0.4；u^{*} 为气流摩擦速度(湍流切应力与空气密度比值的平方根，m/s)。

Shinn 等(1974)对式(2.13)、式(2.14)进行了如下简化：

$$Q = -K \frac{\partial C}{\partial z} \tag{2.15}$$

其中，C 为高度 z 处空气中的气溶胶活度(Bq/m^3)。

Anspaugh 等（1975）指出，如果气流速度足以产生气溶胶的垂直通量，则按照 1m 高度处归一的气溶胶浓度满足随高度 z 的幂指数分布：

$$\frac{\partial C}{\partial z} = p \frac{C}{z} \tag{2.16}$$

式中，p 为 z 的幂，由地表的物理过程决定，测量值为–0.35～–0.25。

综合式(2.13)～式(2.16)，可得

$$Q = -pku^{*}C \tag{2.17}$$

试验显示空气中气溶胶活度 C 在高度 0.5～2m 范围内的变化幅度仅为±20%，因此通常将 Q 定义为高度 1m 处的气溶胶垂直通量。式(2.17)称为放射性气溶胶的气象通量梯度公式，是气溶胶再悬浮的理论基础。

在土壤体系中，经验观测结果显示，气溶胶活度随土层深度增加而呈指数衰减：

$$A_{s} = A_{0}\exp(\alpha z) \tag{2.18}$$

其中，A_s 为单位质量土壤中再悬浮气溶胶活度，Bq/g；α 为弛豫深度倒数，cm^{-1}。

Shinn（1993）注意到这一经验公式在浅表土壤中气溶胶浓度估计时存在显著偏差，并指出其原因在于浅表土壤区与空气区剧烈的混合过程，并进一步给出单位质量浅层土壤中再悬浮气溶胶活度 A_0 的经验修正公式：

$$A_{0} = S \cdot \exp(\alpha z_{1}/2) \tag{2.19}$$

其中，S 为可测量获得的单位质量地表土壤中气溶胶活度，Bq/g；z_1 为浅表土层深度，cm，通常取 2～2.5cm 范围内的值。

依据式(2.18)和式(2.19)，可确定单位面积土壤沉积活度 D(Bq/m^2)为

$$D = \int_{0}^{\infty} \rho A_{s} \mathrm{d}z = \rho S h \tag{2.20}$$

其中，ρ 为土壤体密度，通常取$(1.5 \pm 0.2) \times 10^{6}$ g/m^3；h 为沉积特征深度, cm，h=$(1/a) \times \exp(\alpha z_1/2)$，通常$\alpha$的取值范围为0.2～2.0$cm^{-1}$，则有 $h = (5 \pm 1.5)$cm 。

综上所述，通过试验测得的气流参量 u^{*}、土壤中气溶胶参量 S、空气中气溶胶参量 C 和 A(单位质量空气中再悬浮气溶胶活度)，可以利用式(2.15)和式(2.20)计算出 Q 和 D，进而推算出气溶胶再悬浮经验模型中的一些重要评估参数。

(1)气溶胶再悬浮比率 R，表示单位时间表层土壤中气溶胶再悬浮的比率(s^{-1})：

$$R = \frac{Q}{D} \tag{2.21}$$

(2)气溶胶再悬浮因子 S_f，表示单位体积空气中再悬浮气溶胶浓度与单位面积土壤沉积活度的比值(m^{-1})

$$S_{f} = \frac{C}{D} \tag{2.22}$$

(3)气溶胶再悬浮增强因子 E_f，表示单位质量空气中再悬浮气溶胶活度与对应土壤中沉积活度的比值(无量纲)

$$E_f = \frac{A}{S} \tag{2.23}$$

其中，S_f 和 E_f 是 Pu 气溶胶再悬浮评估中重要的参考系数，分别表示单位面积和单位质量表层土壤中 Pu 气溶胶的再悬浮能力。通过汇总分析获得各种类型污染区的 S_f 和 E_f，可用于 Pu 泄漏事件后污染区域空气中再悬浮 Pu 气溶胶活度的快速评估。Shinn (1993) 研究发现用 S_f 评估空气中气溶胶活度 C 具有较大的误差，其偏离系数(评估值几何标准偏差与几何中值的比值)为 2～10，并提出采用 E_f 评估空气中气溶胶活度更为合理，即

$$C = E_f \cdot A_s \cdot M \tag{2.24}$$

式中，M 为空气中气溶胶的质量载荷，$\mu g/m^3$。

依据式(2.24)评估空气中气溶胶活度 C 的偏离系数将小于 2。前面已经指出在稳定气象条件下，空气中气溶胶活度 C 会随着时间衰减，而 Langham (1969) 最早提出气溶胶再悬浮因子 S_f 随着时间 t 的指数衰减公式为

$$S_f(t) = S_f(0)\exp(-\lambda t) \tag{2.25}$$

这里假定土壤沉积活度 D 为常数，λ 为空气中气溶胶活度的半衰期(s^{-1})。采用式(2.25)确定空气中随时间变化的气溶胶活度仅适用于污染区的短期评估，对时间尺度超过 1 年的陈旧污染区域，该公式的评估值明显低于试验观测值。为此，Anspaugh 等 (1975) 提出了适用于陈旧污染区评估的经验修正公式：

$$S_f(t) = 10^{-4}\exp\left(-\lambda\sqrt{t}\right) + 10^{-9} \tag{2.26}$$

其中，$\lambda=0.15s^{-1}$；t 以天为单位；再悬浮因子初始值 $S_f(0)$ 近似为 $10^{-4}m^{-1}$。

利用上述经验模型与众多污染区测量结果进行对比，可建立各类污染区气溶胶再悬浮比率、再悬浮因子和再悬浮增强因子等重要参数的数据库，进而对各类放射性污染区的气溶胶短期及中长期环境浓度进行快速评估。

由于缺乏系统理论的支持及大量假设条件的引入，气溶胶再悬浮评估模型尚有诸多不足和亟待解决之处：一是评估参数的不确定度较大，Shinn (1993) 指出即使无法继续降低评估体系的不确定度，也至少需要进一步弄清不同类型污染源及参数变化对 Pu 气溶胶再悬浮风险评估的影响；二是气溶胶颗粒在土壤中沉积的机理尚不明确。未来气溶胶再悬浮研究应沿着经验模型与现场测量相结合、用试验数据修正经验公式的方向发展，而建立气溶胶再悬浮的系统理论框架是开展辐射污染区环境危害高精度评估的终极设想。

2.3　土壤圈中Pu的来源及其扩散

2.3.1　土壤圈中Pu的扩散

土壤中原本存在“原生放射性核素”，即地球在形成期出现的原子序列大于83的放射性核素，这些放射性核素一般分为铀系、钍系和锕系三种类别，这些核素由于放射性衰变产生大量α、β、γ射线，对地球环境产生强烈的影响。其中，^{40}K、^{238}U和^{232}Th等是具有足够长半衰期的元素，现今仍能探测到。这些放射性核素广泛存在于自然界中，并主要存在于岩石圈中。有研究表明，地壳中的岩石大部分都含有铀和钍，^{238}U、^{232}Th含量以岩浆岩最高，变质岩次之，沉积岩最低；^{40}K含量也以岩浆岩最高，但以变质岩最低。其中花岗岩中^{238}U、^{232}Th含量较高，而我国花岗岩出露广泛，这是我国土壤中天然放射性核素含量较高的原因之一(李锐怡，2015)。

土壤的放射性污染是指由于人类活动排放出的放射性物质使得土壤的放射性水平高于天然本底值或是国家规定的标准。土壤中的放射性污染主要来源于人类活动，如核试验、核爆炸、铀钍矿的开采冶炼、核能源的开发、核废料的处理等。而核试验产生的放射性核素的沉降是现今土壤环境中放射性污染的主要来源，对土壤圈产生深远的影响。核爆炸时释放的放射性核素因爆炸释放于大气对流层中，首先会因为重力作用沉积在爆炸中心周围的土壤表层，进而受大气环流和干湿沉降等作用传播至全球范围，沉积至土壤环境中造成放射性污染。

国内外的研究者一直对土壤中核素的迁移进行研究，利用实验室模拟、野外现场试验等手段对土壤中特定的放射性核素的迁移进行探测和模拟，现在针对土壤中放射性核素向动物、植物的迁移，微生物对核素迁移转化的影响等均有研究。现今实验室模拟常用的实验方法有实验室土柱喷淋试验和野外土柱喷淋试验，最常用的理论方法是利用土壤溶液的对流-弥散方程在不同条件下进行求解计算，并通过与实际测量结果的拟合得到表观对流系数和表观扩散系数。隔室模型和随机行走模型也是核素深度分布曲线模拟常用的模型(刘期凤等，2006)。

放射性核素在土壤中的迁移受很多因素的影响，如腐殖质和微生物。土壤中的腐殖质(腐殖质为经微生物作用后，在土壤中形成的一种特殊的高分子有机物质，其性质稳定，占土壤有机质的50%～90%，主体为各种腐殖酸及其金属离子相结合的盐类)酸含量较高，其对金属离子具有电荷吸附、离子交换、缓冲、络合和生理活性等作用，土壤中的放射性核素易在土壤中累积，而迁移进入地下水或被植物吸收的放射性核素的量则较少。实际上，腐殖酸对放射性核素迁移的影响是非常复杂的，它既可以加快核素的迁移，也可以阻止核素的迁移，这取决于腐殖质的含量、种类、分子量及核素种类和性质，对其影响核素迁移的理论和实践基础均不够完善。

微生物由于体积小、比表面积大、繁殖快、能在高放射性核污染的土壤中生存等特点，其对放射性核素迁移的影响非常大。微生物能在以下六个方面影响放射性物质的迁移：一是能使核废物形体产生降解，二是腐蚀核废物储存罐，三是能够破坏回填材料，四是能改变地下水的化学特征，如酸碱度等，五是能使有机材料降解，为放射性核素提供络合剂，六是能直接摄取核素，使其发生迁移或累积。

放射性核素在土壤中的污染主要受核素在土壤剖面迁移的作用。在土壤中迁移时主要通过和土壤中的胶体结合而一起移动。有研究表明，可以通过过滤地下水降低水溶液的放射性检出，尤其是 Pu 的去除率达到 99%，由此可见胶体对控制环境中放射性核素迁移的重要性。

放射性核素在不同植物中的迁移规律也不同，有研究者采用尾矿中三步提取法和对富集系数、转移系数的计算，对铀、钍在铀尾矿的植物体系中的迁移进行了研究，发现不同植物的不同放射性核素的富集指数均不同，且植物的不同部位放射性核素的富集程度也不同。

国内外对于土壤中放射性核素迁移的研究众多，且取得了大量的成果，但主要集中在 ^{137}Cs 和 ^{85}Sr，对于 Pu 等超铀核素的研究较少。而放射性核素在土壤中的迁移是一个非均匀的介质迁移，且受众多因素的综合影响，因此放射性核素在土壤中迁移的研究非常复杂(宿吉龙等，2014)。

2.3.2 沉积物中 Pu 的测定

1. Pu 分析方法概述

1)样品的消解处理

同位素 Pu 的分析和测量可以大致分为三个主要的步骤，首先是对采集的样品进行前处理，根据研究的需要所采集的样品种类很多，有土壤样品、沉积物样品、矿物质样品、水样品、生物样品等，前处理的部分为下一步分离和提取 Pu 作准备；然后进行的是样品中 Pu 的化学分离和提取实验，将 Pu 从样品物质中分离提纯，以达到测量所需要的条件；最后一步就是样品的仪器分析和测量。

不同采样区域采集的沉积物的颗粒有很大的区别，由于 Pu 主要富集在细颗粒沉积物中，对采集的样品根据粒径进行分类可以简化以后的分析过程。粒径大于 2 mm 的粗颗粒物质和植物的根系等部分要从中剔除。沉积物一般需要在 60～105℃的温度下进行烘干处理，然后研磨。沉积物中的有机物质可以使用电热炉(400～700℃，2～24 h)加热破坏。最好在化学分离提取实验之前加入示踪剂

(^{242}Pu，或者 ^{236}Pu、^{244}Pu)，为估算沉积物中 Pu 的回收率提供基础。

化学分析实验之前，需要将沉积物中的 Pu 从固体状态转化为液体状态。消解方法有干法消解、湿法消解、高压消解、微波消解、石墨消解、干灰化法、熔融法等。这些方法各有优缺点，湿法消解使用的酸量较多、需要时间较长，干灰化法容易造成元素的损失，微波消解由于容器密封，压力大增，可以提高消解的反应速度，节省时间，但是危险性比较高，有时存在样品消解不完全的现象，样品的量受到限制(<0.1 g)，还有使用酸量上的限制。从批量的角度来看，干法和湿法消解适合，微波消解虽然很快，但要使用大量的消解罐，需要考虑冷却时间；从消解的程度来看，微波消解最强，干灰化法次之，湿法消解最差。Pu 同位素分析时通常使用湿法消解，分为酸萃取(acid extraction)和全消解(total dissolution)两种方法。

消解试样使用最广泛的酸有硝酸、盐酸、氢氟酸、高氯酸和双氧水等。酸萃取通常使用浓硝酸、8 mol/L 硝酸、8 mol/L 硝酸与 6 mol/L 盐酸混合液、8 mol/L 硝酸与双氧水混合液、6 mol/L 盐酸与王水混合液，在电热板上加热至 180～200℃，煮沸 2～6 h。但是如果 Pu 富集在难溶的物质上，或者 Pu 形成了难溶的氧化物(如 PuO_2)，这种方法容易造成 Pu 的流失。使用全消解的方法可以使物质全部溶解，减少 Pu 的流失。全消解通常使用硝酸、氢氟酸与高氯酸混合液，将样品中的 Pu 完全分离出来，配合微波消解，可以提高消解的速度(Qiao et al., 2009a, 2009b)。

另外一种方法为碱熔(alkali fusion)法。将试样与氢氧化物、过氧化物、碳酸盐、硫酸化物、焦亚硫酸盐或者碱金属碳酸盐混合后，在石墨、镍、锆或者铂制的坩埚中常压下高温熔解，冷却以后将样品溶解在硝酸或者盐酸中。这种方法相对微波消解来说，降低了消解过程中的危险性，同时也能使 Pu 完全地从样品中初步分离出来，适合那些含有硅酸盐及难溶性 Pu 存在的样品的消解。但是碱熔法处理的样品一般少于 5 g，还有一个缺点是反应过程过于激烈，容易产生一些复杂的物质，对后续实验造成干扰。因此，需要根据样品的种类差异，选择不同的消解方式进行样品的前处理。

2) 样品的共沉淀处理

共沉淀法是去除干扰物质的传统手段，一般接在酸消解方法之后。通常使用的沉淀介质有氟化钕(NdF_3)、氟化镧(LaF_3)(lanthanum fluoride)、氟化铈(CeF_3)、氢氧化铁($Fe(OH)_3$)、氢氧化亚铁($Fe(OH)_2$)(ferrous hydroxide)、磷酸氢钙($CaHPO_4$)、磷酸钙($Ca_3(PO_4)_2$)(calcium phosphate)、草酸钙(CaC_2O_4)(calcium oxalate)等。一般采取四价的 Pu 与氟化钕共沉淀，并且同时减少铀的干扰，而六价 Pu 与氟化钕不容易产生共沉淀效应。含碳量少的水样，体积在 100～150 L，经常采用氢氧化铁或者氢氧化亚铁共沉淀的方法。而对于含铁元素丰富的样品，常使用草酸钙共沉淀的方法提取其中的三价和四价 Pu，此时铁在 5.5～6.0 的 pH

之间与草酸生成一种可溶的螯合物，从而可以分离去除。土壤和沉积物的样品，使用氟化钙(CaF_2)(calcium fluoride)共沉淀是一种有效的方法，在酸消解之后的溶液中加入硝酸钙，再加入还原剂盐酸羟胺，最后加入氢氟酸进行沉淀。其中，最普遍使用的是氢氧化铁或者氢氧化亚铁共沉淀方法，而氟化钙和氟化钕共沉淀法经常在样品酸性较强的情况下使用。采用共沉淀方法可以有效去除干扰物质，如铀、碱金属元素和过渡金属元素。

水体中的 Pu 含量相对于沉积物中的含量非常少，一般处于飞克(fg)的量级，研究水体中及悬浮物质中的 Pu，需要采集大量的水样(海水、淡水或地下水)，由于水体中的 Pu 很快会吸附到容器的表面，必须及时进行过滤及酸化处理、调节 pH 至 1～2 的范围；此后，对水体中的 Pu 进行共沉淀处理，共沉淀的介质一般选择氢氧化铁或二氧化锰(manganese dioxide)。

生物样品首先要进行煅烧处理，根据样品性质不同选择不同的温度条件，实验条件可参照处理沉积物的方式。煅烧后的物质使用酸消解、共沉淀处理。

3)化学分离与提取

Pu 的化学分离与提取，过去使用的是溶剂萃取(solvent extraction)法，缺点是耗时耗力，并且因为两相同为液体导致分离不完全，最后还可能出现有机物杂质的干扰。随着离子交换色谱(ion exchange chromatography)法和萃取色层分离(extraction chromatography)法的迅速发展，应用溶剂萃取法分离样品中的 Pu 已不常用。

离子交换色谱法中的重要参数为分配系数，指一定温度下，处于平衡状态时，组分在固定相中的浓度和在流动相中的浓度之比，以 K 表示。

$$K = \frac{[RX^+]}{[X^+]} \tag{2.27}$$

式中，$[RX^+]$为与离子交换树脂活动中心结合的离子浓度；$[X^+]$为游离于流动相中的离子浓度。分配系数反映了溶质在两相中的迁移能力及分离效能，是描述物质在两相中行为的重要物理化学特征参数。分配系数与组分、流动相和固定相的热力学性质有关，也与温度、压力有关。

离子交换色谱树脂是高分子量有机聚合物(high molecular weight organic polymer)，最常使用的阳离子交换树脂是包含了硫酸根的强酸硫化树脂，也有一些弱酸性的磷酸化(phosphorylated)和羧酸化(carboxylated)树脂。Pu 元素在弱酸状态下很好地吸附在树脂中，在强酸状态下被洗脱。阳离子交换经常用于一些大量的 Pu 含量低的样品的前处理(Vajda and Kim, 2010)。

离子交换有阴、阳离子交换两种不同方法，经常使用的是阴离子交换法。离子交换过程中，四价的 Pu 与硝酸根形成阴离子团，这些阴离子团与离子交换色谱柱中的其他阴离子发生强烈交换，从而吸附在其中，而其他的一些元素在此情况下不能形成阴离子团而分离；并且此时三价、五价、六价的 Pu 或者镁都不能与硝酸根形成阴离子团，少部分的铀形成了阴离子团，大部分的铀得以分离，只有钍和四价的 Pu 强烈吸附到了交换树脂中(Qiao et al., 2010)。因此，测离子交换色谱前需要调整 Pu 的化合价到四价的状态。

离子交换色谱法使用的树脂有 Dowex 1×8、AG 1×8 和 AG MP-1M。

萃取色层分离法与一般的离子交换色谱法的区别是，离子交换色谱时固定相与流动相之间发生了阴离子的交换(Pu 在交换时以阴离子的状态存在)，而萃取色层分离时，流动相中的离子与固定相之间发生络合反应，生成复杂的络合物，离子从水溶液状态转化为有机物质状态，其中伴随了复杂的相互交换和平衡作用(Braun and Ghersini, 1975)。萃取色层分离法相对于溶剂萃取法和离子交换色谱法的优点：萃取色谱时，反应物质之间的接触面更细微，反应速度相对离子交换色谱时更快；比后两种方法使用更少试剂量、产生废物少、更经济(Vajda and Kim, 2010)。

萃取色层分离法使用的树脂有 UTEVA、TEVA、DIPEX、DIPHONIX、TRU 和 DGA 等。在实际应用中，为了取得更好的分离与提纯效果，经常组合使用不同的方法。

4) 仪器的测量

Pu 的测试方法主要有 α 谱法和质谱分析法，其中质谱分析包括：热电离质谱(thermal ionization mass spectrometer, TIMS)、电感耦合等离子体质谱(inductively coupled plasma mass spectrometry, ICP-MS)、激光共振电离质谱(resonance ionization mass spectrometry, RIMS)、加速器质谱(accelerator mass spectrometry, AMS)分析等。

α 谱法是核素测量最古老的一种方法，它能够探测不同种类样品的核素中的 α 衰变信息。最常用的检测器有三类，即电离型检测器、闪烁检测器和半导体检测器。电离型检测器原理：如果核辐射被电离室中的气体吸收，该气体将发生电离。电离型检测器是通过收集射线在气体中产生的电离电荷进行测量的。

质谱仪由进样系统(inlet system)、电离系统即离子源(ion source)、质量分析器(mass analyzer)、检测系统(detection system)和真空系统(vacuum system)组成。

5) α 谱法与质谱分析的比较

几种质谱仪器方法的优缺点如表 2.2 所示。最先发展起来的方法是 α 谱法，α 谱仪由于价格相对较低，使用 α 谱仪测量 Pu 的同位素获得了广泛应用。α 谱法首先通过离子交换法、萃取法或同位素稀释法等对样品进行前处理，分离纯化 Pu，通过电沉积或共沉淀制源，然后通过 α 谱仪测量。α 谱法无法分别测出 ^{239}Pu 和 ^{240}Pu

的比活度，只能测量 $^{239+240}Pu$ 的总比活度(Ketterer et al., 2002)。

表 2.2 $^{239+240}Pu$ 的测试方法比较

方法	优点	缺点
α 谱法	最先发展，技术完善，对仪器要求低	灵敏度低，分析程序复杂，只能测量 $^{239+240}Pu$ 的总比活度
ICP-MS 法	分析程序简单，灵敏度较高，可以分别测出 ^{239}Pu 和 ^{240}Pu 的比活度	易受其他核素干扰(如 $^{238}UH^+$)，化学分离过程要求高
AMS 法	分析程序复杂，灵敏度较高，探测下限低，可以分别测出 ^{239}Pu 和 ^{240}Pu 的比活度，可消除 $^{238}UH^+$带来的干扰	对仪器设备要求较高，造价极高，不具有普遍适用性
TIMS/RIMS 法	分析程序复杂，灵敏度高，探测下限更低，探测同位素比值方面优势明显	对仪器设备要求较高，造价极高，不具有普遍适用性，仅对非常重要的极微量的探测使用

质谱分析法却可以测量 ^{239}Pu 和 ^{240}Pu 的比活度，从而得到 $^{240}Pu/^{239}Pu$ 的同位素比值，这对分析 Pu 的全球性或者地方性来源有很大的帮助。α 谱法只能通过分析 $^{238}Pu/^{239+240}Pu$ 的比值来推测 Pu 的全球性或者地方性来源。但是由于大气沉降的 ^{238}Pu 的分量极少，ICP-MS 法则因为 $^{238}U^+$的干扰，测量 ^{238}Pu 时有一定的困难，因此在一段时间内，α 谱法与 ICP-MS 法提供了很好的互补作用(Hrnecek et al., 2005; Chiappini et al., 1996; Muramatsu et al., 1999, 2001)。

与 α 谱法相比，AMS 法具有更高的灵敏度和更简单的分析程序。与 ICP-MS 法相比，AMS 法最大的优点在于通过加速器中的电荷剥离使得被测核素保持在高价态，从而大大消除了同量异位素带来的本底干扰，如 $^{238}UH^+$对于 ^{239}Pu 的干扰(Oughton et al., 2000)。此外，AMS 法可以在更低的限度上探测样品中 Pu 的含量。实际测量中 α 谱法能达到的探测底线是 0.1mBq(10^8 个 ^{239}Pu)，对于平常的 ICP-MS，采用四级分光计，能达到大约 2×10^9 个粒子的量级。将样品电热气化后，能将 ICP-MS 的精度提高到<0.02mBq，加上磁分光计的更高分辨度的 ICP-MS 刚刚能够将精度提高到 10^6 量级。而对于 AMS，基本的探测下限是 10^4 个粒子(如 ^{26}Al、^{36}Cl)。但由于 AMS 的造价极高，其广泛应用性受到很大的限制。

热电离质谱仪可以精确测量同位素的比值及含量，相对标准偏差(RSD)可以达到 0.01%，热电离质谱仪测量时，样品被放置在金属灯丝表面蒸发，增加灯丝的温度、待测的元素气化为离子，通过分析这些离子来测量元素。热电离质谱仪经常用来测量 Pu 和 Np(镎)的同位素，Kelley 等(1999)使用热电离质谱仪测量，给出了全球 ^{237}Np 和 Pu 同位素的基准值。共振离子化质谱仪具有选择性电离的功能，是分析 Pu 的良好工具，因为干扰 ^{239}Pu 测量的 ^{238}U 在共振离子化质谱仪中没有被电离。除了热电离质谱仪、加速器质谱仪、共振离子化质谱仪、电感耦合等离子体质谱仪，其他一些质谱仪如二次电离质谱仪(secondary ionization mass spectrometry, SIMS)，SIMS 可提供元素和同位素的深度和空间分布的信息，在 Pu 分析中，SIMS 可测量元素的组成和单位物质中的同位素的组成特征(Ketterer and Szechenyi, 2008)。

2. 其他分析方法

1) 沉积物粒度分析及参数计算方法

(1) 沉积物粒度实验室分析方法。首先将柱状样剖开，按 2cm 间距取样测量，分别取 1～2g 放入烧杯中，加入适量 0.5mol/L 的$[NaPO_3]_6$ 溶液，同样制成稀糊状并静置 12h，然后用玻璃棒搅拌均匀加入适量试样，使用英国 Malvern 公司 Mastersizer 2000 型激光粒度仪。最后将上述分析数据按照 0.25Φ 间隔输出以获得沉积物完整粒度分布。该实验在南京大学海岸与海岛开发教育部重点实验室完成。

(2) 沉积物粒度参数计算。采用矩值法(McManus, 1988)计算沉积物粒度参数，计算公式如下：

$$\mu = \sum_{1}^{n} P_i x_i \tag{2.28}$$

$$\delta = \left[\sum_{1}^{n} P_i (x_i - \mu)^2 \right]^{\frac{1}{2}} \tag{2.29}$$

$$S_{\mathrm{k}} = \left[\sum_{1}^{n} P_i (x_i - \mu)^3 \right]^{\frac{1}{3}} \tag{2.30}$$

$$K_{\mathrm{u}} = \left[\sum_{1}^{n} P_i (x_i - \mu)^4 \right]^{\frac{1}{4}} \tag{2.31}$$

其中，μ 为平均粒径；δ 为分选(sort)系数；S_{k} 为偏(skew)态；K_{u} 为峰(kurt)态；x_i 为第 i 组样品的粒径(以 Φ 制表示)；P_i 为粒径为 x_i 的组分出现频率。矩法粒度参数的定性描述术语依据贾建军等(2002)的文献。

2) 扫描电子显微镜

扫描电子显微镜(SEM)实验在哈尔滨工业大学材料物理实验室完成。首先选取沉积物柱样中不同深度的样品，然后将一定量经过预处理的沉积物充分分散于固定在载物台上的双面导电胶上，在真空条件下进行镀金处理，加速电压为 15kV，扫描电镜为日本 HITACHI 公司生产的 S-3400N 型。

3) 同位素 ^{137}Cs 的分析

^{137}Cs 源自地球核爆试验及核事故产生的放射性核素，其半衰期为 30.2a，^{137}Cs

一旦沉降于地表便被土壤颗粒牢固吸附并随之移动，在海岸带，^{137}Cs 主要来自大气沉降，沉积物中 ^{137}Cs 的垂直分布与大气沉降 ^{137}Cs 的时间分布相关，具有明确的沉降量的时序分布，全球的变化趋势基本是一致的。沉积物中含 ^{137}Cs 的最深层时间是 1954 年，最大峰值对应于 1963 年，1970 年后进行的几次大气层核试验也在沉积物的剖面上产生了一个可辨识的 ^{137}Cs 沉降峰值，地区性的核事故(如 1986 年切尔诺贝利核事故)对某些地区的 ^{137}Cs 大气沉降量有较大的影响，沉积物中可能会出现标志层，因此可以根据沉积物中 ^{137}Cs 的剖面特征来推断沉积物的沉积速率。

本书使用相对法测量 ^{137}Cs 比活度，其计算公式为

$$Q_x = \frac{A_x}{A_0} \cdot \frac{m_0}{m_x} \cdot \frac{t_x}{t_0} \cdot Q_0 \tag{2.32}$$

其中，Q_0 为标准样比活度；m_0 为标准样质量；t_0 为标准样的计数时间；A_0 为标准样的特征峰面积；Q_x 为待测样的比活度；m_x 为待测样的质量；t_x 为待测样的计数时间；A_x 为待测样的特征峰面积。

样品准备：取样品 30～40g，在 60℃下低温烘干，用玛瑙研钵磨细搅匀制成粉末状，用精度为 0.001g 的天平称取 20g 左右样品，放于专用的小塑料杯中待测。

样品测量：^{137}Cs 的测量，使用的仪器为美国 ORTEC 公司生产的 GMX30P-A 高纯 Ge 同轴探测器，探测器位于老铅制成的铅室中。铅室壁由有机玻璃、铜、铅三层组成，有机玻璃厚 5mm，铜厚 3mm，铅厚 120mm，用铅室屏蔽后，本底比无铅室时小 10 倍，^{137}Cs 标准源由加拿大贝德福海洋研究所提供，放射性比活度为 806.2Bq/kg(标准源参考时间为 2006 年 9 月 1 日)，重 65.4g，测量时间为 72000s，使用 IAEA-327 标样进行校正，仪器对 ^{137}Cs(661keV)的探测效率为 86%。该实验在南京大学海岸与海岛开发教育部重点实验室完成。

4) 同位素 ^{210}Pb 的分析

在自然界中，^{210}Pb 的主要来源有两个方面。第一，来自地层中 ^{238}U 的衰变所产生的子体 ^{210}Pb。^{210}Pb 是天然放射性核素 ^{238}U 衰变系列的中间产物。在 ^{210}Pb 测年法中，称此为“补偿”的 ^{210}Pb。第二，来自大气沉降的 ^{210}Pb。在 ^{238}U 的衰变系列中包括了 ^{222}Rn，这是一种放射性气体，不断地从地层中逸散到大气空间，并在逸散过程中继续进行衰变。^{222}Rn 经过一系列短命子体而衰变成 ^{210}Pb，大气层中的 ^{210}Pb 微粒，在高空停留约 10d 的时间以后，就以气溶胶的形式随着大气降水或降雪而返回陆地，沿地表水文网进入水圈，并以 Pb^{2+}形式存在于海水中。在水中的 ^{210}Pb 一部分为有机物摄取，大部分被水中的悬浮物质、黏土胶体等细颗粒物质吸附，并随这些细颗粒物质一起沉降，共同组成水下沉积物。留在沉积物中的这部分 ^{210}Pb，称为“过剩” ^{210}Pb。又因为它是随大气降水而停集在地表

沉积物中，故又称为“沉降”核类。未被吸附的 ^{210}Pb 则在海流等作用下被带至远洋。

因此地层样品中的 ^{210}Pb 含量，实际上是由大气沉降转入沉积物中的 ^{210}Pb 和由地层沉积物本身所含有的 ^{226}Ra 衰变形成的 ^{210}Pb 的总和：

$$^{210}Pb_{总}={}^{210}Pb_{过剩}+{}^{210}Pb_{补偿} \tag{2.33}$$

整个沉积过程中，^{210}Pb 在地层中的含量一方面由于 ^{226}Ra 衰变为 ^{210}Pb 并因大气沉降不断积累，另一方面又因 ^{210}Pb 本身的衰变而不断减少。因此地层中 ^{210}Pb 将出现两种情况，即随着时间的推移，^{210}Pb 含量因本身不断的衰变而呈指数减少；或由于沉积物的顺序堆积，^{210}Pb 的强度将随着沉积物埋藏深度的增加而呈指数减少。因此，通过测量沉积柱样中不同深度的 ^{210}Pb 的放射性比活度，就可求得其年龄及沉积速率(万国江，1997)。

本书采用的 α 谱法测定 ^{210}Pb 的实验步骤大致如下：

(1) 取 5～10g 样品于 40℃下低温烘干，称量其干重，用玛瑙研钵磨细搅匀，装入样品袋中备用；

(2) 用天平(精度为 0.001g) 称取 1.5～2g 磨细样品倒入聚四氟乙烯杯(F4)中，先加入 0.5mL 去离子水摇匀，再加入 0.1mL 放射性比活度为 10.89dpm/g 的同位素示踪剂 ^{209}Po，之后加入 0.2mL 的活性剂辛醇，以防加热硝化时样品发生飞溅；

(3) 将盛有样品的 F4 杯放在红外线加热板上，加入 6mL 浓 HNO_3 和 6mL HF，加热硝化至微干，再分两次各加入 20mL 浓 HCl，加热处理后再加入 100mL 0.5mol/L 的 HCl 溶解，酸化加热溶析；

(4) 离心提取清液 200mL 左右，分别加入 0.5g 抗坏血酸(ascorbic acid)和氯化羟胺以隐蔽 Fe 离子，然后将盛有清液的烧杯放在电磁炉上加热至 80℃左右，使溶液中的 Po 自镀到镍片上(时间 5～6h)；

(5) 用无水乙醇清洗镍片，去除附着的少量杂质，自然晾干后放入 ORTEC α 能谱仪进行测量，测量结果用 Maestro-32 (Model A65-B32) Powerful MCA Emulator Software 软件分析，可获得 ^{210}Po 和 ^{209}Po 的总计数。

该实验在南京大学海岸与海岛开发教育部重点实验室完成。

3. Pu 化学分离方法改进分析

1) Pu 分析方法改进的理论基础

(1) Pu 化合价的调整方法。

Pu 在溶液中形成 4 种氧化形态，三、四、五、六价态是最常见的形态，三价的 Pu(Pu^{3+})的溶液呈现蓝紫色，四价的 Pu(Pu^{4+})的溶液呈现黄棕色，五价的 Pu(PuO_2^+)的溶液呈现粉红色(注解：五价的 Pu(PuO_2^+)不稳定，在溶液中向四价 Pu 和六价 Pu 转换为 Pu^{4+}和 PuO_2^{2+}；四价 Pu 发生氧化反应成为五价和六价的 Pu，另外一部分四价 Pu 还原为 Pu^{3+}，因此 Pu 在液体状态下长期放置就转化为 Pu^{3+}和 PuO_2^{2+})，六价的 Pu(PuO_2^{2+})的溶液呈现粉橘色，七价的 Pu(PuO_5^{3-})的溶液呈现绿色(图 2.3)(David, 2006)。

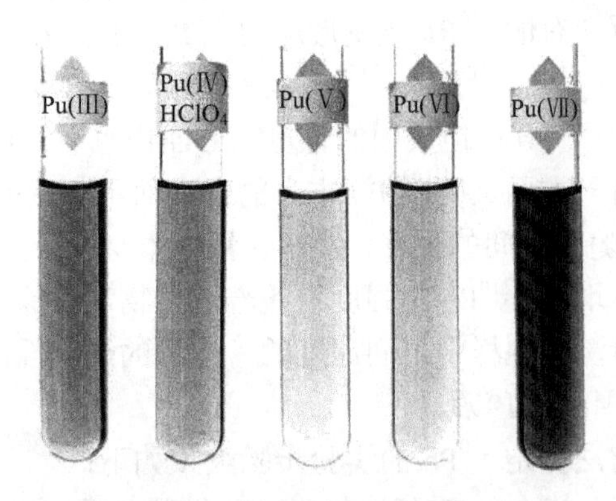

图 2.3　不同价态 Pu 的颜色

Pu 的化合价态决定了 Pu 的化学性质。三价、四价的 Pu 在酸性溶液中能保持稳定的状态，而六价的 Pu 在碱性溶液中处于最稳定的状态。稳定态的排序为：六价 Pu、三价 Pu 和四价 Pu。在简单的酸环境下，如高氯酸或者三氯甲烷、三氟甲基硫酸环境下，三价和四价的 Pu 能够以简单的水合物(hydrated 或 aquo)的形式并存(Pu^{3+}(aq)和 Pu^{4+}(aq))，五价和六价的 Pu 在这种环境下很快形成双氧 Pu 根物质(PuO_2^{+}和 PuO_2^{2+})。Pu 在溶液中存在着复杂的氧化还原关系。从三价到五价 Pu、六价到三价 Pu、五价到四价 Pu 以及六价到四价 Pu 的氧化还原作用是不可逆的，因为这些过程中包含了形成或者破坏 Pu-氧链(Pu═O)的过程。相反，有些 Pu 的氧化还原却不包含形成或者破坏 Pu-氧链(Pu═O)的过程，如四价到三价 Pu、六价到五价 Pu、七价到六价 Pu，这些氧化还原过程是相互可逆的。Pu 可能以三、四、五、六价共存的形式存在于溶液中。实际上，有很多化合物用于氧化或者还原 Pu，转化 Pu 的化合价态，如表 2.3 所示(Qiao et al., 2009a, 2009b)。

表 2.3　Pu 的化合价调整过程中使用的化学试剂

反应过程	化学试剂	状态		反应速度
		溶液条件	温度条件	
三价至四价	亚硝酸(HNO_2)	中等酸浓度	室温	快
四价至三价	双氧水(H_2O_2)	多样化	室温	取决于前提条件
	硝酸盐(NO_3^-)	稀释酸	室温	非常缓慢
	亚硝酸钠($NaNO_2$)	0.5 mol/L 盐酸	100℃	少于 1min
	对苯二酚(hydroquinone)	稀释的硝酸	室温	快
	抗坏血酸	中等浓度硝酸(4.75 mol/L)	室温	加入硫酸非常快

续表

反应过程	化学试剂	状态		反应速度
		溶液条件	温度条件	
四价至三价	羟胺(NH_2OH)	0.2 mol/L 氯盐	室温	5min之内完成
	联氨(N_2H_4)	0.02 mol/L 硫酸盐	室温	34%在5min之内完成
五价至四价	碘化物(I^-)	0.1 mol/L、0.4 mol/L 盐酸	室温	快
	铁(Fe^{2+})	稀释酸	室温	快
	钛的化合物(Ti^{3+})	盐酸	室温	快
	铁(Fe^{2+})	盐酸	室温	快
	亚硝酸(HNO_2)	0.5 mol/L 硝酸	室温	非常缓慢
	双氧水(H_2O_2)	多样化	室温	取决于前提条件
	钛的化合物(Ti^{3+})	高氯酸	室温	快

有些反应过程中包含了形成或者破坏金属-氧化合链的过程，如四价和六价以及四价和五价之间的转换，因此反应过程缓慢。多数情况下，从六价到四价的还原过程中，生成了五价Pu，然后五价的Pu又不成比例地生成四价和六价的Pu。硝酸在Pu溶液的转换过程中有重要的作用，它可以使三价的Pu氧化为四价的Pu，也可以使六价的Pu还原成为四价的Pu。

许多离子交换色谱法和萃取色层分离法的过程需要四价的Pu才能实现，因此，亚硝酸钠经常作为一种调整Pu化合价的试剂加以使用。在硝酸环境中，从五价Pu到四价Pu的还原过程比较缓慢，经常使用另外一种还原剂(Fe^{2+})作为添加剂，以加快还原速度。肼或者联氨也经常作为还原剂把Pu从较高的价态还原，此过程中没有金属根离子产生，生成了挥发性的氧化产物，并且反应速度很快。在多数情况下，Pu的分离在硝酸和盐酸中进行。

(2) Pu化学分离提取方法比较。

由于离子交换和离子萃取树脂之间的不同性质，分离提取Pu的效果也会有一定的差异。同时，基于不同Pu的赋存溶液选择使用不同的氧化还原剂来调整Pu的化合价，其氧化还原的速度和程度也会有较大的差异，而且Pu的化学分离一般是在树脂管内进行，Pu从树脂中洗脱出来的试剂的选择会影响其分离提取的速度和效果，以上这些处理的步骤都会影响整个Pu的回收效率。表2.4为使用不同树脂、氧化还原剂、Pu的赋存溶液、洗脱试剂和回收率的比较(Thakur et al., 2010)。

Vajda和Kim(2010)总结了使用α谱法和质谱仪分析Pu的方法。由于Pu、Am、U、Th、Sr、Np等元素某些性质的相似性以及在树脂中不同酸碱状态下的吸附富集能力的差异，同时分离并分析这些元素成为可能。Vajda和Kim总结了

表 2.4 不同的离子交换和离子萃取树脂分离 Pu 方法的比较

树脂	Pu 化合价调整方法	样品试剂	洗脱试剂	回收率/%	参考文献
RioRad AG1-X8	亚硝酸钠 Pu(Ⅳ)	8 mol/L 硝酸	0.1 mol/L 碘化铵+9 mol/L 盐酸 Pu(Ⅲ)	62～92	Lee et al., 2005
RioRad AG1-X8	亚硝酸钠 Pu(Ⅳ)	8 mol/L 盐酸	0.36 mol/L 盐酸+0.01 mol/L 氢氟酸 Pu(Ⅲ)	>75	Lee et al., 2005
RioRad AG1-X8	亚硝酸钠 Pu(Ⅳ)	8 mol/L 硝酸	0.1% HEDPA Pu(Ⅳ)	37	Nygren et al., 2003
Dowex1×8	1mL 过氧化氢	—	(体积分数 29%)碘化铵+(质量分数 5%)盐酸		NIRS, 1990
Dowex1×8	亚硝酸钠	8 mol/L 硝酸	0.1 mol/L 碘化钾+9 mol/L 盐酸	61	Tovcar et al., 2005
TEVA	氨基磺酸	3 mol/L 硝酸	0.1 mol/L 盐酸+0.05 mol/L 氢氟酸+0.03 mol/L 氯化钛	95～100	Maxwell and Culligan, 2006
TEVA	0.5 mL 25% 亚硝酸钠	3 mol/L 硝酸	0.1 mol/L 硝酸+0.1 mol/L 氢氟酸	85～90	Varga et al., 2007
TEVA	亚硝酸钠 70℃	8 mol/L 硝酸	0.1 mol/L 碘化氢+9 mol/L 盐酸	83	Luisier et al., 2009
TEVA	亚硫酸钾-亚硝酸钠	1 mol/L 硝酸	0.1 mol/L 盐酸羟氨+2 mol/L 盐酸	95～100	Qiao et al., 2009a, 2009b
TEVA	亚硝酸钠，过氧化氢，盐酸羟氨	3 mol/L 硝酸	0.1 mol/L 对苯二酚+9 mol/L 盐酸	55	Muramatsu et al., 1999
UTEVA+TRU	2 mol/L 硝酸+0.1 mol/L 亚硝酸钠	2 mol/L 硝酸	0.1 mol/L 草酸氢铵	80～90	Toribio et al., 2001
TRU	2 mol/L 硝酸+0.1 mol/L 亚硝酸钠	2 mol/L 硝酸	4 mol/L 盐酸+0.1 mol/L 氯化钛	85	Vajda et al., 2009
UTEVA+TRU	Fe(Ⅱ)氨基磺酸+维生素 C	3 mol/L 硝酸	0.1% HEDPA Pu(Ⅲ)/0.1 mol/L 草酸铵	96/71	Nygren et al., 2003

不同的研究者分析 Pu、Am、U、Th、Sr、Np 等元素过程中使用的不同化学基质(化学基质的选择使用标准为：能够避免化学分离过程中造成新的污染，能够避免与要分离的物质之间形成新的有机物质，并且化学分析过程中的损失最小)、树脂提取方法、化学前处理方法(digestion method)、测量方法、回收率的差异等。

他们同时还比较了不同环境试料分析的前处理方法的差异，例如水样中 Pu 的分离首先要使用共沉淀的方法，将其中的 Pu 沉淀下来，一般使用氢氧化铁、氢氧化亚铁、草酸钙、氢氧化铁和草酸钙、磷酸钙、氟化钙、氟化镧、二氧化锰、二氧化锰和氢氧化铁。最后一种方法已成功应用到大量海水中 Pu 沉淀实验。对于 ICP-MS 分析方法来说，由于离子交换树脂提取 Pu 后，没有如 α 谱法一样进行 Pu 源的制备，因此干扰物质很多，一次离子交换树脂之后往往紧接着进行离子萃取树脂分离其中的 U 对 Pu 的干扰，或者采取重复两次离子交换树脂分离的方法来去除 U 的干扰。

Toribio 等(2001)使用 α 谱法测量，微波消解，离子萃取树脂 UTEVA+TRU 分离 Pu 和 Am 等元素，探讨了 Fe 的干扰导致 Am 回收率低的原因，而 Fe 对 Pu、Th、U 的干扰比较小；三价的 Pu 不稳定，在分离的时候可能会损失，使用 UTEVA 时，三价的 Pu 转化为四价从而残留在 UTEVA 中；消解会降低回收率，原因是消解时使用的物质可能会对树脂分离产生影响。Al、Na 对元素的分离不会干扰，甚至会起到帮助的作用。

Maxwell 等(2006，2008，2009)使用 α 谱法测量，采用不同的树脂组合(TEVA、TRU、DGA)，提取不同重量土壤中的 Pu、Am、Np、Cu 等锕系元素。

Horwitz 等(1995)比较了 TEVA、TRU、UTEVA 树脂对四价的 Pu、Tc、Th、Np，三价的 Am，六价的 U 的吸附能力，以及干扰物质的存在对吸附能力的影响。

Horwitz 等(2005)使用配置的标准溶液，分析了离子萃取树脂 DGA 分离提取锕系元素的能力；介绍了 DGA 树脂，包括 TODGA 和 TEHDGA 树脂的性质，锕系和其他一些元素在其中的富集能力和分离提取的实验，采取组合树脂的方法(如增加 TEVA 等其他树脂)可能会获得更好的分离效果。

Pourmand 和 Dauphas(2010)使用标准液，其中含有 60 多种元素，检查其在 TODGA 不同酸环境下(盐酸、硝酸、盐酸和氢氟酸)的 *K* 值分布情况。Horwitz 等(2005)使用单纯元素来检验 TODGA、TEHDGA 的吸附能力，而本书则使用了混合标准溶液来检验，最终发现 TODGA 具有吸收 75 种不同价态元素的不同能力，粒子的吸附能力与粒子价态有很强的相关关系。

为了节省树脂分离提取的时间和效率，许多研究者对单个树脂顺序提取锕系元素的效果或者流动注射(flow injection, FI)、顺序注射(sequential injection, SI)法提取锕系元素的效果进行了研究。Vajda 等(2009)从 UTEVA 树脂中顺序提取了 Pu、Th(Np)、U；从单管 TRU 树脂中顺序提取了 Am、Pu、Th、U。Grate 和 Egorov(1998)用流动注射法单管(TRU)分离 Pu。Egorov 等(2001)利用 TRU 树脂顺序注射法分离出 PU、Am 和 Np 元素。

Qiao 等(2010)使用了离子萃取树脂(TEVA)的顺序注射法来同时测量环境样品中的 ^{239}Pu、^{240}Pu 和 ^{237}Np。考虑到四价的 Np 和四价的 Pu 进行离子交换或离子萃取时，在硝酸和盐酸中性质的相似性，以及 Np 示踪元素的获取难度，研究中使用了 ^{242}Pu 作为示踪剂同时研究 Pu 和 Np。

顺序注射的系统来自美国(FIAlab Instruments, Bellevue, WA, USA)，该系统包括一个容量为 25mL 的注射器泵和一个内部 10 端口多选择阀(SV-1)，通过相关软件控制。一个外部 6 端口多选择阀(SV-2)用来接收洗脱出来的样品及废液。经过预处理的样品通过蠕动装置流动进入一系列分离过程(SV-1/2 及萃取柱)，最终分离出的 Pu 和 Np 使用 ICP-MS 进行分析。分析结果表明，顺序注射系统能够同时快速地分析 Pu 和 Np，得到 Pu 和 Np 分离结果的标准差与参考值在 0.05 的置信水平上显著相关。

2) Pu 新分析方法的探索

(1) Pu 化学分离的新趋势。

近年来，由于技术的进步，DGA 树脂，包括 TODGA 和 TEHDGA 树脂在分离锕系元素的能力上越来越强。Horwitz 等(2005)用标准溶液，分析了离子萃取树脂 DGA 分离提取锕系元素的能力。DGA 树脂的特殊能力引起了世界各地研究者的广泛兴趣，日本原子能研究机构的 Zhu 等(2004)发现元素在 TODGA 中的吸附能力与粒子价态有很强的相关关系；日本原子能研究机构的 Hoshi 等(2004)使用 TODGA 来分离镧系元素和锕系元素；印度原子能研究机构的 Husain 等(2008)对 TODGA 的性质做了比较详细的介绍，根据 TODGA 对镧系元素三价态元素的吸附能力强的特点，使用 TODGA 对镧系元素进行分离分析。

图 2.4、图 2.5 是在室温 22℃、树脂与酸之间平衡 1 h 的条件下，Th(Ⅳ)、U(Ⅵ)、Am(Ⅲ)和 Pu(Ⅳ)在 TRU、TODGA 和 TEHDGA 树脂(50～100 μm)与不同 HNO_3 及 HCl 浓度下的分配系数 K'(Horwitz et al., 2005)。

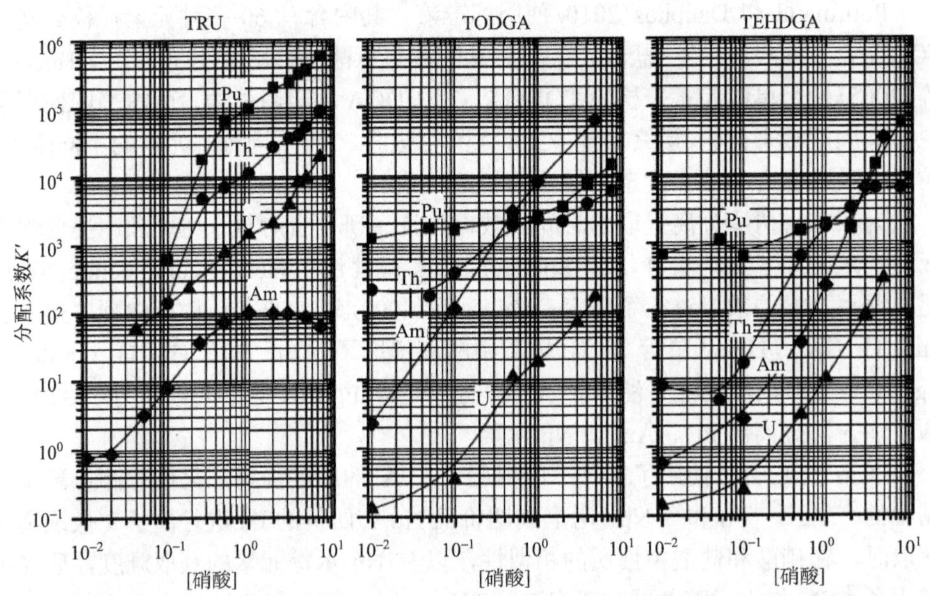

图 2.4　Th(Ⅳ)、U(Ⅵ)、Am(Ⅲ)和 Pu(Ⅳ)在 TRU、TODGA 和 TEHDGA 树脂(50～100 μm)与不同 HNO_3 浓度下的分配系数 K'(22℃时平衡 1 h)(Horwitz et al., 2005)

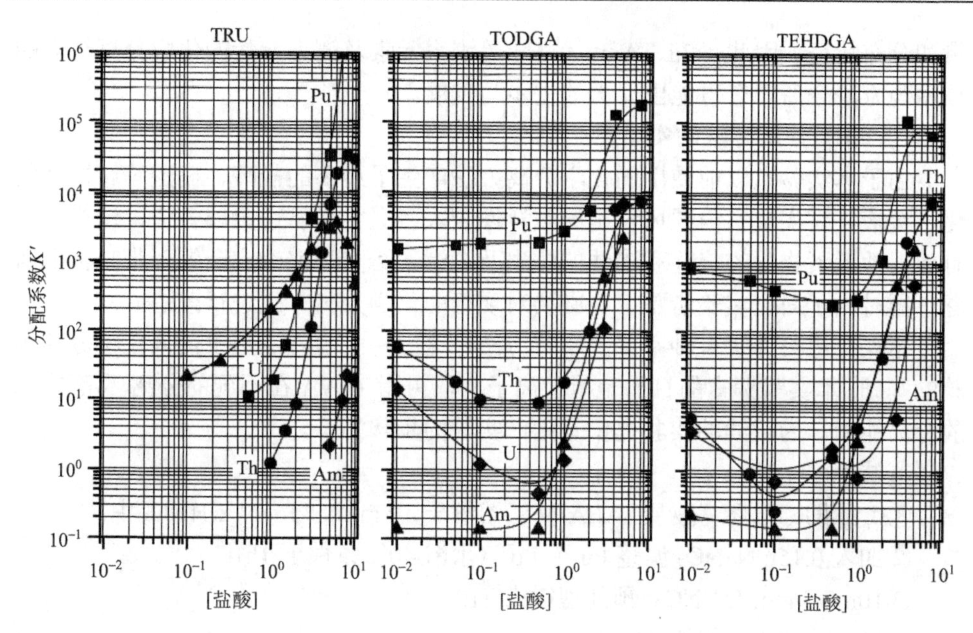

图2.5　Th(Ⅳ)、U(Ⅵ)、Am(Ⅲ)和Pu(Ⅳ)在TRU、TODGA和TEHDGA树脂(50～100 μm)与不同HCl浓度下的分配系数K'(22℃时平衡1 h)(Horwitz et al., 2005)

从中可以看出，不同化合价的元素在相同酸度条件下的分配系数K'值分布差异很大，因此将不同化合价的锕系元素从树脂中分离出来成为可能。

三价的Am和六价的U强烈吸附在DGA树脂表面，DGA对四价的Pu也有强烈的吸附能力，但是Pu和Am在DGA中的分布系数K'在低于0.01 mol/L硝酸或者盐酸环境下，分布系数比率大于500，因此Am可以从DGA中分离出来而不影响Pu的吸附稳定性。

Maxwell等(2010)联合应用TEVA和DGA树脂，对水体中的^{237}Np和Pu进行了快速的分离。^{237}Np进入TEVA树脂中，Pu进入DGA树脂中；对于DGA树脂，使用5 mL的8 mol/L硝酸氧化，将Pu^{3+}氧化为Pu^{4+}，由于Pu^{3+}、Pu^{4+}在低浓度硝酸中的DGA中的富集指数依然很高，使用20 mL及10 mL的0.1 mol/L及0.05 mol/L硝酸清洗出U。最后使用10 mL的0.02 mol/L的HCl、0.005 mol/L的HF和0.001 mol/L的$TiCl_3$洗脱Pu，HF和$TiCl_3$起络合作用和还原作用($Pu^{4+} \rightarrow Pu^{3+}$)。

基于离子萃取树脂的优点，Pu、Am、^{237}Np等锕系元素，以及镧系元素从环境试样中及核物质废料中提取分离的能力和效率都能够提高，分离过程中使用的化学试剂和产生的废物量都可以显著降低，离子萃取树脂与离子交换树脂的联用，各种树脂之间的不同组合都有可能为分离锕系与镧系元素提供一种新的方法，为后续质谱仪的测量去除干扰物质的影响，从而准确地分析这些元素在环境中的含量和分布特征。因此，Pu、Am、^{237}Np 等锕系元素及镧系元素的化学分离提取的技术与方法今后还有可能出现大的进步与发展。

(2) Pu 新分离方法的实验及结果。

由于本实验室以前使用的化学分离方法产生了过多的盐酸、硝酸等腐蚀性的化学废液，对实验室内通风设施的破坏性较大，更容易腐蚀金属管道，造成携带有放射性元素物质的气体和液体的排出及泄漏，给实验室的安全管理带来很多问题，同时为了简化实验步骤，有必要对现行的化学分离方式进行改进。

本课题组设计了五种不同的实验方法，这五种实验方法基于前人化学分离实验的基础。本实验探索的目的是检验离子萃取树脂 TEVA 在不同的分离环境下 Pu 的分离能力，为后续的实验提供基础，实验的步骤如下。

方法 1：

①0.1g 的标准参考物质 IAEA-368 溶解于 10 mL 的 3 mol/L HNO_3 中；

②加入 0.15g $NaNO_2$ 调整 Pu 至 Pu^{4+}（水浴 40℃条件下 1h）；

③10mL 3 mol/L HNO_3 预处理树脂 TEVA；

④样品溶液进入树脂 TEVA；

⑤10 mL 3 mol/L HNO_3 淋洗树脂；

⑥20 mL 9 mol/L HCl 淋洗 Th；

⑦10 mL 3 mol/L HNO_3 淋洗树脂；

⑧-1 Pu 的洗脱方法为使用 15 mL 0.25 mol/L HCl-0.005 mol/L HF-0.0001 mol/L $TiCl_3$（Maxwell and Jones, 2009）；

⑧-2 Pu 的洗脱方法为使用 20 mL 0.1 mol/L HCl-0.05 mol/L HF-0.01 mol/L $TiCl_3$（Maxwell et al., 2010）；

⑧-3 Pu 的洗脱方法为使用 15 mL 0.05 mol/L HNO_3-0.05 mol/L HF（Becker et al., 2004）。

方法 2：

①0.1g 的标准参考物质 IAEA-368 溶解于 8 mL 6 mol/L HNO_3+ 8 mL 2 mol/L $Al(NO_3)_3$；

②加入 0.2g（2.5mL）$NH_2OH\cdot HCl$ 还原 Pu 至 Pu^{3+}（水浴 90℃条件下 2h）；

③加入 0.24g $NaNO_2$ 调整 Pu 至 Pu^{4+}（水浴 40℃条件下 1h）；

④10mL 3 mol/L HNO_3-1 mol/L $Al(NO_3)_3$ 预处理树脂 TEVA；

⑤样品溶液进入树脂 TEVA；

⑥10 mL 3 mol/L HNO_3 淋洗树脂；

⑦20 mL 9 mol/L HCl 淋洗 Th；

⑧10 mL 3 mol/L HNO_3 淋洗树脂；

⑨-1 Pu 的洗脱方法为使用 15 mL 0.25 mol/L HCl-0.005 mol/L HF-0.0001 mol/L

$TiCl_3$ (Maxwell and Jones, 2009)；

⑨-2 Pu 的洗脱方法为使用 20 mL 0.1 mol/L HCl-0.05 mol/L HF-0.01 mol/L $TiCl_3$ (Maxwell et al., 2010)；

⑨-3 Pu 的洗脱方法为使用 15 mL 0.05 mol/L HNO_3-0.05 mol/L HF (Becker et al., 2004)。

方法 3:

①0.1g 的标准参考物质 IAEA-368 溶解于 8 mL 6 mol/L HNO_3+ 8 mL 0.5 mol/L $Al(NO_3)_3$;

②加入 0.2g (2.5 mL) $NH_2OH·HCl$ 还原 Pu 至 Pu^{3+} (水浴 90℃条件下 2h)；

③加入 0.24g $NaNO_2$ 调整 Pu 至 Pu^{4+} (水浴 40℃条件下 1h)；

④10mL 3 mol/L HNO_3-0.25 mol/L $Al(NO_3)_3$ 预处理树脂 TEVA;

⑤样品溶液进入树脂 TEVA;

⑥10 mL 3 mol/L HNO_3 淋洗树脂;

⑦20 mL 9 mol/L HCl 淋洗 Th;

⑧10 mL 3 mol/L HNO_3 淋洗树脂;

⑨-1 Pu 的洗脱方法为使用 15 mL 0.25 mol/L HCl-0.005 mol/L HF-0.0001 mol/L $TiCl_3$ (Maxwell and Jones, 2009)；

⑨-2 Pu 的洗脱方法为使用 20 mL 0.1 mol/L HCl-0.05 mol/L HF-0.01 mol/L $TiCl_3$ (Maxwell et al., 2010)；

⑨-3 Pu 的洗脱方法为使用 15 mL 0.05 mol/L HNO_3-0.05 mol/L HF (Becker et al., 2004)。

方法 4:

①0.1g 的标准参考物质 IAEA-368 溶解于 9 mL 6 mol/L HNO_3+ 9 mL 2 mol/L $Al(NO_3)_3$;

②加入 4 mL 0.6 mol/L 磺胺化亚铁和 2 mL 1 mol/L 抗坏血酸还原 Pu 至 Pu^{3+} (0.5h) (Lindahl et al., 2010)；

③加入 0.24g $NaNO_2$ 调整 Pu 至 Pu^{4+} (水浴 40℃条件下 1h)；

④10mL 3 mol/L HNO_3-1 mol/L $Al(NO_3)_3$ 预处理树脂 TEVA;

⑤样品溶液进入树脂 TEVA;

⑥10 mL 3 mol/L HNO_3 淋洗树脂;

⑦20 mL 9 mol/L HCl 淋洗 Th;

⑧10 mL 3 mol/L HNO_3 淋洗树脂;

⑨-1 Pu 的洗脱方法为使用 15 mL 0.25 mol/L HCl-0.005 mol/L HF-0.0001 mol/L $TiCl_3$ (Maxwell and Jones, 2009)；

⑨-2 Pu 的洗脱方法为使用 20 mL 0.1 mol/L HCl-0.05 mol/L HF-0.01 mol/L

$TiCl_3$(Maxwell et al., 2010)；

⑨-3 Pu 的洗脱方法为使用 15 mL 0.05 mol/L HNO_3-0.05 mol/L HF(Becker et al., 2004)。

方法 5:

①0.1g 的标准参考物质 IAEA-368 溶解于 20 mL 4 mol/L HNO_3;

②加入 0.2g(2.5 mL)$NH_2OH{\cdot}HCl$ 还原 Pu 至 Pu^{3+}(水浴 90℃ 条件下 2h)；

③加入 0.24g $NaNO_2$ 调整 Pu 至 Pu^{4+}(水浴 40℃条件下 1h)；

④加入 $Al(NO_3)_3$ 调整溶液至 0.08 mol/L $Al(NO_3)_3$;

⑤10mL 3 mol/L HNO_3 预处理树脂 TEVA;

⑥样品溶液进入树脂 TEVA;

⑦10 mL 3 mol/L HNO_3 淋洗树脂 3 次;

⑧-1 Pu 的洗脱方法为使用 15 mL 0.25 mol/L HCl-0.005 mol/L HF-0.0001 mol/L $TiCl_3$(Maxwell and Jones, 2009)；

⑧-2 Pu 的洗脱方法为使用 20 mL 0.1 mol/L HCl-0.05 mol/L HF-0.01 mol/L $TiCl_3$(Maxwell et al., 2010)；

⑧-3 Pu 的洗脱方法为使用 15 mL 0.05 mol/L HNO_3-0.05 mol/L HF(Becker et al., 2004)。

本实验探索共涉及五种不同方法，实验结果见表 2.5，表中的方法序列为五种方法的排序，实验序列为顺序的实验样品编号。IAEA-368, $^{239+240}Pu$ 的标准比活度为(31.5 ± 2.5) Bq/kg，$^{240}Pu/^{239}Pu$ 同位素比值为 0.031 ± 0.001。从表中的分析结果可以看出，方法序列 1～3 中、实验序列 1～9 中，以 Pu 的分离效果来看，第三种分离方式(0.05 mol/L HNO_3-0.05 mol/L HF)取得的效果相对最佳。

表 2.5　Pu 的不同分离方法的结果比较

方法序列	实验序列	$^{239+240}Pu$ 比活度/(mBq/g)	$^{240}Pu/^{239}Pu$ 同位素比值
1	1	1.515	0.0359
	2	2.124	0.0417
	3	4.923	0.0336
2	4	2.186	0.0339
	5	2.562	0.0430
	6	7.687	0.0320
3	7	0.661	0.0384
	8	2.797	0.0444
	9	3.348	0.0320

续表

方法序列	实验序列	$^{239+240}Pu$ 比活度/(mBq/g)	$^{240}Pu/^{239}Pu$ 同位素比值
	10	0.016	0.4920
4	11	0.129	0.7604
	12	0.112	0.0648
	13	0.614	0.0457
5	14	2.395	0.0499
	15	1.357	0.0384

但是这种分离方式使更多的 ^{238}U 留在最终的溶液中，给 ICP-MS 的测量带来了更多的干扰。还原剂 HF 和 $TiCl_3$ 的浓度较低的条件下(0.25 mol/L HCl-0.005 mol/L HF-0.0001 mol/L $TiCl_3$)取得的 Pu 的分析效果相对于较高浓度条件下(0.1 mol/L HCl-0.05 mol/L HF-0.01 mol/L $TiCl_3$)的要低。考虑到 IAEA-368 的标准参考值，方法序列 2、实验序列 6 取得的 Pu 的分离结果最佳。

离子萃取树脂之前，调整 Pu 的化合价($NH_2OH \cdot HCl$ 还原 Pu 至 Pu^{3+}，然后紧接着使用 0.24g $NaNO_2$ 氧化 Pu 至 Pu^{4+})，能为后续的分析提供更好的环境条件，Pu 的分离效果也更好。方法序列 4，实验序列 11、12 中，使用 Fe^{2+}时，由于氧化作用 Fe^{3+}对树脂 TEVA 产生了柱塞作用，干扰了离子萃取树脂的功能，导致较低的 Pu 的分离结果。

总的来看，使用新的化学分离实验进行试样中 Pu 的分离，还有很多需要改进的地方，实验中任何一个步骤都有可能对最终的化学分离产生较大的影响，因此，Pu 的化学分析新方法的实验探索在今后仍然是一个重要的工作。

2.3.3　土壤圈中 Pu 的扩散模型

针对放射性核素在土壤中的扩散，本书将着重介绍放射性核素的包气带迁移理论，对于饱水带土壤层 Pu 的扩散，可作为壤中流的一部分，归入流域径流输出部分讨论。

1. 包气带迁移理论

放射性核素在人为释放后最先降落在土壤表层，没有外力的作用，放射性核素在土壤中的迁移非常缓慢，而有了外力(水)的驱动，放射性核素的迁移将复杂化。作为土壤层的上层区域，包气带成为研究土壤中放射性核素的滞留和延迟的主要地带。

包气带是指土壤上层中，土壤颗粒和岩石的空隙中没有完全被水充满，包含有空气的区域，该区域的水主要是气态水、吸附水、薄膜水和毛细管水。在包气带的下层，是水分饱和的饱水带。示意图如图 2.6 所示。

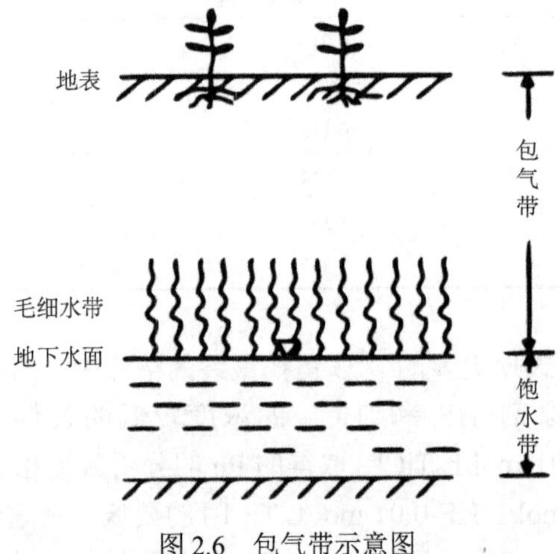

图 2.6　包气带示意图

包气带水分的主要来源为降水、地表水的渗漏、地下水通过毛细上升输运的水分和地下水蒸发形成的气态水。包气带水分受到多种力和能量的控制和制约，主要受到毛细力和重力的共同影响，前者将水分输运到孔隙细小或是含水量较低的位置，后者使土壤水向下移动。在包气带中，放射性核素经历着物理、化学、生物反应等，使得包气带中的放射性核素的变化变得复杂。

放射性核素在包气带的迁移主要依靠水分的运动、核素的浓度差引起的核素扩散，以及地质介质对核素的吸着作用。放射性核素在包气带的存在形式主要有离子、络合离子、分子、胶体等。当核素和包气带地质介质接触时，发生物理和化学反应(如离子交换吸附、配合反应、氧化还原反应、胶体行为、机械过滤、矿化、衰变等)，从而降低了核素的迁移速度，使其迁移速度小于水的传播速度，且不同核素的迁移速度也各不相同，如 ^{239}Pu 在包气带的迁移明显小于 ^{3}H、^{129}I、^{99}Tc 等核素。

1) 离子交换吸附

土壤中的次生矿物和腐殖质多数是以胶体颗粒的形态存在的，具有较大的表面能和吸附性能。因此离子交换吸附是影响核素在土壤中迁移的最主要反应。土壤颗粒表面的负电荷以静电引力吸持阳离子而维持电中性。核素在水相中呈阳离子态，和其他阳离子共同竞争土壤的吸附点。游离离子因竞争关系能在土壤颗粒间交换。且研究表明，离子交换吸附的能力不受酸碱条件的影响，与离子的电价和电负性呈正比，在同价离子中与离子半径呈反比。离子交换吸附的速度快，一般情况下不可逆。土壤对核素的吸着量与核素的浓度有关，核素浓度越大，吸着量越大，但两相间的分配系数基本保持稳定。

吸着在土壤表面的核素有可能被解析。解析程度和核素与土壤表面之间的结合能及地下水的化学成分有关。酸性水可使多种核素解析。分子吸附是分子态的溶质与固相介质表面活性吸附点之间的范德瓦耳斯力作用的结果。分子吸附属于物理吸附，速度快，且不可逆。

2）配合反应

配合反应是发生于地下水中的非常重要的化学反应之一。地下水中有很多种有机和无机配位体，可与核素形成络合物。无论是在还原性还是氧化性地下水中，核素一方面发生水解反应，同时与地下水中的无机阴离子CO_3^{2-}发生配合反应；另一方面地下水中的腐殖酸也与核素发生还原反应和配合反应。

3）水解反应

水解反应实际上是被水解离子与OH^-的配合反应。它可以产生多种单核、多核水解产物及真假胶体，从而影响核素在地下水的迁移速度。除了碱金属和碱土金属，大多数放射性核素在接近中性时均易水解，生成难溶的水合物或胶体。^{239}Pu的不同氧化状态的水解能力是不同的，四价的水解能力最强。

4）与无机配位体的配合反应

地下水中主要的配位体有CO_3^{2-}、腐殖酸以及可能的F^-、SO_4^{2-}等。有机配位体和无机配位体不仅有与核素络合的能力，而且它们之间也会发生络合竞争，从而影响核素的迁移行为。影响超铀元素在地下水中存在形态的主要无机配位体是CO_3^{2-}和HCO_3^-。有机配位体主要是腐殖酸。有研究表明，天然水体中的腐殖酸可以和四价Pu发生配合。腐殖酸结构中存在一些不饱和官能团，可与高价Pu发生还原反应，从而改变Pu在水中的价态。在低浓度时，腐殖物质可形成胶体，对核素进行吸附，形成假胶体，从而影响了核素的存在形态和迁移速度。

5）氧化还原反应

地下水中存在多种氧化性物质和还原性物质，因此，当核素进入地下水后，常会发生氧化还原反应，从而改变核素的价态与存在形态，影响其迁移速度。核素在地下水中的氧化还原反应主要取决于地下水的氧化还原电位Eh和pH，Eh的大小和地下水的含氧量有关，一般浅层地下水的含氧量高，Eh可达到0.2V，具有较强的氧化能力；深层地下水的含氧量低。研究表明，大部分的深层地下水的pH为6～9，Eh为–400～400mV。Pu可能以多种价态存在。

6）胶体行为

地质介质中的核素迁移，在很大程度上取决于固体表面、地下水及放射性核素三者之间复杂的相互作用。地下水中存在的胶体大量，它们之间的相互作用就变得更加复杂，使得核素迁移的结果更加难预测。胶体颗粒巨大的总表面积使得胶体具有相当大的表面吸附能力，从而影响核素在地下水中的迁移。胶体在核素迁移中的作用：若放射性胶体小于地质介质的孔度，则胶体随地下水迁移，若大于地质介质的孔度，则被阻止；若放射性胶体所带电荷的电性与基质表面所带电荷电性相反，则其被基质吸附，其迁移受到阻止；相反，电荷的排斥作用将加速核素的迁移。目前，对胶体的了解仍不够。

7) 机械过滤作用

机械过滤是土壤介质的一种特性。土壤组分中的各种矿物成分都具有独特的晶体结构，各种晶体结构由不同结构的结构单元连接而成。在矿物晶格中不同结构单元之间，存在大小不同的空隙，这些空隙只允许地下水溶液中小于其直径的分子和离子通过，而将大于其空隙直径的分子和离子排除在外，从而阻滞核素的迁移。影响机械过滤的因素有很多，也很复杂。通常用质量守恒和流体连续性描述固体物质总的机械过滤过程。

8) 矿化作用

矿化是核素通过化学键力，进入固相介质的晶体结构之中生成固溶体。矿化作用过程进行缓慢，大都是不可逆的。该作用阻滞了核素的迁移。

9) 核素的衰变

核素的衰变是核素特有的行为特征。自然条件下地下水的实际流速是相当小的，进入地下水的短寿命核素随水流迁移很短的距离就已经衰变了，可能造成的污染范围很小，很多情况下没有任何的实际意义。

但是半衰期很长的核素，若处置库泄漏，就很有可能对地下水产生污染。放射性核素的相对生物危险指数与时间的关系示于图 2.7。由图可知，放射性废物储存的最初数百年内，^{90}Sr 和 ^{137}Cs 是主要的毒性来源，之后超铀元素及其衰变产物占主导地位。百万年之后废物的总毒性指数才可能降到地球中原生铀的毒性指数之下。例如，^{239}Pu 的半衰期为 2.44×10^4a，其半衰期长，若处置不当，将严重

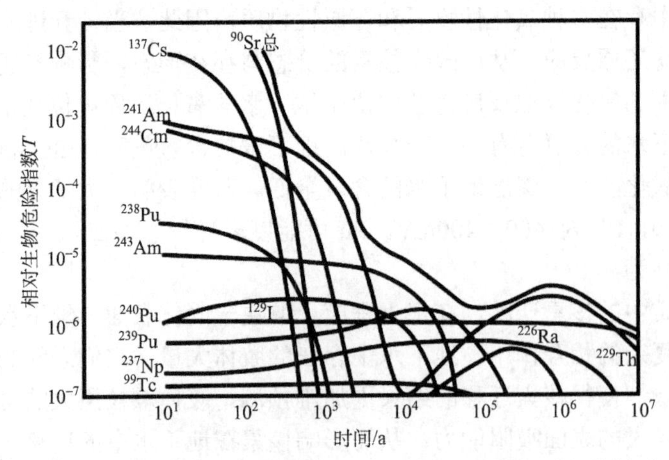

图 2.7　核废物中放射性核素的相对生物危险指数与时间的关系

危害人类生存环境。在一万年以前 ^{239}Pu 的危险指数平缓上升，10 万年以后 ^{239}Pu 的危险指数较快地下降。

2. 核素在包气带中迁移的数学描述

1) 包气带水分运移的基本方程

多孔介质中的流体满足达西定律和质量守恒定律。将质量守恒定律具体应用在多孔介质中的流体流动即连续性方程。达西定律和连续性方程相结合便导出了描述包气带水分运移的基本方程。

$$\frac{\partial \theta}{\partial t}=\frac{\partial}{\partial x}\left[K_x(\theta)\frac{\partial \psi}{\partial x}\right]+\frac{\partial}{\partial y}\left[K_y(\theta)\frac{\partial \psi}{\partial y}\right]+\frac{\partial}{\partial z}\left[K_z(\theta)\frac{\partial \psi}{\partial z}\right] \tag{2.34}$$

式(2.34)为包气带水分运移基本方程；θ 为含水率，%；t 为时间，d；$K(\theta)$ 为导水率；x，y，z 为坐标轴，m；ψ 为总水势，cmH_2O。

当包气带介质为各向同性时，则 $K_x(\theta)=K_y(\theta)=K_z(\theta)=K(\theta)$；总水势 ψ 等于重力势 ψ_g 与基质势 ψ_m 之和，取单位质量土壤水分的水势，则 $\psi=\psi_m \pm z$，将此关系代入式(2.34)中，得到

$$\frac{\partial \theta}{\partial t}=\frac{\partial}{\partial x}\left[K(\theta)\frac{\partial \psi_m}{\partial x}\right]+\frac{\partial}{\partial y}\left[K(\theta)\frac{\partial \psi_m}{\partial y}\right]+\frac{\partial}{\partial z}\left[K(\theta)\frac{\partial \psi_m}{\partial z}\right]\pm\frac{\partial K(\theta)}{\partial z} \tag{2.35}$$

简化式(2.35)可得垂向一维水流运移基本方程：

$$\frac{\partial \theta}{\partial t}=\frac{\partial}{\partial z}\left[K(\theta)\frac{\partial \psi_m}{\partial z}\right]\pm\frac{\partial K(\theta)}{\partial z} \tag{2.36}$$

方程右端最后一项，当 z 轴向下为正时取负号，当 z 轴向上为正时取正号。

2) 包气带核素迁移基本方程

核素在包气带中的迁移以垂直为主，除了考虑对流弥散，还要考虑它的衰变和吸附等主要物理化学反应。等温平衡吸附条件下核素迁移方程为

$$\theta R_d\frac{\partial c}{\partial t}=\frac{\partial}{\partial z}\left(\theta D_L\frac{\partial c}{\partial z}\right)-\frac{\partial}{\partial z}(v\theta c)-\lambda\theta R_d c+M \tag{2.37}$$

其中，$-\frac{\partial}{\partial z}(v\theta c)$ 为核素的对流弥散；$-\lambda\theta R_d c$ 为核素的吸附和衰变；M 为核素释放源的浓度，$\mu g/m^3$；θ 为含水率，%；R_d 为延迟系数，$R_d=1+\rho K_d/\varepsilon$，$K_d$ 为分配系数，$m^3/\mu g$，反映了固液二相的关系；c 为核素在包气带中的体积浓度；t 为时间，d；z 为垂向坐标，m；D_L 为水动力纵向弥散系数，m^3/d；v 为水流垂向流速，m/d；λ 为核素衰变常数，d^{-1}。

2.4　Pu 扩散迁移模型展望

一直以来，海岸带都是研究者研究放射性核素的重点区域，原因是海岸带对区域生物地球化学循环、气候变化及海岸生态系统有很大影响，既是全球物质循环平衡的重要因素，也是全球资源的一个重要组成部分；其流域水文和河口的水动力、生态系统对海洋水体和沉积物、大气、陆地间的物质交换起重要作用；河流搬运泥沙至河口沉积和沿岸输运，影响海岸带的地貌演变；此外还影响着大气中与气候相关的痕量气体等重要元素的通量。

我国大陆海岸线全长约 1.8 万 km，岸线类型复杂，生物多样性丰富，拥有着河口、湿地、农田、海洋和城市等各种生态系统，是国家生态文明建设和国家生态安全战略格局中重要的“生态屏障”。并且我国海岸带有着自身的特点，例如，是众多河流(长江、黄河等)入海口且拥有巨大的物质通量；有世界最宽阔的陆架(东海陆架)和庞大的物质、能量交换；拥有典型的季风气候特征且频繁遭受热带风暴的侵袭；拥有明显的沿海生态环境的地带性差异；海平面的显著历史变动，对气候、环境和人类生存发展产生了明显的影响；人类活动加速了海岸带环境和资源的变化。此外，我国近海河口陆架区陆海相互作用活跃，是放射性核素 Pu 的主要沉积区，在区域放射性核素 Pu 的生物地球化学循环中发挥着重要作用(图 2.8)。其中陆架海包括渤海、黄海、东海和南海陆架，黄河、长江、珠江等多条大河直接流入该区。

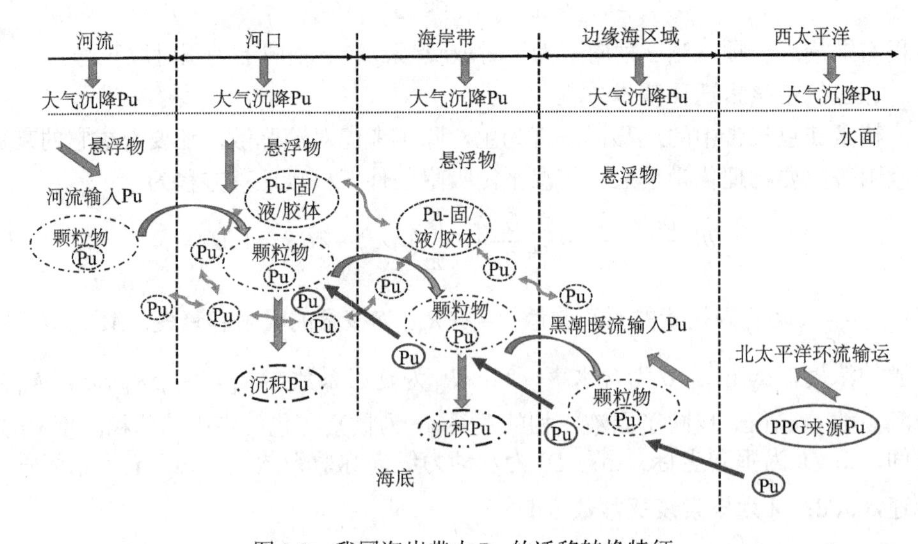

图 2.8　我国海岸带内 Pu 的迁移转换特征

长期的海岸带开发、巨大的人类活动压力和脆弱的生态环境条件，导致我国陆海交互作用区域环境污染加剧，生态安全受到严重的威胁。已有的研究表明，大河输入的陆源放射性核素 Pu 和随洋流、海流输入的放射性核素 Pu 是我国近岸海域放射性核素 Pu 的主要来源；陆架泥质区是河流陆源沉积放射性核素 Pu 的重要储库；河流输入、沉积再悬浮和远距离物质输运等沉积动力过程显著影响着该区域不同来源、不同类型陆源沉积有机质的输运和归宿；大河物质输入、海洋初级生产力以及陆架沉积作用共同支撑着该区较高的放射性核素 Pu 的埋藏能力。

2011 年日本福岛核电站事故以来，陆海交互作用关键带内的核安全越来越受到人们和政府的关注。尤其是我国快速发展的核能产业，截至 2017 年 9 月 30 日，我国投入商业运行的核电机组共 37 台，运行装机容量达到了 35807.16MW，在建核电机组数居世界第一。在《核电中长期发展规划(2011—2020 年)》中，规划新建核电站有 143 座，约占全球规划总量的 41%，然而核事故释放的放射性污染物质在我国海岸带内的迁移转化特征尚不明确，这为我国核电的快速发展及沿海生态安全带来了挑战。

例如，在核事故发生后，被释放的放射性核素在海岸带内最终的迁移趋势是什么？流域内的放射性核素污染通过河流传输进入河口，其最终迁移趋势是什么？由于海岸带的复杂环境，什么样的岸线容易形成放射性核素的“汇”？如海湾、潮滩湿地等区域，这些放射性核素的“热点”污染区域在核素的转化过程中扮演着什么样的角色？释放进入海洋带的放射性污染在环境中分布所需要的平衡时间是多久？我国海岸带内万一有核电站或是其他核事故释放了放射性污染物，核应急管理的对应及评估策略现在已经完备了吗？我国海岸带内各种来源的放射性核素的同位素特征和通量变化特征明确吗？

在此，作者提出了今后海岸带放射性核素 Pu 的研究重点：建立我国近海海岸带的放射性核素 Pu 指纹特征的数据库，利用 Pu 同位素的指纹特征，判别 Pu 污染来源和扩散特征，研究 Pu 指纹特征的演变历史与各阶段特征，确定近几十年来我国海岸带内 Pu 指纹特征变化的时空特征与驱动机制；利用耦合模型模拟海岸带的核素迁移过程，通过模拟我国海岸带放射性核素 Pu 的传输以及陆海交互作用下核素 Pu 的迁移分布，预测未来核工业发展和核污染情况发生等场景下的海陆 Pu 传输变化情景和通量特征；构建自然与人为驱动机制的放射性核素 Pu 的综合模型，模拟不同量级的突发核事故影响下的我国沿海地区甚至内陆地区的放射性污染物扩散情景，针对不同情景提出有效减缓污染扩散、疏散污染区群众、减小经济损失等应急措施。

为了解 Pu 在海岸带的分布特征及迁移特征，作者提出建立我国海岸带乃至全国范围的 Pu 指纹数据库、建立全面的 Pu 传播扩散模拟模型和环境影响评价模型，下面将介绍作者的模型概念。

Pu 模型主要分为三个模块：Pu 指纹数据库、Pu 扩散模型及辐射影响模型。

1) Pu 指纹数据库

Pu 指纹数据库主要分为 Pu 指纹特征数据库和 Pu 通量数据库。该数据库主要用于分析我国地区(包括陆地和海岸带) Pu 的指纹分布特征、迁移和归宿变化过程和历史特征，并对未来 Pu 的扩散进行预测；同时，研究 Pu 在我国海岸带中的典型分布区域(入海河口、人类活动频繁区域)，分析陆海交互作用下不同因素对 Pu 指纹特征、通量变化等的影响，关注 Pu 在不同类型水体中受盐度、颗粒物浓度等特征指标影响的时空变化规律，分析 Pu 在不同季节、年际下的变化特征；在 Pu 指纹特征迁移转化过程和归宿研究结果的基础上，探讨外部条件输入的变化对 Pu 传播扩散的影响机制，为之后 Pu 扩散模型的建立提供参数和边界条件。

数据库的建立可利用历史数据、文献资料和实地调查实验分析资料三种不同来源的数据。实地调查实验分析可选取典型区域(入海河口)进行取样，对每个河口剖面采集柱状岩心 15～20 个，每个岩心 2cm 左右，对岩心进行照相、灰度扫描，岩心按 1～2cm 间隔采集沉积物样品，分层采集其中 Pu 的同位素特征以及其他同位素的定年特征，并对沉积物样品进行粒度、环境磁学、年代学和同位素示踪等方面的分析，系统地研究和记录下 Pu 的沉积演变特征；同时，对已有的我国海岸带和陆地范围内的 Pu 探测结果和指纹特征数据进行收集，并对地表类型、气候等各影响因素进行初步分析、整理，对我国范围 Pu 的来源进行分析判读并验证其来源，构建 Pu 指纹数据库。

利用空间分析工具(如 ArcGIS 等)，分析不同季节陆海交互作用下海岸带内 Pu 指纹特征格局的时空变化特征，利用我国河口入海物质通量的信息以及相关区域海洋环境，分析海岸带内 Pu 指纹特征变化的内在传输与外源输入等驱动因素，采用主成分分析方法、典型相关分析、Logistic 回归分析等方法，分析陆海交互作用下海岸带内 Pu 指纹特征变化的驱动机制。

2) Pu 扩散模型

Pu 扩散模型主要分为三个部分：大气扩散和沉降模型、流域扩散和输出模型、近岸海域 Pu 扩散和沉积模型，利用这三个部分的模型建立我国 Pu 扩散耦合模型。

在 Pu 的大气扩散和沉降模型部分，主要利用大气化学模型，模拟研究区域大气中放射性核素 Pu 的扩散和沉降。在大气化学模型中，设定模式的微物理过程参数、积云参数、边界层参数、地面陆面参数、气相化学机制、气溶胶化学方案及光化学机制等，考虑放射性核素在扩散传播时的物理和化学过程，建立研究区域的大气化学过程模型，利用已知事故(如福岛核电站事故等)发生后的站点大气探测资料作为对比值，验证用模型模拟的不同类型的突发核泄漏事故后放射性核素的扩散模式的效果；利用 Pu 通量数据库，验证大气化学模型的干湿沉降模块的效果，最终根据模拟的效果调整模式参数，以模拟不同尺度、不同量级下核事故后放射性核素 Pu 在研究区域的扩散和沉降。

在研究 Pu 在大气中的传播扩散的同时，利用 Pu 气溶胶模型，模拟不同源(核爆炸、核泄漏等)下 Pu 气溶胶的产生过程和机制，研究 Pu 气溶胶的传播机理，模拟不同直径的 Pu 颗粒的干湿沉降过程和大气传播过程；同时模拟土壤、海洋表层 Pu 气溶胶的再悬浮过程。通过对 Pu 在大气中扩散、沉降、再悬浮过程的模拟，综合评价不同尺度、不同量级下核事故后的影响。

流域扩散和输出模型部分，主要是结合放射性核素的流域扩散模型和流域水文模型，模拟放射性核素在流域中的扩散、传播以及在流域出口断面的输出。在研究中，为了研究流域的放射性核素在入海河口的输出和在该区域的扩散、传播，选择靠海流域作为研究对象，对放射性核素在该区域的传播过程进行模拟。对于放射性核素在流域的扩散模型部分，需考虑不同降水条件下受地表径流的影响时表层土壤中 Pu 的侵蚀、沉积、输运等过程，该冲刷过程可分为液态冲刷(放射性核素在水中溶解)和固态冲刷(放射性核素附着于固态颗粒物)两种；同时考虑大气中干湿沉降的输入，模拟流域在入海河口出口断面的放射性核素的通量。在模型的验证方面，利用流域出口沉积物中的 Pu 通量数据进行对比，验证模型的可行性。

对于 Pu 在近岸海域的扩散模拟，利用流体力学控制方程(孙文心等，2004；赵淑江等，2011)，将流域模型的输出结果作为近岸海域放射性核素的初始值，考虑放射性核素在近岸海域的物理与化学过程，如对流、扩散、吸附、解析、沉淀、溶解、弥散、衰变等过程；同时对模型的边界及初始条件进行设定，即对近岸海域的地形、边界与初始场、控制方程的参数进行设定，从而模拟放射性核素在近岸海域的扩散和沉积过程。在模型的验证方面，选取不同位置、不同规模大小的核事故的观测值，与模型模拟结果对比，通过调整控制方程参数的方法，来调整模型的输出结果。

3) 辐射影响模型

辐射影响模型将参考现有的核辐射影响评价模型，评估人类、非人类生物等受到的辐射影响。

辐射影响模型将分为三层进行评估。在第一层中，需考虑环境不同介质中生物将受到的最大浓度与环境介质中生物体能接受的最有限放射性核素浓度限值进行比较，若后者大于前者，则可认为长期接触该值的辐射剂量将不会影响生物，为微不足道的放射性问题；若前者大于后者，则继续第二层的评估。在第二层中，将利用放射性核素的扩散模型的结果，如大气、水等介质中放射性核素的浓度比，评估生物在环境中的放射性污染的暴露程度，同时评估经济影响等方面，为决策的制定和立法的解释提供科学依据。第三层主要是风险特性模块，该模块中主要用概率和灵敏度来分析已识别物种的辐射效应数据。

在辐射影响评估模型中，将利用 Pu 指纹数据库的数据，充分考虑陆地和水体中的放射性核素即环境本底剂量的影响，通过叠加 Pu 扩散传输模型的模拟结果，利用辐射影响模型评估不同类型、不同量级下核辐射污染造成的影响，为决策的制定等提供科学意见。

参考文献

成建峰, 冷阳春, 赖捷, 等. 2017. Pu 在地下水溶液中的形态及吸附行为. 环境化学, 36(7): 1630-1635.

贾建军, 高抒, 薛允传. 2002. 图解法与矩法沉积物粒度参数的对比. 海洋与湖沼, 33(6): 577-582.

李锐怡. 2015. 土壤放射性核素的来源与迁移. 环境, (S1): 63-64.

刘爱华, 蒯琳萍. 2011. 放射性核素大气弥散模式研究综述. 气象与环境学报, 27(4): 56-65.

刘期凤, 刘宁, 廖家莉, 等. 2006. 放射性核素迁移研究的现状与进展. 化学研究与应用, (18): 465-471.

刘文杰, 胡八一, 李庆忠. 2011. 核事故条件下钚气溶胶源项研究综述. 安全与环境学报, 11(5): 259-263.

欧阳洁, 杨国胜, 马玲玲, 等. 2017. 大气污染物中人工放射性铯-钚-铀同位素示踪技术的发展与应用. 化学进展, (12): 1446-1461.

彭慧, 姜文华, 李雪琴, 等. 2017. 载有钚-238 放射源航天器发射事故放射性气溶胶高斯弥散模型分析. 原子能科学技术, 51(3): 572-576.

宋妙发, 强亦忠. 1999. 核环境学基础. 北京: 原子能出版社: 131-145.

宿吉龙, 庹先国, 冷阳春, 等. 2014. 水相环境中 pH 与离子对 ^{239}Pu 在膨润土中的吸附影响. 环境工程, 32(5): 77-80.

孙文心, 江文胜, 李磊. 2004. 近海环境流体动力学数值模型. 北京: 科学出版社: 1-5.

陶文铨. 2001. 数值传热学. 2 版. 西安: 西安交通大学出版社: 69, 195.

万国江. 1997. 现代沉积的 ^{210}Pb 计年. 第四纪研究, 17(3): 230-239.

谢波, 熊旺, 胡胜, 等. 2017. 钚气溶胶的形成机理. 辐射防护通讯, 37(4): 1-11.

赵淑江, 吕宝强, 王萍. 2011. 海洋环境学. 北京: 海洋出版社.

Aarkrog A. 2003. Input of anthropogenic radionuclides into the world ocean. Deep Sea Research Part Ⅱ: Topical Studies in Oceanography, 50: 2597-2606.

Anspaugh L R, Shinn J H, Phelps P L, et al. 1975. Resuspension and redistribution of plutonium in soils. Health Physics, 29(4): 571-582.

Anspaugh L R, Phelps P L, Kennedy N C, et al. 1976. Experimental studies on the resuspension of plutonium from aged sources at the Nevada Test Site//Engleman R J, Sehmel G A. Atmosphere-surface exchange of particulate and gaseous pollutants. Springfield, VA: National Technical Information Service: 727-743.

Baily du Bois P, Laguionie P, Boust D, et al. 2012. Estimation of marine source-term following

Fukushima Dai-ichi accident. Journal of Environmental Radioactivity, 114: 2-9.

Bates P D, Lane S N, Ferguson R I. 2005. Computational fluid dynamics: Applications in environmental hydraulics. Sussex: John Wiley and Sons: 33-37.

Batlle J V, Aoyama M, Bradshaw C, et al. 2018. Marine radioecology after the Fukushima Dai-ichi nuclear accident: Are we better positioned to understand the impact of radionuclides in marine ecosystems? Science of the Total Environment, 618: 80-92.

Becker J S, Zoriy M, Halicz L, et al. 2004. Environmental monitoring of plutonium at ultratrace level in natural water (Sea of Galilee-Israel) by ICP-MS and MC-ICP-MS. Journal of Analytical Atomic Spectrometry, 19: 1257-1261.

Braun T, Ghersini G. 1975. Journal of Chromatography Library, Volume 2//Extraction Chromatography. Budapest: Elsevier Scientific Publishing Company: 68-133.

Breton M, Salomon J C. 1995. A 2d long-term advection-dispersion model for the channel and southern North Sea. Part A: Validation through comparison with artificial radionuclides. Journal of Marine Systems, 6 (5-6): 495-513.

Bu W T, Fukuda M, Zheng J, et al. 2014a. Release of Pu isotopes from the Fukushima Daiichi Nuclear Power Plant accident to the Marine environment was negligible. Environmental Science and Technology, 48: 9070-9078.

Bu W T, Zheng J, Guo Q J, et al. 2014b. Ultra-trace plutonium determination in small volume seawater by sector field inductively coupled plasma mass spectrometry with application to Fukushima seawater samples. Journal of Chromatography A, 1337: 171-178.

Cao L G, Zheng J, Tsukada H, et al. 2016. Simultaneous determination of radiocesium (^{135}Cs, ^{137}Cs) and plutonium (^{239}Pu, ^{240}Pu) isotopes in river suspended particles by ICP-MS/MS and SF-ICP-MS. Talanta, 159: 55-63.

Cetina M, Rajar R, Povinec P. 2000. Modelling of circulation and dispersion of radioactive pollutants in the Japan Sea. Oceanologica Acta, 23: 819-836.

Chiappini R, Taillade J M, Brebion S. 1996. Development of a high-sensitivity inductively coupled plasma mass spectrometer for actinide measurement in the femtogram range. Journal of Analytical Atomic Spectrometry, 11: 497-503.

Choi M S, Lee D S, Choi J C, et al. 2006. $^{239+240}$Pu concentration and isotope ratio (^{240}Pu/^{239}Pu) in aerosols during high dust (Yellow Sand) period, Korea. Science of the Total Environment, 370 (1): 262-270.

David R L. 2006. Handbook of Chemistry and Physics. 87th ed. Boca Raton (FL): CRC Press, Taylor amd Francis Group.

de Visscher A. 2013. Air Dispersion Modeling: Foundations and Applications. Hoboken: John Wiley and Sons: 4-6.

Dong W, Zheng J, Guo Q J, et al. 2010. Characterization of plutonium in deep-sea sediments of the Sulu and South China Seas. Journal of Environmental Radioactivity, 101: 622-629.

Egorov B O, O'Hara J M, Farmer O T, et al. 2001. Extraction chromatographic separations and analysis of actinides using sequential injection techniques with on-line inductively coupled plasma mass spectrometry (ICP MS) detection. Analyst, 126 (6): 1594-1601.

Estournel C, Bose E, Bocquet M, et al. 2012. Assessment of the amount of ^{137}Cs released into the Pacific Ocean after the Fukushima accident and analysis of its dispersion in Japanese coastal waters. Journal of Geophysical Research: Oceans, 117: C1014-1-13.

Garcia-Laplace J, Adam C, Lathuilliere T, et al. 2000. A simple fish physiological model for radioecologists exemplified for 54Mn direct transfer and rainbow trout (Oncorhynchus mykiss W.) Journal of Environmental Radioactivity, 49 (1): 35-53.

Gillette D A, Blifford I H, Fenster C R. 1972. Measurements of aerosol size distributions and vertical fluxes of aerosols on land subject to wind erosion. Journal of Applied Meteorology, 11 (6): 977-987.

Grate J W, Egorov O B. 1998. Investigation and optimization of on-column redox reactions in the sorbent extraction separation of americium and plutonium using flow injection analysis. Analytical Chemistry, 70: 3920-3929.

Harms L H. 1997. Modeling the dispersion of ^{137}Cs and ^{239}Pu released from dumped waste in the Kara Sea. Journal of Marine Systems, 13 (1-4): 1-19.

Harms L H, Karcher M J, Dethleff D. 2000. Modelling Siberian river runoff – implications for contaminant transport in the Arctic Ocean. Journal of Marine Systems, 27 (1-3): 95-115.

Hirose K. 1998. Deposition of $^{239,240}Pu$ observed at Tsukuba, Japan. Journal of Radiation Research, 39 (4): 349.

Hirose K, Aoyama M. 2002. Chemical speciation of plutonium in seawater. Analytical and Bioanalytical Chemistry, 372 (3): 418-420.

Horwitz P E, Dietz M L, Chiarizia R, et al. 1995. Separation and preconcentration of actinides by extraction chromatography using a supported liquid anion exchanger: Application to the characterization of high-level nuclear waste solutions. Analytica Chimica Acta, 310 (1): 63-78.

Horwitz P E, McAlister D R, Bond A H, et al. 2005. Novel extraction of chromatographic resins based on tetraalkyldiglycolamides: Characterization and potential applications. Solvent Extraction and Ion Exchange, 23 (3): 319-344.

Hoshi H, Wei Y Z, Kumagai M, et al. 2004. Group separation of trivalent minor actinides and lanthanides by TODGA extraction chromatography for radioactive waste management. Journal of Alloys and Compounds, 374: 451-455.

Hrnecek E, Steier P, Wallner A. 2005. Determination of plutonium in environmental samples by AMS and alpha spectrometry. Applied Radiation and Isotopes, 63: 633-638.

Huh C A, Su C C. 1999. Sedimentation dynamics in the East China Sea elucidated from ^{210}Pb, ^{137}Cs and $^{239,240}Pu$. Marine Geology, 160: 183-196.

Husain M, Ansari S A, Mohapatra P K, et al. 2008. Extraction chromatography of lanthanides using N,N,N',N'-tetraoctyl diglycolamide (TODGA) as the stationary phase. Desalination, 229: 294-301.

IAEA. 2001. Generic models for use in assessing the impact of discharges of radioactive substances to the environment. Vienna.

Igarashi Y, Aoyama M, Hirose K, et al. 2003. Resuspension: Decadal monitoring time series of the anthropogenic radioactivity deposition in Japan. Journal of Radiation Research, 44(4): 319-328.

Kawamura H, Kobayashi T, Furuno A, et al. 2011. Preliminary numerical experiments on oceanic dispersion of ^{131}I and ^{137}Cs discharged into the ocean because of the Fukushima Daiichi nuclear power plant disaster. Journal of Nuclear Science and Technology, 48(1): 1349-1356.

Kaplan D I, Powell B A, Gumapas L, et al. 2006. Influence of pH on plutonium desorption/solubilization from sediment. Environmental Science and Technology, 40(19): 5937-5942.

Kelley J M, Bond L A, Beasley T M. 1999. Global distribution of Pu isotopes and ^{237}Np. Science of the Total Environment, 237/238: 483-500.

Kersting A B. 2013. Plutonium transport in the environment. Inorganic Chemistry, 52: 3533-3546.

Ketterer M, Szechenyi S. 2008. Determination of plutonium and other transuranic elements by inductively coupled plasma mass spectrometry: A historical perspective and new frontiers in the environmental sciences. Spectrochimica Acta Part B, 63: 719-737.

Ketterer M, Watson B R, Matisoff G, et al. 2002. Rapid dating of recent aquatic sediments using Puactivities and $^{240}Pu/^{239}Pu$ as determined by quadrupole inductively coupled plasma mass spectrometry. Environmental Science and Technology, 36(2): 1307-1311.

Kierepko R, Mietelski J W, Ustrnul Z, et al. 2016. Plutonium isotopes in the atmosphere of Central Europe: Isotopic composition and time evolution vs. circulation factors. Science of the Total Environment, 569-570: 937-947.

Kobayashi T, Otosaka S, Togawa O, et al. 2007. Development of a non-conservative radionuclides dispersion model in the ocean and its application to surface cesium-137 dispersion in the Irish Sea. Journal of Nuclear Science and Technology, 44(2): 238-247.

Koziy L, Maderich V, Margvelashvili N, et al. 1998. Three-dimensional model of radionuclide dispersion in the estuaries and shelf seas. Environmental Modelling and Software, 13: 413-420.

Langham W H. 1969. Biological considerations of nonnuclear incidents involving nuclear warheads. California: University of California.

Lee S, Povinec P, Wyse E, et al. 2005. Distribution and inventories of ^{90}Sr, ^{137}Cs, ^{241}Am and Pu isotopes in sediments of the Northwest Pacific Ocean. Marine Geology, 216(4): 249-263.

Leelössy A, Molnár F, Izsák F, et al. 2014. Dispersion modeling of air pollutants in the atmosphere: A review. Central European Journal of Geosciences, 6(3): 257-278.

Lindahl P, Lee S H, Worsfold P, et al. 2010. Plutonium isotopes as tracers for ocean processes: A review. Marine Environmental Research, 69: 73-84.

Liu Z Y, Zheng J, Pan S M, et al. 2011. Pu and ^{137}Cs in the Yangtze River Estuary Sediments: Distribution and Source Identification. Environmental Science and Technology, 45(5): 1805-1811.

Liu Z Y, Zheng J, Pan S M, et al. 2013. Anthropogenic plutonium in the North Jiangsu tidal flats of the Yellow Sea in China. Environmental Monitoring and Assessment, 185(8): 6539-6551.

Luisier F, Alvarado J, Steinmann P, et al. 2009. A new method for the determination of plutonium and americium using high pressure microwave digestion and alpha-spectrometry or ICP-SMS. Journal of Radioanalytical and Nuclear Chemistry, 281(3): 425-432.

Lynch D R, Greenberg D A, Bilgili A, et al. 2015. Particles in the coastal ocean, theory and applications. New York: Cambridge University Press.

Maderich V, Bezhenar R, Heling R, et al. 2014. Regional long-term model of radioactivity dispersion and fate in the Northwestern Pacific and adjacent seas: Application to the Fukushima Daiichi accident. Journal of Environmental Radioactivity, 131: 4-8.

Maderich V, Brovchenko I, Dvorzhak A, et al. 2016. Integration of 3D model THREETOX in JRODOS, implementation studies and modelling of Fukushima scenarios. Radioprotection, 51: S133-S135.

Maderich V, Jung K T, Brovchenko I, et al. 2017. Migration of radioactivity in multi-fraction sediments. Environmental Fluid Mechanics, 17: 1207-1231.

Maher K, Bargar J R, Brown G E. 2012. Environmental speciation of actinides. Inorganic Chemistry, 52: 3510-3532.

Maxwell Ⅲ L S. 2008. Rapid method for determination of plutonium, americium and curium in large soil samples. Journal of Radioanalytical and Nuclear Chemistry, 275: 395-402.

Maxwell Ⅲ L S, Culligan K B. 2006. Rapid column extraction method for actinides in soil. Journal of Radioanalytical and Nuclear Chemistry, 270: 699-704.

Maxwell Ⅲ L S, Jones D V. 2009. Rapid determination of actinides in urine by inductively coupled plasma mass spectrometry and alpha spectrometry: A hybrid approach. Talanta, 80: 143-150.

Maxwell Ⅲ L S, Culligan A B, Jones D V, et al. 2010. Rapid determination of ^{237}Np and Pu isotopes in water by inductively-coupled plasma mass spectrometry and alpha spectrometry. Journal of Radioanalytical and Nuclear Chemistry, 287: 223-230.

McManus J. 1988. Grain size determination and interpretation//Tucker M. Techniques in Sedimentology, Oxford: Blackwell: 63-85.

Men W, Zheng J, Wang H, et al. 2018. Establishing rapid analysis of Pu isotopes in seawater to study the impact of Fukushima nuclear accident in the Northwest Pacific. Scientific Reports, 8(1): 1-11.

Mietelski J W, Was B. 1995. Plutonium from Chernobyl in Poland. Applied Radiation & Isotopes, 46(11): 1203-1211.

Min B I, Periáñez R, Kim I G, et al. 2013. Marine dispersion assessment of ^{137}Cs released from the Fukushima nuclear accident. Marine Pollution Bulletin, 72(1): 22-33.

Muramatsu Y, Hamilton T, Uchida S, et al. 2001. Measurement of $^{240}Pu/^{239}Pu$ isotopic ratios in soils from the Marshall Islands using ICP-MS. Science of the Total Environment, 278(1-3): 151-159.

Muramatsu Y, Uchida S, Tagami K, et al. 1999. Determination of plutonium concentration and its isotopic ratio in environmental materials by ICP-MS after separation using and extraction chromatography. Journal of Analytical Atomic Spectrometry, 14: 859-865.

Nakano H, Motoi T, Hirose K, et al. 2010. Analysis of ^{137}Cs concentration in the Pacific using a Lagrangian approach. Journal of Geophysical Research, 115: C06015.

NIRS. 1990. Method of consecutively analyzing plutonium and americium. Chiba: Japan Chemical Analysis Center.

Nygren U, Rodushkin I, Nilsson C, et al. 2003. Separation of plutonium from soil and sediment prior to determination by inductively coupled plasma mass spectrometry. Journal of Analytical Atomic Spectrometry, 18(12): 1426-1434.

Oughton D H, Fifield L K, Day P J, et al. 2000. Plutonium from Mayak: Measurement of isotope ratios and activities using accelerator mass spectrometry. Environmental Science and Technology, 34: 1938-1945.

Periáñez R. 2005. Modelling the dispersion of radionuclides in the marine environment: An introduction. Berlin: Springer.

Periáñez R, Elliot A J. 2002. A particle-tracking method for simulating the dispersion of non-conservative radionuclides in coastal waters. Journal of Environmental Radioactivity, 58(1): 13-33.

Periáñez R, Suh K S, Min B I. 2012. Local scale marine modelling of Fukushima releases. Assessment of water and sediment contamination and sensitivity to water circulation description. Marine Pollution Bulletin, 64(11): 2333-2339.

Periáñez R, Suh K S, Min B I. 2016. The behavior of ^{137}Cs in the North Atlantic Ocean assessed from numerical modelling: Releases from nuclear fuel reprocessing factories, redissolution from contaminated sediments and leakage from dumped nuclear wastes. Marine Pollution Bulletin, 113(1-2): 343-361.

Pittauer D, Roos P, Qiao J X, et al. 2018. Pacific proving grounds radioisotope imprint in the Philippine Sea sediments. Journal of Environmental Radioactivity, 186: 131-141.

Pourmand A, Dauphas N. 2010. Distribution coefficients of 60 elements on TODGA resin: Application to Ca, Lu, Hf, U and Th isotope geochemistry. Talanta, 81(3): 741-753.

Preller R, Cheng A. 1999. Modeling the transport of radioactive contaminations in the Arctic. Marine Pollution Bulletin, 38: 71-91.

Proehl J A, Lynch D R, McGuilicuddy D J, et al. 2005. Modeling turbulent dispersion on the North Flank of Georges Bank using Lagrangian particle methods. Continental Shelf Research, 25(7-8): 875-900.

Protter P E. 2004. Stochastic Integration and Differential Equations. 2ed. Berlin: Springer.

Qiao J, Hou X, Roos P, et al. 2009a. Rapid determination of plutonium isotopes in environmental samples using sequential injection extraction chromatography and detection by inductively coupled plasma mass spectrometry. Analytical Chemistry, 81: 8185-8192.

Qiao J X, Hou X L, Miro M, et al. 2009b. Determination of plutonium isotopes in waters and environmental solids: A review. Analytica Chimica Acta, 652: 66-84.

Qiao J X, Hou X L, Roos P, et al. 2010. Rapid and simultaneous determination of neptunium and plutonium isotopes in environmental samples by extraction chromatography using sequential injection analysis and ICP-MS. Journal of Analytical Atomic Spectrometry, 25: 1769-1779.

Shinn J H .1993. The technical basis for air pathway assessment of resuspended radioactive aerosols: LLNL experiences at seven sites around the world//Technical Basis for Measuring, Modeling & Mitigating Toxic Aerosols, Albuquerque.

Shinn J H. 1998. Post-accident inhalation exposure and experience with plutonium. San Francisco: Lawrence Livermore National Laboratory.

Shinn J, Kennedy N, Koval J, et al. 1974. Observations of dust flux in the surface boundary layer for steady and nonsteady cases//Atmosphere-surface exchange of particulate and gaseous pollutants. Proceedings of a Symposium, Richland, Washington, United States[2020-12-20]. https://www.osti. gov/servlets/purl/7273062.

Schonfeld W. 1995. Numerical simulation of the dispersion of artificial radionuclides in the English Channel and the North Sea. Journal of Marine Systems, 6(5-6): 529-544.

Silver G L. 2001. Plutonium oxidation states in seawater. Applied Radiation and Isotopes, 55: 589-594.

Su C C, Huh C A. 2002. ^{210}Pb, ^{137}Cs and ^{239,240}Pu in East China Sea Sediments: Sources, pathways and budgets of sediments and radionuclides. Marine Geology, 183: 163-178.

Thakur P, Ballard S, Conca J L. 2010. Sequential isotopic determination of plutonium, thorium, americium and uranium in the air filter and drinking water samples around the WIPP site. Journal of Radioanalytical and Nuclear Chemistry, 287: 311-321.

Thiessen K M, Thorne M C, Maul P R, et al. 1999. Modeling radionuclide distribution and transport in the environment. Environment Pollution, 100(1): 151-177.

Thorpe S A. 2007. An Introduction to Ocean Turbulence. Cambridge: Cambridge University Press.

Till J E, Meyer H R. 1983. Radiological Assessment: A textbook on environmental dose analysis. Washington D C: United States Nuclear Regulatory Commision.

Tims S G, Pan S M, Zhang R, et al. 2010. Plutonium AMS measurements in Yangtze River estuary sediment. Nuclear Instruments and Methods in Physics Research Section B: Beam Interactions with Materials and Atoms, 268: 1155-1158.

Toribio M, Garcia J F, Rauret G, et al. 2001. Plutonium determination in mineral soils and sediments by a procedure involving microwave digestion and extraction chromatography. Analytica Chimica Acta, 447: 179-189.

Toscano-Jimenez M, Garcia-Tenorio R. 2004. A three-dimensional model for the dispersion of radioactive substances in marine ecosystems. Application to the Baltic Sea after the Chernobyl disaster. Ocean Engineering, 31(8-9): 999-1018.

Tovcar P, Jakopic R, Benedik L. 2005. Sequential determination of ^{241}Am, ^{237}Np, Pu radioisotopes and ^{90}Sr in soil and sediment samples. Acta Chimica Slovenica, 52(1): 60-66.

UNSCEAR. 2000. Sources and Effects of Ionizing Radiation: United Nations Scientific Committee on the Effects of Atomic Radiation Exposures to the Public from Man-made Sources of Radiation. New York: United Nations.

Vajda N, Torvenyi A, Kis-Benedek G, et al. 2009. Development of extraction chromatographic separation procedures for the simultaneous determination of actinides. Radiochimica Acta, 97: 9-16.

Vajda N, Kim C K. 2010. Determination of Pu isotopes by alpha spectrometry: A review of analytical methodology. Journal of Radioanalytical and Nuclear Chemistry, 283: 203-223.

Varga Z, Suranyi G, Vajda N, et al. 2007. Improved sample preparation method for environmental plutonium analysis by ICP-SFMS and alpha-spectrometry. Journal of Radioanalytical and Nuclear Chemistry, 274(1): 87-94.

Warneke T, Croudace W I, Warwick E P, et al. 2002. A new ground-level fallout record of uranium and plutonium isotopes for northern temperate latitudes. Earth and Planetary Science Letters, 203: 1047-1057.

Wu J W, Dai M H, Xu Y, et al. 2018. Sources and accumulation of plutonium in a large Western Pacific marginal sea: The South China Sea. Science of the Total Environment, 610/611: 200-211.

Wu J W, Zheng J, Dai M H, et al. 2014. Isotopic composition and distribution of plutonium in Northern South China Sea sediments revealed continuous release and transport of Pu from the Marshall Islands. Environmental Science and Technology, 48(6): 3136-3144.

Zhang K X, Pan S M, Liu Z Y, et al. 2018. Vertical distributions and sources identification of the radionuclides ^{239}Pu and ^{240}Pu in the sediments of the Liao River estuary, China. Journal of Environmental Radioactivity, 181: 78-84.

Zhao L, Chen Z, Lee K. 2011. Modelling the dispersion of wastewater discharges from offshore outfalls: A review. Environmental Reviews, 19: 107-120.

Zheng J, Yamada M. 2004. Sediment core record of global fallout and Bikini close-in fallout Pu in Sagami Bay, western northwest pacific margin. Environmental Science and Technology, 38(13): 3498-3504.

Zheng J, Yamada M. 2006. Plutonium isotopes in settling particles: Transport and scavenging of Pu in the Western Northwest Pacific. Environmental Science and Technology, 40: 4103-4108.

Zheng J, Tagami K, Uchida S. 2013. Release of plutonium isotopes into the environment from the Fukushima Daiichi Nuclear Power Plant accident: What is known and what needs to be known. Environmental Science and Technology, 47(17): 9584-9595.

Zhu Z X, Sasaki Y, Suzuki H, et al. 2004. Cumulative study on solvent extraction of element by *N,N,N',N'*-tetraoctyl-3-oxapentanediamide(TODGA) from nitric acid into *n*-dodecane. Analytical Chimica Acta, 527(2): 163-168.

第3章　长江口和苏北潮滩沉积物中放射性核素的分布特征

3.1　长江口沉积物中放射性核素的分布特征

3.1.1　长江口区域概况

1. 长江口地理地貌

长江是我国第一大河，发源于青海省的唐古拉山，流经11个省级行政区，全长6300km。长江汇集了大小数百条支流，根据水利部长江水利委员会对长江水系的划分，长江流域共划分为11大水系，即4大干流水系、3大北岸水系和4大南岸水系，在东海北部与黄海交界处入海，流域面积约180万km^2(引自长江水利网 http://www.cjw.gov.cn/)。

长江河口可分为以下区段：近口段——大通至江阴，长400km；河口段——江阴至口门即河口拦门沙浅滩，长240km；口外海滨段——口门以外至30～50m等深线(恽才兴，2004)。

现代长江河口自安徽大通起算，约700 km，三级分汊，四口入海，在巨大的河口流量和科氏力作用下，河口不断南偏。北槽是现在的主要入海通道，北支下泄量仅占1%～2%，河道粗化，水下沙脊发育，河道壅塞(庄克琳等，2005)。

长江三角洲包括现代三角洲与古代三角洲。古代三角洲的形成和第四纪气候的变化有关(陈吉余等，1987)。长江巨量入海泥沙受到长江冲淡水的影响和台湾暖流的阻隔作用，基本滞留在123°15′E以西的内陆架，并主要向东南方向运移、沉积。已有的研究表明(DeMaster et al., 1985)，长江入海泥沙在河口区沉积动力、地球化学、生物地球化学的作用下，大约有40%沉积在30°N以北海域，形成水下三角洲前缘的泥质沉积区。近20年来，由于受筑坝、引水和水土保持等活动的影响，长江入海泥沙明显减少，长江河口水下三角洲的整体堆积速率已明显趋缓，局部出现侵蚀(Yang et al.，2002；恽才兴，2004)，关于入海水沙变异引起的河口三角洲海岸侵蚀和地貌演化及物质循环问题亟待研究。

2. 流域来水、来沙条件

根据大通站多年实测水文资料统计，多年平均径流总量为9050×10^8m^3，多年平均流量为28700 m^3/s，最小流量4620m^3/s(陈吉余等，1987)。据长江水利委员会水文局对大通站与徐六泾站断面流量相关计算，徐六泾过境年径流总量为9335×10^8m^3，其中进入南支的分流比约为96%(8961.6×10^8m^3)，进入北支的分流比约为4%(373.4×10^8m^3)。

长江河口区的来水、来沙季节性明显，5～10月份为洪水期。长江口区来水量和来沙量的年际分配也极不平衡，从时间序列考虑，1950～1985年期间大部分年份具有淤积条件，而1985年以来，长江口河床整体上处于冲刷环境(恽才兴，2004)。

3. 潮汐和潮流

长江口口外潮汐属正规半日潮(恽才兴，2004)。长江口拦门沙地区及其口外海滨余流变化受到径流、风、盐水楔异重流、潮汐余流和口外流系(长江冲淡水、台湾暖流和苏北沿岸流)多方面因素的制约，总体上其速度由西向东逐渐减小，横沙岛以西的南支水道余流则主要受径流控制，长江口拦门沙以西的成型河道内，余流速度比较大，表层余流速一般为0.3～0.5m/s，涨潮槽及盐水入侵的区段，余流指向上游，余流速接近底层明显大于上层(恽才兴，2004)。

4. 风与波浪

夏季盛行偏南风，冬季盛行偏北风，春季开始盛行东南风，秋季偏北气流增强。

波浪作用不仅是河口口门地区河槽演变不可忽视的因素，而且对河道整治、港口建设、护岸保坍、促淤围垦等工程设施有深刻的影响。长江的波形为风浪或混合浪，涌浪单独出现情况极少(恽才兴，2004)。

5. 黑潮及台湾暖流

黑潮是北太平洋副热带总环流系统中的西部边界流。东海黑潮流强而稳定，主轴流速可达100～150 cm/s，最大流速为180 cm/s。在东海沿岸流和黑潮之间的陆架上，即在浙、闽近海出现，具有高温、高盐特性的一支海流，称为台湾暖流。这支流终年存在，但具有较明显的季节变化。实测资料表明，台湾暖流的流量在1.5×10^6～3.0×$10^6m^3/s$。夏季台湾暖流的势力和流量均大于冬季(李家彪，2008)。

6. 长江口区域采样位置

本书研究区范围为北纬30°～32°N，东经124°E以西，并且水深小于50m的现代水下三角洲区域(图3.1)，该区域面积约为10000km^2，本书获得的柱样站位引自张瑞博士论文的研究，其研究范围包括长江口水下三角洲泥质区、杭州湾东部泥质区、外陆架残留砂沉积区以及南黄海近岸沉积区等沉积类型区(张瑞, 2009)。

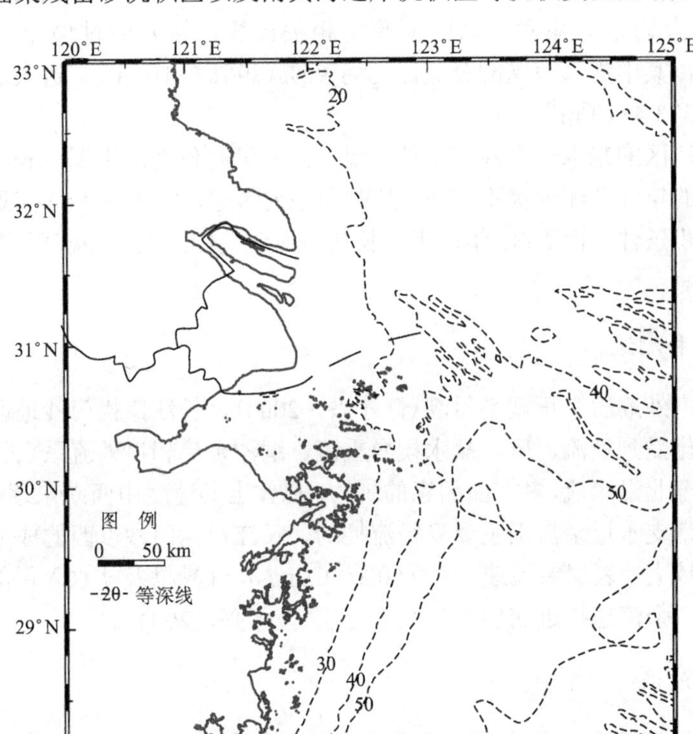

图 3.1　研究区域范围(虚线包围的区域为长江口水下三角洲)(张瑞, 2009)

7. 沉积物柱状样品采集

沉积物柱状样品 SC07 于 2006 年 4 月使用自制重力取样设备，大致沿 31°N 纬线自西向东取得柱样，柱状样采样长度均在 1m 以上；沉积物柱状样品 SC18 于 2006 年 11 月使用重力取样器，在长江口南槽口门外约 20m 等深线附近取得，各取样点坐标见表 3.1，采样图见图 3.2(张瑞，2009)。

表 3.1　长江口柱状样品取样站位信息(张瑞，2009)

站位	北纬	东经	水深/m	柱长/cm
SC07[a]	31°00.088560′	122°23.059900′	10.4	140
SC18[b]	31°01.260000′	122°37.200000′	18.2	235

注：该部分沉积物的粒度分析和 ^{137}Cs、^{210}Pb 的分析主要由张瑞在南京大学海岸与海岛开发教育部重点实验室进行。

a 柱状样品 SC07 的 Pu 的分析结果引自刘旭英(2009)的硕士论文、Tims 等(2010)及 Pan 等(2010)；

b 柱状样品 SC18 的 Pu 的分析由刘志勇、董微、郑建在日本放射线医学综合研究所进行。

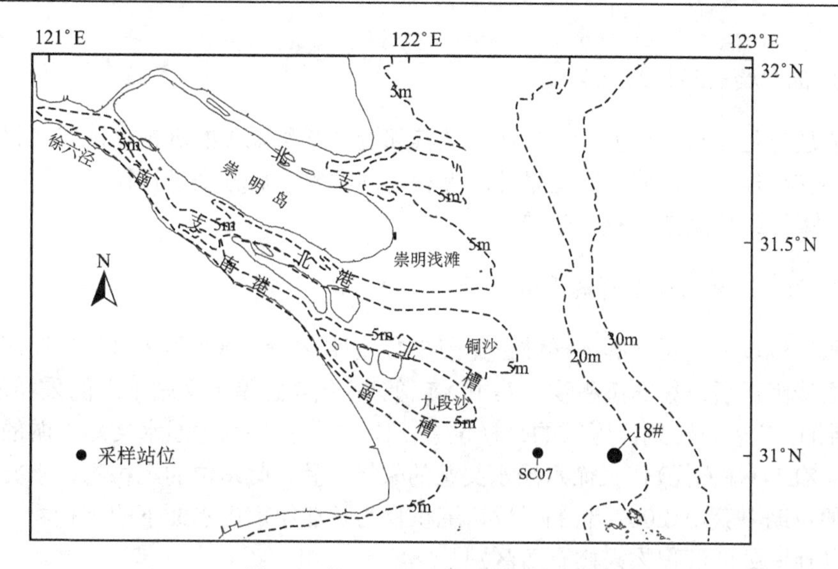

图 3.2　长江口柱状样品取样站位图

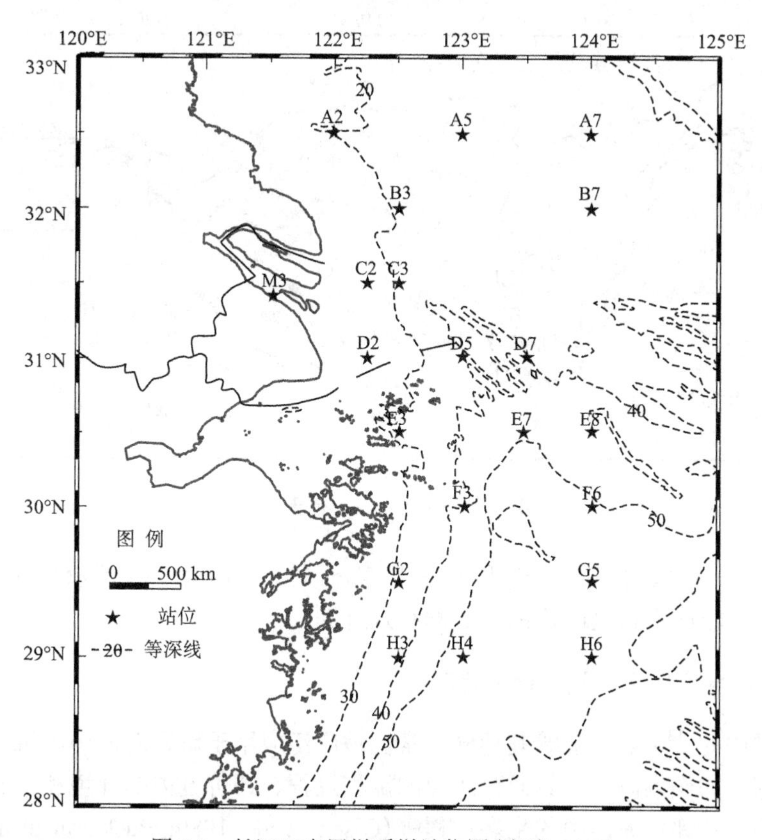

图 3.3　长江口表层样采样站位图(张瑞, 2009)

8. 沉积物表层样品采集

表层样是 2007 年 4 月在长江口及其邻近区域所采集的沉积物，现场将沉积物分装在分样袋中，放入冰箱里冷冻保存，回实验室后分别进行粒度和同位素的分析，采样站位见图 3.3(张瑞, 2009)。

9. 长江流域内表层样的采样位置

长江流域内表层样的采样站位见图 3.4，表层样是 2008 年 3 月在长江流域河道水面线附近所采集的沉积物，其中 XT(猇亭)代表宜昌水文站下游的采样位置，JZ2(荆江)代表长江荆江区域的采样位置，DT(大通)代表大通水文站下游的采样位置，XLJ4(徐六泾)代表徐六泾水文站的采样位置，此站位的沉积物在水文站工作船的协助下获得(2007 年 11 月)，沉积物为长江航道内水面下的沉积物，与流域内其他三处的沉积物采样有所区别。

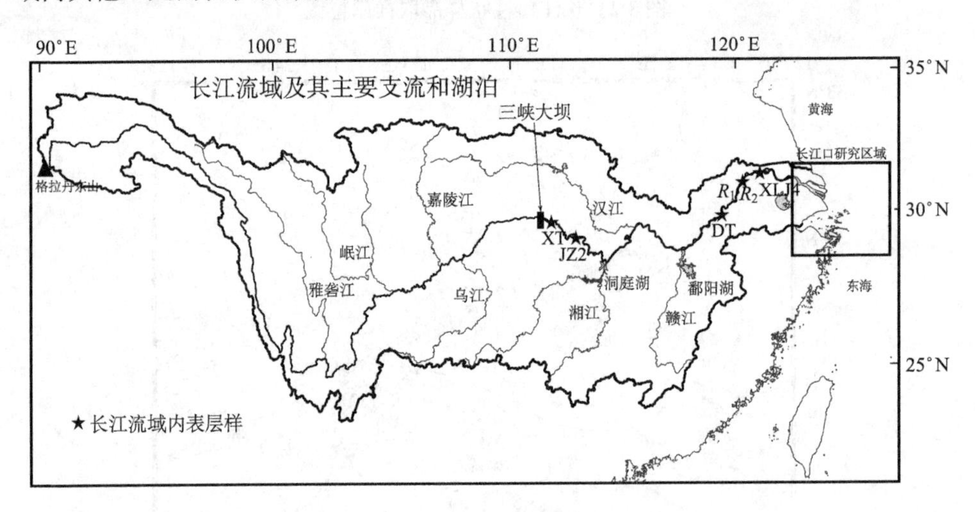

图 3.4　长江流域内表层样采样站位图

图 3.4 中流域内表层样 R_1 和 R_2 引自 Tims 等(2010)及 Pan 等(2010)的文献，采样站位位于南京市区附近的江心洲和八卦洲。

10. 放射性核素在长江口中的研究进展

海洋中的 ^{137}Cs、Pu 等其他同位素已被广泛应用于研究海洋中的沉积过程及生态过程，如作为测年工具研究历史的沉积过程、评价过去的环境和生态过程，作为示踪元素评价海洋中的生态过程等(Olsen et al., 1989; Baskaran et al., 1996; Otosaka et al., 2006; Hirose, 2009)。边缘海及海岸带区域，大量的沿岸物质进入海水中，提供了丰富的沉积物质和有机生物物质，这些区域是同位素富集和迁移的场所(Zheng and Yamada, 2004)。特别地，在河口区域，河流淡水与海洋咸水交互作用，物质的输运受径流、潮流、波浪等的影响。因此，河口区域的沉积物中，保留了物质的输运、吸附、沉积的历史信息以及河流和海洋交互作用的信息。

长江是世界上一条重要的河流，已有许多研究者使用同位素作为工具来研究长江口区域的沉积环境和沉积动力过程(DeMaster et al., 1985; Nagaya and Nakamura, 1992; Huh and Su, 1999; Zhang, 1999; Su and Huh, 2002; 张瑞等, 2008)。

前人的研究表明，长江口区域中的 ^{137}Cs 主要来自长江河流的输入(Nagaya and Nakamura, 1992; Huh and Su, 1999; 张瑞等, 2008)，并且 Pu 和 ^{137}Cs 在河口区域有不同的吸附特性(Nagaya and Nakamura, 1992; Huh and Su, 1999; Su and Huh, 2002)。Nagaya 和 Nakamura(1992)根据沉积物中 Pu 的含量大于同纬度区域中沉积物中 Pu 的含量这一现象，推测长江口中“过剩的”Pu 来源于长江河流的输入。Su 和 Huh(2002)根据沉积物 Pu 的比活度和通量，估算出了长江口区域中 Pu 的来源，56%来自河流输入，17%来自 PPG 的区域沉降。

大量的研究表明，西北太平洋的边缘海区域通过洋流输运接收了来自 PPG 区域沉降的 Pu(Zheng and Yamada, 2004, 2006; Kim et al., 2004; Wang and Yamada, 2005; Lee et al., 2005; Otosaka et al., 2006)。Pu 吸附到沉积物中的过程受很多因素的影响，主要有沉积物的量、沉积速率、混合过程和生物化学过程等(Lindahl et al., 2010)。

在河口区域，河流输入来源的 Pu 和海流输入来源的 Pu，在河口水沙动力环境下发生了复杂的交互作用，并且 Pu 在沉积物中的分布由以上作用控制。长江河口的水下三角洲一直处于不断变化的状态，并且受到上游来水来沙量减少等人类活动的影响，水下三角洲部分区域遭到了侵蚀，使用同位素测年可以评估水下三角洲沉积物的变化。因此，明确长江河口中 Pu 的吸附和分布特征以及来源就很有必要。

张瑞(2009)曾通过从长江口水下三角洲泥质区采集的沉积物柱样进行沉积物粒度特征、沉积物同位素 ^{210}Pb、^{137}Cs 的测定，利用核素 ^{210}Pb、^{137}Cs 确定了该区域的沉积速率，并且从沉积速率的角度探讨长江口水下三角洲现代沉积过程与近五十年来长江入海泥沙的关系，分析水下三角洲现代沉积过程对长江来沙变化的响应。利用 ^{210}Pb 方法得到的水下三角洲泥质沉积区沉积速率介于 1.36～4.11cm/a，平均沉积速率为 3.02 cm/a。^{137}Cs 剖面中均存在清晰的 ^{137}Cs 最大蓄积峰，对应于 1963 年时标。

张瑞等(2008, 2009)通过水下三角洲泥沙收支平衡计算得知，有 45%～55%的长江入海泥沙沉积在水下三角洲区域，同时表层核素 ^{210}Pb、^{137}Cs 的空间分布也反映了长江入海泥沙的扩散路径。通过对比实测核素蓄积总量与其背景值得知，水下三角洲泥质区沉积物中的核素(^{210}Pb、^{137}Cs)既有大气沉降来源，也有陆源侵蚀带来的输入，并且以后者为主。根据比较 ^{137}Cs 不同特征时标得到的沉积速率推断，长江口水下三角洲泥质区从 1963 年之后的某个时段开始，区域沉积发生了改变，这种变化可能是沉积物堆积减缓，也可能是由堆积转为侵蚀，并且与近五十年来长江入海泥沙减少有关。

王安东和潘少明(2011)使用模型计算，验证了长江口水下三角洲沉积物中 ^{137}Cs 的最大蓄积峰代表的 1963 年沉积年代的可靠性。结果发现，研究的理论值与实际测量的结果有较好的对应关系，理论值范围基本可作为衡量实测最大值是否为 1963 年沉积物所在层位的评判标准之一。

刘旭英(2009)对长江水下三角洲区域采集柱状样品 SC07 进行了分析，对柱状样品沉积物进行了粒度分析，测试了沉积物中放射性核素 ^{137}Cs、$^{239+240}$Pu 与 ^{210}Pb 的放射性比活度，并进行了沉积速率的估算。着重探讨了沉积物中 $^{239+240}$Pu 核素的比活度分布、总量及来源，对 $^{239+240}$Pu 与 ^{137}Cs 核素的比活度剖面进行了对比分析，并对 $^{239+240}$Pu 与 ^{137}Cs 比活度的颗粒吸附能力进行对比分析。此外，依据 $^{239+240}$Pu 与 ^{137}Cs 的比活度剖面进行沉积物定年与沉积速率估算，并将之与 ^{210}Pb 测年结果对比，在此基础上，结合前人研究成果，探讨长江水下三角洲地区的沉积过程及环境演变特征。柱状样品沉积物中 $^{239+240}$Pu 核素剖面与 ^{137}Cs 剖面存在一致的 1963 年最大蓄积峰和 1958 年次蓄积峰，运用箱体模型与端源混合模型估算得出来自 PPG 区域沉降来源的贡献为 40%左右。

Pan 等(2010)曾对长江水下三角洲区域采集柱状样品 SC07 中 Pu 的同位素特征进行详细的分析，使用 AMS 的测量方法对 $^{239+240}$Pu 的比活度与 ^{240}Pu/^{239}Pu 同位素比值进行了分析。对长江口柱样沉积物中 Pu 的同位素来源进行了判别，同时也对长江口沉积物中 PPG 来源的 Pu 与全球大气沉降来源的 Pu 各自的比例进行了估算，PPG 来源的 Pu 约占 40%，全球大气沉降来源的 Pu 约占 50%。

杜金洲等(2010)使用不同衰变周期的核素(^{7}Be、^{210}Pb、^{137}Cs)，通过测量这些核素在长江口区域表层沉积物及河口径流、大气沉降中的分布来探讨长江口区域表层沉积物的运动及核素的状态平衡。^{7}Be、^{210}Pb 从岸向海没有明显的空间分布差异，而 ^{137}Cs 从岸向海则显示了逐渐降低的趋势，此区域沉积物中的粒度参数和有机质的含量都相差不大，因此核素的空间分布差异可能是由于其不同的来源造成的，^{7}Be、^{210}Pb 主要来自大气沉降，而 ^{137}Cs 主要来自长江的输入。

邓兵(2005)对长江口及东海区域的沉积物和有机碳埋藏通量与物质平衡进行了探讨。结果表明，东海陆架区仅有少量沉积物(4%)向冲绳海槽乃至开阔大洋输送。该陆架区域范围广(500～600 km)，加上沉积物在海流作用下的输运模式的特殊性——东海沿岸流和台湾暖流驱动沉积物沿岸搬运的模式，使得大量的沉积物聚集在陆架区域。最后他对长江口及东海区内的沉积物和碳的通量平衡进行了评估。他还使用了 ^{210}Pb 作为测年的工具来评价长江口及以南近岸各沉积物剖面中的重金属污染特征。

DeMaster 等(1985)分别对长江口及附近东海区域沉积物柱样中核素 ^{210}Pb、^{234}Th 和 ^{137}Cs 进行了测定，分析了东海陆架的沉积物堆积速率，结果表明长江口外的水下三角洲泥质区利用 ^{234}Th 获得的百天尺度的沉积速率约为 4.4cm/month，而利用 ^{210}Pb 数据获得的百年尺度的沉积速率为 1～5cm/a，这可能是较强水动力环境(如风暴潮、沿岸流)使得部分沉积物被输运带走，从而造成百年尺度的沉积速率小于百天尺度的沉积速率；利用核素 ^{210}Pb 和 ^{137}Cs 分析了东海陆架的沉积物混合作用，结果表明水下三角洲泥质区沉积结构具有层化结构，沉积物混合作用很小，但是东海外陆架混合作用较大，使得沉积结构呈均一化；最后利用 ^{210}Pb 获得的沉积速率计算了水下三角洲泥沙收支平衡，分析得知大约有 40%的长江入海泥沙沉积在 30°N 以北的水下三角洲区域。

钱江初等(1985)利用核素 ^{210}Pb 测定了长江口及邻近陆架的多个柱样，综合分析了东海陆架的 ^{210}Pb 的地球化学行为，对该区域 ^{210}Pb 来源、通量、归宿和在沉积物中的分布特征进行了研究。

Huh 和 Su(1999)在东海陆架不同沉积类型区域采集了大量柱样，测定了柱样中的核素 ^{210}Pb、$^{239,240}Pu$ 和 ^{137}Cs，计算了柱样的沉积速率，分析了沉积物的混合作用，估算了东海陆架的泥沙收支平衡，结果表明混合作用的影响使得由 ^{210}Pb 法得到的沉积速率高于由 $^{239,240}Pu$ 和 ^{137}Cs 法得到的结果，沉积速率空间分布表现出从内陆架河口地区向南和向外海沉积速率减小的特征，这与长江入海泥沙的扩散路径一致；东海陆架的核素蓄积总量平均值均高于区域背景值，这表明东海陆架中大部分核素可能来源于流域侵蚀输入的核素。

夏小明等(1999)通过对东海沿岸杭州湾附近沉积柱样的 ^{137}Cs 或 ^{210}Pb 剖面的分析，分别运用 ^{137}Cs 时标法和 ^{210}Pb 过剩法研究不同海区现代沉积过程，推导人类活动对该区域沉积环境的影响。

Su 和 Huh(2002)对采集自东海陆架的大量柱样，进行了核素 ^{210}Pb、$^{239,240}Pu$ 和 ^{137}Cs 测定，得到该区域的沉积速率，分析了核素的地球化学特征，并估算了泥沙和核素的收支平衡。

段凌云等(2005)通过对长江口泥质区附近获取的 18 个柱样进行沉积学分析、^{210}Pb 测定及 ^{137}Cs 测定得出：在长江口外 122°30′N，31°00′E 附近(水深 25～30m)存在一个泥质沉积中心，其对应的沉积速率达 2.0～6.3 cm/a；涨潮槽和潮滩的沉积速率同样较高，涨潮槽沉积速率达到 0.86cm/a，潮滩的沉积速率在不同地区呈现差异性，在南汇和横沙岛沉积速率为 1.03～1.94 cm/a，在崇明东滩则为 0.51～0.76 cm/a；三角洲前缘地区对应的沉积环境可能不稳定或沉积速率过快。

杨作升和陈晓辉(2007)测得长江口沉积物 Chjk01 孔与 E4 孔的平均沉积速率为 2.8cm/a 与 3.5cm/a，通过对高分辨率沉积粒度变化的分析发现 Chjk01 孔沉积粒度明显呈三段式变化，他们提出影响泥质区粗、细粒级含量相对变化的主要因素是长江水沙入海主泓位置与两孔位置距离的变化。

综上所述，长江口水下三角洲开展核素 ^{210}Pb、^{137}Cs 的研究开始于 20 世纪 80 年代，当时中美海洋学家联合在长江口及邻近海域进行多学科综合调查，获取了大量的沉积物柱样，进行了大量的核素 ^{210}Pb、^{137}Cs、^{234}Th 等的分析。后来由于分析技术的进步，^{7}Be、Pu 等同位素以及同位素比值的分析也越来越多地出现，同位素不仅用来研究沉积速率、物质平衡，用作示踪元素来分析环境及生态过程的研究也成为热点。

3.1.2 实验方法介绍

本书中 Pu 的分析方法基于 Zheng 和 Yamada(2005, 2006)及 Liao 等(2008)的分析方法。Pu 分离分析实验以及最终 ICP-MS 的测量分析，均在日本放射线医学综合研究所的实验室中进行。

Pu 的化学分离分为使用酸萃取或者酸全消解-共沉淀(total dissolution and precipitation)，然后进行离子交换柱处理两种方法。γ 谱仪测量完 ^{137}Cs 之后，从已经测量过的样品中取 2～3 g 样品，进行 Pu 的化学分离实验。主要部分包括：①酸萃取或者酸全消解-共沉淀；②离子交换柱前的准备；③第一次离子交换柱；④中间处理；⑤第二次离子交换柱；⑥最终处理。

实验中使用的玻璃器皿洗净之后要进一步地使用纯水润洗，然后使用 4%硝酸浸泡过夜，取出以后使用纯水润洗，烘干后再次使用。对于特氟龙器皿，首先加入浓硝酸煮沸去除杂质，然后参照上述玻璃器皿步骤处理。

1. 酸萃取

萃取实验方法过程：① 基于样品中 Pu 的浓度，称取 2～2.5 g(一般的海洋沉积物)样品盛入高玻璃杯。② 加入 50 mL 8 mol/L 硝酸(加酸过程中要搅拌，特别是海洋沉积物样品含碳酸盐较多的时候)。③ 加入示踪剂 ^{242}Pu(100 μL, 1.14 pg)进行标定。④ 200℃ 电热板温度下加热沸煮 4 h(盖上玻璃盖防止溅出污染，酸量较少时，少于 40 mL 时，要加入适量的 8 mol/L 硝酸。为了防止溅出，温度较高时会发生玻璃杯跳起，此时应该降低温度后再进行操作)。⑤ 完成上述步骤以后，等待样品稍凉(以不烫手为标准，过冷容易导致 Pu 又再次吸附至沉积物中)，使用玻璃纤维滤纸过滤。第一次倒出上清液后再加 30mL 左右的 8 mol/L 硝酸，同上沸煮 0.5h 后，再次整体倒出过滤至玻璃杯，重复以上步骤使得 Pu 分解得更完全。

2. 全消解-共沉淀的方法过程

消解的作用是，溶解固体物质、破坏土壤中的有机物、将各种形态的待测物质转变为同一种可测态。土壤消解原则是，选用优级品酸，并采用少量多次用酸原则。土壤及海洋沉积物的主要成分是硅酸盐，加氢氟酸的目的是让硅溶解并挥发掉，硝酸溶解金属氧化物，高氯酸的沸点较高(203℃)，最后可以赶走其他的酸，并且高氯酸盐一般易溶于水，为处理样品提供了方便。图 3.5 为土壤样品的全消解化学分离提纯过程流程图。图 3.5 中步骤①～⑦为消解过程，⑧～⑩为共沉淀过程。第一步，白色特氟龙杯称取样品 1 g；第二步，加入 40 mL 浓硝酸，10 mL 氢氟酸，3 mL 高氯酸(有机质含量高的样品，先只加浓硝酸加热，破坏掉有机质后，再加入氢氟酸和高氯酸)；第三步，加入示踪剂 ^{242}Pu(100 μL, 1.14 pg)进行标定；第四步，电热板温度调整至 180～200℃，盖上白色特氟龙盖防止酸迅速蒸发，蒸发至微干状态，如果有黑色沉淀，再加入硝酸和氢氟酸，重复上述步骤直到得到澄清溶液；第五步，加入 3mL 高氯酸，蒸干溶液；第六步，加入 3 mL 浓硝酸，蒸干溶液，重复两次；第七步，加入 60 mL 1mol/L 硝酸溶液，将溶液转移到玻璃烧杯；第八步，加入 4 mg Fe^{2+}(0.2 mL 20 mg/mL 1 mol/L 硝酸)(使用三氯化铁配制)；第九步，加入 0.2 g(2.5 mL)盐酸羟胺，90℃加热 2h，把 Pu 还原到三价，冷却到室温；第十步，加入氨水，加入过程一定要缓慢，调节 pH 到 9～10 以形成氢氧化铁沉淀，磁力搅拌 2 h，静置过夜；将上清液轻轻虹吸倒掉，然后把沉淀物质转移至 50 mL 的离心管，3000r/min 离心 1 h，将上清液倒掉；最后的沉淀使用 0.5～3 mL 的浓硝酸溶解。

3. 离子交换柱前的准备

(1)蒸干溶液，蒸至有气泡冒出的微干状态即可。

(2)调整酸度至 8 mol/L，一般 100mL 的玻璃杯微干状态残留的酸量为 1～1.5 mL，因此可加入 10.5 mL 的浓硝酸，再加入 8 mL 的去离子水混合均匀。

(3)加入亚硝酸钠调整 Pu 的化合价到四价，亚硝酸钠在这里起到了氧化和还原的双重作用，使用天平称取 0.24 g(0.2 mol/L $NaNO_2$ 应为 0.276g，此处可稍微少些，过多的亚硝酸钠容易导致 Pu 回收率低)的亚硝酸钠放置于小封口袋中，酸度调整好以后加入摇匀。

(4)水浴 40℃ 0.5 h(需要使用温度计计量)，Pu 的化合价调整需要时间。

4. 第一次离子交换柱

(1)试管中装入预定的树脂(AG1-X8)，然后往其中加入 20 mL 8 mol/L 的硝酸与 0.2 mol/L 的亚硝酸钠混合溶液，预平衡树脂。

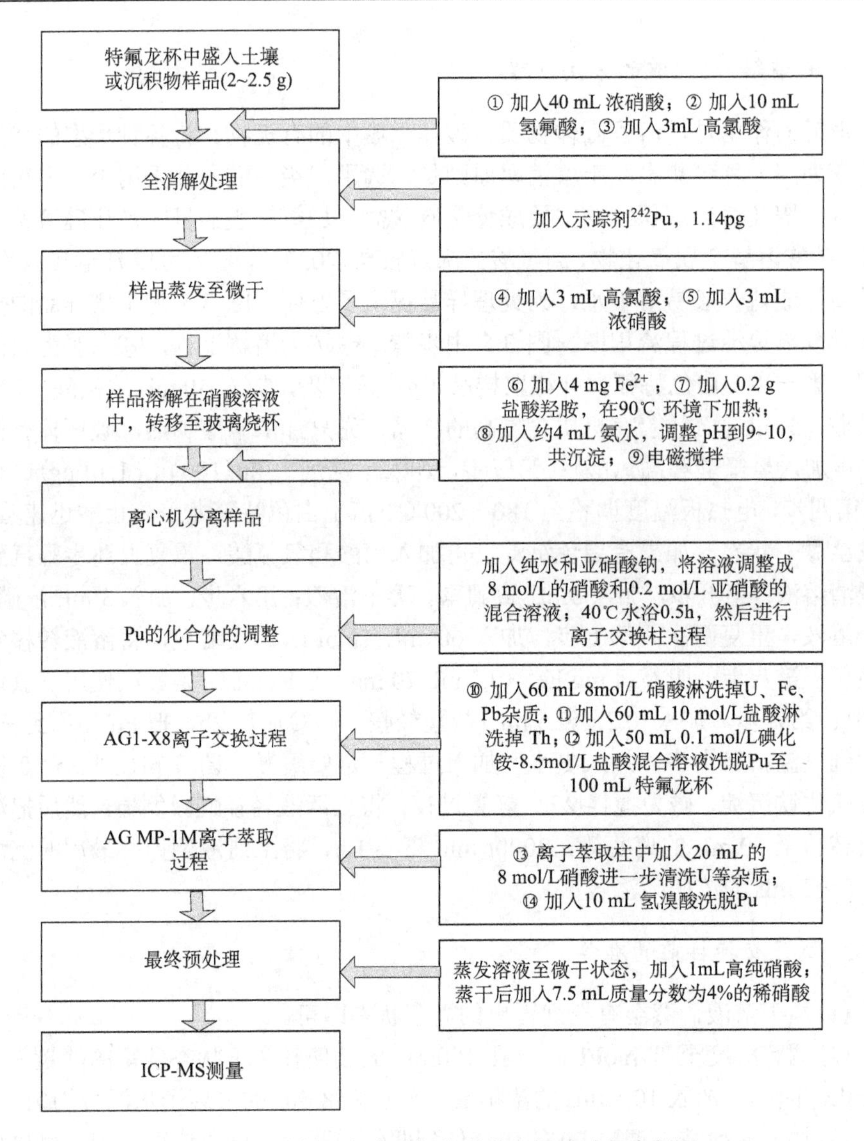

图 3.5　土壤样品的全消解化学分离提纯过程流程图

(2) 样品溶液上柱。

(3) 60 mL 8mol/L 硝酸清洗树脂(实际操作中可用 60mL，视样品而定，这一步用以清除 U、Fe、Pb)。

(4) 60mL 10mol/L 盐酸清洗(实际操作中可用 50mL，这一步用以清除 Th，并且将树脂转换成 Cl^- 的状态)。

(5) 加入 50mL 0.1mol/L 碘化铵与 8.5 mol/L 盐酸混合溶液(即 5% 的碘化铵与浓盐酸按照 29∶71 的比例新鲜配制，因为液态碘化铵很不稳定)洗脱至 100mL 特氟龙杯中，此时 Pu 从四价转化为三价，从树脂中洗脱出来。

(6) 使用少许的去离子水清洗树脂，清洗出的溶液铀含量非常高，当作废液进行处理。

5. 中间处理

(1) 溶液蒸干。

(2) 加 1～2 mL 新配制的王水(塑料瓶中)，轻晃，蒸到微干时，重复一次(用以破坏有机质和碘化物，开始时有紫色气体冒出)。

(3) 加入 1 mL 浓盐酸，轻晃，蒸到微干时，重复一次，最后加入 3 mL 浓盐酸保存过夜。

6. 第二次离子交换柱

(1) 溶液蒸干，加入新配的 3 mL 浓盐酸与双氧水的混合溶液(10 mL 的浓盐酸与 0.01 mL 质量分数为 30%的双氧水混合配制)。

(2) 40℃水浴加热 1 h。

(3) 试管中装入预定的树脂(AG MP-1M)，然后往其中加入 7.5mL $HCl\text{-}H_2O_2$ 处理树脂。

(4) 样品溶液上柱。

(5) 加入 20 mL 8 mol/L 的硝酸进一步清洗 U 等杂质。

(6) 加入 8 mL 10mol/L 的盐酸清洗。

(7) 加入 10mL 氢溴酸洗脱 Pu 至透明特氟龙杯中。

7. 最终处理

(1) 蒸干洗脱的溶液(因为有氢溴酸，剧烈冒气泡，开始呈红棕色，最后呈淡黄色)。

(2) 加入 1mL 高纯硝酸，蒸到微干状态，轻轻晃动，进一步去除氢溴酸等杂质。

(3) 稍凉后，加入 0.75 mL 质量分数为 4%的稀硝酸溶解(轻轻晃动)，待测。

经过化学分离和提纯的 Pu，最终使用 ICP-MS 仪器进行测量分析。图 3.6 为 Pu 的化学分离实验室和 ICP-MS 测量实验室，该实验室位于日本放射线医学综合研究所。

ICP-MS 为德国 Finnigan Element 2 双聚焦电感耦合等离子体质谱仪，使用 APEX-Q 高效率喷雾进样装置(Elemental Scientific Inc., Omaha, NE, USA)。所有测量均在“自吸收状态”进行，以减少蠕动泵带来的污染干扰。对于 ICP-MS，每天使用 0.1 ng/mL U 的标准液对其进行操作，以保持仪器对 U 的高灵敏度和减少 UO^+/U^+ 对 UH^+/U^+ 的比率。^{239}Pu 和 ^{240}Pu 的测量值根据同位素比值法的依据，从示踪剂 ^{242}Pu 的测量结果中获得。对每 1g 样品来说，仪器的测量极限 ^{239}Pu 为

0.0005mBq/g，^{240}P 为 0.002mBq/g。根据 Pu 的标准液(NBS-947)中的 ^{240}Pu/^{239}Pu 同位素比值 0.2420 来对仪器的干扰进行校正。并且标准参考物质 IAEA-368 和 NIST-4357 也一并分离并分析，来进行比较和校验，以确保化学分离实验及测量实验的准确性。

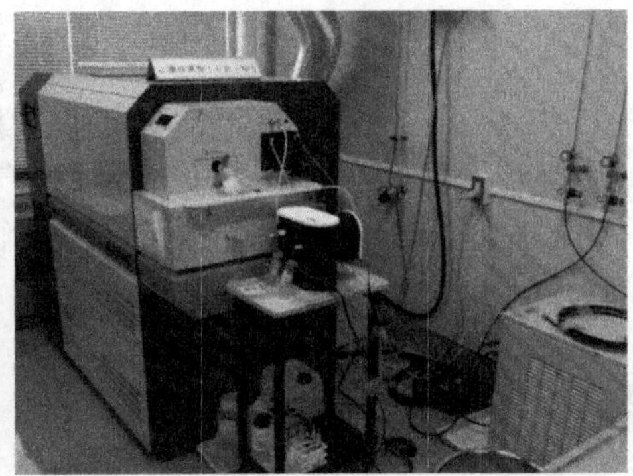

图 3.6　Pu 的化学分离实验室和 ICP-MS 测量实验室

3.1.3　Pu 在长江口表层沉积物中的空间分布特征与意义

长江口表层沉积物中 Pu 和 ^{137}Cs 的比活度，^{240}Pu/^{239}Pu 同位素比值的测量结果在表 3.2 中。表层沉积物的粒度测量结果在表 3.3 中，图 3.7 中概述了长江口及其邻近的东海区域的采样点，以及我国海岸带其他区域中的采样点，并且展示了在长江口及其邻近的东海区域内，Pu 的比活度的变化趋势。

表 3.2　长江口沉积物表层样及流域表层样中的 ^{137}Cs 和 $^{239+240}$Pu 比活度及 ^{240}Pu/^{239}Pu 同位素比值特征

站位	^{137}Cs 比活度[1] /(mBq/g)	$^{239+240}$Pu 比活度 /(mBq/g)	^{240}Pu/^{239}Pu 同位素比值
A2	2.00±0.50	0.065±0.007	0.216±0.042
A5	<LOD	0.184±0.009	0.229±0.021
A7	<LOD	0.215±0.009	0.223±0.016
B3	0.83±0.53	0.061±0.011	nd
B7	1.23±0.43	0.182±0.010	0.242±0.028
C2	1.43±0.55	0.076±0.006	0.231±0.036
C3	<LOD	0.088±0.006	0.252±0.027
D2	4.92±0.69	0.287±0.011	0.218±0.021
D5	<LOD	0.070±0.005	0.239±0.037
D7	<LOD	0.265±0.009	0.246±0.010

续表

站位	^{137}Cs 比活度[1] /(mBq/g)	$^{239+240}$Pu 比活度 /(mBq/g)	^{240}Pu/^{239}Pu 同位素比值
E3	<LOD	0.051±0.004	0.224±0.025
E7	<LOD	0.225±0.010	0.244±0.017
E8	<LOD	0.280±0.012	0.259±0.022
F3	1.61±0.57	0.211±0.008	0.254±0.021
F6	<LOD	0.324±0.012	0.255±0.023
G2	<LOD	0.189±0.011	0.218±0.032
G5	1.28±0.59	0.493±0.014	0.223±0.016
H3	2.69±0.57	0.305±0.012	0.242±0.021
H4	1.26±0.53	0.759±0.017	0.263±0.009
H6	<LOD	0.381±0.013	0.247±0.013
XT[2]	<LOD	0.020±0.003	0.171±0.048
ZJ2[2]	<LOD	0.021±0.005	0.172±0.047
DT[2]	1.40±0.58	0.025±0.003	0.190±0.035
XLJ4[2]	1.91±0.38	0.017±0.003	0.163±0.031
R_1[3]	<LOD	0.047±0.002	0.188±0.020
R_2[3]	1.60±0.42	0.038±0.002	0.178±0.022
S-SC18[4]	4.36±1.28	0.188±0.008	0.230±0.019
S-SC07[5]	3.23±1.17	0.142±0.015	0.277±0.033

注：所有误差在两个标准差误差范围内。

1 ^{137}Cs 比活度矫正到 2006 年 9 月 1 日；γ 谱仪的探测极限(LOD)为 0.8 mBq/g。

2 长江流域中的表层样。

3 长江流域中的表层样(R_1, R_2)引自 Tims 等(2010)的文献。

4 柱样 SC18 中的表层样。

5 柱样 SC07 中的表层样，引自 Tims 等(2010)的文献。

表 3.3　长江口沉积物表层样及流域表层样的采样站位坐标及粒度参数特征

站位	经度/°E	纬度/°N	黏土[1]/%	粉砂[1]/%	砂[1]/%
A2	122.00	32.50	14.85	66.38	18.75
A5	123.00	32.50	13.71	39.75	46.53
A7	124.00	32.50	10.29	30.74	58.96
B3	122.50	32.00	7.42	25.63	66.94
B7	124.00	32.00	7.79	31.19	61.01
C2	122.25	31.50	15.13	70.97	13.89
C3	122.50	31.50	17.64	36.62	45.73
D2	122.25	31.00	28.29	69.02	2.67
D5	123.00	31.00	23.14	54.16	22.68
D7	123.50	31.00	8.20	24.61	67.18
E3	122.50	30.50	21.96	76.34	1.69

续表

站位	经度/°E	纬度/°N	黏土[1]/%	粉砂[1]/%	砂[1]/%
E7	123.50	30.50	7.34	16.62	76.02
E8	124.00	30.50	11.71	30.39	57.89
F3	123.00	30.00	13.68	26.65	59.66
F6	124.00	30.00	10.62	25.47	63.90
G2	122.50	29.50	27.90	70.62	1.46
G5	124.00	29.50	18.39	44.23	37.37
H3	122.50	29.00	31.09	68.42	0.47
H4	123.00	29.00	27.58	55.16	17.25
H6	124.00	29.00	14.75	30.92	54.31
XT[2]	111.25	30.50	7.85	60.59	31.56
ZJ2[2]	112.01	30.30	17.87	70.40	11.74
DT[2]	117.70	30.85	17.77	64.65	17.58
XLJ4[2]	121.00	31.80	21.80	67.24	10.96
R_1[3]	—	—	—	—	—
R_2[3]	—	—	—	—	—
S-SC18[4]	122.50	31.00	26.66	70.17	3.17
S-SC07[5]	122.23	31.00	—	—	—

1 黏土的粒径范围 0.02～64μm，粉砂的粒径范围 64～128μm，砂的粒径范围 128～2000μm。

2 流域表层样。

3 流域表层样引自 Tims 等(2010)的文献。

4 柱样 SC18 中的表层样。

5 柱样 SC07 中的表层样，引自 Tims 等(2010)的文献。

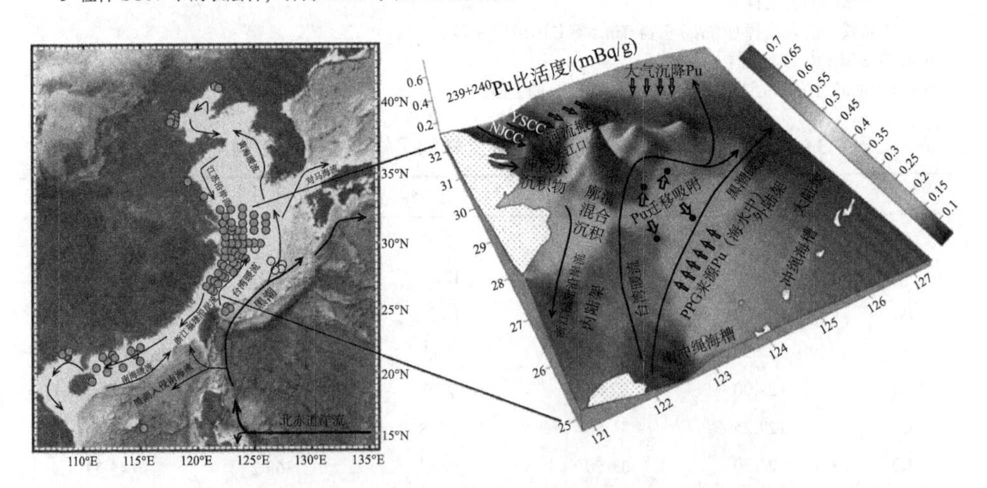

图 3.7　我国海岸带采样区域和点位以及长江口东海区域 $^{239+240}$Pu 浓度的空间分布特征

沉积物中的同位素的比活度受很多因素的影响，主要有核素的输入量、沉积物的沉积速率、海底的地形特征、生物活动的干扰、沉积物种有机物质的含量、沉积物的矿物组成、沉积物的粒度、沉积物的含水量、沉积物所处环境中水的深度、沉积物中同位素的迁移速率、沉积动力环境及再悬浮等作用(Lee et al., 1998; Lansard et al., 2007)。

表层沉积物中 ^{137}Cs 的比活度从低于探测极限至 4.92 mBq/g，没有明显的空间分布规律。而在江苏省北部潮滩沉积物中，至海向陆地方向，^{137}Cs 的比活度则从低于探测极限增高至 3.12 mBq/g(Liu et al., 2011)。这可能是两处不同的沉积环境造成的，潮滩沉积主要受周期性潮流的交替作用影响，而长江口沉积则受长江径流、海流、口门潮流及人类活动的共同影响。

长江口沉积物中的 $^{239+240}$Pu 比活度范围为 0.05～0.76 mBq/g。$^{239+240}$Pu 比活度与沉积物的粒度参数之间没有相关关系，^{137}Cs 比活度与沉积物的粒度参数之间也没有相关关系。而在世界上其他一些研究区域，则发现了 $^{239+240}$Pu、^{137}Cs 的比活度与其表层沉积物的粒度参数(粒径范围)具有很好的相关关系(Baskaran et al., 1996; Lee et al., 1998)。

长江口沉积物处于激烈的沉积环境中，长江径流与海流在这里交汇，沉积物受到多种动力环境影响(Chen et al., 1999; Zhang et al., 2009)，这可能导致了沉积物中 $^{239+240}$Pu、^{137}Cs 的比活度与粒度参数之间相关关系不明显。

表层沉积物中的 ^{240}Pu/^{239}Pu 同位素比值范围为 0.22～0.26。Kelley 等(1999)从 20 世纪 70 年代世界 54 个不同地区采集的土壤样品中分析了 ^{240}Pu/^{239}Pu 同位素比值，提供了一个世界不同纬度间 ^{240}Pu/^{239}Pu 同位素比值的平均值。在北半球 0°～30°，^{240}Pu/^{239}Pu 同位素比值的均值为 0.178±0.019($\pm 2\sigma$)。而 PPG 来源的 Pu 拥有一个较高的 ^{240}Pu/^{239}Pu 同位素比值，为 0.33～0.36(Buesseler, 1997)。

长江口表层样中的 ^{240}Pu/^{239}Pu 同位素比值高于全球平均值，低于 PPG 来源的 Pu 的同位素比值，这说明长江口沉积物中可能沉积了来自 PPG 来源的 Pu。

对于长江流域中的表层样来说，^{137}Cs 比活度从低于探测极限至 1.91 mBq/g。$^{239+240}$Pu 的比活度几乎均为 0.02 mBq/g。表层样中的 ^{240}Pu/^{239}Pu 同位素比值从 0.163±0.031 至 0.190±0.035，平均值为 0.177±0.015，几乎与全球沉降的 ^{240}Pu/^{239}Pu 同位素比值 0.178±0.019 相同。

Tims 等(2010)使用 AMS 测量的长江流域河流中表层沉积物的 ^{240}Pu/^{239}Pu 同位素比值与全球沉降的 ^{240}Pu/^{239}Pu 同位素比值也相似。

长江流域的程海湖和红枫湖中，沉积物的 ^{240}Pu/^{239}Pu 同位素比值也与全球沉降的 ^{240}Pu/^{239}Pu 同位素比值相似(Zheng et al., 2008a, 2008b)，这说明长江流域中的沉积物中 Pu 的来源主要是全球大气沉降。图 3.8 是 $^{239+240}$Pu 比活度和 ^{240}Pu/^{239}Pu 同位素比值的空间分布图。

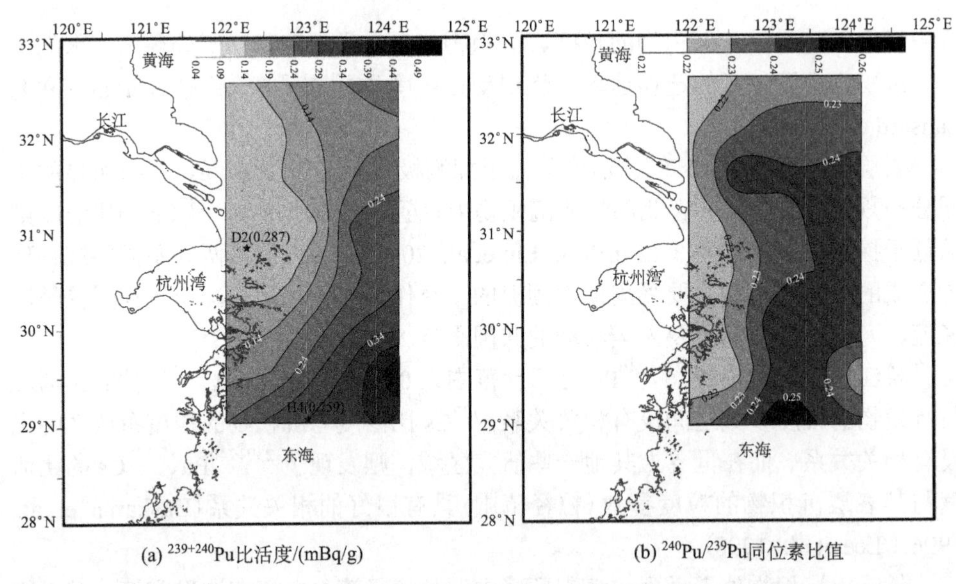

(a) $^{239+240}$Pu比活度/(mBq/g)　(b) ^{240}Pu/^{239}Pu同位素比值

图 3.8　长江口表层沉积物中的 $^{239+240}$Pu 比活度和 ^{240}Pu/^{239}Pu 同位素比值空间分布图

D2 和 H4 较高的 $^{239+240}$Pu 比活度值(括号内)未包括在插值中。$^{239+240}$Pu 比活度和 ^{240}Pu/^{239}Pu 同位素比值都有从长江口南部向北部增加的趋势。并且 ^{240}Pu/^{239}Pu 同位素比值在北纬 29°与东经 123°的位置出现了一个最大峰值区域。^{240}Pu/^{239}Pu 同位素比值在东经 123°以西的位置，与长江口的径流方向大致一致。长江口中，70%～90%的大部分沉积物沉积在东经 123°以西的范围内(Gao et al., 2008)。^{240}Pu/^{239}Pu 同位素比值在东经 122.5°的位置出现了一个较高值，其值为 0.24，这可能是长江口不同水团的影响造成的。

Pu 在长江口的分布受到长江口的海流、长江径流等水流趋势的影响。长江径流的淡水在长江口口门附近受到海流的阻挡，即台湾暖流和江苏沿岸流阻挡了淡水入海的趋势(图 3.9)。图中各海流的简写：KC, the Kuroshio current，黑潮；TWC, the Taiwan warm current，台湾暖流；TC, the Tsushima current，对马海流; ZFCC, the Zhejiang-Fujian coastal current，浙江福建海流; NJCC, the Northern Jiangsu coastal current，江苏沿岸流；YSWC, the Yellow Sea warm current，黄海暖流。

受海流及河口环流的影响，长江输入的沉积物主要聚集在口门附近，造成 $^{239+240}$Pu 比活度和 ^{240}Pu/^{239}Pu 同位素比值空间分布特征的原因：在长江口的表层沉积物中，$^{239+240}$Pu 比活度与沉积物的粒度参数之间没有相关关系，长江流域带来的沉积物中的 Pu 主要为大气沉降来源，因此长江口表层沉积物中较高的 $^{239+240}$Pu 比活度和 ^{240}Pu/^{239}Pu 同位素比值说明，沉积物中 Pu 的来源不仅仅是长江流域的输入。

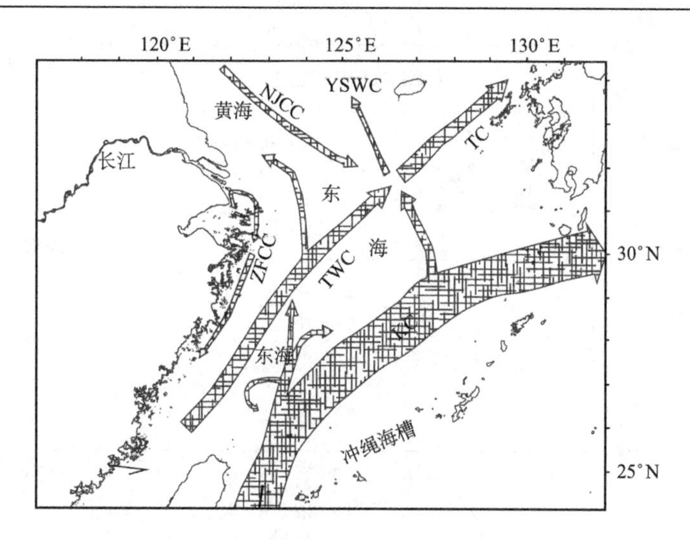

图 3.9　我国东海及长江口附近区域中的主要海流(Su and Huh, 2002; Gao et al., 2008)

长江流域径流带来了大量的沉积物到长江口区域，同时来自黑潮的台湾暖流向北流动，在长江口与沉积物相互作用，海水中 PPG 来源的 Pu 在适当的环境中，如深度、海水盐度及悬浮物质的浓度，迅速吸附到了沉积物中。

PPG 来源的 Pu 具有较高的 $^{239+240}Pu$ 比活度和 $^{240}Pu/^{239}Pu$ 同位素比值，而长江流域沉积物中的 $^{239+240}Pu$ 比活度和 $^{240}Pu/^{239}Pu$ 同位素比值代表了全球大气沉降的 Pu，具有较低的 $^{239+240}Pu$ 比活度和 $^{240}Pu/^{239}Pu$ 同位素比值，二者之间发生吸附和混合作用，最终形成了长江口表层沉积物的 $^{239+240}Pu$ 比活度和 $^{240}Pu/^{239}Pu$ 同位素比值空间分布形态。

长江口以及流域的表层沉积物中的 $^{239+240}Pu$ 比活度的倒数($1/^{239+240}Pu$)和 $^{240}Pu/^{239}Pu$ 同位素比值的相关关系见图 3.10。

从图 3.10 中可以看出，长江口沉积物中的 $^{239+240}Pu$ 比活度和 $^{240}Pu/^{239}Pu$ 同位素比值都较高，而长江流域中沉积物中的 $^{239+240}Pu$ 比活度和 $^{240}Pu/^{239}Pu$ 同位素比值都较低，两组数据处于不同的范围内。

长江口沉积物中的 $^{240}Pu/^{239}Pu$ 同位素比值大于全球平均沉降值，小于 PPG 沉降的 $^{240}Pu/^{239}Pu$ 同位素比值；长江流域内沉积物的 $^{240}Pu/^{239}Pu$ 同位素比值均处于全球平均沉降值范围之内，因此长江流域内沉积物中的 Pu 代表的是全球大气沉降的 $^{240}Pu/^{239}Pu$ 同位素比值。而长江口沉积物中的 $^{240}Pu/^{239}Pu$ 同位素比值说明，该区域接受了来自 PPG 的 Pu 的影响。

$1/^{239+240}Pu$ 与 $^{240}Pu/^{239}Pu$ 同位素比值之间有较好的相关关系(R^2=0.7295)，这种相关关系说明，长江口沉积物中，较高的 $^{239+240}Pu$ 比活度和 $^{240}Pu/^{239}Pu$ 同位素比值是 PPG 来源的 Pu 通过吸附然后沉积下来的，而不是通过流域带来的。

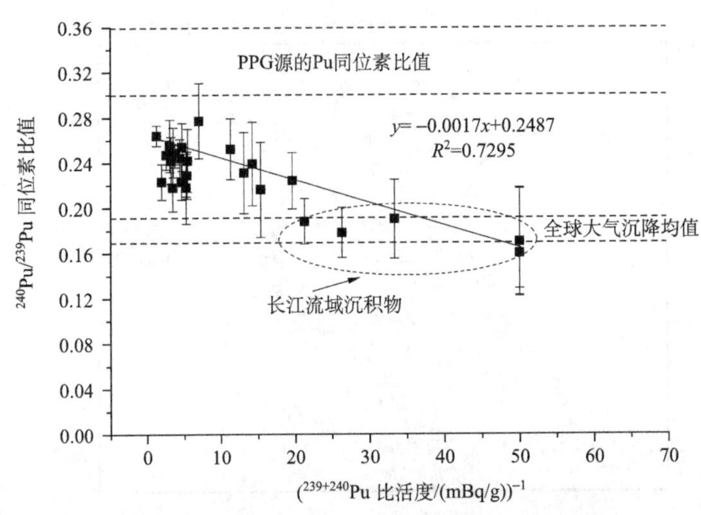

图 3.10　长江口以及流域的表层沉积物中的 $^{239+240}Pu$ 比活度的倒数 $(1/^{239+240}Pu)$ 和 $^{240}Pu/^{239}Pu$ 同位素比值的相关关系

虚线内为全球大气沉降的 $^{240}Pu/^{239}Pu$ 同位素比值平均值的范围

3.1.4　Pu 在长江口柱样沉积物中的垂直分布特征与意义

长江口柱样 SC18 和 SC07 的 ^{137}Cs、$^{239+240}Pu$ 比活度和 $^{240}Pu/^{239}Pu$ 同位素比值的垂直分布见图 3.11，各个分层的 ^{137}Cs、$^{239+240}Pu$ 比活度和 $^{240}Pu/^{239}Pu$ 同位素比值见表 3.4、表 3.5。柱样 SC18 的粒度参数垂直分布特征见图 3.12，中度分选系数，较高的偏态和峰态说明沉积物中的颗粒大小分布不均匀，主要成分为较粗的颗粒。沉积物的粒度参数与其各层中的 ^{137}Cs 和 $^{239+240}Pu$ 比活度没有明显的相关关系。粒度参数的垂直分布表明，沉积物表层(0～12 cm)经历了强烈的水动力环境的干扰，而下部的沉积物则显示出由于径流的变化造成的季节性的波动，与已有的研究相似(Zhang et al., 2009)。

柱样沉积物中的 ^{137}Cs 比活度从低于 γ 谱仪的探测极限至(19.55±1.38) mBq/g，通量平均值(inventory average value，本段中以下平均值均为通量平均值)为(10.05±1.17) mBq/g。$^{239+240}Pu$ 的比活度为(0.005±0.001)～(1.257±0.043) mBq/g，平均值为(0.695±0.016) mBq/g。$^{239+240}Pu$ 的比活度在柱样的 172 cm 深度出现了最大峰值，但是 ^{137}Cs 的比活度的最大峰值似乎在 140～180 cm 出现。因为 ^{137}Cs 的最大峰值在长江口的沉积物中可能有迁移的态势(张瑞等，2008)，这里不把 ^{137}Cs 的峰值作为测量的工具来使用。在沉积物的底层，^{137}Cs、$^{239+240}Pu$ 的比活度均出现了极低值(背景值、本底值)，这些极低值可能对应于 1950 年前的沉积年代。当然，由于受到不同仪器测量的精度限制，^{137}Cs、$^{239+240}Pu$ 的比活度的本底值受分析方法和测量仪器的影响较大。

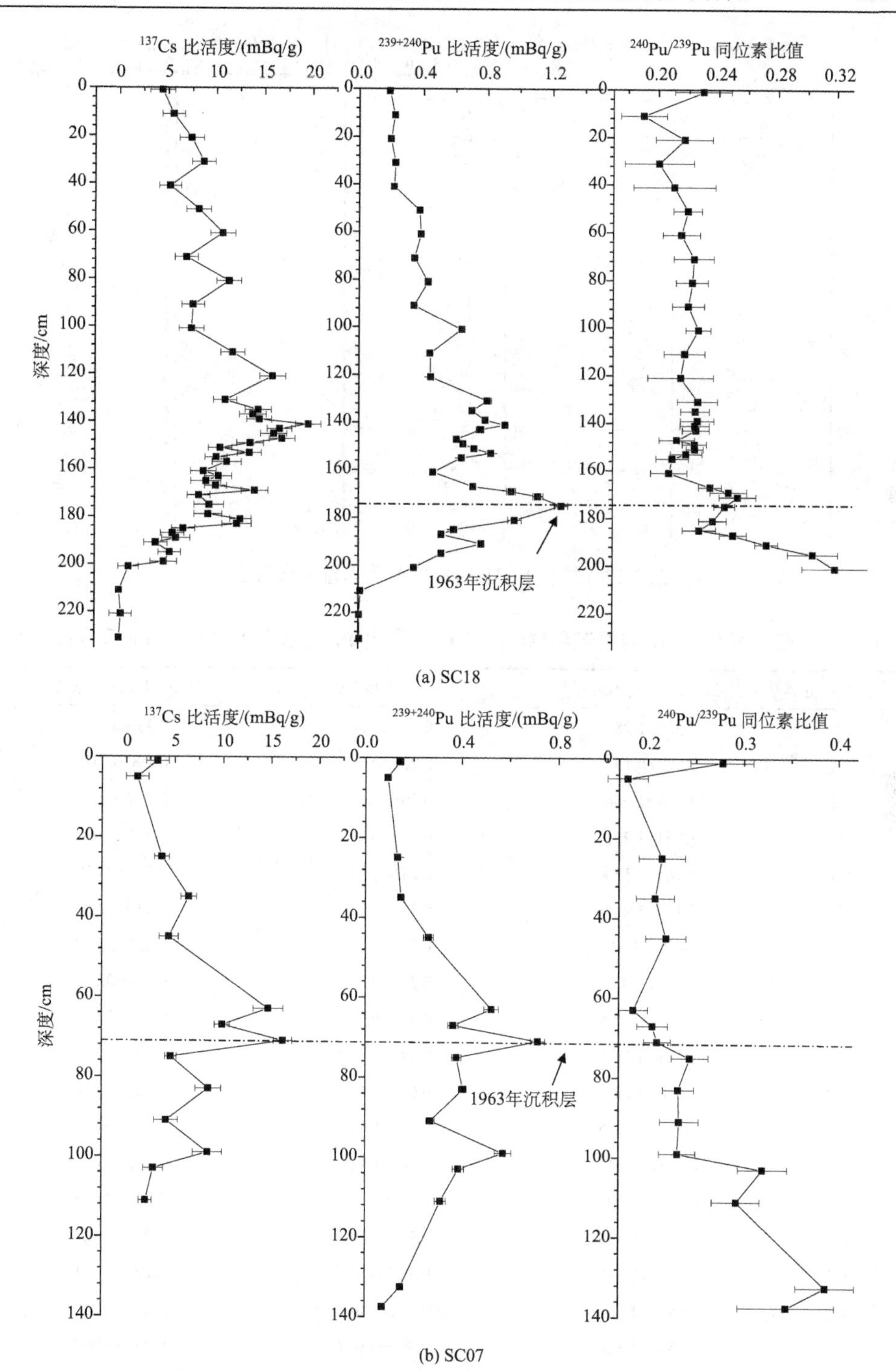

图 3.11　长江口柱样 SC18 和 SC07 的 ^{137}Cs、$^{239+240}$Pu 比活度和 ^{240}Pu/^{239}Pu 同位素比值的垂直分布[SC07 引自 Tims 等(2010)和 Pan 等(2010)的文献]

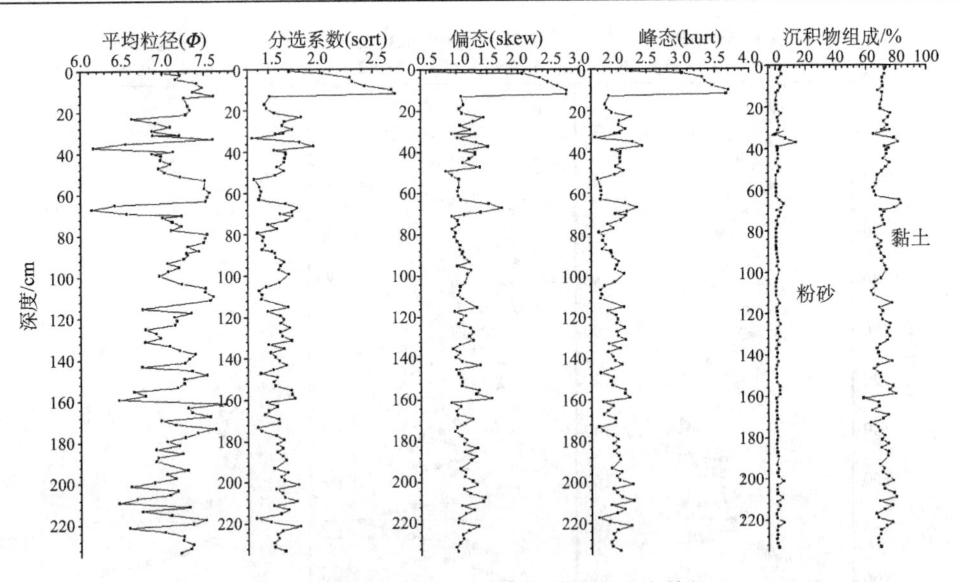

图 3.12　柱样 SC18 的粒度参数垂直分布特征

表 3.4　长江口柱样 SC18 各层沉积物中的 ^{137}Cs、$^{239+240}$Pu 比活度和 ^{240}Pu/^{239}Pu 同位素比值

深度/cm	^{137}Cs 比活度/(mBq/g)[a]	$^{239+240}$Pu 比活度/(mBq/g)	^{240}Pu/^{239}Pu 同位素比值
1	4.358±1.282	0.188±0.008	0.230±0.019
11	5.522±0.157	0.221±0.007	0.190±0.015
21	7.379±1.266	0.196±0.011	0.217±0.019
31	8.651±1.231	0.224±0.015	0.200±0.023
41	5.185±1.134	0.216±0.013	0.211±0.027
51	8.147±1.264	0.376±0.010	0.219±0.009
61	10.662±1.311	0.384±0.009	0.215±0.012
71	6.866±1.931	0.345±0.009	0.224±0.013
81	11.315±1.288	0.429±0.009	0.222±0.011
91	7.569±1.167	0.342±0.009	0.220±0.011
101	7.401±1.272	0.639±0.016	0.227±0.008
111	11.712±1.256	0.442±0.013	0.217±0.014
121	15.851±1.341	0.446±0.020	0.215±0.022
131	10.917±1.209	1.031±0.017	0.229±0.005
135	14.348±1.359	0.704±0.014	0.225±0.009
137	13.796±1.380	0.749±0.015	0.226±0.011
139	14.480±1.289	0.786±0.017	0.224±0.010
141	19.553±1.326	0.909±0.017	0.225±0.009
143	16.556±1.284	0.755±0.024	0.213±0.012
145	15.971±1.373	—	—

续表

深度/cm	^{137}Cs 比活度/(mBq/g)[a]	$^{239+240}Pu$ 比活度/(mBq/g)	$^{240}Pu/^{239}Pu$ 同位素比值
147	16.841±1.343	0.608±0.017	0.220±0.012
149	13.537±1.385	0.649±0.014	0.224±0.008
151	10.414±1.240	0.718±0.015	0.224±0.006
153	13.452±1.241	0.823±0.021	0.219±0.010
155	10.003±1.169	0.639±0.020	0.210±0.011
157	11.112±1.508	—	—
161	8.683±1.331	0.462±0.010	0.207±0.012
163	10.240±1.427	—	—
165	8.962±1.561	—	—
167	9.957±1.135	0.711±0.015	0.235±0.008
169	14.018±1.402	0.949±0.027	0.247±0.012
171	8.198±1.195	1.115±0.032	0.253±0.012
175	9.280±1.532	1.257±0.042	0.244±0.007
179	9.175±1.442	—	—
181	12.563±1.124	0.971±0.043	0.236±0.009
183	12.174±1.516	—	—
185	6.633±1.178	0.593±0.021	0.227±0.011
187	5.515±1.222	0.516±0.012	0.250±0.009
189	5.869±1.447	—	—
191	3.787±1.175	0.764±0.017	0.273±0.008
195	5.221±1.347	0.516±0.015	0.304±0.017
199	4.607±1.005	—	—
201	0.991±1.110	0.345±0.013	0.319±0.022
211	<LOD	0.013±0.003	—
221	<LOD	0.005±0.005	—
231	<LOD	0.006±0.001	—

a ^{137}Cs 的比活度矫正到了各自的沉积年代，γ 谱仪的探测极限(LOD)为<0.8mBq/g。

表 3.5　长江口柱样 SC07 各层沉积物中的 ^{137}Cs、$^{239+240}Pu$ 比活度和 $^{240}Pu/^{239}Pu$ 同位素比值[引自 Tims 等(2010)和 Pan 等(2010)的文献]

深度/cm	^{137}Cs 比活度/(mBq/g)[a]	$^{239+240}Pu$ 比活度/(mBq/g)	$^{240}Pu/^{239}Pu$ 同位素比值
1	3.23±1.17	0.142±0.015	0.277±0.033
5	1.16±1.17	0.092±0.010	0.179±0.021
25	3.69±0.76	0.133±0.013	0.215±0.024
35	6.46±0.81	0.147±0.012	0.208±0.020
45	4.42±0.98	0.262±0.021	0.219±0.021

续表

深度/cm	^{137}Cs 比活度/(mBq/g) [a]	$^{239+240}Pu$ 比活度/(mBq/g)	$^{240}Pu/^{239}Pu$ 同位素比值
63	14.70±1.54	0.523±0.031	0.185±0.015
67	9.90±0.78	0.365±0.022	0.205±0.016
71	16.21±0.95	0.716±0.030	0.210±0.014
75	4.63±0.58	0.379±0.020	0.244±0.019
83	8.48±1.32	0.405±0.016	0.232±0.016
91	4.15±1.21	0.272±0.017	0.233±0.020
99	8.42±1.49	0.573±0.035	0.231±0.019
103	2.85±1.05	0.388±0.023	0.320±0.026
111	2.04±0.68	0.313±0.022	0.292±0.025
132.5	BDL	0.147±0.008	0.386±0.031
137.5	BDL	0.072±0.010	0.345±0.051
River S1	0.76±0.45	0.047±0.004	0.188±0.020
River S2	1.60±0.42	0.038±0.004	0.178±0.022

a ^{137}Cs 的比活度矫正到了 2006 年 9 月 1 日，γ 谱仪的探测极限(LOD)为 <0.8 mBq/g。BDL=below detection limit(低于探测极限)。

^{137}Cs、$^{239+240}Pu$ 比活度的最大峰值在柱样不同深度中分布的原因还可能是，二者的来源和在吸附特性上有差别。海水中的 Pu 处于溶解状态，遇到颗粒物质后会迅速地吸附到颗粒物质中，然后沉积下来。而大陆架海洋沉积物中的 ^{137}Cs 主要来自陆源的输入，而不是产生于吸附作用(Zaborska et al., 2010; Baskaran et al., 1996)。

Pu 相对于 ^{137}Cs 来说，由于其 $^{240}Pu/^{239}Pu$ 同位素比值也具有指示沉积年代的作用，因此作为判断年代的工具更有优越性。柱样 SC18 的 $^{240}Pu/^{239}Pu$ 同位素比值从 0.190±0.005 至 0.319±0.7 变化，平均值为 0.239±0.012。$^{240}Pu/^{239}Pu$ 同位素比值在柱样的 160 cm 深度以上几乎处于稳定的状态，160 cm 深度之上的平均值为 0.219±0.013，大于全球大气沉降的均值 0.178±0.019。$^{240}Pu/^{239}Pu$ 同位素比值在 160 cm 深度之下开始增加，在沉积物的底部达到了最大值 0.319±0.027。

这种 $^{240}Pu/^{239}Pu$ 同位素比值的垂直分布趋势与柱样 SC07 的 $^{240}Pu/^{239}Pu$ 同位素比值分布(Tims et al., 2010)具有相似性，也与西北太平洋边缘海中的沉积物的 $^{240}Pu/^{239}Pu$ 同位素比值垂直分布(Zheng and Yamada, 2004; Lee et al., 2005)特征具有相似性。

20 世纪 50 年代以后，PPG 来源的 Pu 含有较高的 $^{240}Pu/^{239}Pu$ 同位素比值(0.33～0.36)，开始输入西北太平洋区域并且沉积到沉积物中(Buesseler, 1997)。因此综合以上的分析，柱样 SC18 中，172cm 深度的 $^{239+240}Pu$ 的比活度最大峰值代表了1963年的沉积年代(UNSCEAR, 2000)。并且本柱样中$^{239+240}Pu$的比活度最大峰值代表的沉积年代与其$^{240}Pu/^{239}Pu$同位素比值的变化代表的年代具有相似性，说明了在柱样SC18中，使用Pu作为年代判断工具的可靠性。

柱样SC07中，在深度112 cm附近，^{137}Cs的比活度几乎达到了探测的初始值，显示这一沉积层的年代可能为大规模核武器试验年代以前，即20世纪50年代；而在100 cm附近，^{137}Cs的比活度迅速上升，可能代表了北半球大规模核武器试验的沉降年代，即1956年或1957年。60～75 cm深度范围内的^{137}Cs的最大峰值代表1963年的沉降年代，与苏联在禁止核武器试验之前进行的大规模核试验有关，将这些推论与Pu代表的沉积年代信息作比较，会得到更确切的信息(Tims et al., 2010)。

柱样中$^{239+240}Pu$的初始探测深度位置在130 cm附近，表明$^{239+240}Pu$的探测灵敏度要高于^{137}Cs(Tims et al., 2010)。一般情况下，不同的仪器由于探测精度及探测极限的差别，^{137}Cs的初始探测深度会有一些差别，因此使用^{137}Cs的初始探测深度作为判断年代沉积的工具具有很多的不确定性。

柱样SC07中，$^{240}Pu/^{239}Pu$同位素比值从表层至71 cm范围内几乎保持均一的状态，平均值为0.202±0.007，稍微高于全球大气沉降的平均值。75～100 cm范围内也保持了均一的状态，但是$^{240}Pu/^{239}Pu$同位素比值增加为0.235±0.009，在100 cm深度以下，$^{240}Pu/^{239}Pu$同位素比值增加为0.33±0.02。这些变化趋势与南极和格陵兰岛冰芯沉积物中的$^{240}Pu/^{239}Pu$同位素比值的变化趋势相似。

南极沉积物最底层中发现的$^{240}Pu/^{239}Pu$同位素比值高于0.34，同时对应于较高的Pu的比活度。北极沉积物中的$^{240}Pu/^{239}Pu$同位素比值小于0.29，比南极区域的$^{240}Pu/^{239}Pu$同位素比值要低。这些较高的$^{240}Pu/^{239}Pu$同位素比值来自PPG的贡献。

1952年，美国在太平洋核试验场进行了两次当量巨大的核试验(Ivy/Mike)，产生的$^{240}Pu/^{239}Pu$同位素比值为0.36，随后1954年又进行了当量巨大的核试验(Bravo/Castle)。在北极发现的较低的$^{240}Pu/^{239}Pu$同位素比值(0.29)可能是苏联在新地岛核试验场进行的核试验产生了较低的$^{240}Pu/^{239}Pu$同位素比值，稀释作用导致。尽管长江口位于北半球，可能接受了来自苏联核试验场Pu的影响，但是此区域由于太平洋环流的作用，主要受到了PPG来源Pu的影响。因此，柱样100 cm深度以下可能代表了1952～1954年美国太平洋核试验的沉积年代(Tims et al., 2010)。

1952～1954年，美国太平洋核试验产生的$^{240}Pu/^{239}Pu$同位素比值较高。1955～1958年，苏联和英国进行的核试验占到了所有核试验产生当量的50%。因此，在此期间南极和北极均观测到了较低的$^{240}Pu/^{239}Pu$同位素比值，平均值分别为0.22和0.25。1955～1958年核试验的总当量是1952～1954年核试验总当量的2个数量级以上。

综合以上分析认为，$^{240}Pu/^{239}Pu$同位素比值较高的值(0.235)，以及75～100 cm范围内较高的^{137}Cs和$^{239+240}Pu$的比活度说明了，本段的沉积物对应于1955～1958年间的沉积年代(Tims et al., 2010)。

1961～1962年，暂停核武器试验协议(Partial Test Ban Treaty of 1963)签署前，苏联在新地岛进行了大规模的系列核试验，在南极和北极冰芯沉积物中记录了期间的$^{240}Pu/^{239}Pu$同位素比值为0.18。柱样SC07 63～71 cm深度，^{137}Cs和$^{239+240}Pu$的比活度迅速增加，而$^{240}Pu/^{239}Pu$同位素比值却减少，(71～75 cm范围，$^{240}Pu/^{239}Pu$同位素比值从0.24降低为0.20)说明了此段的沉积物对应于1961～1962年的沉积年代。在柱样SC07中，次沉积年代对应的$^{240}Pu/^{239}Pu$同位素比值比冰芯中记录的$^{240}Pu/^{239}Pu$同位素比值要稍高一些，这可能是由于柱样SC07中接受了美国1962年在Christmas和Johnston岛进行核试验的Pu影响(Tims et al., 2010)。

通过^{137}Cs、$^{239+240}Pu$及$^{240}Pu/^{239}Pu$同位素比值判断得到的两个柱样的1963年以来的平均沉积速率分别是：柱样SC18为4.1 cm/a，柱样SC07为1.7cm/a。虽然两柱样的采集位置很接近，但长江口区域的沉积环境比较复杂，不同位置的沉积物质经历的侵蚀和堆积作用不同，沉积物的速率也可能会有较大的差别。张瑞(2009)使用^{210}Pb与^{137}Cs两种不同的核素计算了柱样SC07的沉积速率，发现通过^{210}Pb得到的柱样的平均沉积速率为4.3cm/a，而通过^{137}Cs计算的沉积速率(1.7cm/a)小于^{210}Pb得到的结果，这可能是由于柱样SC07的位置经历了侵蚀作用。侵蚀作用大于堆积作用时，表层沉积物被侵蚀但是根据^{210}Pb仍然可以得到沉积物的沉积速率，而根据^{137}Cs最大峰值计算的沉积速率因为缺失了部分表层或者上部的沉积物信息使得得到的沉积速率偏小。

^{137}Cs由于其半衰期为30.2a，到21世纪初，环境中的^{137}Cs总量已经衰变了60%，1963年的峰值已衰变到原来的1/3，随着时间的推进，^{137}Cs的运用将受到越来越大的局限。$^{239+240}Pu$，其半衰期较长(^{239}Pu, 2.411×10^4a; ^{240}Pu, 6.561×10^3a)，另外可以提供$^{240}Pu/^{239}Pu$同位素比值的信息；$^{239+240}Pu$相对^{137}Cs应用于沉积环境演变研究具有明显的优势，通过研究$^{239+240}Pu$与^{137}Cs在长江河口地区的地球化学行为异同可为进一步研究提供依据。

通过柱样SC07中$^{239+240}Pu$与^{137}Cs比活度分布剖面的对比可以看出，该柱样所代表的区域中$^{239+240}Pu$与^{137}Cs具有相同的最大蓄积峰层位，$^{239+240}Pu$与^{137}Cs比活度呈现较强的相关性，$^{239+240}Pu$与^{137}Cs的蓄积峰层位能够反映相同的沉积年代。根据$^{239+240}Pu$与^{137}Cs比活度剖面信息可以确定最大蓄积峰层位为该研究地区$^{239+240}Pu$与^{137}Cs的最大沉降年即1963年，次蓄积峰层位为次沉降年1958年，剖面中$^{240}Pu/^{239}Pu$同位素比值的阶段性均值特征进一步证实了年代标定的准确性。

这说明，长江口地区柱样 SC07 中的 $^{239+240}Pu$ 和 ^{137}Cs 可以反映相同的年代信息。

通过柱样 SC18 中的 $^{239+240}Pu$ 与 ^{137}Cs 比活度分布剖面的对比可以看出，该柱样所代表的区域中 ^{137}Cs 最大蓄积峰层位具有较多的不稳定因素，$^{239+240}Pu$ 与 ^{137}Cs 的蓄积峰层位不能同时反映相同的沉积年代，$^{239+240}Pu$ 与 ^{137}Cs 在沉积物中吸附沉降的化学性质的差异、主要来源的差异可能导致了这种最大峰值位置差异情况的发生。根据 $^{239+240}Pu$ 比活度剖面信息可以确定最大蓄积峰层位为该研究地区 $^{239+240}Pu$ 的最大沉降年即 1963 年，剖面中 $^{240}Pu/^{239}Pu$ 同位素比值的阶段性均值特征进一步证实了年代标定的准确性。

据 Su 和 Huh(2002) 在东海地区的研究发现，^{137}Cs 确实存在向外海迁移的行为。可见，河口地区 $^{239+240}Pu$ 与 ^{137}Cs 的地球化学行为存在差异，$^{239+240}Pu$ 存在全球大气沉降、流域输入与外海输入三个来源，而 ^{137}Cs 只存在大气沉降与流域输入两个来源，且 ^{137}Cs 还可能存在向外迁移过程。^{137}Cs 易吸附于易溶解的矿物碎屑、碱性金属等颗粒物，$^{239+240}Pu$ 则易吸附于难溶解的氧化物、有机物或胶状颗粒物，因此 $^{239+240}Pu$ 比 ^{137}Cs 更易通过吸附清除作用从水柱中转移到沉积物中，^{137}Cs 则容易通过水体发生扩散、平流输运、混合及生物地球化学等复杂的作用过程。

Su 和 Huh(2002) 的研究发现长江口及近岸地区 $^{239+240}Pu$ 与 ^{137}Cs 测得的沉积速率较高，且具有很好的一致性，离岸区域的 $^{239+240}Pu$ 与 ^{137}Cs 测得的沉积速率较低，且一致性较差，说明离岸区域的沉积作用较弱，而沉降前的其他作用(如混合与扩散)过程相对较强，使得两种核素的地球化学特征差异性明显，从而呈现不一致的核素分布剖面。

3.1.5　Pu 在长江口沉积物中的来源与沉积速率的探讨

长江口中 Pu 的来源可以区分为大气沉降的直接来源、长江流域沉积物的输入来源、通过海流输运来的 PPG 来源的 Pu。在计算时，首先把长江流域沉积物的输入来源和大气沉降的直接来源归为一类，因为长江流域的沉积物中显示了典型的大气沉降的 $^{240}Pu/^{239}Pu$ 同位素比值。使用一个简单的混合模型(two end-member mixing model)来计算各个不同来源之间的比率(Krey et al., 1976)。

$$\frac{(\mathrm{Pu})_{\mathrm{P}}}{(\mathrm{Pu})_{\mathrm{G}}}=\frac{(R_{\mathrm{G}}-R)(1+3.66R_{\mathrm{P}})}{(R-R_{\mathrm{P}})(1+3.66R_{\mathrm{G}})} \tag{3.1}$$

其中，(Pu)是 $^{239+240}Pu$ 的比活度；P 和 G 分别指代全球大气沉降和 PPG 来源的 Pu；R 是柱样 SC18 中的 $^{240}Pu/^{239}Pu$ 同位素比值的平均值(0.24)；R_G 是全球大气沉降的 $^{240}Pu/^{239}Pu$ 同位素比值(0.18)；R_P 代表了 PPG 来源的 Pu 的 $^{240}Pu/^{239}Pu$ 同位素比值(0.33～0.36)。

结果表明，来自 PPG 来源的 Pu 在沉积物中的比率为 41%～47%，平均为 44%。大气沉降和长江流域沉积物输入的 Pu 的来源则占比 53%～59%，平均为 56%。

柱样 SC18 中的 $^{239+240}Pu$ 的通量为 387 Bq/m^2，因此来自海流输运来的 PPG 来源的 Pu 的贡献为 170 Bq/m^2，剩余的 217 Bq/m^2 来自大气沉降和长江流域沉积物的输入。

考虑到本纬度范围内的大气沉降值为 42 Bq/m^2，剩余最后的 175 Bq/m^2 就是长江流域沉积物的输入值，其贡献率为 45%，几乎与 PPG 来源的贡献相同。Pan 等(2010)对柱样 SC07 使用了同样模型的计算结果表明，沉积物中 50%的 Pu 来源于长江流域沉积物输入的贡献，40%的 Pu 来源于海流输运来的 PPG 来源的 Pu 的贡献。

因此，长江口中的沉积物 Pu 的来源，海流输运来的 PPG 和长江流域沉积物输入的来源均占有重要的分量。柱样 SC07 中的长江流域贡献(50%)大于柱样 SC18 中的长江流域贡献(45%)，可能是由于柱样 SC07 相对柱样 SC18 来说，位置更靠近长江的口门内层，更多的长江流域输入的沉积物沉积在此区域，因此河流的贡献率更大。

可以推测，在研究区域的长江口南部，PPG 来源的贡献率更大，而北部贡献率会逐渐减少，这与 PPG 来源的 Pu 在长江口内的吸附特征和空间分布特征是相关联的。如果粗略地估计研究区域内长江口的沉积物中 PPG 来源的贡献率，可以将柱样 SC18 的值作为一个参考基准，因为柱样 SC18 正好位于研究区位南北纬度的中间位置。

长江口区域中的沉积物中，^{137}Cs 和 Pu 的沉积通量与沉积物的沉积速率呈现正相关，这说明长江流域沉积物的输入是 ^{137}Cs 和 Pu 的主要来源(DeMaster et al., 1985; Nagaya and Nakamura, 1992; Huh and Su, 1999; Su and Huh, 2002)，而来自 PPG 来源的 Pu 在研究中往往被低估。

Su 和 Huh(2002)曾经将长江口区域及邻近的东海区域分割为四个不同的研究范围，即河口区域、水下三角洲内部、水下三角洲外部和大陆坡区域，使用一个平衡模型(balance model)来计算各个研究范围内的 ^{210}Pb、^{137}Cs 和 $^{239+240}Pu$ 的收支平衡。模型的参数包括了大气沉降输入量、河流输入量、沉积物中的埋藏量和海水中来源的 Pu 通过颗粒物质的吸附量。

模型中使用了沉积物中的过剩 ^{210}Pb 来计算吸附量，考虑到 ^{210}Pb 和 $^{239+240}Pu$ 在海水中吸附特征的相似性，将 ^{210}Pb 的吸附量直接转化为 $^{239+240}Pu$ 的吸附量，从而来计算其他参数之间的平衡关系。^{210}Pb 在海水中通过细颗粒物质吸附沉积到沉积物中的吸附量为 17%，因此海水中来源的 Pu 通过颗粒吸附到沉积物中的比率也为 17%。此处，模型中假设海水中的 Pu 是指大气沉降在海水中的 Pu，没有考虑到通过海流输运的 PPG 来源的 Pu，因此 Pu 在海水中的吸附能力和特征被大大低估了。

长江口表层沉积物中 Pu 的空间分布特征和柱样沉积物中 Pu 的垂直分布特征

的分析表明，长江流域来源的 Pu 和 PPG 来源的 Pu 在河口区域交互作用，产生了强烈的吸附和混合作用，并且 Pu 在沉积物中的分布主要受到河口区域沉积动力环境和水动力环境等的影响。

根据 ^{210}Pb 的分布特征，庞仁松等(2011)分析了柱样 SC18 的沉积速率的变化特征。沉积物柱样 SC18 的 $^{210}Pb_{ex}$(本底值为 1.4dpm/g)垂直剖面特征可分为三段：0～18 cm(混合区)、18～100 cm(衰变区，沉积速率为 4.58 cm/a)、100～225 cm(衰变区，沉积速率为 5.47 cm/a)。

由 $^{210}Pb_{ex}$ 和 Pu 两种计年方法所得的沉积速率存在一定的差异，但是两者的差别不具有可比性，这是由于该区域的沉积物可能存在侵蚀的特征(张瑞, 2009)，造成了使用 Pu、Cs 的最大峰值作为计年的标计出现了较大的偏差，而 $^{210}Pb_{ex}$ 的计年采用衰变规律的方式计算，因此两者之间的计算结果会出现较大偏差。另外，随着沉积物柱样深度的增加，^{210}Pb 的比活度也逐渐减小，这也使得应用模型计算沉积速率时的偏差增大。

刘旭英(2009)分析了柱样 SC07 中 $^{210}Pb_{ex}$ 的垂直分布特征，^{210}Pb 比活度在上部 0～30cm 段呈波动衰变，30cm 深度以下至底部衰变稳定，将 ^{210}Pb 比活度剖面划分为两个阶段。钱江初等(1985)取本底值为 1.4dpm/g，在沉积速率计算中进行扣除。采用 C.I.C 模式计算沉积速率，计算出深度 0～30cm 段沉积速率为 1.40cm/a，30cm 深度以下沉积速率为 3.33cm/a。段凌云等(2005)在长江口水下三角洲区域(122°30′E, 31°00′N)附近据 ^{210}Pb 比活度剖面测得的沉积速率为 2.0～6.3cm/a，与本书站位 ^{210}Pb 沉积速率结果较一致。表 3.6 为柱样 SC18 和 SC07 中根据 Pu、^{137}Cs、^{210}Pb 计算的沉积物的沉积速率。

表 3.6　根据 Pu、^{137}Cs、^{210}Pb 计算的长江口柱样沉积物的沉积速率

柱样(深度(cm)/年)	Pu/(cm/a)	^{137}Cs/(cm/a)	^{210}Pb/(cm/a)(深度/cm)
SC18(200～0/1954～2006)	3.85	3.85	4.5(18～120)
SC18(175～0/1964～2006)	4.1		5.9(141～200)
SC18(200～175/1954～1964)	2.5		
SC18(141～0/1964～2006)		3.36	
SC18(200～141/1954～1964)		5.9	
SC07(111～0/1954～2006)	2.1	2.1	1.4(0～30)
SC07(71～0/1964～2006)	1.7	1.7	3.3(30～137)
SC07(137～71/1954～1964)	4.4	4.4	

虽然柱样 SC18 中 ^{137}Cs 的最大峰值的位置具有不确定性，但不影响其作为一个计年的工具对该区域的沉积速率进行讨论。如果将 ^{137}Cs 垂直分布剖面中 140～

142 cm 处出现的蓄积峰作为柱样 SC18 中 ^{137}Cs 的最大蓄积峰，最大蓄积峰值为(19.55±1.33)mBq/g，可以根据此 ^{137}Cs 的最大蓄积峰的位置计算沉积速率，与 Pu 和 ^{210}Pb 计算得到的沉积速率进行比较。

根据 Pu、^{137}Cs 的最大比活度峰值为 1964 年的沉降年代，Pu、^{137}Cs 的初始比活度对应 1954 年的沉降年代，以及 ^{210}Pb 衰变的规律，计算得到各个年代各个深度的沉积物对应的沉积速率，各种计年的结果之间具有可比性，但也存在一定的差异。

$^{239+240}$Pu 测得的 1964 年前后的沉积速率相差较大，存在两种可能的原因：柱样 SC07 站位沉积速率在 1964 年前后发生了巨大变化，1964 年以后该研究区的沉积速率骤降；柱样 SC07 表层受侵蚀，即表层所对应的沉积年代并非采样时间，而沉积速率 1.65cm/a 是假设表层为 2006 年计算得出，从而导致 1963 年以后至表层的沉积速率在数值上比实际沉积速率偏小(刘旭英, 2009)。根据 ^{210}Pb 比活度剖面的阶段划分分别计算得 0～30cm 段沉积速率为 1.40cm/a，30cm 以下沉积速率为 3.33cm/a，说明该站位沉积速率在 30cm 深度左右发生变化，30cm 深度以上的沉积速率降低。因此，$^{239+240}$Pu 剖面中沉积速率的阶段性变化原因之一是沉积速率下降，然而并不能排除表层沉积物受到侵蚀这一原因，柱样表层受到侵蚀同样也会加剧整段平均沉积速率的减小。根据 ^{210}Pb 比活度测得的沉积速率计算沉积年代，30cm 左右对应的沉积年代为 1975 年，说明该研究站位沉积速率在 1975 年以后下降，且表层遭受一定的侵蚀(刘旭英, 2009)。同样，柱样 SC18 中 ^{210}Pb 比活度剖面在深度 130 cm 附近也发生了变化，说明沉积环境在此时间段可能发生了变化。Yang 等(2003)的研究表明，近二十年来长江口水下三角洲整体的沉积物堆积速率明显变小，沉积物堆积速率从 1958～1978 年的 38mm/a 减小到 1978～1997 年的 8mm/a，柱样 SC18 和 SC07 中 ^{210}Pb 比活度剖面的阶段性变化说明，该区域沉积环境在某一时间段内可能发生了明显的变化，沉积速率有减少的趋势。

长江三角洲的泥沙有三个来源：长江流域、苏北废黄河三角洲和杭州湾，其中 90%以上来自长江。然而，近几十年来长江流域来水来沙条件发生了巨大的变化。单从流域入海输沙量的变异考虑，长江流域近几十年来入海泥沙通量发生了巨大的变异。据大通水文站输沙资料，可将 1951～2006 年大通站入海泥沙变化分为五期：1951～1968 年、1969～1984 年、1985～1991 年、1992～2002 年与 2003～2006 年，对应五个时期的平均输沙量分别为 4.9×10^8t、4.5×10^8t、3.8×10^8t、3.2×10^8t 与 1.6×10^8t；由此可见近 56 年来，长江入海输沙量逐渐递减，且递减率逐渐增大(庞仁松等, 2011)。

人类活动对长江口入海泥沙量的影响大致分为三个阶段，20 世纪 50～80 年代初，水土流失严重，大库容及大集水面积的水库少，调水调沙作用弱，长江入海泥沙量剧增，80 年代中期至 2002 年三峡水库建成前，水土保持工程与特大水库共同作用，长江流域入海泥沙量随之减少，2002 年至今，三峡水库建成后，长江上游大量泥沙被拦截，入海泥沙量剧减。长江口水下三角洲对入海泥沙变异的响应十分明显，杨世伦等(2003)、恽才兴(2004)研究发现水下三角洲在 80 年代左右沉积速率降低，局部地区出现侵蚀，近十年来尤其是三峡工程建成后，三角洲的侵蚀加剧。

长江口的沉积物输入量近年来受人类活动的影响较大。在整个长江流域中，已经建造了 48000 个大坝拦截水流，长江输入海中的沉积物有逐年减少的趋势(Gao et al., 2008)。在长江下游的大通水文站观测表明，1960 年以来输入海中的沉积物有减少的趋势。近年来，长江流域中进行的南水北调大型水利工程，东线和中线都已经开工建设，部分已经投入运行使用。在长江水流的枯季，大量的调水可能导致长江口门附近的盐水入侵，对长江口的生态环境造成影响(Chen et al., 2001)。长江口的盐水和淡水的变化可能会导致 Pu 的分布变化，因为 Pu 在盐水与淡水中的特性差别很大，在盐水中，Pu 能够迅速吸附到颗粒物质中沉积下来。长江口盐水的入侵可能会使更多的 PPG 来源的 Pu 吸附到颗粒物质中沉积下来，从而整个长江口区域的 Pu 的生态环境将会发生变化。

使用同位素 Pu、^{137}Cs、^{210}Pb 作为测年工具，可进一步明晰长江口区域沉积物的运动方式和规律，为更好地保护该区域的生态环境提供一个基础。

3.2　苏北潮滩沉积物中放射性核素的分布特征

3.2.1　苏北潮滩区域概况

1. 江苏射阳新洋港潮滩

江苏射阳新洋港位于江苏盐城国家级珍禽自然保护区的核心区，是一个典型的潮滩湿地生态系统，也是江苏海岸为数不多的较为完整的潮滩体系之一。新洋港潮滩由陆向海分为草滩(芦苇滩)-盐蒿泥滩(盐蒿滩)-泥沙混合滩(互花米草滩)-粉沙滩 4 个平行带(王颖和朱大奎, 1990; 高建华等, 2007a)(图 3.13)，并且由海向陆的沉积物不断向陆搬运，使得 4 个沉积带平行向海推移。在岸外辐射沙脊群之间为向北开敞的西洋海域，潮间带宽 10 km，平均坡度为 0.55×10^{-3}，属典型淤泥质海岸；区内潮汐为非正规半日浅海潮，平均潮差为 3.68 m。该区多年平均气温为 14.4℃，年平均相对湿度为 81%，多年平均降水量为 1020 mm。受海洋性季风影响，夏季盛行风向为南东，并受热带气旋影响；冬季盛行风向为北西(任美锷, 1986)。

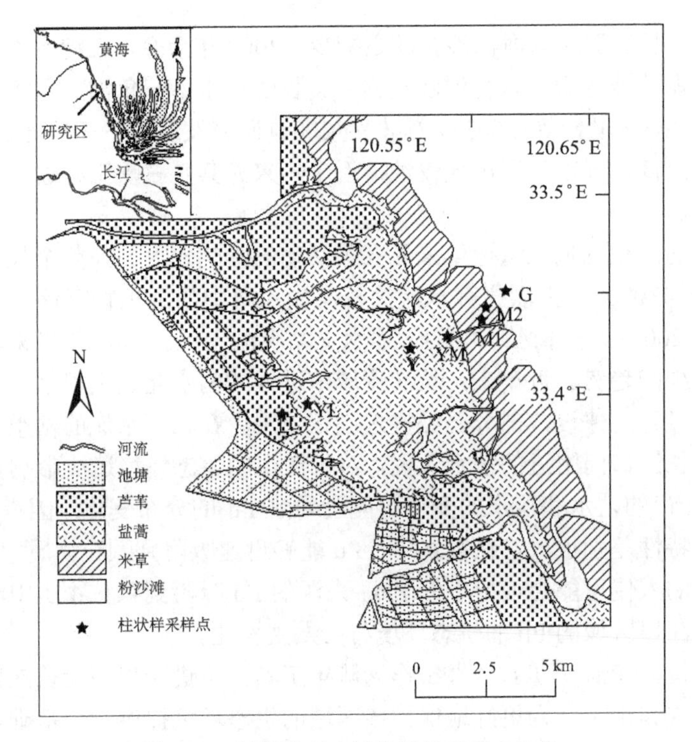

图 3.13　新洋港研究区位置及采样点站位

2007 年 8 月在新洋港潮滩上选择一条由芦苇滩逐步向海过渡到盐蒿滩、互花米草滩的剖面，按一定间距采集了 7 个柱样：芦苇滩 L、盐蒿芦苇滩交界处 YL、盐蒿滩 Y、盐蒿互花米草交界处 YM、互花米草滩 M、光滩 G，深度在 100～136cm。

2. 江苏连云港临洪河口区域

临洪河口位于海州湾南部的弧形海岸，属于淮河下游水系范围，以上游河闸为界，河流全长 7km 左右，新沭河、蔷薇河、淮沭新河通过临洪河进入河口区域，河口区域发育潮滩，临洪河是本区的主要入海河流。本区域位于苏北潮滩的北部，河口区域尤其发育典型的潮滩地貌。本区潮汐为不正规半日潮，平均潮差为 3.68m，属于强潮海岸(任美锷, 1986)。近岸沉积物主要为废黄河口的泥沙经波浪掀沙、潮流输运的堆积体(陈斌林, 2006)。口门河段两侧为滩涂湿地，平均坡度 1.0‰～2.0‰，平均宽 3～4km，潮沟系统不发育(陈洪全等, 2006)，靠近高潮线位置生长米草、盐蒿与芦苇，河口的潮滩湿地在南侧较宽、北侧较窄。

本书使用重力采样器于 2008 年 11 月在临洪河口，根据不同的沉积地貌区，采集 3 个不同的柱状沉积物(河道南侧的 L01、口门北侧的 L02 和河口南侧高潮滩的 L03)作为分析样品，采样器是荷兰 Eijkekamp 公司生产的便携式手持钻，不会造成潮滩岩心沉积物的压缩变形，现场按照 2cm 的间隔对样品分样，放入袋中密封，带回实验室分析。

2005 年 7 月，利用内径为 70mm、外径为 75mm、长为 2m 的 PVC 管直接打入地层中采取柱样 L04(河口南侧的低潮滩)，取出后两头密封、水平放置，带回实验室分析，并采集了距河口两侧各自 1km 范围内高低潮滩上表层 2cm 的沉积物样，各样点间距为 200～600m。柱样 L04 的压缩率小，与后来采集柱样间的采样误差可以忽略，本书使用了柱样 L04 的实验室保存样。临洪河口的采样站位见图 3.14。

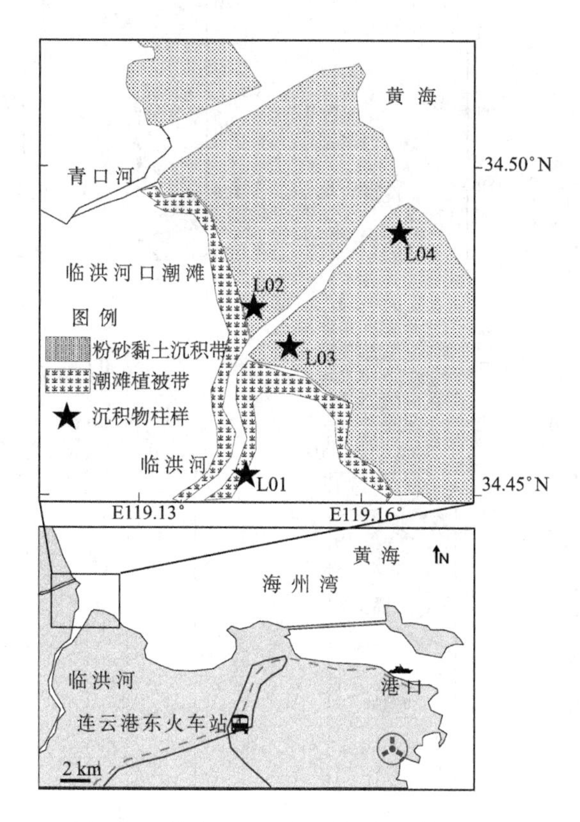

图 3.14　临洪河口研究区位置及采样点站位

3.2.2　Pu 及 ^{137}Cs、^{210}Pb 在苏北新洋港潮滩的分布特征

1. 新洋港潮滩沉积物的粒度特征

各柱样沉积物粒度参数及组分垂向分布见图 3.15。

光滩 G：整体由分段明显的砂组成，77cm 以上段平均粒径为 3.92Φ、以下为

3.48Φ，沉积物以砂为主。互花米草滩 M2：整段剖面颜色以及沉积物的粒度变化分界明显，中间夹杂米草根，平均粒径平均值为 4.48Φ，沉积物由底部的砂和粉砂各占一半变为以粉砂为主。

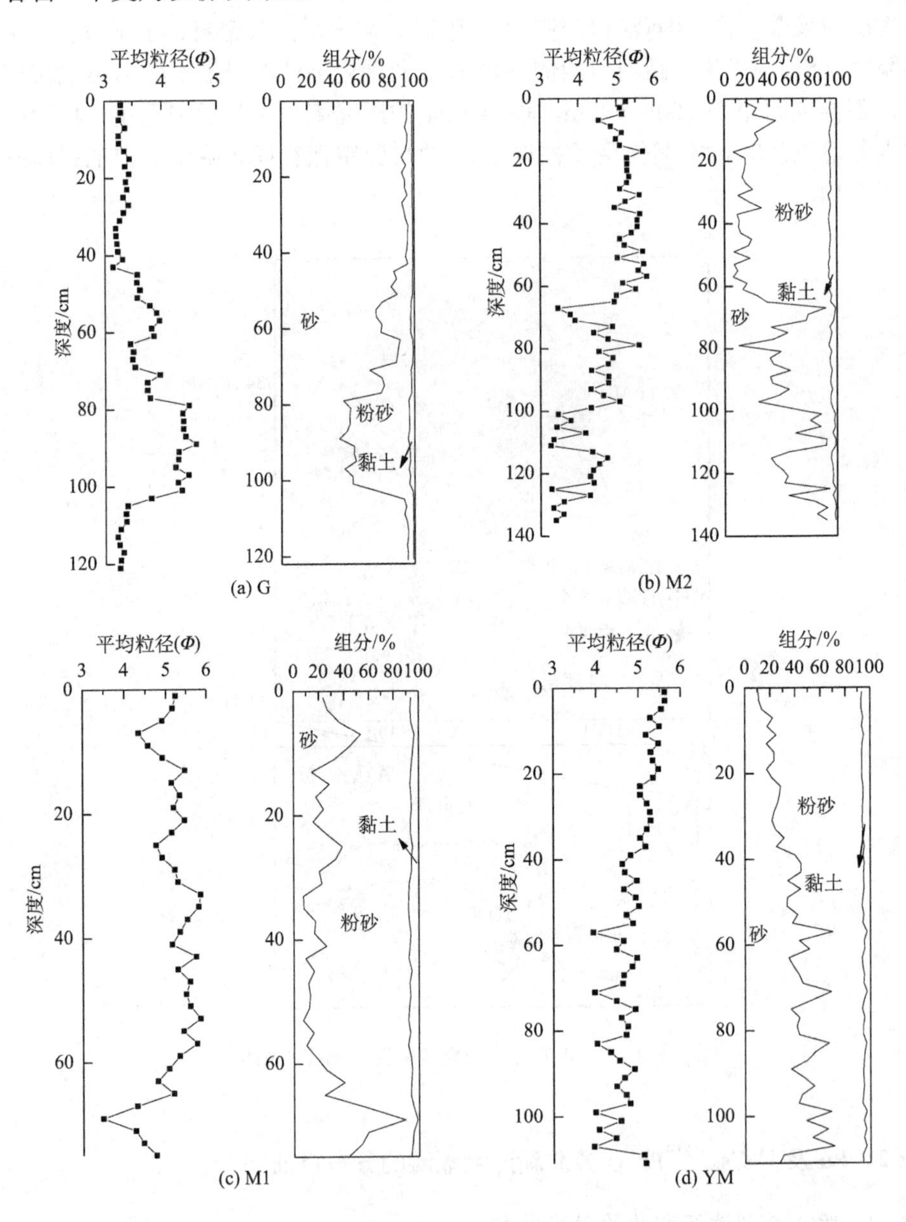

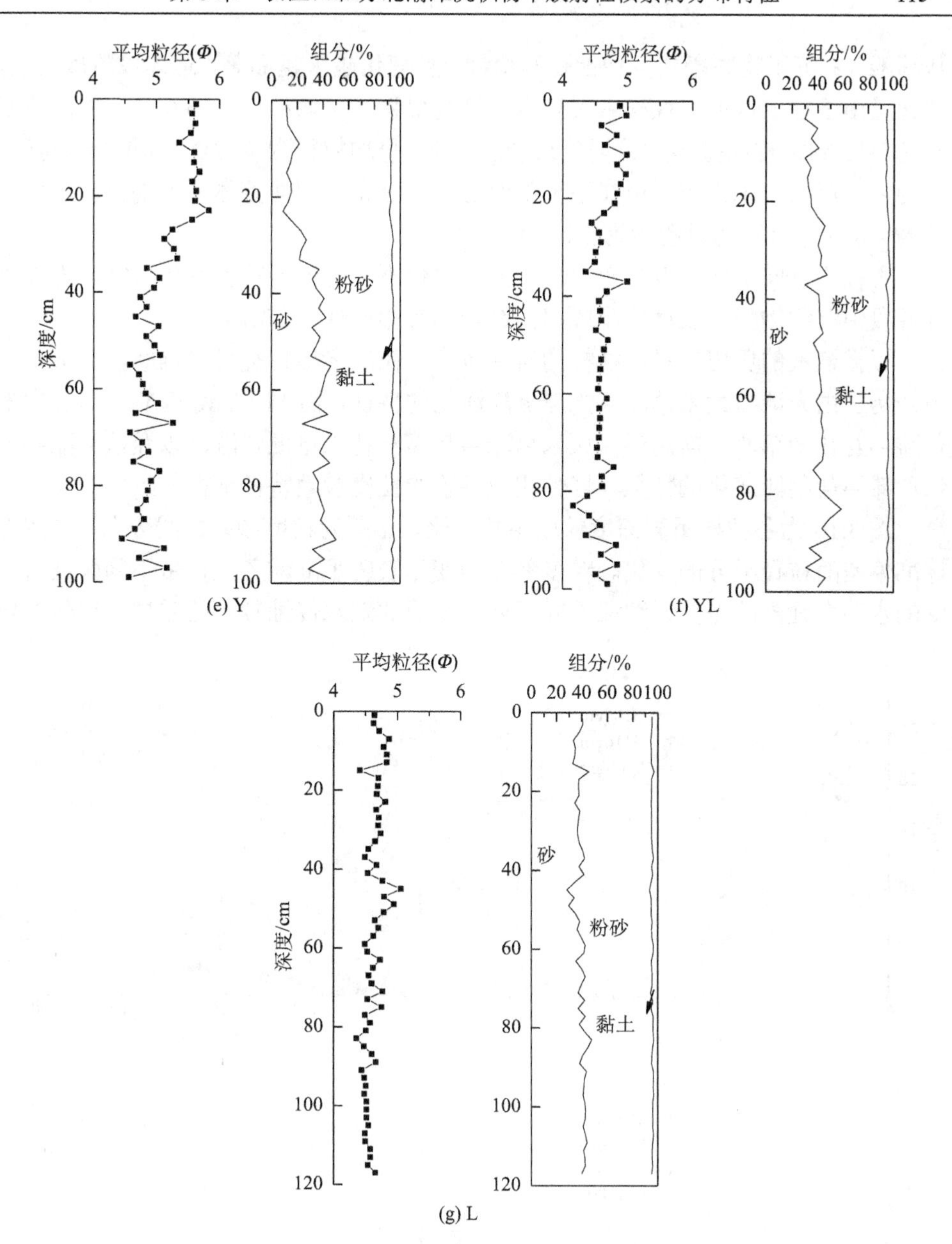

图 3.15　新洋港柱样沉积物粒度参数及组分垂向分布

互花米草滩 M1：整体为灰黑色黏土质粉砂，平均粒径为 5.14Φ，平均粒径波动变化、沉积物底部和顶部的砂含量增多，中间部位以粉砂为主。盐蒿互花米草交界处 YM：整体呈褐色，沉积物呈波动变化，平均粒径为 4.96Φ，平均粒径从表层往下逐渐增大，沉积物以粉砂、砂为主，砂的含量由底部向顶部逐渐减少。

盐蒿滩 Y：沉积物整段由下往上逐渐变细，且变化越来越显著，总体以粉砂为主，其含量由下往上增加，柱样中夹杂少量植物根系，平均粒径为 5.01Φ。盐蒿芦苇滩交界处 YL：样品整体为黄褐色粉砂质黏土，平均粒径为 4.63Φ，沉积物以粉砂、砂为主。芦苇滩 L：芦苇根在整个剖面上均有分布，剖面整体呈黄褐色，平均粒径为 4.63Φ，沉积物以粉砂为主。

各柱样垂向上的粒度分布代表了潮滩演化不同阶段的粒度变化特征。岩性接近各段中沉积物的代表性粒度频率曲线均具有相似性(图 3.16)。

根据植被的历史信息、柱样的岩性特征、粒度参数特征可以推断，G 沉积物中经历了由光滩→大米草滩→光滩逐渐演化的特征，而 M、YM 和 Y 经历了大米草滩→互花米草滩、盐蒿滩→大米草滩→盐蒿互花米草混合滩，以及盐蒿滩→大米草滩→盐蒿滩演化的特征。岩性相似各段的粒度参数特征都很一致。

图 3.16 为各柱样不同深度粒度参数对比，左图为粒度频率曲线分布，右图为标准偏差随粒径组分的变化。粒度参数的变化表明了潮滩各沉积带不同区域内经受的水动力强烈的差异、潮滩不同区域内经历的潮水侵蚀频率的差异，这些差异

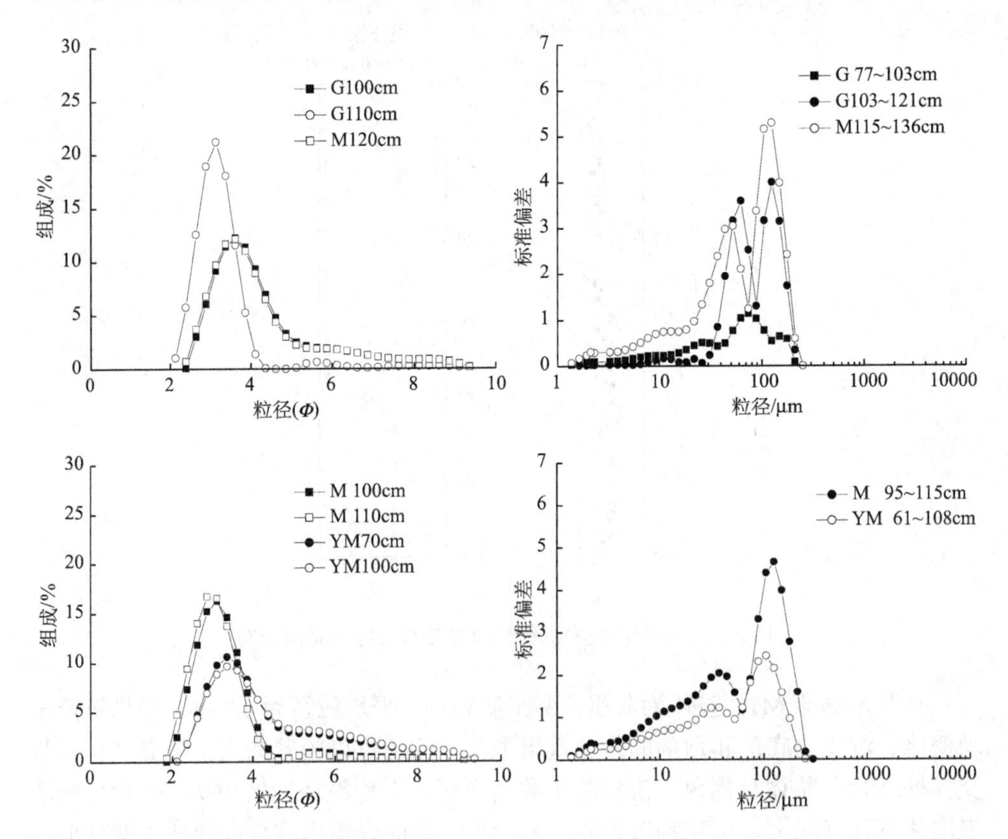

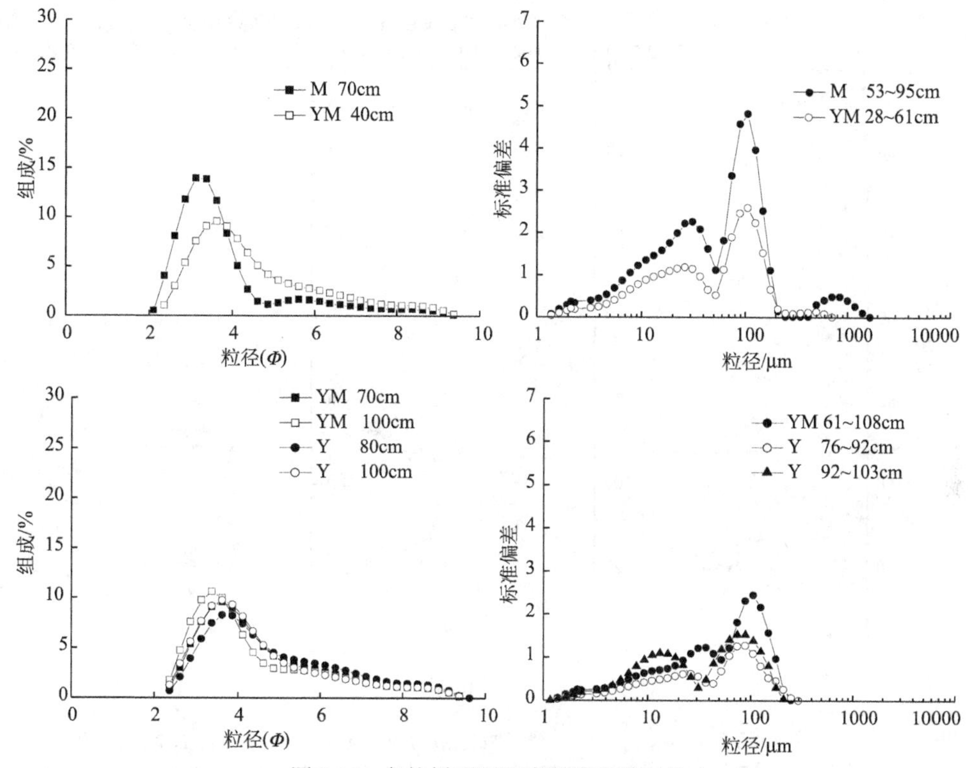

图 3.16　各柱样不同深度粒度参数对比

左图为粒度频率曲线分布，右图为标准偏差随粒径组分的变化

造成了潮滩不同沉积带内粒度参数特征的变化。同时潮滩植被的生长也对潮水的流动产生一定的干扰作用，导致不同植被区域内水动力环境的差异，也影响了潮滩不同沉积带内粒度参数特征的变化。

2. 新洋港潮滩柱样沉积物的 Pu 及 ^{137}Cs 的垂直分布特征

图 3.17 中显示了新洋港潮滩柱样中 ^{137}Cs、$^{239+240}$Pu 比活度的垂直分布特征和 ^{240}Pu/^{239}Pu 同位素比值的垂直分布特征，^{137}Cs 比活度矫正到 2008 年 9 月 1 日，虚线内为全球大气沉降的 ^{240}Pu/^{239}Pu 同位素比值的平均值 0.178±0.019 (±2σ) 分布范围，误差为正负 2 倍标准差。

^{137}Cs 的比活度值引自 Liu 等(2010)，柱样 M2 的 $^{239+240}$Pu 比活度范围为(0.015±0.002)～(0.044±0.007) mBq/g，平均值为(0.031±0.004) mBq/g。柱样 YM 的 $^{239+240}$Pu 比活度范围为(0.016±0.002)～(0.067±0.008) mBq/g，平均值为(0.040±0.004) mBq/g。柱样 Y 的 $^{239+240}$Pu 比活度范围为(0.037±0.002)～(0.189±0.015) mBq/g，平均值为(0.091±0.007) mBq/g。柱样 YL 的 $^{239+240}$Pu 比活度范围为(0.002±0.001)～(0.103±0.015) mBq/g，平均值为(0.046±0.004) mBq/g。

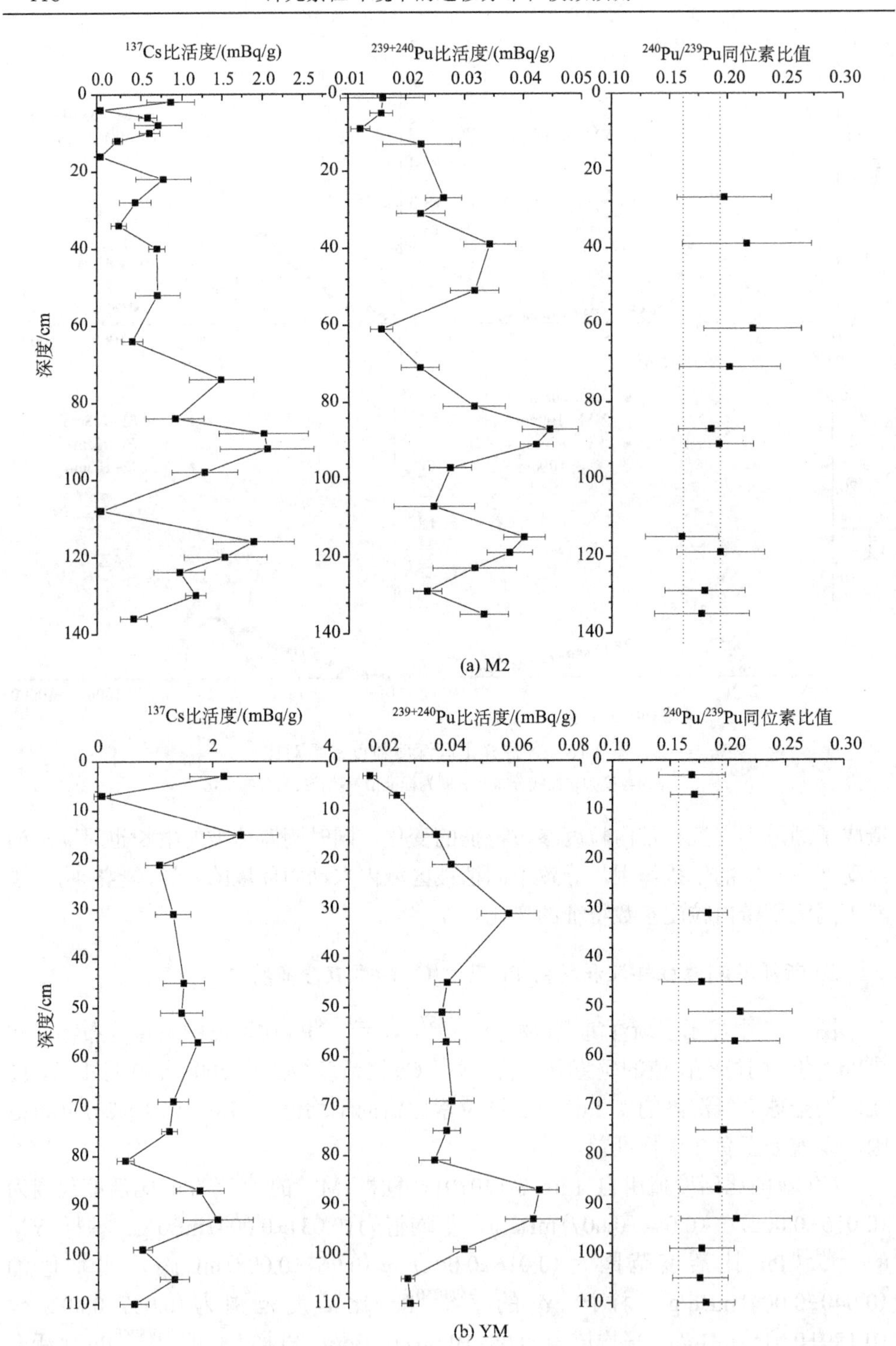

(a) M2

(b) YM

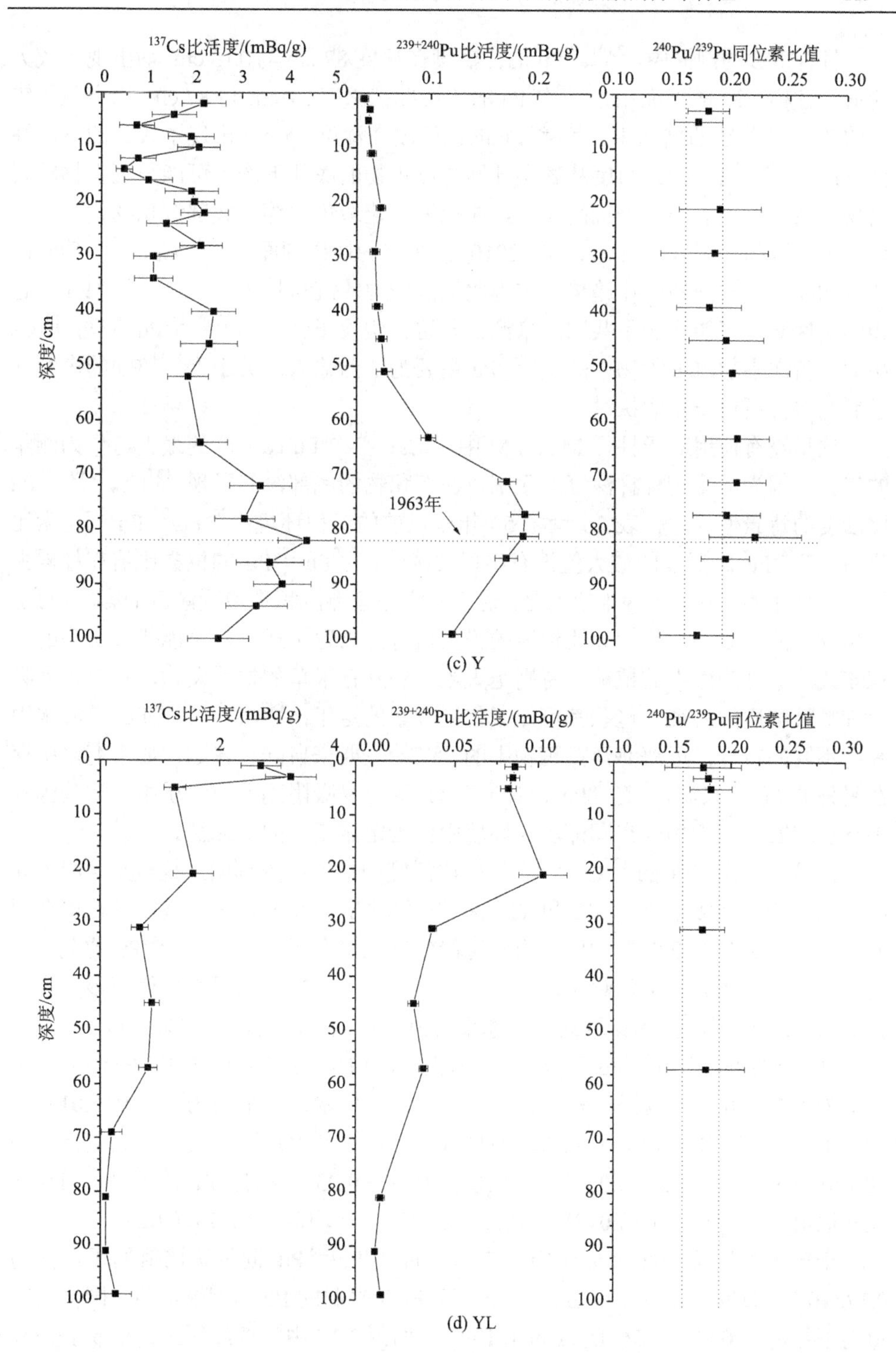

图 3.17　新洋港潮滩柱样中 ^{137}Cs、$^{239+240}$Pu 比活度及 ^{240}Pu/^{239}Pu 同位素比值的垂直分布特征

柱样 M2 的剖面中，$^{239+240}Pu$ 的比活度在深度 87 cm 与 115 cm 均出现了较大的值。柱样 YM 的剖面中，$^{239+240}Pu$ 的比活度在深度 31 cm 与 87 cm 均出现了较大的值。柱样 Y 的剖面中，$^{239+240}Pu$ 的比活度在深度 85 cm 出现了较大的值。柱样 YL 的 $^{239+240}Pu$ 的比活度从表层开始往沉积物的底部下降，可能与沉积物的表层物质由于人类活动的干扰而缺失，如挖掘、建造鱼塘等，底部沉积物代表了年代久远的沉积环境有关(Liu et al., 2010)。在这些柱样剖面中，^{137}Cs、$^{239+240}Pu$ 比活度均显示了相同的变化趋势，这说明该区域内的沉积物中 ^{137}Cs、$^{239+240}Pu$ 具有相同的性质，可能代表了共同的来源。若这种假设正确，则 $^{239+240}Pu$ 应与 ^{137}Cs 相似，新洋港潮滩沉积物中的 $^{239+240}Pu$ 主要为陆源输入。关于 $^{239+240}Pu$ 的来源问题后面将会更进一步的探讨。

这里没有使用对于柱样 M2、YM 中 ^{137}Cs、$^{239+240}Pu$ 比活度的最大值作为测年的工具。因为，受到柱样深度的限制，在沉积物的底部没有发现 ^{137}Cs、$^{239+240}Pu$ 比活度的背景值，即代表 20 世纪 50 年代以前的沉积环境；$^{240}Pu/^{239}Pu$ 同位素比值与 $^{239+240}Pu$ 比活度的最大值没有出现关联性，$^{240}Pu/^{239}Pu$ 同位素比值在柱样中呈现无规律的变化；最为重要的是，射阳新洋港潮滩沉积环境受潮流的影响很大，沉积物中的 ^{137}Cs、$^{239+240}Pu$ 比活度的最大值可能出现了迁移，不能代表正确的沉积年代；另外潮滩中的植被，特别是大米草和互花米草的根系发达，具有强烈吸附细颗粒物质的特征，这些都可能干扰同位素的定年；^{137}Cs、$^{239+240}Pu$ 在海水中具有不同的特性，近海海洋沉积物中的 ^{137}Cs 主要来自陆源输运，如果海水中存在另外的 Pu 的来源，$^{239+240}Pu$ 相对于 ^{137}Cs 更容易吸附到颗粒物质中，这些因素限制了 ^{137}Cs、$^{239+240}Pu$ 在潮滩沉积环境中作为定年工具的可靠性。

但是，柱样 Y 中的 ^{137}Cs、$^{239+240}Pu$ 比活度的最大值受到的干扰较小，因为此区域潮波的侵蚀频率小于 M2 和 YM 区域，同时 Y 所在的盐蒿植被区域在整个潮滩上聚集了更多的细颗粒物质，因此可能较好地保存了 ^{137}Cs、$^{239+240}Pu$ 的沉降信息，根据最大峰值的年代对应，柱样 Y 中 ^{137}Cs、$^{239+240}Pu$ 的最大峰值应该对应于 1963 年的沉积层，据此计算的沉积速率与前人在该区域的研究结果相似。

柱样 M2 的 $^{240}Pu/^{239}Pu$ 同位素比值范围为(0.161±0.029)～(0.222±0.056)，平均值为 0.193±0.038。柱样 YM 的 $^{240}Pu/^{239}Pu$ 同位素比值范围为(0.169±0.017)～(0.211±0.048)，平均值为 0.187±0.031。柱样 Y 的 $^{240}Pu/^{239}Pu$ 同位素比值范围为(0.170±0.020)～(0.220±0.050)，平均值为 0.191±0.031。柱样 YL 的 $^{240}Pu/^{239}Pu$ 同位素比值范围为(0.176±0.013)～(0.183±0.033)，平均值为 0.179±0.023。

全球大气沉降的在北半球 0°～30°N 的 $^{240}Pu/^{239}Pu$ 同位素比值的平均值为 0.178±0.019($\pm 2\sigma$)(Kelley et al., 1999)，而 PPG 来源的 Pu 的 $^{240}Pu/^{239}Pu$ 同位素比值的平均值为 0.33～0.36(Buesseler, 1997)。如图 3.17 中的虚线所示，大部分(3/4)沉积物的 $^{240}Pu/^{239}Pu$ 同位素比值在全球沉降的范围内，但是有一部分 $^{240}Pu/^{239}Pu$

同位素比值大于全球大气沉降，小于 PPG 来源的 Pu 的 $^{240}Pu/^{239}Pu$ 同位素比值，并且柱样 M2、YM 和 Y 的 $^{240}Pu/^{239}Pu$ 同位素比值平均值均略大于全球沉降的平均值。这些表明，射阳新洋港潮滩沉积物中的 Pu 的来源不仅仅是全球大气沉降，也包含了 PPG 来源的 Pu。

3. 新洋港潮滩柱样沉积物中 ^{210}Pb 的垂直分布特征

本书根据 γ 法得到的 $^{210}Pb_{ex}$ 的剖面分布见图 3.18。从图中可以看出，^{210}Pb 的剖面呈现倒置、平行和混乱状等形态，原因可能与自然界的偶然突发事件、复杂的水动力条件与极不稳定的沉积环境、沉积物源的改变及粒度变化等有关(万国江, 1997; Thorbjorn et al., 2000)。

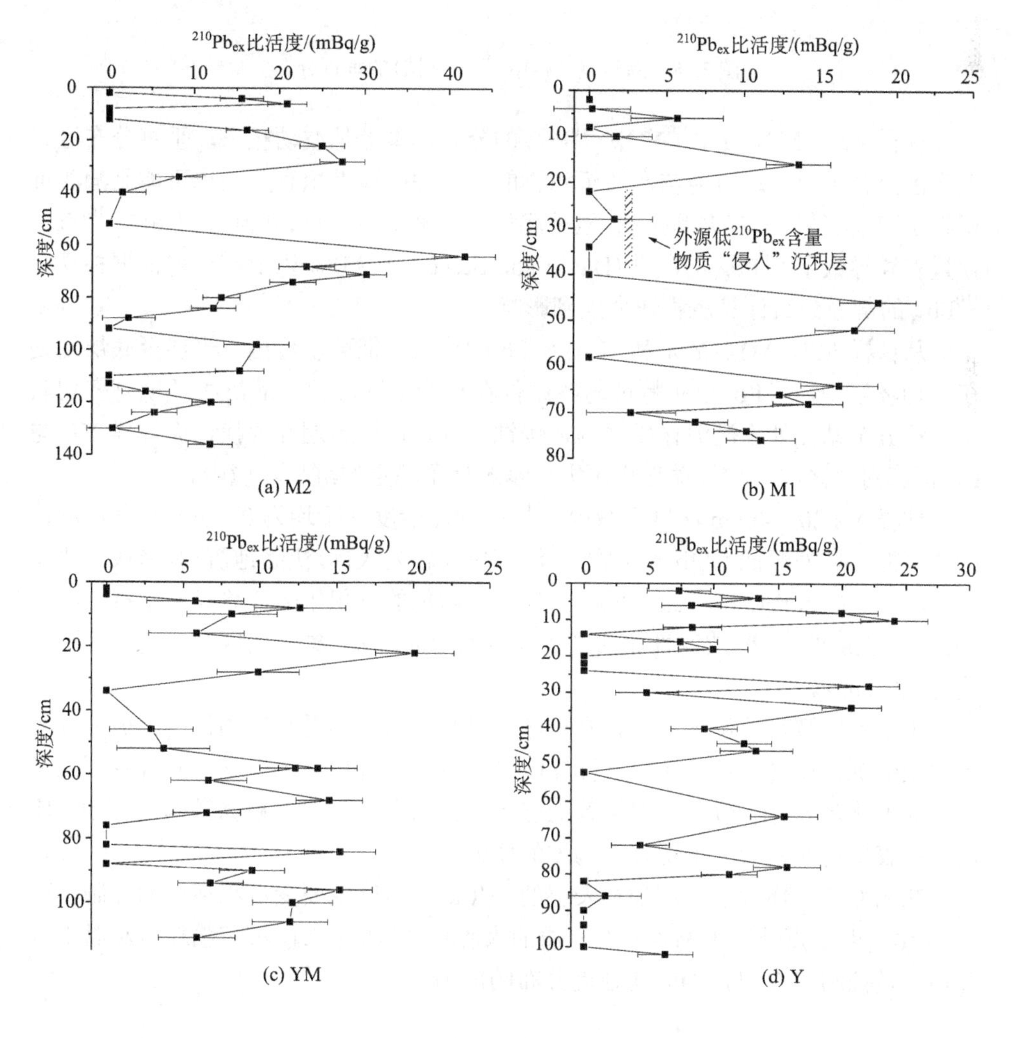

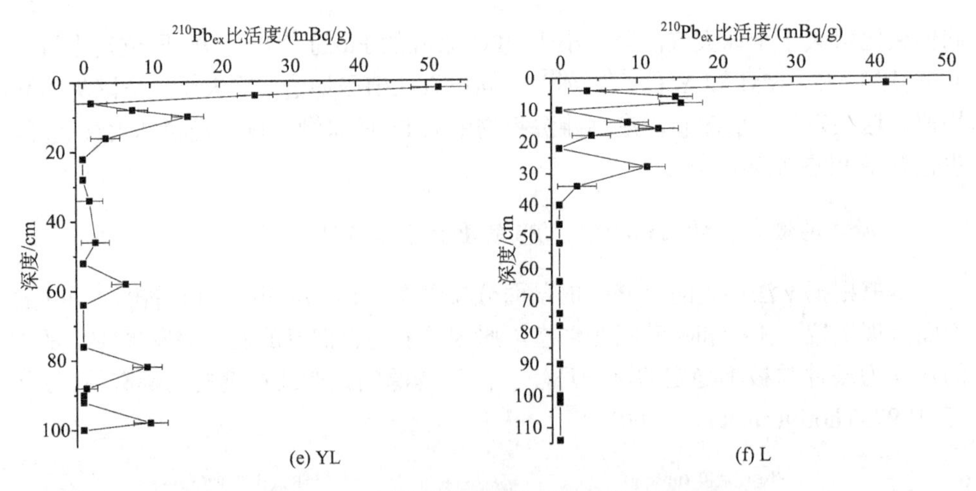

图 3.18　新洋港柱样中 ^{210}Pb(γ 法)的垂直分布

柱样 M1、M2、YM、Y 中 $^{210}Pb_{ex}$ 的分布基本上是波动状态，垂直分布区、衰变区交替出现，这可能与潮滩沉积物的多次冲刷和堆积有关，也可能是潮滩沉积物迅速地沉积、无较大的扰动、但是沉积物的来源不一致、其自身初始的 $^{210}Pb_{com}$ 含量差异导致了 $^{210}Pb_{ex}$ 的波动(David and Steven, 1995)，以上都使得根据柱样中 $^{210}Pb_{ex}$ 的剖面分布计算沉积速率受到影响。

从柱样 M2、M1、YM 和 Y 中 ^{210}Pb 的分布特征可以看出，表层至底层均处在扰动环境中，^{210}Pb 分布特征与各站位在潮滩不同沉积带的沉积环境有密切联系，这五个站位处于潮流作用区内，侵蚀与堆积作用周期性变换，而柱样 YL 与 L，潮流对该区内沉积扰动作用不大，基本处于稳定的沉积环境中。

柱样 M1 20～40cm 深度区域内，^{210}Pb 的比活度几乎均为 0，说明在此深度范围内可能存在外源低 ^{210}Pb 含量物质(沉积年代较为久远)快速地沉积，造成了“侵入”沉积层(Thorbjorn et al., 2000)，使得该站位的沉积年龄计算受到干扰。柱样 YL 与 L 表层的 ^{210}Pb 放射性比活度随深度呈指数衰减，据衰变区计算的沉积速率均为 0.03cm/a。

由于本区域目前位于潮上带及年潮淹没带，基本不受潮流的作用，成为潮滩上独立的沉积环境系统，所以柱样 YL 与 L 表层的沉积速率很低；并且受到人类活动的干扰最大(围堰)，开挖导致上层沉积物消失、下层沉积物暴露是 ^{210}Pb 比活度在表层迅速降低、下层几乎为零的原因。

在潮滩沉积环境下，沉积物表层的 ^{137}Cs 比活度主要受沉积环境的控制，而 ^{210}Pb 比活度主要受沉积物表层有机质的来源和含量的控制，沉积物粒度和黏土含量均不是控制 ^{137}Cs 与 ^{210}Pb 比活度分布的原因。

4. 新洋港潮滩表面沉积物中 ^{137}Cs 与 ^{210}Pb 的空间分布特征

本书的表层放射性是沉积物 0～6cm 深度比活度的平均值。从图 3.19 可以看出，随着潮滩沉积带的空间变化，放射性核素的比活度也不断变化。

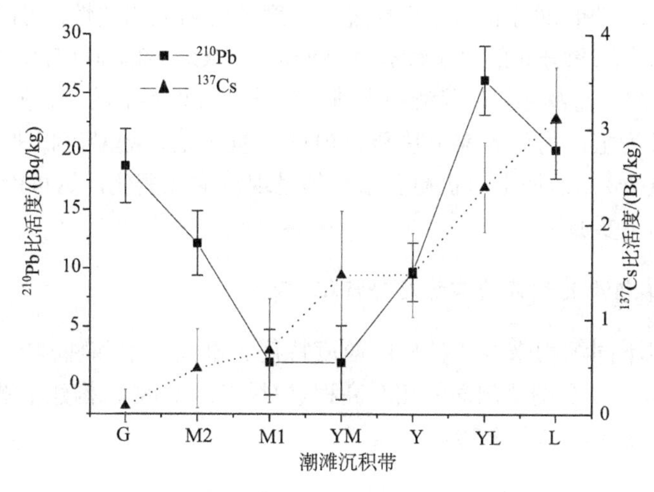

图 3.19　新洋港柱样表层 ^{210}Pb 与 ^{137}Cs 的空间分布

^{137}Cs 的比活度由海向陆逐渐增加，从几乎为 0 逐渐增大到 3.12Bq/kg；^{210}Pb 的比活度由 G、M2 向 M1、YM 减少，然后往 Y、YL、L 增加。^{210}Pb 的比活度在光滩的值为 18.75Bq/kg，在米草滩附近出现了最小值 1.92Bq/kg，在芦苇滩附近其值又增到 26.12Bq/kg。

^{137}Cs 主要富集在黏土物质中，在沉积物中具有一定的扩散能力，但绝大部分 ^{137}Cs 在沉积物中处于稳定态。而影响 ^{210}Pb 富集的因素有沉积物粒度、有机质含量等(王爱军等, 2005)。表层沉积物粒度参数及组分含量见表 3.7。

表 3.7　新洋港表层沉积物粒度参数及组分含量

柱样编号	中值粒径 (Φ)	平均粒径 (Φ)	分选系数	偏态	峰态	砂含量 /%	粉砂含量 /%	黏土含量 /%
G	3.15	3.29	0.89	1.38	1.89	94.77	4.12	1.11
M2	4.97	5.26	1.40	1.26	1.83	18.19	76.36	5.45
M1	4.85	5.13	1.48	1.28	1.95	27.39	66.38	6.21
YM	5.48	5.62	1.36	1.03	1.76	10.70	82.74	6.56
Y	5.45	5.63	1.42	1.10	1.81	11.53	80.83	7.64
YL	4.56	4.88	1.50	1.41	2.01	32.40	62.49	5.11
L	4.26	4.64	1.47	1.52	2.05	40.25	55.21	4.54

得出本区域表层 ^{137}Cs 比活度递增与光滩沉积物向芦苇沉积物的平均粒径减小和黏土含量的增加相关性不显著(R=0.52 & 0.53，n=7)。潮滩沉积环境自海向陆越来越稳定(任美锷, 1986; 王颖和朱大奎, 1990; Periáñez, 2008)，其比活度变化可能与潮滩不同沉积带内的沉积环境的稳定性有关，沉积环境越稳定，表层 ^{137}Cs 的比活度越高。^{210}Pb 的分布与沉积环境和粒度效应均无相关性，可能与潮滩沉积带上有机质的来源和分布的复杂性有关。滩面上 TOC 和总氮(TN)平均含量以米草滩最高，其次为盐蒿滩、芦苇滩和光滩，光滩与盐蒿滩上的有机质以海源为主，米草滩以陆源为主，另外光滩上总磷(TP)的含量在整个潮滩沉积带最高(高建华等, 2007a, 2007b)，滩面上有机质含量整体呈现波动性变化，这可能是表层 ^{210}Pb 比活度变化的主要原因。

5. 新洋港潮滩沉积带的演替趋势特征

根据潮滩不同沉积带内各柱样的粒度特征、剖面性状和柱样的沉积速率(刘旭英等, 2008)，以及潮滩剖面的相对高程(白凤龙, 2008)，构建了潮滩柱样的剖面特征和演替路线，见图 3.20。

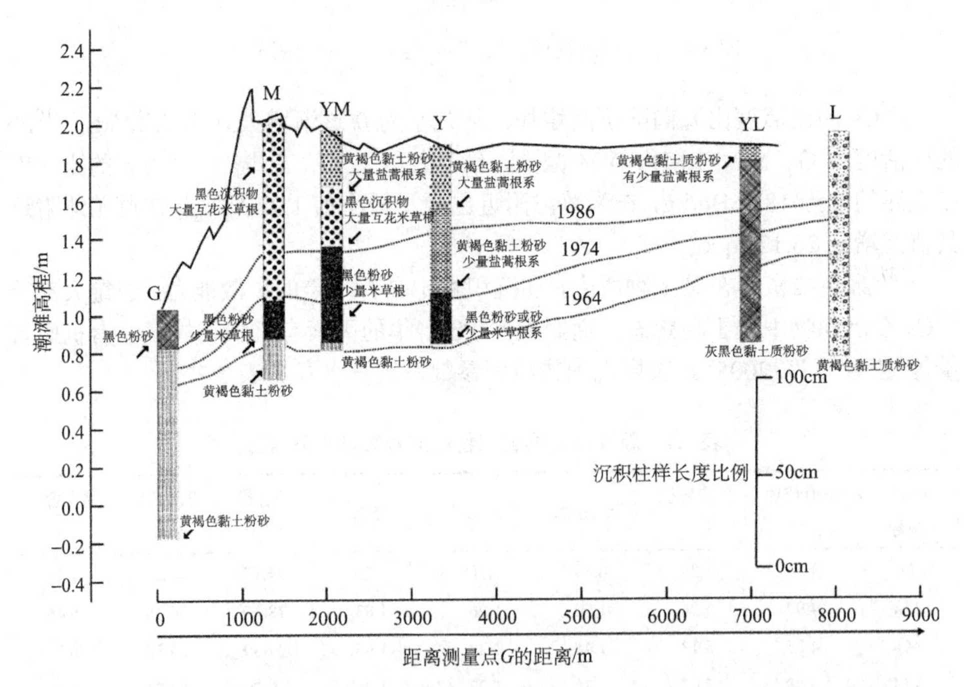

图 3.20　新洋港潮滩不同沉积带的剖面特征及演替路线(引自 Liu et al., 2010; Gao et al., 2011)

从柱样 L 向 M 相对高程逐渐增大，整个潮滩剖面上柱样 M2 的相对高程最大，柱样 G 的迅速降低。演替路线反映了潮滩不同沉积带的柱样所对应的深度的演替过程。1986 年、1997 年的柱样 Y 至 G 的演替路线相对于 1964 年、1974 年的柱样 Y 至 G 的演替路线陡，反映了米草植被在 1986～1997 年间蔓延后，此区域内的沉积速率增加。

潮滩植被对潮滩沉积物中同位素的分布肯定会产生一定的影响。本次的采样及实验未能对潮滩上的各个植被带不同的植被进行采样，这将成为今后研究工作的一个方向。

Olid 等(2008)的研究表明，雨养泥潭沼泽型的湿地中，表层植被层及腐殖质层对沉积物中的同位素 ^{210}Pb、^{137}Cs、^{241}Am 等的计年产生了较大的影响。因为 ^{210}Pb 的沉降为大气沉降，表层植被及腐殖质层成为接受 ^{210}Pb 的重要因素，并且植被的根系可能会对沉积物中的 ^{137}Cs 产生吸附和转移干扰的作用。

潮滩植被的生物量较大，特别是米草、互花米草等植被的根系发达，对沉积物中 ^{137}Cs 的影响机制还不很明确。因此植被层中吸附富集的同位素 ^{210}Pb、^{137}Cs、^{241}Am 应该进行取样测量，这样才能更准确地使用不同的同位素来作为计年的工具使用。

3.2.3　Pu 及 ^{137}Cs、^{210}Pb 在苏北临洪河口潮滩的分布特征

1. 临洪河口潮滩柱样沉积物的粒度特征

L01，紧邻河道，其上生长茂密的芦苇，0～80cm 为棕黄色黏土物质，质地均匀，80～100cm 为棕褐色黏土，中间有黑褐色的有机质团块，100～160cm 为棕褐色黏土。

L02，位于口门附近，其上生长米草，0～30cm 为棕黄色与褐色黏土，夹杂大量的黑色有机质与米草根系，30～140cm 为黑褐色黏土物质。

L03，位于高潮滩上的米草滩地，表层 0～4cm 为黄色黏土物质，下部为黑褐色黏土，中间夹杂米草植物根系。

L04，位于低潮滩，其上为光滩，0～30cm 为黄褐色细粉砂，30～150cm 为灰色粉砂，整个剖面在外观上变化不大。

4 个柱样的平均粒径、分选系数、偏态、峰态等粒度参数及沉积物组分如图 3.21 所示。

柱样平均粒径的平均值相差不大，L01、L02、L03 和 L04 分别为 7.11、6.92、7.05 和 6.09，并且各柱样的平均粒径随深度波动较小；分选系数的平均值在 1.62～1.79，分选较差；偏态和峰态均波动变化，其中除 L01 偏态为正偏外，其余均为负偏，表明 L01 的沉积物以粗颗粒成分为主，其余柱样沉积物以细颗粒成分为主，

L01 紧邻河道，接受上游沉积物较多，因此沉积物颗粒较粗；L04 的峰态为 0.82，其余柱样在 2.0～2.35，表明 L04 的沉积物物源多，其余柱样的物源较为单一，L04 主要受潮流动力的影响，多种来源的沉积物混合均匀；L04 沉积物的组分与其余柱样差异大，L04 以粉砂和砂为主，黏土含量为 1.32%，其余柱样以粉砂和黏土为主，黏土含量接近 30%。

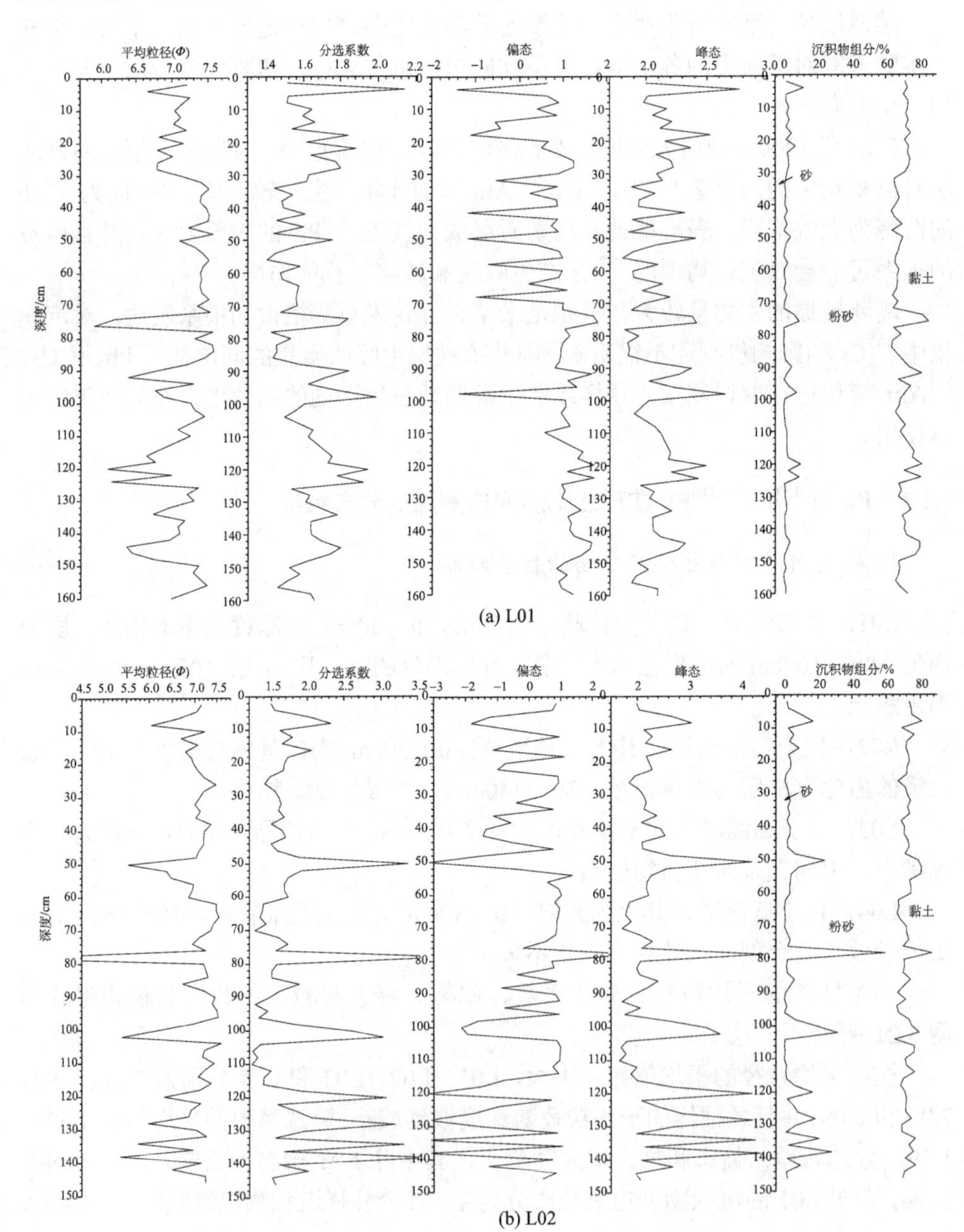

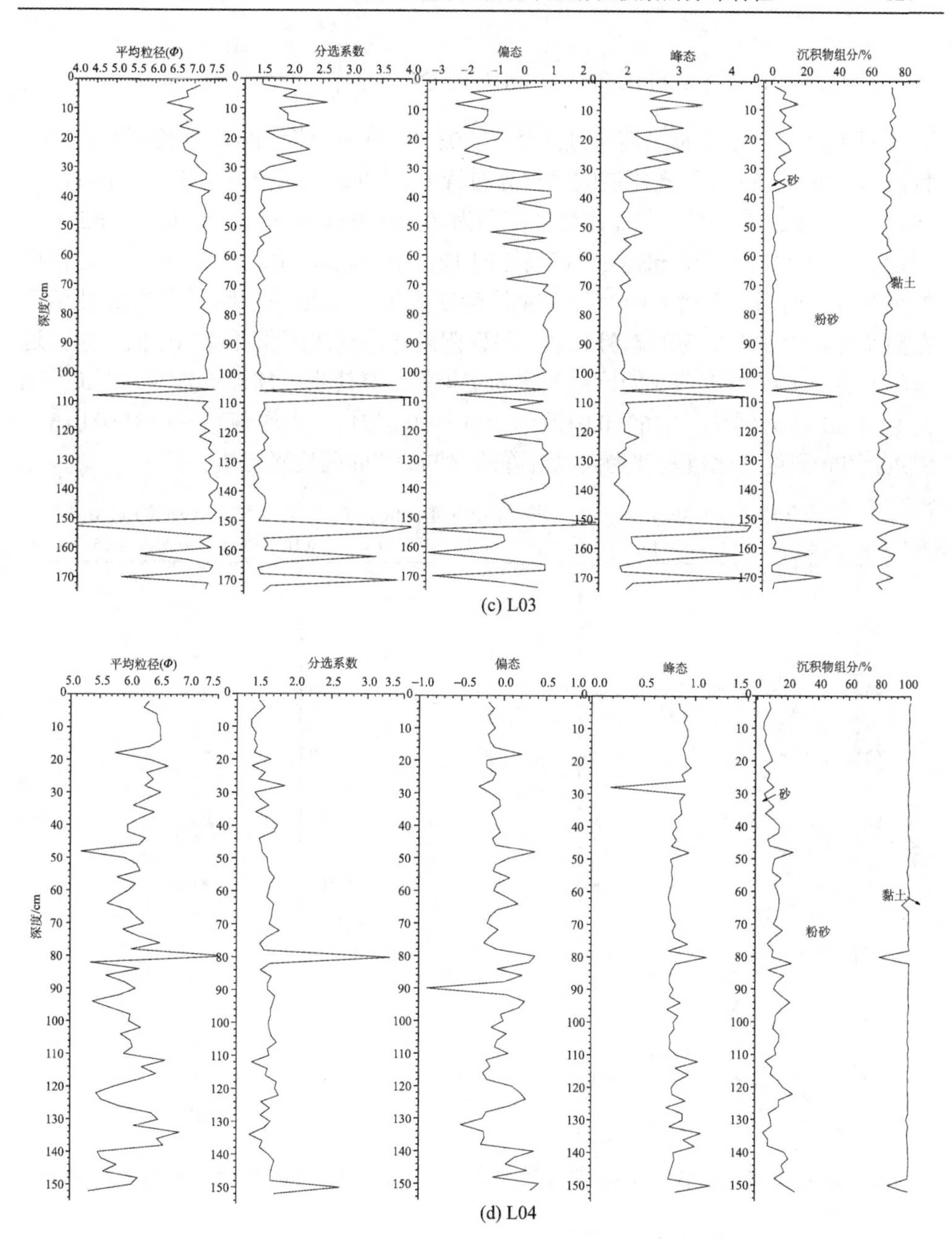

图 3.21　柱状样沉积物粒度参数及组分垂向分布

不同柱样沉积物的粒度分布特征的差异与前人的研究相似，反映了该区域不同的水动力条件对粒径的改造作用差异(陈斌林, 2006)。

2. 临洪河口潮滩柱样沉积物中 Pu 与 ^{137}Cs 的分布特征

图 3.22 中显示了临洪河口潮滩柱样 L03 中 ^{137}Cs、$^{239+240}$Pu 比活度的垂直分布特征和 ^{240}Pu/^{239}Pu 同位素比值的垂直分布特征。^{137}Cs 的比活度值引自(Liu et al., 2010)，柱样 L03 中 $^{239+240}$Pu 比活度范围为(0.175±0.006)～(0.228±0.013) mBq/g，平均值为(0.202±0.008) mBq/g。在柱样的 127 cm 深度，出现了一个 ^{137}Cs 比活度的最大值，而同一深度内的 $^{239+240}$Pu 比活度值却没有较大变化，$^{239+240}$Pu 比活度在整个柱样中呈现均匀的态势。基于与射阳新洋港潮滩沉积环境相似的考虑，这里没有将 ^{137}Cs、$^{239+240}$Pu 的比活度作为定年的工具使用。柱样 L03 中 ^{240}Pu/^{239}Pu 同位素比值范围为(0.169±0.012)～(0.191±0.022)，平均值为 0.181±0.016。^{240}Pu/^{239}Pu 同位素比值全部为大气沉降的 ^{240}Pu/^{239}Pu 同位素比值。

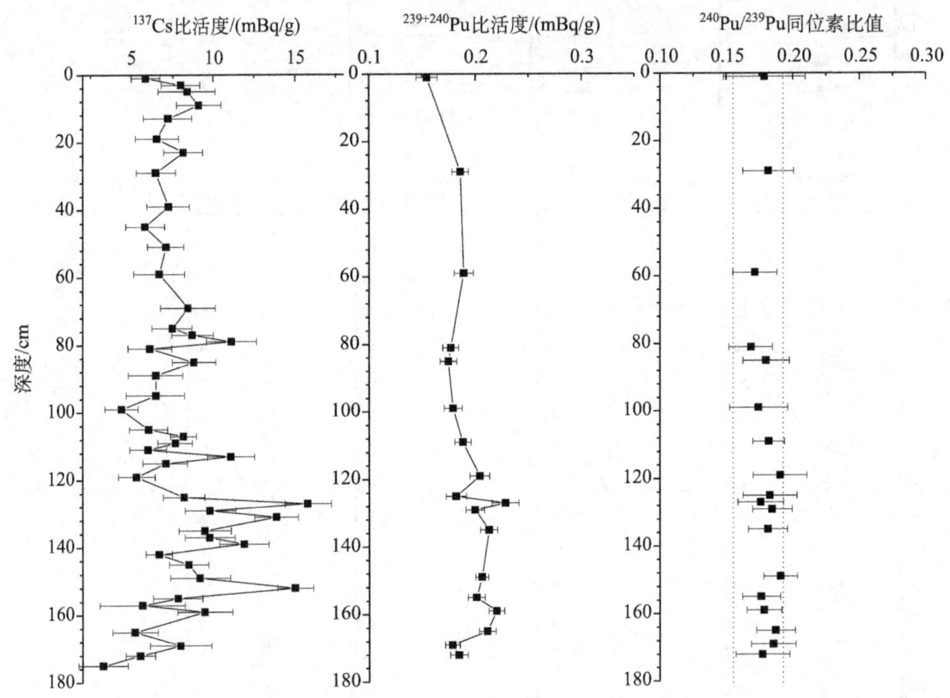

图 3.22 临洪河口潮滩柱样 L03 中 ^{137}Cs、$^{239+240}$Pu 比活度及 ^{240}Pu/^{239}Pu 同位素比值的垂直分布特征

3. 临洪河口潮滩其他柱样沉积物中 ^{137}Cs 的分布特征及意义

临洪河口潮滩沉积物中的 ^{137}Cs 剖面见图 3.23。由于柱样 L04 的黏土含量较少，未检出 ^{137}Cs 比活度。柱样 L01 位于临洪河河道旁边，其 ^{137}Cs 剖面中出现了三个特征峰值。柱样 L02 的 ^{137}Cs 剖面几乎在同一个范围内波动，与 ^{210}Pb 剖面特征相似，显示了该区域的沉积物混合均匀。根据新洋港潮滩沉积物相似的潮滩沉

积环境判断，此处的 ^{137}Cs 没有用来作为年代判定的工具。

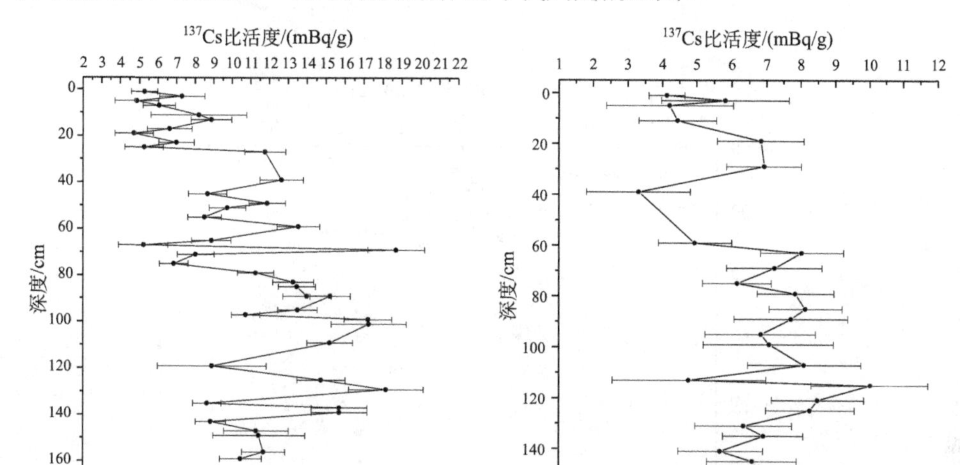

(a) L01　　(b) L02

图 3.23　临洪河口潮滩沉积物中的 ^{137}Cs 剖面

4. 临洪河口潮滩柱样沉积物中 ^{210}Pb 的分布特征及意义

根据 ^{210}Pb-α 法测量的柱样 L01、L02、L03 与 L04 的过剩 ^{210}Pb(本底值为柱样底部总 ^{210}Pb 的均值)剖面特征见图 3.24。柱样 L01 与 L03 的 ^{210}Pb 剖面波动变化，反映出沉积物中过剩 ^{210}Pb 的循环周期。柱样 L02 的 ^{210}Pb 剖面上部波动变化，60cm 以下的过剩 ^{210}Pb 比活度处于同一垂线上(^{137}Cs 比活度变化也几乎处于同一垂线上)，反映了该处沉积物混合作用较为剧烈或短时期内沉积了大量来源相同的物质。

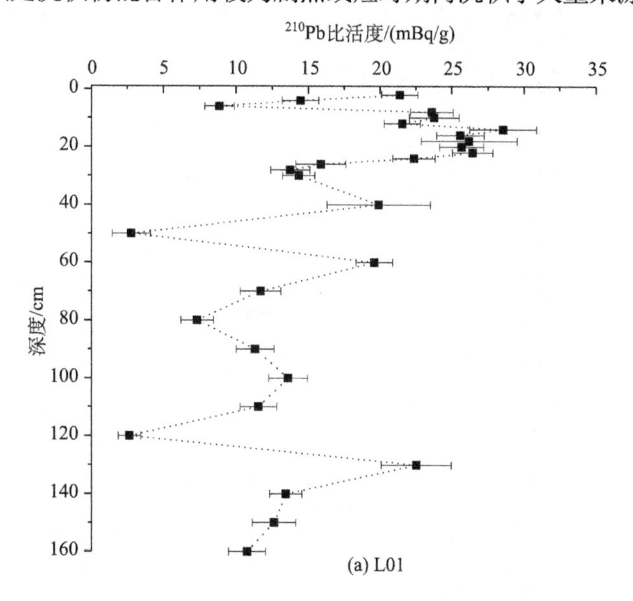

(a) L01

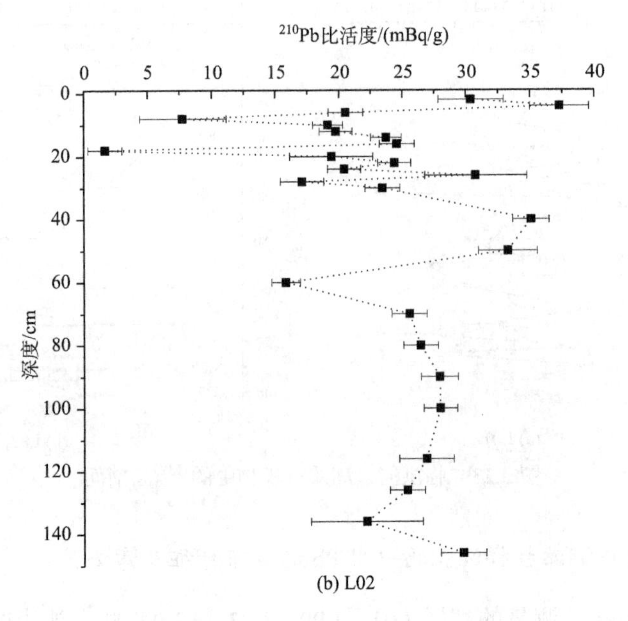

^{210}Pb比活度/(mBq/g)
0
5
10
15
20
25
30
35
40
深度/cm
0
20
40
60
80
100
120
140

(b) L02

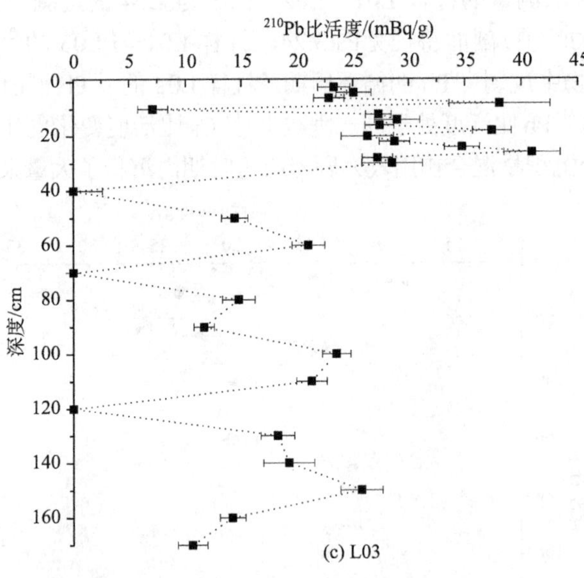

^{210}Pb比活度/(mBq/g)
0
5
10
15
20
25
30
35
40
45
深度/cm
0
20
40
60
80
100
120
140
160

(c) L03

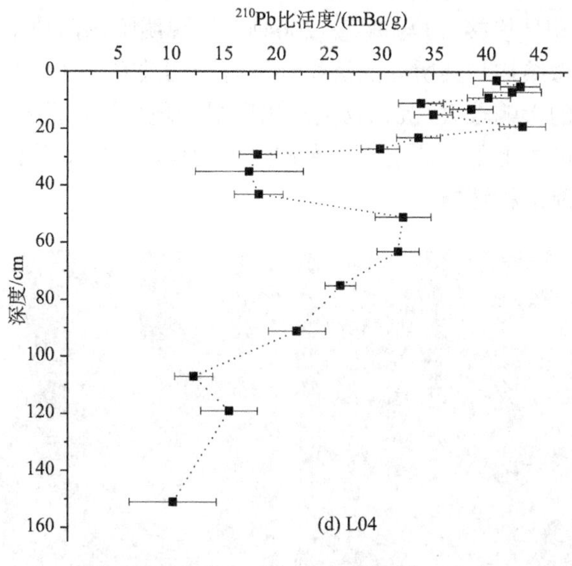

图 3.24　临洪河口潮滩柱样的 ^{210}Pb 剖面

考虑到柱样 L01、L02、L03 的过剩 ^{210}Pb 剖面特征，无法使用 ^{210}Pb 的计算模型计算沉积物的沉积速率。而柱样 L04 的过剩 ^{210}Pb 剖面特征，排除 30 cm 段附近干扰后，过剩 ^{210}Pb 剖面特征呈现规律衰减的趋势，利用 C.I.C 模式得出该处沉积速率为 2.8cm/a。

5. 临洪河口潮滩柱样沉积物中的石英颗粒表面微结构特征及意义

沉积物的粒度分布特征和沉积结构是表征河口现代沉积作用的重要指标，具年代标定的沉积物记录了历史环境变化的信息(刘旭英等, 2008; Gao, 2009)。沉积物中的石英颗粒具有较大的硬度和较高的化学稳定性，其表面特征含有丰富的环境信息,用扫描电镜研究石英颗粒表面微结构是分析沉积环境的有效方法(江胜新等,2003; 乔淑卿和杨作升, 2006)。

石英颗粒表面特征可分为机械成因、化学成因，机械成因特征主要有磨圆度、贝壳状断口、V 形撞击坑、直撞击沟和弯撞击沟、新月形撞击坑、碟形撞击坑、擦痕、平行解理台阶等；化学成因特征主要有鳞片状剥落、深邃的溶蚀坑和溶蚀沟、方向性溶蚀坑、硅质沉淀作用和晶体生长(江胜新等, 2003; 马锋等, 2004)。

此次电镜分析中，在柱样 L02 的不同深度均发现了大量的贝壳状断口、V 形撞击坑和次棱角状颗粒，见图 3.25(a)～(c)；在柱样 L03 的不同深度均发现了大量的次圆形态的石英颗粒，见图 3.25(d)。而贝壳状断口出现概率(平均 39.8%)、V 形撞击坑出现概率(平均 42.4%)及次棱角状颗粒出现概率(约 45.7%)与现代河口沉积环境最接近，次圆形态出现概率(约 54.0%)及碟形撞击坑出现概率(平均

28.2%)与海滩沉积环境接近(马锋等, 2004)，这说明临洪河口不同沉积物柱样中的石英颗粒表面微结构与其所处的沉积环境有密切关系。柱样 L02 紧邻河道，受河流和潮汐作用的影响较大，沉积物反映出明显的现代河口沉积环境；而柱样 L03 位于整个潮间带的最上部，其主要受潮汐动力的作用，因此柱样中的石英颗粒微结构表现出了潮滩沉积环境。

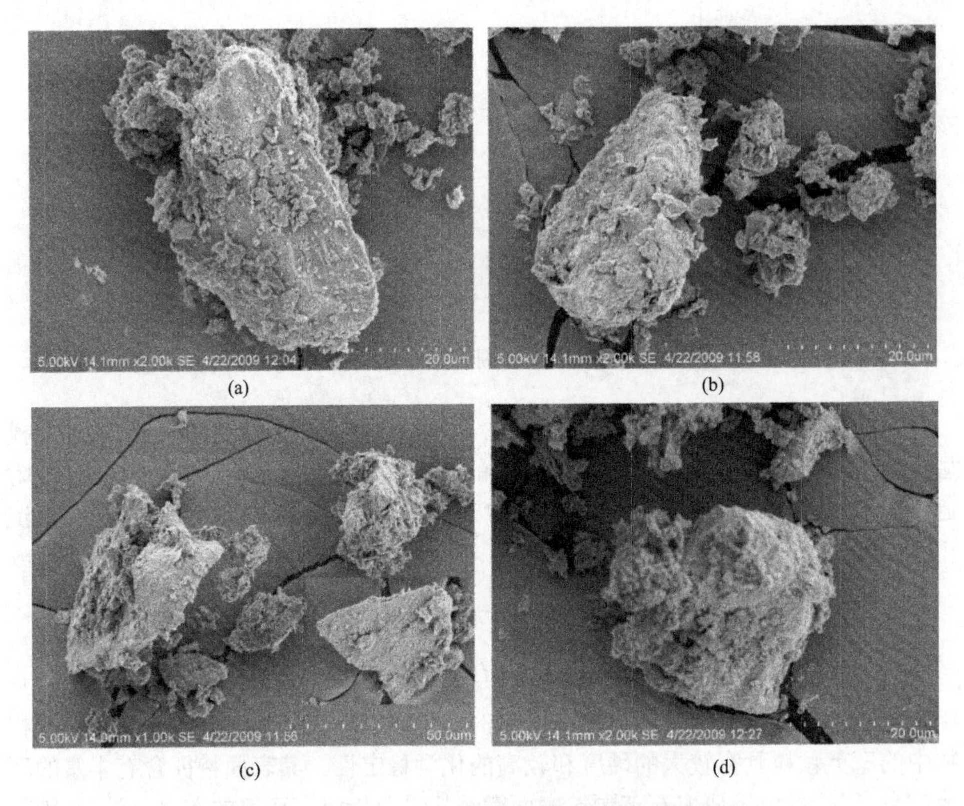

图 3.25　临洪河口沉积物中石英颗粒的表面微结构

(a)贝壳状断口(L02 深度 100cm)；(b)V 形撞击坑(L02 深度 60cm)；(c)次棱角状颗粒(L02 深度 20cm)；(d)表面有碟形坑次圆形态的石英颗粒(L03 深度 80cm)

河口区的沉积过程与其地貌、波浪、潮流与河流的作用非常密切，可根据不同的能量主导范围将河口划分为不同类型的沉积区。

河口是海洋和陆地相互作用的“节点”，一般发育潮滩，是众多沉积物河海交互作用的“汇”，河口沉积中保留了河口生态环境不断演化的历史记录，也反映了整个流域生态环境的演变历史(Dyer, 2000; Zhang et al., 2009; 刘志勇等, 2010)。

本部分研究通过分析临洪河口现代沉积柱样的粒度分布特征，石英砂的表面微结构，Pu、^{137}Cs 与 ^{210}Pb 的分布特征，反映了河口不同区域的沉积作用特点。

综合以上所有的分析，将临洪河口区域划分为不同的沉积区，其中柱样 L04 属于低潮滩上波浪与潮流强烈混合作用区，柱样 L03 属于高潮滩上弱潮流作用区，柱样 L02 属于口门附近潮流与河流强烈混合作用区，柱样 L01 属于河道内河流与潮流弱混合作用区。这种分类带有较强的主观性，河口环境中的沉积物显然受到多种环境动力的共同影响，在不同的时期各种能量的大小可能会发生明显的转换与变化，因此该分类只是反映了某一方面的沉积环境特征。

3.2.4　苏北潮滩柱样沉积物中 Pu、^{137}Cs 的环境意义

临洪河口潮滩柱样 L03 中 ^{137}Cs、$^{239+240}$Pu 比活度的平均值比新洋港潮滩沉积物中 ^{137}Cs、$^{239+240}$Pu 比活度大约高 10 倍。可能是两处的沉积物中黏土的组成含量差别造成的，黏土的平均含量在射阳新洋港潮滩沉积物中约为 7%，而在临洪河口潮滩沉积物中则约为 29%。^{137}Cs、$^{239+240}$Pu 更容易吸附到细颗粒的物质中，这种特性造成了两处沉积物中 ^{137}Cs、$^{239+240}$Pu 比活度的平均值差异。

表 3.8 为苏北潮滩沉积物中 ^{137}Cs、$^{239+240}$Pu 比活度的平均值、平均通量、平均粒径与沉积物质的颗粒平均组分，图 3.26 为苏北潮滩沉积物中 ^{137}Cs、$^{239+240}$Pu 比活度的平均值、平均通量与沉积物质的颗粒平均组分之间的相关关系。因为柱样 YL 表层物质的缺失，这里并没有将其纳为一并分析。在新洋港潮滩中 ^{137}Cs、$^{239+240}$Pu 比活度的平均值、平均通量显示出由海向陆方向增加的趋势，总体来看，沉积物中的 ^{137}Cs、$^{239+240}$Pu 比活度的平均值、平均通量与沉积物的黏土平均含量呈现明显的正相关关系。

表 3.8　苏北潮滩沉积物中 ^{137}Cs、$^{239+240}$Pu 比活度的平均值、平均通量、平均粒径与沉积物质的颗粒平均组分

柱样	^{137}Cs 比活度 /(mBq/g)^a	$^{239+240}$Pu 比活度 /(mBq/g)	^{137}Cs 通量 /(Bq/m^2)^a	$^{239+240}$Pu 通量 /(Bq/m^2)	^{240}Pu/^{239}Pu 同位素比值	黏土/粉砂/砂 /%^{b}	粒径 (Φ)
M2	0.83±0.25	0.028±0.004	798.88±24.23	26.71±3.78	0.193±0.039	4.8/53.8/41.4	4.70
YM	1.34±0.33	0.040±0.005	1056.38±25.27	32.33±3.75	0.187±0.031	5.4/56.3/38.3	4.53
Y	2.11±0.51	0.091±0.007	1654.16±38.48	65.26±4.93	0.191±0.031	6.3/63.1/30.6	4.76
YL	1.01±0.20	0.046±0.004	453.74±11.97	23.31±3.16	0.179±0.023	4.5/54.9/40.6	4.26
L03	8.02±1.37	0.199±0.008	9326.51±169.04	231.17±9.68	0.181±0.016	29.4/65.8/4.8	7.07
SC18	10.5±1.17	0.695±0.008	8415.49±1315.16	387.95±21.35	0.239±0.012	26.6/70.2/3.2	7.15
SC07	6.5±1.03	0.308±0.019	7100.24±1200.11	407.25±27.56	0.238±0.007	20.0/73.0/8.0	7.02

注：误差为正负 2 倍标准差，粒度参数引自 Liu 等(2010, 2011)的文献。

a ^{137}Cs 比活度和通量数据引自 Liu 等(2010, 2011)的文献。

b 粒度分级标准：黏土, 0.02～64μm; 粉砂, 64～128μm; 砂, 128～2000μm。

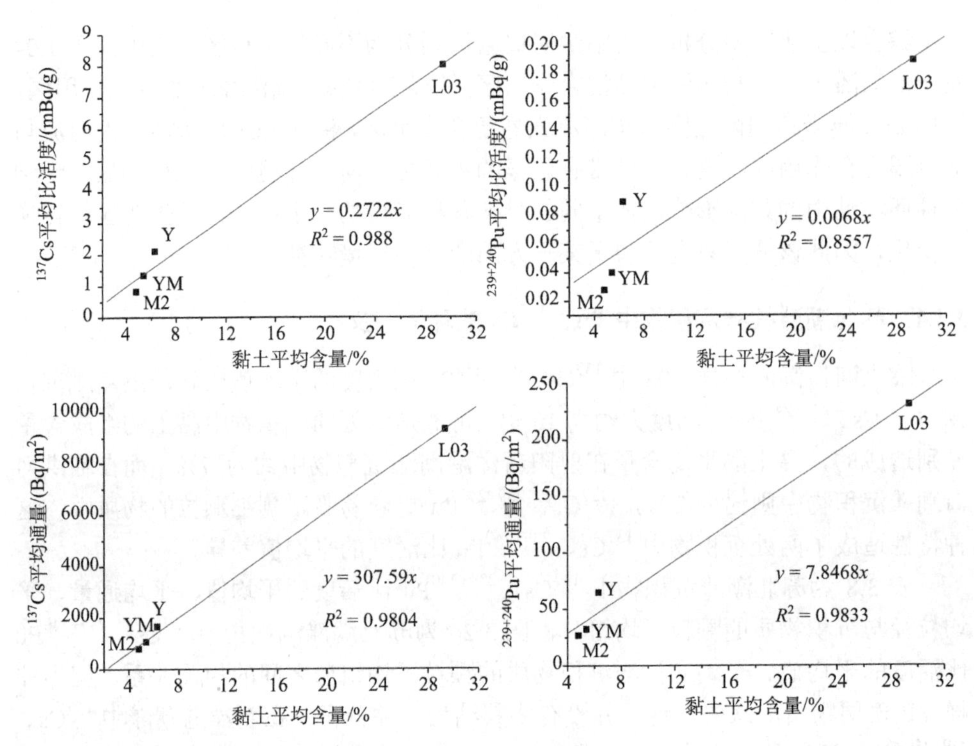

图 3.26 苏北潮滩沉积物中 ^{137}Cs、$^{239+240}$Pu 比活度的平均值、平均通量与沉积物质的颗粒平均组分之间的相关关系

但是对于沉积物的每一个分层来说，^{137}Cs、$^{239+240}$Pu 比活度的值与各层样品中沉积物的粒径或者黏土的平均含量并没有明显的相关关系。可能的原因是，^{137}Cs、$^{239+240}$Pu 的全球沉降具有年代变化性，20 世纪 60 年代中的沉降量最大，随后逐渐降低，因此沉积物各个深度的分层中聚集吸附的 ^{137}Cs、$^{239+240}$Pu 的含量差异很大。

^{137}Cs、$^{239+240}$Pu 比活度的平均值、平均通量与柱样中黏土的平均含量呈现正相关关系，说明沉积物中的细颗粒物质黏土成分是控制 ^{137}Cs、$^{239+240}$Pu 比活度的重要因素。由此可推断，在潮滩沉积环境中，甚至在黄海的海洋环境中，聚集了大量黏土成分的泥质沉积区被称为 ^{137}Cs、$^{239+240}$Pu 重要的汇集区域。

长江口区域 1970 年前的剩余总沉降量为 4408 Bq/m^2(王安东和潘少明，2011)。Aoyama 等(2006)提供了全球纬度分布的 ^{137}Cs 沉降量(截至 1969 年)，见表 3.9。在北纬 35°区域，^{137}Cs 的平均沉降量为 4100 Bq/m^2。1968～1972 年间，全球 ^{137}Cs 的沉降量达到了最大值。

沉积物柱样中 ^{137}Cs 的沉降通量特征表明，射阳潮滩中的 ^{137}Cs 较小，而连云港临洪河口潮滩和长江口水下三角洲沉积物中 ^{137}Cs 的通量较大，大于该区域的 4100 Bq/m^2 的平均值。

表 3.9 基于 UNSCEAR 模型的全球 ^{137}Cs 沉降量(Aoyama et al., 2006)

纬度/(°)		平均沉降/(Bq/m^2)	分布总量/PBq	沉降量范围/(Bq/m^2)	UNCSEAR/(Bq/m^2)
北半球	85	900	3.5	820～990	280
	75	1970	22.8	880～5280	800
	65	3420	64.5	1110～8060	2050
	55	5040	128.5	2770～7910	3430
	45	5090	159.8	1540～10230	3830
	35	4100	149.0	700～10630	2780
	25	2620	105.0	120～6430	2110
	15	1820	77.6	380～7280	1420
	5	1300	57.3	410～3860	970
南半球	–5	800	35.1	100～1210	510
	–15	530	22.8	120～1060	440
	–25	470	18.7	170～830	750
	–35	580	21.1	150～1430	810

长江口区域和临洪河口区域，河流都带来了较多的流域内的沉积物，而射阳潮滩区域河流带来的沉积物较少。射阳河是射阳潮滩区域最大的河流，然而该河流于 1953 年就建造了河口潮水闸，用来阻拦海水进入以保留更多的淡水用于农业灌溉。

另外，射阳潮滩沉积物相对连云港临洪河口潮滩沉积物和长江口水下三角洲沉积物来说，粒径较粗，细颗粒物质的含量较少，这也造成了该区域沉积物的 ^{137}Cs 平均通量较少。同样，沉积物柱样中 Pu 的沉降通量特征也说明了相同的道理。

Nagaya 和 Nakamura（1992）曾报道过黄海海水和沉积物中的 ^{137}Cs 和 Pu 的分布特征，把 Pu 较高的沉积通量值归结为长江等河流输入的结果，没有考虑海流输运来的 PPG 来源的 Pu。发现在泥质沉积区域，^{137}Cs 和 Pu 的含量较高，并将这种现象归结为河流带来的过剩的 ^{137}Cs 和 Pu。Nagaya 和 Nakamura(1992) 也曾研究过黄海海水和沉积物中的 ^{137}Cs 和 Pu，并把 Pu 较高的沉积通量值归结为长江等河流输入的结果。这些研究中，并没有将海流输运来的 PPG 来源的 Pu 考虑进去。因此，对该区域环境沉积物中的 Pu 进行测量，评价其中的 ^{137}Cs 和 Pu 的来源就很有必要。

Hong 等(2006) 曾提供了黄海中部区域和韩国黄海近岸区域表层沉积物中的 ^{137}Cs、$^{239+240}Pu$ 比活度空间分布，见图 3.27 和图 3.28。^{137}Cs、$^{239+240}Pu$ 比活度的范围分别为<0.2～11.2 mBq/g(平均为 2.4 mBq/g) 和<0.04～0.91 Bq/kg(平均为 0.29 mBq/g)，这与苏北潮滩沉积物中的 ^{137}Cs、$^{239+240}Pu$ 比活度的范围一致。图 3.27 和图 3.28 表明，^{137}Cs 的比活度在黄海的中部和邻近山东半岛的范围出现了较大值的范围区域，而 $^{239+240}Pu$ 的比活度在黄海的中部出现了一个较大值的范围区域，

与黄海中部的泥质沉积区域几乎重合，另外一个 $^{239+240}$Pu 比活度的较高值区域出现在韩国南部海域，济州岛附近，位于韩国南部的泥质沉积区内。

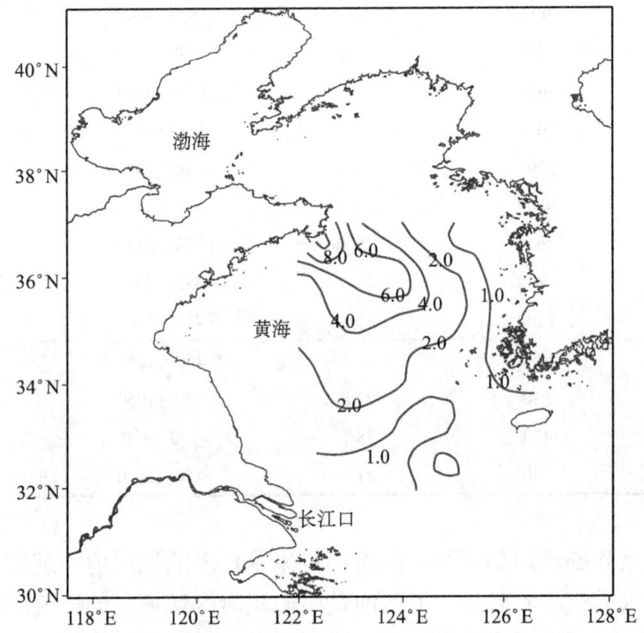

图 3.27　黄海表层沉积物中的 ^{137}Cs (mBq/g) 比活度分布特征[引自 Hong 等 (2006) 的文献]

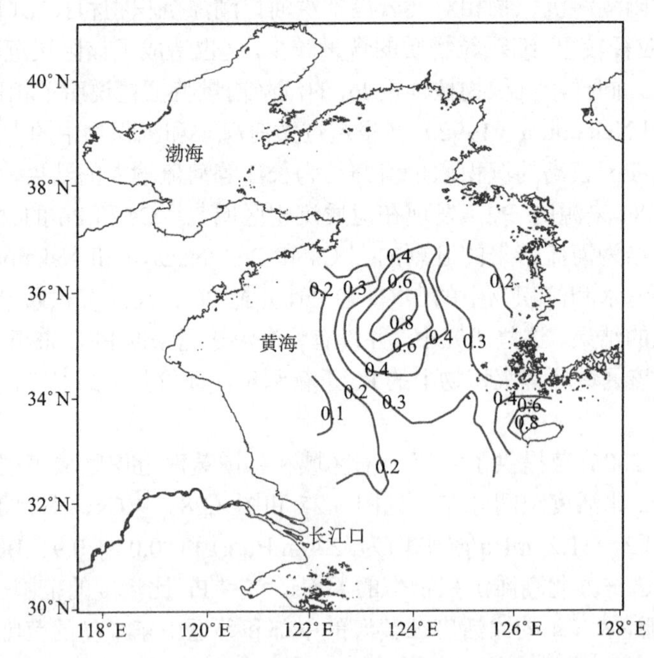

图 3.28　黄海表层沉积物中的 $^{239+240}$Pu (mBq/g) 比活度分布特征[引自 Hong 等 (2006) 的文献]

泥质沉积区在海洋中扮演着重要角色，记录了陆源沉积物的信息、近海海域的沉积环境、海洋动力环境、物质来源的变化等。黄海中部的泥质沉积区是世界上最大最典型的泥质沉积区之一，而韩国南部的泥质沉积区是世界上厚度最大的泥质沉积区之一(Wang et al., 2010)。另外，该区域内的另一个典型的泥质沉积区为苏北潮滩泥质沉积区(Park et al., 2000)。长江和黄河为该区域提供了大量的沉积物质(Wang et al., 2010)，同时其沉积物中也包含了大量的大气沉降的人工放射性核素 ^{137}Cs 和 $^{239+240}Pu$(Liu et al., 2011)。长江和黄河等河流带来的入海沉积物受到河口动力环境、潮流动力环境、周期性的风暴潮等的影响(Chen et al., 1994)。前述研究表明，泥质沉积区内容易聚集 ^{137}Cs 和 $^{239+240}Pu$，因此黄海区域内的泥质沉积区称为 ^{137}Cs 和 $^{239+240}Pu$ 放射性核素重要的汇集区域。

Hong 等(2006)将泥质区域内的 ^{137}Cs 和 $^{239+240}Pu$ 比活度的较高值(高于大气沉降的平均值)归结为周围河流输入的结果。如果沉积物中高于大气沉降的 ^{137}Cs 和 $^{239+240}Pu$ 均来自河流的输入，那么 ^{137}Cs 和 $^{239+240}Pu$ 的分布应该在泥质沉积区具有相似的分布，即其较高值的区域相近。但是 ^{137}Cs 和 $^{239+240}Pu$ 的较高值区域均不重合。^{137}Cs 的较高值区域紧邻山东半岛，显示了陆源的重要性，$^{239+240}Pu$ 的最高值位于山东半岛东南部的黄海中部的泥质沉积区。另外，在济州岛附近出现了 $^{239+240}Pu$ 比活度较高值的第二个区域，但是此范围内 ^{137}Cs 的比活度未显示出高值的趋势。因此可以判断，这两处的 ^{137}Cs 和 $^{239+240}Pu$ 可能具有不同的来源。

黄海暖流携带了部分台湾暖流和黑潮带来的海水进入黄海内。黄海暖流主要沿着黄海中部的海峡向北运动，在山东东南部分裂出两支分别沿山东半岛和朝鲜半岛沿岸向南流动，另外一部分继续向渤海内运动。山东半岛南部海域形成了向南运动的江苏沿海海流(NJCC)和黄海沿岸海流(YSCC)，其中黄海沿岸海流在夏季会改变方向向北运动(Yuan et al., 2008)。

黑潮在西北太平洋边缘海区域内扮演了重要的角色。黑潮在台湾以东海面，以等深线 200m 为基准，强大的海流向北沿大陆坡运动，其范围在东经 125°以东的区域。部分海流与台湾暖流合并，向北流向大陆架范围内；部分海流向北流动，一部分入黄海成为黄海暖流的一部分，一部分经过对马海峡称为对马海流；其主流在东经 128°、北纬 30°范围内离开我国东海向东北方向运动。

黄河每年为该区带来了大量的沉积物，黄河的入海量每年为 1.2×10^9 t，其中 60%沉积在山东半岛北部的黄河三角洲区域附近，区域部分继续向南运动，沉积在黄海中部，另有一小部分(2%)沉积在大陆架区域(DeMaster et al., 1985; Nagaya and Nakamura, 1992; Park et al., 2000)。老黄河口三角洲也为该区域提供了大量的沉积物质，每年有 0.5×10^9～1.0×10^9 t 的沉积物质从老黄河口三角洲侵蚀流入黄海中部沉积区(Yuan et al., 2008)。

综上所述可以推测，在黄海中部的泥质沉积区内，海流带来的 PPG 来源的

Pu 与河流及海洋动力带来的大量沉积物产生了吸附聚集作用，PPG 来源的 Pu 吸附到了沉积物中，随后随着黄海的沉积动力和水动力环境的变化，PPG 来源的 Pu 最终分布到了黄海区域内的沉积物中。

同理，对马海流(TC)带来的 PPG 来源的 Pu 通过该区域向日本海内输运(Kim et al., 2004; Zheng and Yamada, 2006)，在济州岛附近也产生了吸附聚集作用，PPG 来源的 Pu 沉积到了韩国南部的泥质沉积区内。韩国南部的河流每年向该区域输送大量的沉积物，为 1.1×10^7～3.9×10^7 t，并且该区域也接受了部分来源于黄河输送的沉积物(Kim et al., 2004)。

冬季，黄海中部的黄海海峡及长江口外部的海沟为台湾暖流和黑潮向黄海内部侵入提供了良好的地貌条件(Yuan and Hsueh, 2010)。2008 年，使用 MODIS 卫星影像数据分析表明，夏季的长江口大量冲淡水，以及向北运动的黄海沿岸海流仅仅输运了少量的长江口沉积物至苏北潮滩(Yuan et al., 2008)。

连云港潮滩因为出于海州湾内部，海州湾内产生的海流可能阻挡了黄海暖流向此区域的运动，本区域未发现 PPG 来源的 Pu，还有可能是因为采样区域紧邻临洪河口，受河流的影响较大，海洋中的沉积物(主要为老黄河口)不能有效地输入此区域，未能探测到 PPG 来源的 Pu。

黄海泥质沉积区域内的 Pu 一部分来源于陆源的输送,即大气沉降聚集在沉积物中后随河流与海流输运到海中，另一部分来源于 PPG 沉降的 Pu，随洋流输运到边缘海中,再与海水中的颗粒物质产生吸附聚集作用而沉积下来。

而在射阳新洋港潮滩区域，沉积物中的 Pu，一部分来源于陆源的输运，一部分来源于 PPG 沉降的 Pu，这部分 PPG 来源的 Pu 可能是由于黄海暖流的海水输入潮滩邻近海域，在这里发生了 Pu 的吸附聚集作用，也可能是在由于长江口的沉积物质向北运动沉积下来而带来 PPG 来源的 Pu，更多可能是两者的共同作用结果。

若使用 Krey 等(1976)的模型，结算发现，射阳新洋港潮滩沉积物中的 Pu 有 9%来源于 PPG 的输运，91%为全球大气沉降作用。江苏北部潮滩中 PPG 来源的 Pu 的含量远远低于长江口沉积物中 PPG 来源的 Pu 的含量，这与海流的运动路径和发生 Pu 吸附聚集的效率是相关的。但是由于 ^{240}Pu/^{239}Pu 同位素比值的误差大部分位于全球大气沉降平均值的范围内，因此这里对 Pu 的来源进行定量可能会出现较大的误差。

因此，最后的结论为，苏北潮滩沉积区域，沉积物中的 Pu 绝大部分来源于大气直接沉降与附近河流输入。

3.2.5 长江口、苏北潮滩区域 Pu 的环境意义

本书的研究主要以长江口水下三角洲和江苏北部潮滩区域为主，研究了这两

个区域沉积环境中的同位素 ^{210}Pb、^{137}Cs、^{239}Pu、^{240}Pu 的分布特征，通过同位素的分布特征来反演不同区域的沉积环境特征。讨论部分也兼顾探讨了黑潮路径影响范围内的日本广岛湾中沉积物 Pu 的特征，这三个区域各有不同的区域特征，通过这三个区域的同位素分布，可得到不同环境下 ^{239}Pu、^{240}Pu 的分布特征及影响因素。

这些同位素具有揭示长江口区域、苏北潮滩区域沉积环境的变化，以及 Pu 与 ^{137}Cs 不同的地球化学特征等的环境意义。除此之外，这些同位素的特征也揭示了区域内海流的相互关系。长江口所处的我国东海区域和江苏北部潮滩所处的黄海区域，区域内的海流关系及区域主要泥质沉积区如图 3.29 所示。

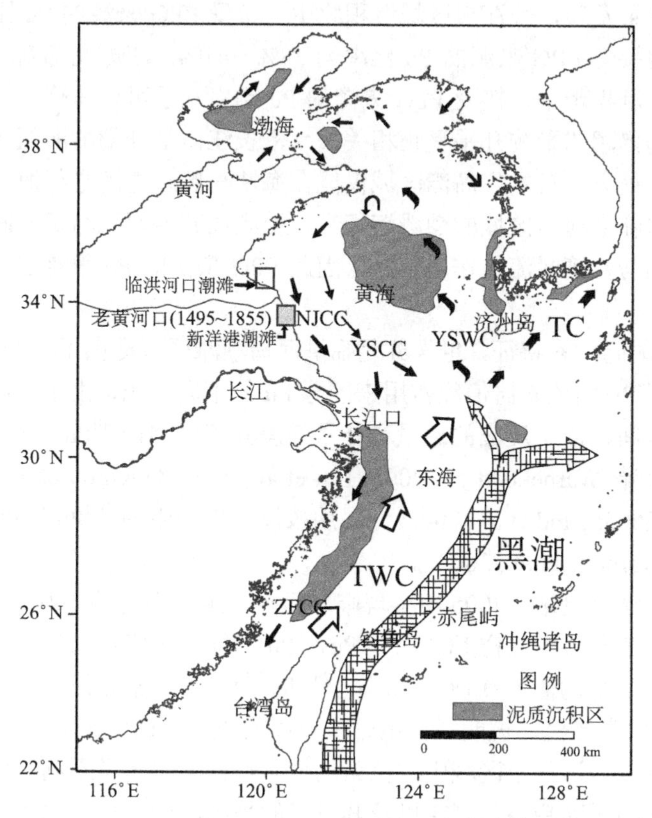

图 3.29　我国东海黄海及邻近区域内的主要海流及泥质沉积区

由于洋流流动趋势的影响，这三个区域都有可能接受了洋流带来的 PPG 来源的 Pu，同时广岛湾还有可能接受了 1945 年原子弹爆炸带来的核污染。

长江口是一个典型的河口，开阔海域，受到不同环流的影响，海流与长江径流在河口区域发生强烈的交换作用；苏北潮滩是潮汐为主的环境，洋流的直接作用并不明显；日本的广岛湾则是相对较为封闭的海域，通过海峡与太平洋海水进行交换作用。

通过太平洋的北太平环流、黑潮带来的 PPG 来源的 Pu 沉降，运移至西北太平洋边缘海区域，同时由于 Pu 在海水中的地球化学性质，即海水中的 Pu 遇到细颗粒沉积物时能迅速吸附到沉积物中，从海水中转移至沉积物中，在边缘海区域颗粒沉积物供给丰富，在适当条件下 PPG 来源的 Pu 沉降下来，成为西北太平洋边缘海区域内除了全球大气沉降的 Pu，另一个重要的 Pu 的来源。然而由于受到海洋环流、地形、水深、盐度、沉积物的供给等条件的影响，不同区域内 Pu 的吸附转移的化学特性有很大的差别。

最后的结果发现，长江口区域沉积物中，接受 PPG 来源的 Pu 比率为 44%，日本广岛湾内接受 PPG 来源的 Pu 比率为 38%～41%，江苏北部新洋港与临洪河口区域的潮滩沉积带中，接受 PPG 来源的 Pu 比率几乎可以忽略。这种情况与这些区域接受的黑潮的影响几乎呈正相关关系，长江口是开阔的海域接受黑潮和台湾暖流的影响最大，日本广岛湾区域仅能在海峡与黑潮之间进行海水交换，而苏北的新洋港与临洪河口区域的潮滩沉积带，受到江苏沿岸流与黄海暖流的影响较大，远离黑潮与台湾暖流的作用范围，因此 PPG 来源的 Pu 很难通过吸附沉降作用发生转移。

同时 Pu 的同位素特征，也为苏北临洪河口潮滩区域提供了一个 Pu 特征的背景值。$^{240}Pu/^{239}Pu$ 同位素比值经常用来区分 Pu 的不同来源，由于不同的核反应类型、核反应时间、原子反应的通量和能量的差异等原因，$^{240}Pu/^{239}Pu$ 同位素比值会有很大的差异(Warneke et al., 2002; Dai et al., 2002; Oughton et al., 2000; Zheng and Yamada, 2005; Lind et al., 2006)。民用核反应堆产生的 $^{240}Pu/^{239}Pu$ 同位素比值在 0.2～0.8(Warneke et al., 2002)。

连云港田湾核电站，2005 年实现临界运行。距离田湾核电站约 50km 范围的连云港临洪河口潮滩中柱样 L03 的 $^{240}Pu/^{239}Pu$ 同位素比值范围为(0.169±0.012)～(0.191±0.022)，平均值为 0.181±0.016。$^{240}Pu/^{239}Pu$ 同位素比值全部为大气沉降的 $^{240}Pu/^{239}Pu$ 同位素比值，说明了核电站未对周围的环境造成影响。

因此，通过探讨三个区域中同位素的分布特征，揭示了不同区域、不同沉积环境中同位素的运动趋势与规律以及其可能的来源，同时也提供了一个区域环境中放射性核素污染水平的参考值，为评价将来区域环境中放射性核素的污染变化等提供了基础。

本章节通过对长江口和苏北潮滩沉积物中人工放射性核素 ^{137}Cs 与 Pu 比活度的测定，探讨海岸带沉积物中 ^{137}Cs 和 $^{239+240}Pu$ 比活度的分布特征；根据 Pu 指纹特征示踪沉积物中 Pu 同位素的来源，阐述了自然因素与人类活动对近代沉积环境演变的影响。这些结论有助于研究入海河口和近岸沉积物的泥沙沉积过程，并且对判断泥沙来源以及最终归宿都具有重要的意义。本章节的主要研究结论如下：

(1) $^{239+240}$Pu 比活度和 ^{240}Pu/^{239}Pu 同位素比值在长江口的空间分布特征为，$^{239+240}$Pu 比活度和 ^{240}Pu/^{239}Pu 同位素比值都有从长江口南部向北部增加的趋势。长江流域径流带来了大量的沉积物到长江口区域，同时来自黑潮的台湾暖流向北流动，在长江口与沉积物相互作用，海水中 PPG 来源的 Pu 在适当的环境中迅速吸附到了沉积物中。PPG 来源的 Pu 具有较高的 $^{239+240}$Pu 比活度和 ^{240}Pu/^{239}Pu 同位素比值，而长江流域沉积物中的 $^{239+240}$Pu 比活度和 ^{240}Pu/^{239}Pu 同位素比值代表了全球大气沉降的 Pu，具有较低的 $^{239+240}$Pu 比活度和 ^{240}Pu/^{239}Pu 同位素比值，二者之间发生吸附和混合作用，最终形成了长江口表层沉积物的 $^{239+240}$Pu 比活度和 ^{240}Pu/^{239}Pu 同位素比值空间分布形态。

(2) $^{239+240}$Pu 比活度在柱样的 172 cm 深度出现了最大峰值，但是 ^{137}Cs 比活度的最大峰值在 140～180 cm 出现，^{137}Cs 的最大峰值在长江口的沉积物中可能迁移。^{137}Cs、$^{239+240}$Pu 比活度的最大峰值在柱样不同深度中分布的原因还可能是，二者的来源和在吸附上的特性有差别。海水中的 Pu 处于溶解状态，遇到颗粒物质后会迅速地吸附到颗粒物质中，然后沉积下来。而大陆架海洋沉积物中的 ^{137}Cs 主要来自陆源的输入，而不是产生于吸附作用。

(3) 同位素 Pu 计年得到的柱样 SC18 的沉积速率为 4.1cm/a。使用同位素 Pu 作为测年工具得到的长江口沉积物的沉积速率与使用 ^{137}Cs、^{210}Pb 计年得到的结果具有可比性，说明了核素 Pu 计年的可靠性。

(4) 新洋港潮滩区域，在潮滩沉积环境下，沉积物表层的 ^{137}Cs 比活度主要受沉积环境的控制，而 ^{210}Pb 比活度主要受沉积物表层有机质的来源和含量的控制，沉积物粒度和黏土含量均不是控制 ^{137}Cs 与 ^{210}Pb 比活度分布的原因。

(5) 新洋港潮滩区域，使用柱样中 Pu、^{137}Cs 的剖面特征来估算沉积物的平均沉积速率是可靠的，柱样下部的 Pu、^{137}Cs 蓄积峰能够代表其正确的时标，互花米草植被覆盖潮滩后，强烈吸附外源细颗粒物质导致了柱样上部的 ^{137}Cs 比活度的波动变化。^{137}Cs 与 ^{210}Pb 的剖面特征可以提供潮滩的沉积过程，如生物和物理扰动作用强弱等信息，根据沉积物的 Pu、^{137}Cs 剖面特征计算的沉积速率结合沉积物粒度分布特征、沉积物岩性特征与潮滩高程数据，能够大致推断出潮滩各沉积带上植被演替的时间与整个潮滩的演替过程线。潮滩沉积环境成为 ^{137}Cs、$^{239+240}$Pu 聚集的重要场所。

(6) 在长江口区域，PPG 来源的 Pu 在沉积物中的比率为 41%～47%，平均为 44%。大气沉降和长江流域输入的 Pu 的来源比率为 53%～59%，平均为 56%。大气沉降比率为 11%，长江流域的输入值，其贡献率为 45%，几乎与 PPG 来源的贡献相同。在苏北潮滩区域，来自 PPG 来源的 Pu 在沉积物中的比率为 10%，大气沉降的 Pu 的来源比率为 90%。考虑到误差因素，PPG 来源的 Pu 在对苏北潮滩沉积物中 Pu 的贡献几乎可忽略不计，这也印证了该区域受到台湾暖流的影响较弱的海流特征。在日本广岛湾区域，沉积物中的 Pu 有 38%～41%来源于 PPG 的输运，剩余 59%～62%为全球大气沉降及河流输运作用。

(7) 各区域沉积物中 PPG 来源的 Pu 的贡献率的大小间接反映了黑潮、台湾暖流等潮流与区域内的水域、沉积物等发生作用的强烈程度。本书提供了长江口、苏北潮滩区域 Pu 的放射性比活度和 $^{240}Pu/^{239}Pu$ 同位素比值的数据，为评价未来由于流域及海岸带区域核电站及核燃料处理工厂的排放及污染事故造成的环境污染提供了基础，进而评价放射性元素在环境中的分布和迁移。

参考文献

白凤龙. 2008. 江苏中部海岸新洋港潮滩的碳、氮沉积特征. 南京: 南京大学.

陈斌林. 2006. 连云港近岸海域环境演变及其对策研究. 上海: 华东师范大学.

陈洪全, 张忍顺, 王艳红. 2006. 互花米草生境与滩涂围垦的响应——以海州湾顶区为例. 自然资源学报, 21(2): 280-287.

陈吉余, 沈焕庭, 徐海根. 1987. 三峡工程对长江河口盐水入侵和侵蚀堆积过程影响的初步分析. 长江三峡工程对生态与环境影响及其对策研究论文集. 北京: 科学出版社: 350-368.

邓兵. 2005. 中国东部海区沉积物元素地球化学特征及沉积物、有机碳埋藏通量的初步研究. 上海: 华东师范大学.

杜金洲, 吴梅桂, 姜亦飞. 2010. 长江口大气沉降核素 ^{7}Be 和 ^{210}Pb 通量变化及其环境意义. 2010 年海峡两岸环境与能源研讨会, 上海: 1.

段凌云, 王张华, 李茂田, 等. 2005. 长江口沉积物 ^{210}Pb 分布及沉积环境解释. 沉积学报, 23(3): 514-522.

高建华, 白凤龙, 杨桂山, 等. 2007a. 苏北潮滩湿地不同生态带碳、氮、磷分布特征. 第四纪研究, 27(5): 756-765.

高建华, 杨桂山, 欧维新. 2007b. 互花米草引种对苏北潮滩湿地 TOC、TN 和 TP 分布的影响. 地理研究, 26(4): 799-808.

江胜新, 徐金沙, 潘忠习. 2003. 鄂尔多斯盆地白垩纪沙漠石英砂颗粒表明特征. 沉积学报, 21(3): 416-422.

李家彪. 2008. 东海区域地质. 北京: 海洋出版社.

刘旭英. 2009. 长江口水下三角洲 $^{239+240}Pu$ 的分布特征及环境意义. 南京: 南京大学.

刘旭英, 高建华, 白凤龙, 等. 2008. 苏北新洋港潮滩柱状沉积物粒度分布特征. 海洋地质与第四纪地质, 28(4): 27-35.

刘志勇, 潘少明, 殷勇, 等. 2010. 临洪河口现代沉积环境及重金属元素的分布特征. 地球化学, 39(5): 456-468.

马锋, 刘立, 王安平, 等. 2004. 图门江下游沙丘粒度分布与石英表面结构研究. 沉积学报, 22(2): 261-266.

庞仁松, 潘少明, 王安东. 2011. 长江口泥质区 18#柱样的现代沉积速率及其环境指示意义. 海洋通报, 30(3): 294-301.

钱江初, DeMaster D J, Nittrouer C A, 等. 1985. 长江口邻近陆架 ^{210}Pb 的地球化学特征. 沉积学报, 3(4): 31-44.

乔淑卿, 杨作升. 2006. 石英示踪物源研究进展. 海洋科学进展, 24(2): 266-274.

任美锷. 1986. 江苏省海岸带与海涂资源综合调查报告. 北京: 海洋出版社: 36-180.

万国江. 1997. 现代沉积的 ^{210}Pb 计年. 第四纪研究, 17(3): 230-239.

王爱军, 高抒, 贾建军, 等. 2005. 江苏王港盐沼的现代沉积速率. 地理学报, 60(1): 61-70.

王安东, 潘少明. 2011. 长江口水下三角洲 ^{137}Cs 最大蓄积峰的分布特征. 第四纪研究, 31(2): 329-337.

王颖, 朱大奎. 1990. 中国的潮滩. 第四纪研究, 10(4): 291-299.

夏小明, 谢钦春, 李炎, 等. 1999. 东海沿岸海底沉积物中的 ^{137}Cs、^{210}Pb 分布及其沉积环境解释. 东海海洋, 17(1): 20-27.

杨世伦, 朱骏, 赵庆英. 2003. 长江供沙量减少对水下三角洲发育影响的初步研究——近期证据分析和未来趋势估计. 海洋学报, 25(5): 83-91.

杨作升, 陈晓辉. 2007. 百年来长江口泥质区高分辨率沉积粒度变化及影响因素探讨. 第四纪研究, 27(5): 690-699.

恽才兴. 2004. 长江河口近期演变基本规律. 北京: 海洋出版社: 1-20.

张瑞, 潘少明, 汪亚平, 等. 2008. 长江河口水下三角洲 ^{137}Cs 地球化学分布特征. 第四纪研究, 28(4): 629-639.

张瑞, 潘少明, 汪亚平, 等. 2009. 长江河口水下三角洲 ^{210}Pb 分布特征及其沉积速率. 沉积学报, 27(4): 704-713.

张瑞. 2009. 利用 ^{210}Pb 和 ^{137}Cs 分析近五十年来长江口水下三角洲现代沉积过程对入海泥沙变化的响应. 南京: 南京大学.

庄克琳, 毕世普, 刘振夏, 等. 2005. 长江水下三角洲的动力沉积. 海洋地质与第四纪地质. 25(2): 1-9.

Aoyama M, Hirose K, Igarashi Y. 2006. Reconstruction and updating our understanding on the global weapons tests ^{137}Cs fallout. Journal of Environmental Monitoring, 8: 431-438.

Baskaran M, Asbill S, Santschi P, et al. 1996. Pu, ^{137}Cs and excess ^{210}Pb in Russian Artic sediments. Earth and Planetary Science Letters, 140: 243-257.

Buesseler O K. 1997. The isotopic signature of fallout plutonium in the North Pacific. Journal of Environmental Radioactivity, 36(1): 69-83.

Chen C, Beardsley R C, Limburner C, et al. 1994. Comparison of winter and summer hydrographic observations in the Yellow and East China and adjacent Kuroshio during 1986. Continental Shelf Research, 14: 909-929.

Chen J Y, Li D J, Chen B L, et al. 1999. The processes of dynamic sedimentation in the Changjiang Estuary. Journal of Sea Research, 41: 129-140.

Chen X Q, Zong Y Q, Zhang E F, et al. 2001. Human impacts on the Changjiang (Yangtze) River basin, China, with special reference to the impacts on the dry season water discharges into the sea. Geomorphology, 41: 111-123.

Dai M, Kelley M J, Buesseler O K. 2002. Sources and migration of plutonium in groundwater at the Savannah River site. Environmental Science and Technology, 36 (17): 3690-3699.

David A D, Steven A K. 1995. Non-steady-state ^{210}Pb flux and the use of ^{228}Ra/^{226}Ra as a geochronometer on the Amazon continental shelf. Marine Geology, 125: 329-350.

DeMaster D J, McKee B A, Nittrouer C A, et al. 1985. Rates of sediment accumulation and particle reworking based on radiochemical measurements from continental shelf deposits in the East China Sea. Continental Shelf Research, 4 (1/2): 143-158.

Dyer K R. 2000. The classification of intertidal mudflats. Continental Shelf Research, 20: 1039-1060.

Gao J, Bai F, Yang Y, et al. 2011. Influence of Spartina colonization on the supply and accumulation of organic carbon in tidal salt marshes of northern Jiangsu Province, China. Journal of Coastal Research, 28: 486-498.

Gao S. 2009. Modeling the preservation potential of tidal flat sedimentary records, Jiangsu coast, eastern China. Continental Shelf Research, 29 (16): 1927-1936.

Gao J H, Wang Y P, Pan S M, et al. 2008. Spatial distributions of organic carbon and nitrogen and their isotopic compositions in sediments of the Changjiang Estuary and its adjacent sea area. Journal of Geographical Sciences, 18: 46-58.

Hirose K. 2009. Plutonium in the ocean environment: Its distributions and behavior. Journal of Nuclear and Radiochemical Science, 10 (1): 7-16.

Hong G H, Chung C S, Lee S H, et al. 2006. Artificial radionuclides in the Yellow Sea: Inputs and redistribution. Radioactivity in the Environment-International Conference on Isotopes in Environmental Studies, 8: 96-133.

Huh C A, Su C C. 1999. Sedimentation dynamics in the East China Sea elucidated from ^{210}Pb, ^{137}Cs and ^{239,240}Pu. Marine Geology, 160: 183-196.

Kelley J M, Bond L A, Beasley T M. 1999. Global distribution of Pu isotopes and ^{237}Np. Science of the Total Environment, 237/238: 483-500.

Kim C K, Kim C S, Chang B U, et al. 2004. Plutonium isotopes in seas around the Korean Peninsula. Science of the Total Environment, 318 (1-3): 197-209.

Krey P W, Hardy E P, Pachucki C, et al. 1976. Mass isotopic composition of global fallout plutonium in soil. Transuranium Nuclides in the Environment, Vienna: 671-678.

Lansard B, Charmasson S, Gasco C, et al. 2007. Spatial and temporal variations of plutonium isotopes (^{238}Pu and ^{239,240}Pu) in sediments off the Rhone River mouth (NW Mediterranean). Science of the Total Environment, 376 (1-3): 215-227.

Lee S H, La Rosa J, Gastaud J, et al. 2005. The development of sequential separation methods for the analysis of actinides in sediments and biological material using anion-exchange resins and extraction chromatography. Journal of Radioanalytical and Nuclear Chemistry, 263: 419-425.

Lee M H, Lee C W, Moon D S, et al. 1998. Distribution and inventory of fallout Pu and Cs in the sediment of the East Sea of Korea. Journal of Environmental Radioactivity, 41 (2): 99-110.

Liao H Q, Zheng J, Wu F C, et al. 2008. Determination of plutonium isotopes in freshwater lake sediments by sector-field ICP-MS after separation using ion-exchange chromatography. Applied Radiation and Isotopes, 66: 1138-1145.

Lind O C, Oughton D H, Salbu B, et al. 2006. Transport of low $^{240}Pu/^{239}Pu$ atom ratio plutonium-species in the Ob and Yenisey Rivers to the Kara Sea. Earth and Planetary Science Letters, 251: 33-43.

Lindahl P, Lee S H, Worsfold P, et al. 2010. Plutonium isotopes as tracers for ocean processes: A review. Marine Environmental Research, 69: 73-84.

Liu Z Y, Pan S M, Liu X Y, et al. 2010. Distribution of ^{137}Cs and ^{210}Pb in sediments of tidal flats in north Jiangsu province. Journal of Geographical Sciences, 20(1): 91-108.

Liu Z Y, Zheng J, Pan S M, et al. 2011. Pu and ^{137}Cs in the Yangtze River estuary sediments: Distribution and source identification. Environmental Science and Technology, 45(5): 1805-1811.

Nagaya Y, Nakamura K. 1992. $^{239,240}Pu$ and ^{137}Cs in the East China and the Yellow seas. Jaurnal of Oceanography, 48: 23-35.

Olid C, Garcia-Orellana J, Martinez-Cortizas A, et al. 2008. Role of surface vegetation in ^{210}Pb-dating of peat cores. Environmental Science and Technology, 42(23): 8858-8864.

Olsen C R, Thein M, Larsen I L, et al. 1989. Plutonium, lead-210, and carbon isotopes in the Savannah estuary: Riverborne versus marine sources. Environmental Science and Technology, 23(12): 1475-1481.

Otosaka S, Amano H, Ito T, et al. 2006. Anthropogenic radionuclides in sediment in the Japan Sea: Distribution and transport processes of particulate radionuclides. Journal of Environmental Radioactivity, 91: 128-145.

Oughton D H, Fifield L K, Day P J, et al. 2000. Plutonium from Mayak: Measurement of isotope ratios and activities using accelerator mass spectrometry. Environmental Science and Technology, 34(10): 1938-1945.

Pan S M, Tims S G, Liu X Y, et al. 2010. ^{137}Cs, $^{239+240}Pu$ concentrations and the $^{240}Pu/^{239}Pu$ atom ratio in a sediment core from the sub-aqueous delta of Yangtze River estuary. Journal of Environmental Radioactivity, 102(10): 930-936.

Park S C, Lee H H, Han H S, et al. 2000. Evolution of late quaternary mud deposits and recent sediment budget in the southeastern Yellow Sea. Marine Geology, 170(3): 271-288.

Periáñez R. 2008. A modeling study on ^{137}Cs and $^{239,240}Pu$ behaviour in the Alboran Sea, Western Mediterranean. Journal of Environmental Radioactivity, 99: 694-715.

Su C C, Huh C A. 2002. ^{210}Pb, ^{137}Cs and $^{239,240}Pu$ in East China Sea sediments: Sources, pathways and budgets of sediments and radionuclides. Marine Geology, 183: 163-178.

Thorbjorn J A, Ole A M, Annette L M, et al. 2000. Deposition and mixing depths on some European intertidal mudflats based on ^{210}Pb and ^{137}Cs activities. Continental Shelf Research, 20: 1569-1591.

Tims S G, Pan S M, Zhang R, et al. 2010. Plutonium AMS measurements in Yangtze River estuary sediment. Nuclear Instruments and Methods in Physics Research Section B: Beam Interactions with Materials and Atoms, 268: 1155-1158.

UNSCEAR. 2000. Sources and effects of ionizing radiation. United Nations Scientific Committee on the Effects of Atomic Radiation Exposures to the Public from Man-made Sources of Radiation, Yew York.

Wang Y H, Dong H L, Li G X, et al. 2010. Magnetic properties of muddy sediments on the northeastern continental shelves of China: Implication for provenance and transportation. Marine Geology, 274: 107-119.

Wang Z L, Yamada M. 2005. Plutonium activities and $^{240}Pu/^{239}Pu$ atom ratios in sediment cores from the East China Sea and Okinawa Trough: Sources and inventories. Earth and Planetary Science Letters, 233: 441-453.

Warneke T, Croudace W I, Warwick E P, et al. 2002. A new ground-level fallout record of uranium and plutonium isotopes for northern temperate latitudes. Earth and Planetary Science Letters, 203: 1047-1057.

Yang S L, Belkin I M, Belkina A I, et al. 2003. Delta response to decline in sediment supply from the Yangtze River: Evidence of the recent four decades and expectations for the next half-century. Estuarine Coastal Shelf Science, 57: 589-599.

Yang S L, Zhao Q Y, Belkin I M. 2002. Temporal variation in the sediment load of the Yangtze River and the influences of the human activities. Journal of Hydrology, 263: 56-71.

Yuan D L, Hsueh Y. 2010. Dynamics of the cross-shelf circulation in the Yellow and East China Seas in winter. Deep Sea Research Part Ⅱ: Topical Studies in Oceanography, 57(19-20): 1745-1761.

Yuan D L, Zhu J R, Li C Y, et al. 2008. Cross-shelf circulation in the Yellow and East China Seas indicated by MODIS satellite observations. Journal of Marine Systems, 70: 134-149.

Zaborska A, Mietelski J W, Carroll J, et al. 2010. Sources and distributions of ^{137}Cs, ^{238}Pu, $^{239,240}Pu$ radionuclides in the North-western Barents Sea. Journal of Environmental Radioactivity, 101(4): 323-331.

Zhang J. 1999. Heavy metal composition of suspended sediments in the Changjiang(Yangtze River) estuary: Significance of riverine transport to the ocean. Continental Shelf Research, 19: 1521-1543.

Zhang R, Wang Y P, Gao J H, et al. 2009. Sediment texture and grain-size implications: The Changjiang subaqueous delta. Acta Oceanologica Sinica, 28(4): 38-49.

Zheng J, Liao H Q, Wu F C, et al. 2008a. Vertical distributions of $^{239+240}Pu$ atom ratio in sediment core of Lake Chenghai, SW China. Journal of Radioanalytical and Nuclear Chemistry, 275(1): 37-42.

Zheng J, Wu F C, Yamada M, et al. 2008b. Global fallout Pu recorded in lacustrine sediments in Lake Hongfeng, SW China. Environmental Pollution, 152: 314-321.

Zheng J, Yamada M. 2004. Sediment core record of global fallout and Bikini close-in fallout Pu in Sagami Bay, western northwest pacific margin. Environmental Science and Technology, 38(13): 3498-3504.

Zheng J, Yamada M. 2005. Investigating Pu and U isotopic compositions in sediments: A case study in Lake Obuchi, Rokkasho Village, Japan using sector-field ICP-MS and ICP-QMS. Journal of Environmental Monitoring, 7: 792-797.

Zheng J, Yamada M. 2006. Determination of Pu isotopes in sediment cores in the Sea of Okhotsk and the NW Pacific by sector field ICP-MS. Journal of Radioanalytical and Nuclear Chemistry, 267: 73-83.

第 4 章　辽河口沉积物中放射性核素的分布特征

4.1　辽河口区域概况

1. 地理位置

辽河位于渤海海域辽东湾的东北部，它是辽宁省第一大河。河北省七老图山脉的光头岭是辽河的发源地(图 4.1)，沿途流经 4 个省区(河北、内蒙古、吉林、辽宁)，到达辽宁省盘锦市后注入渤海(潘桂娥，2005；谌艳珍等，2010)。辽河在上游被分为东、西辽河两支，东、西辽河在辽宁省的福德店汇聚之后始称辽河；其全长 1396 km，流域总面积约为 2.19×10^5 km^2(陈则实，1998)。其中辽宁省境内 6.916×10^4 km^2，约占全流域的 36%(张福然和孙成强，2012)。辽河在下游又被分成两支入海，一支称为双台子河，是经过台安县六间房以下的区段，在盘山注入辽东湾；另一支称为外辽河，是从六间房到三岔河，再到营口入海(陈则实，

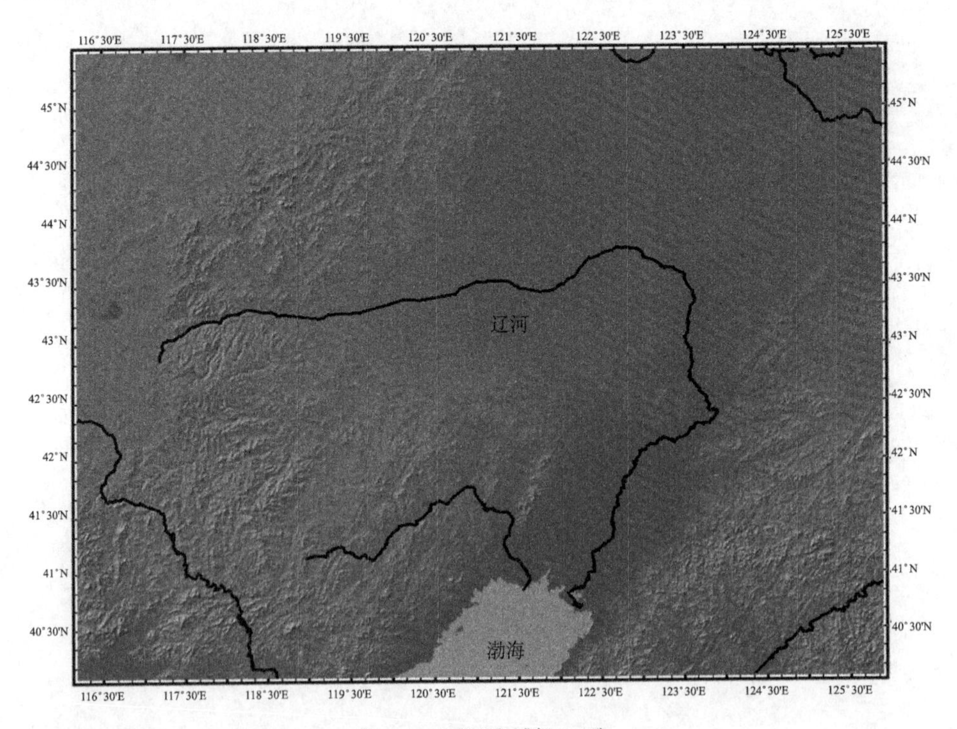

图 4.1　辽河流域概况图

1998；王颖，2012)。辽河口位于辽宁省的南部，东西范围由盖州市大清河河口至锦州市小凌河河口之间的区段；遍及辽东湾湾顶，海岸线长达 300 km(王颖，2012)。地理位置位于东经 121°33′～122°36′、北纬 40°26′～41°27′。辽河口为三角洲河口，区域内自西向东有大凌河口、辽河口和大辽河口(现在把双台子河口和大辽河口都统称为辽河口)；面临渤海，是我国大陆海岸线的最北端(林冰，2012)。

2. 地质地貌

辽河口的地势低洼而平坦，地貌为冲海积平原；其位于辽东湾顶部的平原淤泥质岸段，由东北向西南微微倾斜，海拔为 1.3～4.0 m，坡降为 1/25000～1/20000，海岸地带地势低洼，有潮沟发育。该区域构造处于辽河断陷的构造位置上，下辽河盆地是中生代的断陷盆地，在古近纪时期由于北东—南西断裂的控制作用，盆地发生大幅度的下沉；再由于盆地内部发生强烈的分异作用，形成了一系列的隆起和凹陷，而凹陷内部有厚度可达 6000 m 左右巨厚的古近纪堆积。下辽河盆地古近纪发育较为齐全，且下辽河也是沉积中心之一；第四纪面积大，分布范围广，成因类型较为复杂，岩相变化也相对较大(关道明，2012)。

辽河口沿岸区域总面积约为 1.17×10^4 km^2，主要由浅海滩涂与三角洲平原构成。而现代辽河口三角洲主要发育于双台子河口，三角洲平原地势平坦低洼，海拔范围介于 2～7 m，坡降为 2×10^{-3} ～2.5×10^{-3}，自东北向西南倾斜。芦苇遍布在周围沿岸湿地，沉积物主要以褐色黏土为主，属于工程地质不稳定地域，缓慢的沉降压实过程从形成到现在一直存在，河流沟汊以及潮汐通道广布于辽河口沿岸地区；河口外滩涂资源非常丰富，有许多潮流浅滩分布其中(金尚柱，1996；朱龙海等，2009)。据估算：从岸线至–5 m 等深线处，总面积约为 2225 km^2，其中，岸线～0 m、0～–2 m 和–2～–5 m 区域滩涂的面积分别约为 889 km^2、529 km^2 和 807 km^2；其中最大的潮滩为盖州滩，主要由青灰色细砂、砂质粉砂及粉砂质砂构成，沉积层厚度自海向陆递增。目前，辽河口(双台子河口)处于淤积状态，浅滩面积增加，并自北向南与向西扩展(朱龙海等，2009)。

3. 气候

该区域位于中纬度亚湿润地带，同时兼有大陆性气候与海洋性气候的特点，属于北温带半湿润季风气候区。年平均气温 8.4℃，在 7 月和 1 月分别出现最高气温与最低气温，平均最高、最低温度分别为 23.4℃、–10.2℃；气温年均差较大，约为 34.5℃；无霜期 170～200 d，≥10℃积温 3428～3448℃；区域内最大冻土层的厚度可达到 117 cm。该区域的多年平均降水量为 623.2 mm(图 4.2)，降水主要集中在 7、8 月份；夏季的降水量占全年降水总量的 62.9%，其多年平均降水量为 392.1 mm；而年蒸发量是年降水量的 2.7 倍，达到 1669.6 mm；年日照时数平均值为 2768.5 h，超过辽宁省的多年平均值；属于半干旱半湿润地区。由于受渤海影响，风速和风向的变化相对较小，4 月风速最大为 5.8 m/s，8 月风速最小，仅有 3.3 m/s，年均风速为 4.3 m/s；而西南风向为该区域全年的主导风向(王颖，2012；关道明，2012)。总体上，该地区气候的特点是雨热同期，四季分明：春季干燥少雨、多大风天气且气温升温较快；夏季高温持续时间较短，台风和强热带气旋造成大风和暴雨，产生充足的降水；秋季由于冷空气活动开始加强，多晴朗天气，降水减少且降温很快；冬季寒冷干燥，多大风少雨雪，多寒潮侵袭，较强的冷空气侵袭会造成气温骤降与暴风雪天气(张子鹏，2013)。

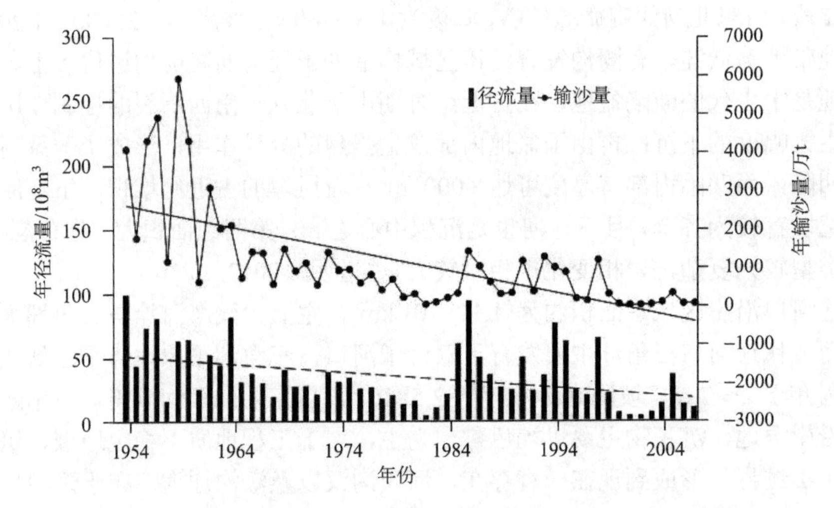

图 4.2 辽河口 1954～2007 年间年输沙量与年径流量的变化趋势

[据张福然和孙成强(2012)的文献改绘]

4. 水文

辽河自盘山六间房开始，横向穿过盘锦市流入渤海，河道总长约 1396 km，流域总面积达到 2.19×10^5 km^2(陈则实，1998)；而河道长度在盘锦市境内约有 116 km，流域面积约为 2526 km^2。

(1) 径流量和输沙量。辽河多年平均流量和径流量分别为 125.3 m^3/s、52.5 m^3/s，入海沙量主要集中在 7～9 月，为 39.5×10^8 m^3/a。辽河含沙量与入海沙量的多年平均值分别为 0.98 kg/m^3、1.002×10^7 t，最大年输沙量为 1.49×10^7 t(王颖，2012)；辽河口在地貌发育伊始阶段，河流有较大的输沙量，平均为 3.07×10^7 t/a (表 4.1)；而辽河入海沙量出现显著的减小趋势时间，是发生在 1958 年辽河建闸以后，1959～1979 年平均输沙量为 1.3×10^7 t/a，1987～1992 年平均输沙量为 0.699×10^7 t/a (朱龙海等，2009)。辽河口堆积的沉积物主要来源是大凌河和小凌河通过沿岸流、潮流输运而来的入海泥沙；进入河口的泥沙由于流速的逐渐降低，随之即发生沉降。辽河六间房站为距离辽河入海口最近的水文站点，根据六间房1954～2007 年近 54 年水沙资料分析表明(图 4.2)(张福然和孙成强，2012)，六间房站 1964 年以前的 11 年里，水沙处于丰水多沙的状态，之后到 20 世纪 80 年代初期，水沙量持续较低；80 年代中期到 90 年代后期，水沙量又逐渐增大；1987～2005 年多年平均径流量为 30.29×10^8 m^3，多年平均输沙量为 4.82×10^6 t(王颖，2012)。但年径流量和年输沙量自 20 世纪末之后都呈显著的减少趋势；引起流域径流量和输沙量减少的主要原因是流域内降水量的减少与人类活动强度的增加。

表 4.1　双台子河多年平均径流量、含沙量及输沙量(朱龙海等，2009)

年份	年平均径流量/10^8 m^3	年平均含沙量/(kg/m^3)	年平均输沙量/10^4 t
1935～1958	42.8	5.65	3070
1959～1979	33.4	3.78	1300
1987～1992	36.5	1.8	699

(2)潮汐。辽河口及其附近海域，潮间带的宽度通常是在 3～4 km。附近海域的潮流流向为北东(NE)—南西(SW)向，潮流以往复流为主；且潮流方向与海岸线相垂直，这也是潮滩持续淤积扩展的基本条件；河口形状呈明显的喇叭形，是强潮河口，大潮潮差在此处可达 4 m 多。涨潮的平均流速较大，而落潮的平均流速相对较小；一般潮道上的最大流速均在 120 cm/s 以上，而在潮滩上的流速通常都小于 50 cm/s(朱龙海等，2009)。此外，涨潮时的平均含沙量也相对高于落潮时的平均含沙量，涨、落潮时的平均含沙量都介于 10～350 mg/L 范围。

(3)波浪。该区域的波浪以风浪为主，强浪向以及常浪向均为西南向，春秋季节浪向较为混乱，多以偏南向为主；夏季浪多以西南向为主；而冬季平均浪高在 0.5～0.6 m，主要是偏北向浪(金尚柱，1996)。潮道和潮滩中的泥沙可被波浪再次掀起产生再悬浮颗粒，而潮流又带走了泥沙中悬浮的细颗粒物质。

(4)渤海环流系统。由外海进入渤海的高盐“黄海暖流余脉”以及低盐“渤海沿岸流系”共同构成了渤海的环流系统。黄海暖流余脉指的是由北黄海进入渤海的高盐水，通常是指从北黄海进入渤海的盐度大于 31‰偏西向的高盐水舌。冬季，黄海暖流余脉如同一股射形流，向西延伸直至渤海西岸后(图 4.3)，由于受到海岸的阻碍，其被分成南、北两支。北支汇同渤海的沿岸径流，沿着辽东湾西岸北上，最终形成一个湾内顺时针向的大流环；南支交融汇合了渤海的沿岸流，由渤海海峡的南部向东流出，也构成一个逆时针向的大流环(苏纪兰和袁立业，2005；毕聪聪，2013)。渤海沿岸流系也是由两部分构成：一是辽东湾的沿岸流，二是渤海–莱州湾的沿岸流。前者有辽河、大凌河等河川径流入海后形成混合水，主要分布在辽东湾内 20m 等深线以内的沿岸水域。在辽东湾北部近岸海域，强流区主要的分布范围在辽河口以及长兴岛的附近海域；除一些个别年份的夏季月份外，环流的流向总体上是呈顺时针方向流动的。在 40°N 以北的湾内水域，也会产生顺时针向的涡旋运动(毕聪聪，2013)。根据管秉贤等(1997)对渤海环流情况的研究，就辽东湾的海水流动路径可归为两类：2 月和 5 月为一种类型，8 月和 11 月为另外一种类型。前一种类型在渤海西岸被分为南、北两支，北支顺着辽东湾西岸北上，与沿辽东湾东岸南下的辽东湾沿岸流汇合，构成湾内一支顺时针向的大环流；南支则进入渤海湾。然而，后者却刚好相反，海流进入渤海海峡的北部以后，在渤海海峡的西北部又被分成两支：一支继续向西运动，另一支沿辽东湾东岸北上，与其沿岸流混合，并沿着辽东湾西岸南下，从而形成湾内的逆时针向环流(管秉贤等，1997；苏纪兰和袁立业，2005)。

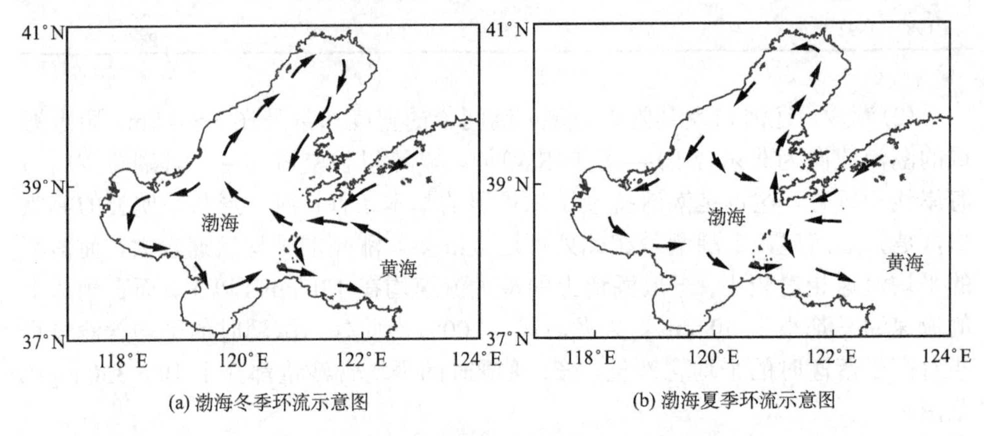

图 4.3　冬、夏季渤海环流示意图[据苏纪兰和袁立业(2005)的文献改绘]

(5)植被。区内自然植被主要分布在辽河入海口，为芦苇沼泽并生长着白刺、碱蓬(*Suaeda salsa*)、柽柳(*Tamarix chinensis*)、穗状狐尾藻、罗布麻、黄蒿和蒲草(陈则实，1998)，构成天然的滨海湿地。研究区的植物区系属华北植物区，域内少木本多草本植物，初步调查有维管束植物 40 科 99 属 138 种，包括蕨类植物、裸子植物、单子叶植物和双子叶植物等。该区域内的主要植被类型包括：盐地碱蓬群落、罗布麻(*Apocynum venetum*)群落、柽柳群落、獐毛(*Aeluropus littoralis*)群落、芦苇(*Phragmites communis*)群落、拂子茅(*Calamagrostis epigeios*)群落、糙叶薹草(*Carex scabrifolia*)群落、羊草(*Leymus chinensis*)群落、香蒲(*Typha* spp.)群落、狐尾藻+眼子菜+金鱼藻(*Myriophyllum* spp., *Potamogeton* spp., *Ceratophyllum demersum*)群落等类型。从生态类型上可划分为草甸、沼泽和滩涂，其中芦苇沼泽、碱蓬滩涂和浅海滩涂构成保护区湿地生态环境的主体，芦苇和碱蓬呈优势分布(李建国，2005)。

(6)湿地类型。辽河河口海岸发育了滨海湿地，主要由滩涂、芦苇、浅海水域和人工湿地组成，其面积约为 1.425×10^3 km^2(表 4.2)。其中，自然滨海湿地面积约为 1.264×10^3 km^2，人工滨海湿地约为 0.161×10^3 km^2。而在自然滨海湿地中，滩涂湿地面积与浅海水域面积各为 1.883×10^2 km^2、9.599×10^2 km^2。辽河口是国内沿海最大的芦苇基地，其中约占芦苇面积的 70%分布在低洼地区，仅有约占芦苇面积的 30%分布在平原地区。在季节性积水和常年积水的淡水湿地中分布有芦苇沼泽；而芦苇草甸却分布在芦苇沼泽的外围区域。再者，芦苇湿地是辽河三角洲芦苇沼泽的主要群落，其群落的总盖度高达 90%以上。其土壤的成土母质构成主要有海积-冲积物、冲积物、冲积-洪积物和风积物等；土壤共由 5 个土类组成，包括盐土、沼泽土、水稻土、草甸土与风沙土等；其中盐土所占面积最少，其余 4 个土类占辽河三角洲土壤总面积的 99.7%以上(黄桂林等，2000)。

表 4.2　辽河口滨海湿地的类型以及各类所占面积的百分比(关道明，2012)

湿地类型		面积/hm^2	占总面积/%
自然滨海湿地	滩涂	18827	13.21
	芦苇滩	10792	7.57
	碱蓬滩	820	0.58
	浅海水域	95985	67.34
	合计	126424	88.70
人工滨海湿地	养殖池塘	14489	10.17
	水库	1618	1.13
	合计	16107	11.30
滨海湿地总面积	—	142531	

(7)样品采集。该部分中所用的沉积物样品主要由两部分构成，一部分采集于 2012 年 10 月，采样地点在辽宁辽河口国家级自然保护区内，选择景观类型不同(翅碱蓬滩、芦苇沼泽、水稻田)的区域，用 GPS 记录采样坐标，采集 10 个沉积物柱样(图 4.4、表 4.3)，采样深度在 40～80 cm，以 2.5 cm 或 5 cm 间隔分样；另一部分采集于 2015 年 4 月，采样地点在辽河口东岸一带及河口门外潮滩，在河口东岸采集 5 个沉积物柱样，沉积物柱样的深度在 40～50 cm，以 2.5 cm 间隔分样；在辽河口门外潮滩使用外径为 7.5 cm 的 PVC 管采集沉积物柱样 2 个，柱样长度分别为 125 cm 和 140 cm。将所采集的潮滩柱样带回实验室，将柱样从中间切开，从表层到深度 90 cm 以上采用 2 cm 间隔分样，深度 90 cm 以下采用 5 cm

间隔分样，而后将样品放入塑料自封袋中待测。在实验室内，分别进行 ^{137}Cs 与 $^{239+240}Pu$ 比活度、粒度、有机质等元素的测量与分析。

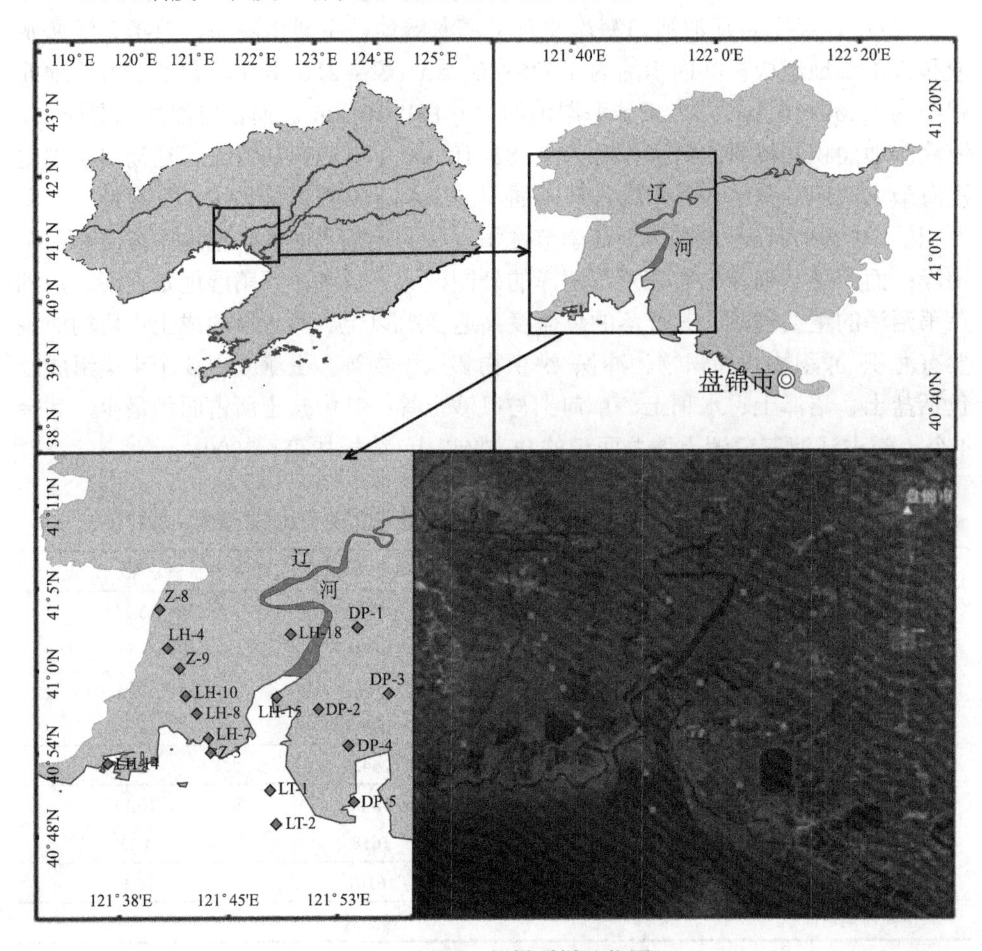

图 4.4　辽河口柱样采样站位图

表 4.3　辽河口海岸带采样点站位的基本信息

柱样编号	经度/°E	纬度/°N	取样深度/cm	景观类型
Z-3	121.72972	40.90080	0～40	翅碱蓬滩
Z-8	121.67194	41.06000	0～40	水稻田
Z-9	121.69444	40.99417	0～40	芦苇沼泽
LH-4	121.68085	41.01671	0～45	芦苇沼泽
LH-7	121.72741	40.91607	0～40	芦苇沼泽

续表

柱样编号	经度/°E	纬度/°N	取样深度/cm	景观类型
LH-8	121.71346	40.94338	0～40	芦苇沼泽
LH-10	121.70158	40.96361	0～90	芦苇沼泽
LH-14	121.6125	40.88806	0～40	獐毛/芦苇草甸
LH-15	121.8055	40.96114	0～75	翅碱蓬滩
LH-18	121.82178	41.03104	0～80	芦苇沼泽
*DP-1	121.89783	41.03928	0～50	芦苇沼泽
*DP-2	121.85411	40.94851	0～50	翅碱蓬滩
*DP-3	121.93302	40.96584	0～45	翅碱蓬滩
*DP-4	121.88843	40.90809	0～50	芦苇沼泽
*DP-5	121.89451	40.84535	0～45	芦苇沼泽
*LT-1	121.79856	40.85800	0～125	潮滩
*LT-2	121.80516	40.82078	0～140	潮滩

*采样年份是 2015 年 4 月，其他采集于 2012 年 10 月。

(8) 研究进展。环渤海沿海低地附近区域有相对稳定的沉积环境(王福等，2006)，可以采用核素 ^{210}Pb、$^{239+240}Pu$、^{137}Cs 等估算沉积速率、示踪物质来源等方面的研究。杨松林等(1993)用 ^{210}Pb 测年方法分析位于渤海北部地区辽东湾的现代沉积速率，发现辽东湾近岸海区与中部海区的沉积速率存在明显差异，分别约为 1.1 cm/a 和 0.53 cm/a，这也表明辽东湾顶部水系携带的泥沙主要沉降在河口区。有研究表明：渤海湾近岸海域的沉积速率要大于渤海中部区域的沉积速率(李凤业和史玉兰，1995)。Meng 等(2005)研究渤海湾西海岸潮滩的现代沉积速率，表明 20 世纪 50～60 年代沉积速率较高，60 年代之后，沉积速率逐渐降低；这主要是华北降水量的变化以及水利工程设施的修建，导致进入潮间带的水沙含量降低。杨俊鹏(2011)采用 ^{137}Cs 比活度在沉积物中存在蓄积峰值的测年方法，估算出辽河口潮滩的沉积速率为 1.34 cm/a；张子鹏(2013)用核素 ^{210}Pb 和 ^{137}Cs 测年方法研究发现，自 80 年代以来辽东湾北部潮滩的沉积速率呈明显降低趋势，部分区域出现侵蚀和淤积交替的相互作用过程，且潮滩沉积的敏感性与河流入海泥沙量的大小有很大的关系。但是，在辽河河口区域，河流输入来源的 ^{137}Cs 与 Pu 同位素和海流输入来源的 ^{137}Cs 与 Pu 同位素，在河口复杂的水沙动力环境条件下发生交互作用，外加降水量的变化与上游来水来沙量的减少等自然因素和人类活动(围填海、石油开采等)的影响，使得河口沉积物的沉积过程或者侵蚀与沉积过程也呈现出一个动态的变化过程，进而使得沉积物中核素 ^{137}Cs 与 $^{239+240}Pu$ 的分布也会受到上述作用的影响。而对辽河口海岸带沉积物中 ^{137}Cs 与 $^{239+240}$Pu 比活度的分析测定，既可以评估辽河口海岸带沉积物的沉积运移过程，也可以了解沉积物与核素 ^{137}Cs、$^{239+240}$Pu 之间的相互作用过程(核素的吸附与扩散)，进而可以示踪沉积物中 Pu 同位素的来源，这对河口及近岸的生态环境保护及近海资源的合理开发利用等都显得尤为重要。

4.2 Pu 在辽河口表层沉积物中的分布特征与意义

4.2.1 Pu 在辽河口表层沉积物中的空间分布特征与意义

根据 ^{137}Cs 的分析结果，本书选取相对具有代表性的 7 根柱样 Z-9、LH-10、LH-14、LH-18、DP-2、DP-4 和 LT-2 进行 Pu 同位素的测定分析，以此来分析研究区 Pu 同位素的分布情况。表 4.4 列出了辽河口海岸带表层沉积物中 $^{239+240}$Pu 比活度及 ^{240}Pu/ ^{239}Pu 同位素比值信息，并绘制表层沉积物中 $^{239+240}$Pu 比活度及 ^{240}Pu/ ^{239}Pu 同位素比值空间分布图(图 4.5)。从表 4.4 中可以看出：辽河口海岸带表层沉积物中 $^{239+240}$Pu 比活度的变化范围在(0.103±0.008)～(0.978±0.035) mBq/g，平均值为(0.294±0.053) mBq/g (n=7)。柱样 Z-9 的表层沉积物中 $^{239+240}$Pu 比活度较其他柱样高很多，达到(0.978±0.035) mBq/g，而潮滩柱样 LT-2 表层沉积物的比活度却仅有(0.103±0.008) mBq/g。研究区河口两岸的表层沉积物中 $^{239+240}$Pu 比活度较潮滩略高，这可能是不同的沉积环境导致的。表层沉积物的 $^{239+240}$Pu 比活度由潮滩向陆、由东向西呈现逐渐增加的趋势[图 4.5(a)]；这和研究区表层沉积物中 ^{137}Cs 的分布趋势是一致的。徐仪红(2014)对辽东湾沿岸土壤中 Pu 同位素的研究发现，辽东湾沿岸表层土壤中 $^{239+240}$Pu 比活度的范围为 0.023～0.938 mBq/g，与本书的研究结果基本一致。在我国北方纬度相对较高的地区(40°～50°N)，其表层土壤中 $^{239+240}$Pu 比活度也相对较高，平均值为 0.33 mBq/g，而中部地区(25°～40°N)的平均值为 0.12 mBq/g，呈现出显著的纬度差异性(邢闪，2015)。长江口表层沉积物的 $^{239+240}$Pu 比活度范围在(0.02±0.003)～(0.759±0.017) mBq/g，其表层沉积物的 ^{240}Pu/^{239}Pu 同位素比值在(0.171±0.048)～(0.277±0.033)的范围(Liu et al., 2011)；Nagaya 和 Nakamura (1992)对东黄海表层沉积物 $^{239+240}$Pu 和 ^{137}Cs 比活度的研究结果表明：东黄海区域的 $^{239+240}$Pu 和 ^{137}Cs 比活度分别为 0.107～0.467 mBq/g[平均值为(0.247±0.011) mBq/g，n=6]和 0.35～6.11 mBq/g[平均值为(2.3±0.24) mBq/g，n=6]。而在南海北部陆架区，表层沉积物中 $^{239+240}$Pu 比活度变化大，范围在 0.157～0.789 mBq/g，平均值为(0.501±0.01) mBq/g (n=19)，水平分布呈现出从近岸到陆架先增加，再从内陆架到外陆架降低的空间分布(Wu et al., 2013, 2014)。珠江口的表层沉积物 $^{239+240}$Pu 比活度的变化范围较大，在 0.026～

0.312 mBq/g，平均值为(0.098±0.0031) mBq/g (n=9)；水平分布呈现出从下游至上游(河口到陆地)逐渐降低的态势(Wu et al., 2013, 2014)。

表 4.4　辽河口海岸带表层沉积物中 $^{239+240}$Pu 比活度及 ^{240}Pu/^{239}Pu 同位素比值

柱样名称	$^{239+240}$Pu 比活度/(mBq/g)	^{240}Pu/^{239}Pu 同位素比值
Z-9	0.978±0.035	0.173±0.047
LH-10	0.215±0.033	0.182±0.042
LH-14	0.240±0.025	0.197±0.009
LH-18	0.128±0.048	0.187±0.013
DP-2	0.249±0.052	0.181±0.026
DP-4	0.157±0.039	0.185±0.052
LT-2	0.103±0.008	0.215±0.061

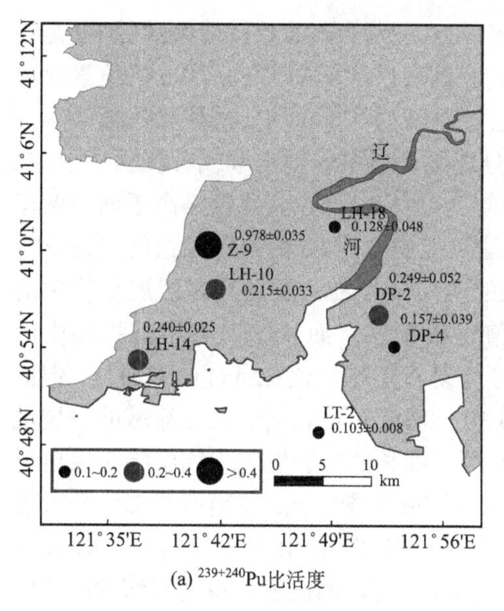

(a) $^{239+240}$Pu比活度

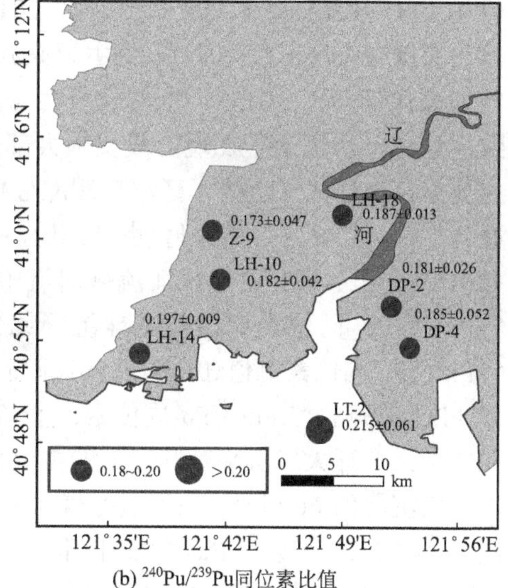

(b) ^{240}Pu/^{239}Pu同位素比值

图 4.5　辽河口表层沉积物中 $^{239+240}$Pu 比活度及 ^{240}Pu/^{239}Pu 同位素比值空间分布图

此外，辽河口海岸带表层沉积物中 $^{239+240}$Pu 和 ^{137}Cs 的比活度之间有很好的线性相关关系(图 4.6)(通过 α=0.01 的显著性检验)，就是在本书研究区内的表层沉积物中，$^{239+240}$Pu 比活度越大相对应的 ^{137}Cs 比活度也越大，反之亦然。

辽河口表层沉积物中的 ^{240}Pu/^{239}Pu 同位素比值范围在(0.173±0.047)～(0.215 ± 0.061)(表 4.4)，平均值为 0.188±0.039(n=7)，与全球大气沉降比值 0.18±0.02 相吻合(Krey, 1976; Kelly et al., 1999)，也与辽东湾沿岸土壤中 ^{240}Pu/^{239}Pu 同位素比

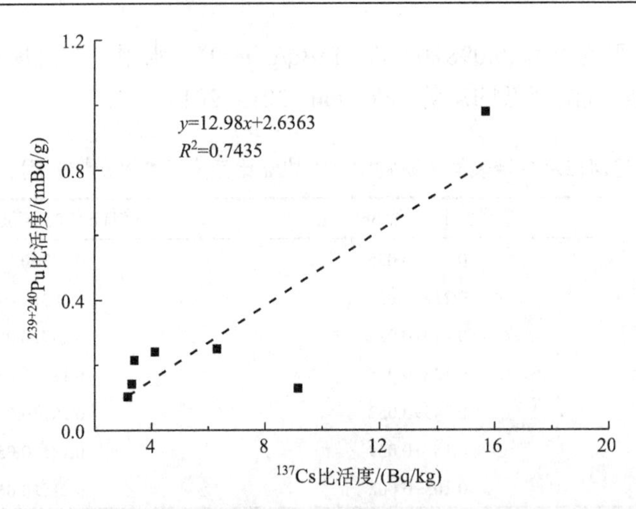

图 4.6　辽河口海岸带表层沉积物中 $^{239+240}$Pu 与 ^{137}Cs 的比活度的相关关系

值(0.178～0.201)基本一致(徐仪红，2014)。这证明大气直接沉降来源的 Pu 是辽河口海岸带表层沉积物中 Pu 的主要来源。我国表层土壤中 ^{240}Pu/^{239}Pu 同位素比值约为 0.19(邢闪，2015)，也与全球大气直接沉降的 ^{240}Pu/^{239}Pu 同位素比值较为一致；这进一步证明了在现阶段我国大部分地区环境中表层土壤或者沉积物中 Pu 主要来自全球大气沉降。辽河口潮滩柱样 ^{240}Pu/^{239}Pu 同位素比值略高于河口两岸柱样 ^{240}Pu/^{239}Pu 同位素比值[图 4.5(b)]；这可能是不同 Pu 的来源导致的。Tims 等(2010)采用 AMS 测定长江流域河流中的表层沉积物，发现其表层沉积物中的 ^{240}Pu/ ^{239}Pu 同位素比值与全球沉降比值也很接近；而长江口表层沉积物中的 ^{240}Pu/^{239}Pu 同位素比值(0.22～0.26)却高于全球沉降平均值(Liu et al., 2011)，但低于 PPG 来源的 ^{240}Pu/^{239}Pu 同位素比值(0.30～0.36)。这表明在长江流域的表层沉积物中，全球大气沉降是其 Pu 的主要来源，而长江口表层沉积物中除有来自全球大气沉降的 Pu 以外，还可能有来自 PPG 的 Pu 沉积于此。在南海北部陆架区表层沉积物中，其 ^{240}Pu/^{239}Pu 同位素比值范围在 0.246～0.281，平均值为 0.268±0.012(n=19)；这个比值明显高于全球大气沉降的比值，说明南海 Pu 同位素同时源自全球大气沉降与区域性沉降；而后者与美国在 1952～1958 年间在太平洋马绍尔群岛的大气核试验有关，也就是说 PPG 释放的 Pu 经北赤道流和黑潮的携带进入西北太平洋及其邻近边缘海域(Wu et al., 2013, 2014)。而在珠江口，^{240}Pu/^{239}Pu 同位素比值为 0.186～0.244，平均值为 0.212±0.021，其同位素比值也呈现出从河口至陆地逐渐降低的态势，这进一步支持了珠江口区域的 Pu 主要来源于太平洋黑潮入侵的贡献，而不是陆源。

为了更加精准地判定辽河口海岸带表层沉积物中 Pu 同位素的来源，对 ^{240}Pu/^{239}Pu 同位素比值与 $^{239+240}$Pu 比活度倒数的相关关系加以分析(图 4.7)。从图

4.7 可以看出，除河口潮滩柱样 LT-2 外，辽河口海岸带其余柱样中 $^{240}Pu/^{239}Pu$ 同位素比值与 $^{239+240}Pu$ 比活度都相对较低，它们的比值均在全球大气直接沉降比值的范围内。河口潮滩柱样 LT-2 的 $^{240}Pu/^{239}Pu$ 同位素比值略大于全球大气沉降的同位素比值，但小于 PPG 沉降的 $^{240}Pu/^{239}Pu$ 同位素比值。因此，辽河口沿岸沉积物中的 Pu 同位素均来自全球大气直接沉降，而河口潮滩沉积物柱样 LT-2 附近区域中的 Pu 除了有全球性大气沉降的 Pu 输入，也可能存在其他较高 $^{240}Pu/^{239}Pu$ 同位素比值特征的 Pu 输入。

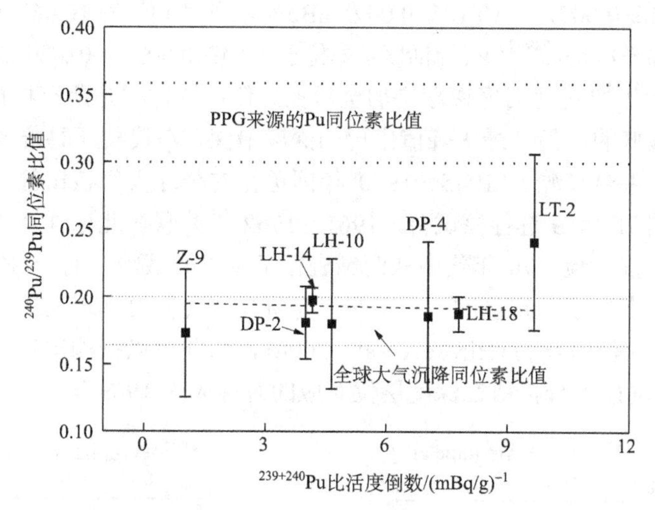

图 4.7　辽河口表层沉积物中 $^{240}Pu/^{239}Pu$ 同位素比值与 $^{239+240}Pu$ 比活度倒数的相关关系

4.2.2　Pu 在辽河口柱状沉积物中的垂直分布特征与意义

图 4.8 显示了辽河口海岸带 7 个沉积物柱样 Z-9、LH-10、LH-14、LH-18、DP-2、DP-4 和 LT-2 中 $^{239+240}Pu$ 比活度随深度的变化情况，从图 4.8 中可以看出：7 个柱样中 $^{239+240}Pu$ 比活度具有基本相似的分布趋势，且均有一个最大峰值出现；$^{239+240}Pu$ 比活度最大峰值的范围介于 (0.105±0.007)～(1.244±0.033) mBq/g，$^{239+240}Pu$ 比活度最大峰值变化幅度较大，且其出现的深度变化范围也很大，12.5～80 cm。研究区 7 个柱样中，$^{239+240}Pu$ 比活度的最大峰值 (1.244±0.033) mBq/g 出现在柱样 Z-9 中(表 4.5)，位于深度 25 cm 处；该柱样 $^{239+240}Pu$ 比活度范围在 (0.894±0.0057)～(1.244±0.033) mBq/g，平均值为 (1.035±0.055) mBq/g (n=6)，是研究区所有柱样中 $^{239+240}Pu$ 比活度含量最高的。柱样 LH-10 的 $^{239+240}Pu$ 比活度范围在 (0.098±0.007)～(0.530±0.080) mBq/g，平均值为 (0.224±0.065) mBq/g (n=19)；最大峰值出现在深度 30 cm 处。柱样 LH-14 的 $^{239+240}Pu$ 比活度范围为 (0.134±0.076)～(0.315±0.040) mBq/g，平均值为 (0.207±0.07) mBq/g (n=14)；最大

峰值出现在深度 12.5 cm 处，是该区域所有柱样中最大峰值出现深度最浅的一个柱样。柱样 LH-18 的 $^{239+240}Pu$ 比活度范围在(0.075±0.024)～(0.489±0.046) mBq/g，平均值为(0.235±0.048) mBq/g (*n*=11)；最大峰值出现在深度 20 cm 处。柱样 DP-2 的 $^{239+240}Pu$ 比活度范围为(0.103±0.008)～(0.450±0.032) mBq/g，平均值为(0.199±0.07) mBq/g (*n*=11)；最大峰值出现在深度 30 cm 处。柱样 DP-4 的 $^{239+240}Pu$ 比活度范围为(0.056±0.008)～(0.345±0.040) mBq/g，平均值为(0.099±0.007) mBq/g (*n*=14)；最大峰值出现在深度 27.5 cm 处。对于潮滩柱样 LT-2，其 $^{239+240}Pu$ 比活度范围(0.036±0.007)～(0.105±0.007) mBq/g，平均值为(0.067±0.013) mBq/g (*n*=49)；其中 0～40 cm $^{239+240}Pu$ 比活度基本位于(0.049±0.009)～(0.080±0.013) mBq/g，44 cm 之后 $^{239+240}Pu$ 比活度逐渐增加至最大峰值；该柱样是所有柱样中 $^{239+240}Pu$ 比活度含量最低的，但其最大峰值出现的深度最深，深度位于柱样 80 cm 处。

$^{239+240}Pu$ 主要来源于 1945～1980 年间进行的全球大气核试验，其中美国于 1952～1958 年在 PPG 进行核试验，1961～1962 年苏联在北冰洋及西伯利亚地区进行了一系列核试验，70 年代中法两国进行了少量核试验，而 1986 年的切尔诺贝利核事故也产生了一定量的 $^{239+240}Pu$。有研究发现在日本筑波地区 1963 年是 $^{239+240}Pu$ 的最大沉降年份(Hirose et al., 2008)，由此可以推测出辽河口沉积物中 $^{239+240}Pu$ 比活度最大峰值所在深度层位对应的时标应为 1963 年。

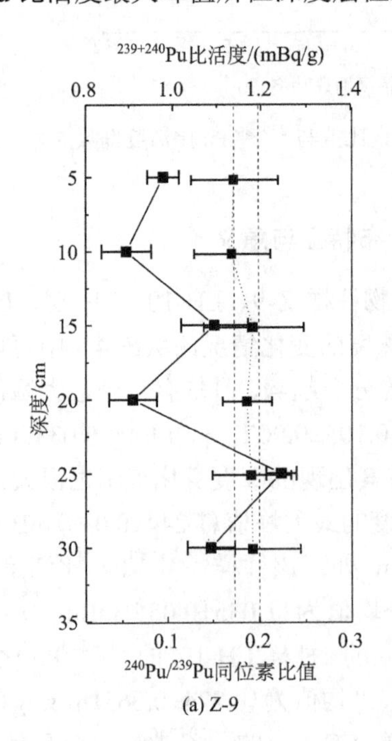

(a) Z-9

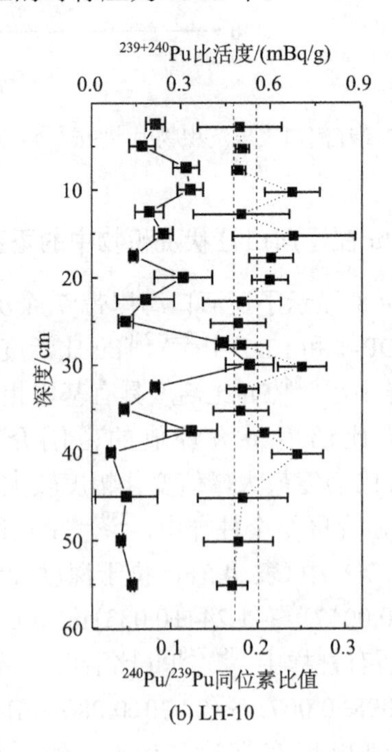

(b) LH-10

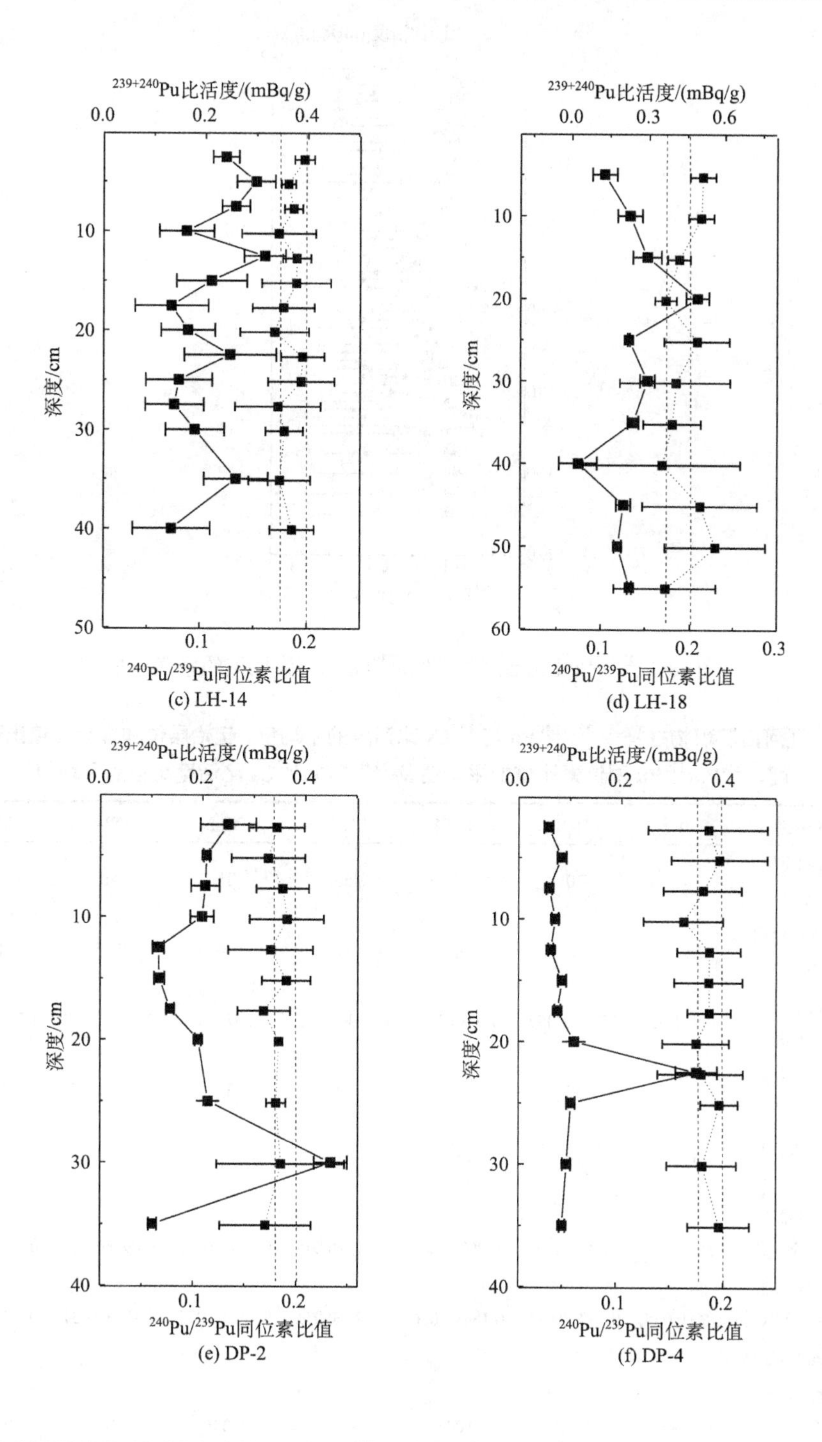

$^{239+240}$Pu比活度/(mBq/g)
0.0
0.2
0.4
10
20
30
40
50
深度/cm
0.1
0.2
^{240}Pu/^{239}Pu同位素比值
(c) LH-14
$^{239+240}$Pu比活度/(mBq/g)
0.0
0.3
0.6
10
20
30
40
50
60
深度/cm
0.1
0.2
0.3
^{240}Pu/^{239}Pu同位素比值
(d) LH-18
$^{239+240}$Pu比活度/(mBq/g)
0.0
0.2
0.4
10
20
30
40
深度/cm
0.1
0.2
^{240}Pu/^{239}Pu同位素比值
(e) DP-2
$^{239+240}$Pu比活度/(mBq/g)
0.0
0.2
0.4
10
20
30
40
深度/cm
0.1
0.2
^{240}Pu/^{239}Pu同位素比值
(f) DP-4

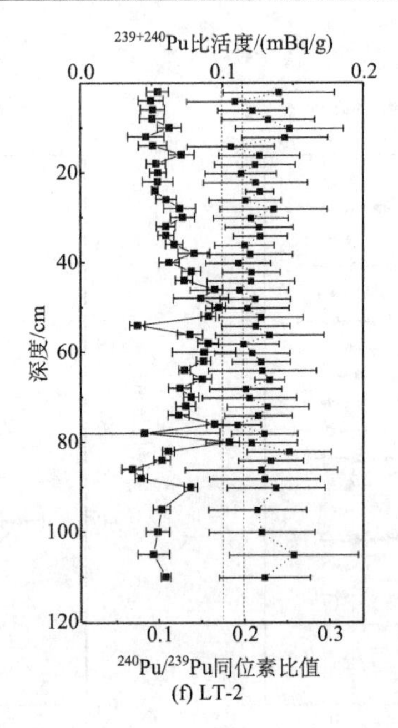

图 4.8 $^{239+240}$Pu 比活度与 ^{240}Pu/^{239}Pu 同位素比值的垂直分布

表 4.5 辽河口沉积物柱样中 $^{239+240}$Pu 与 ^{137}Cs 比活度的平均值、起始层位和最大峰值出现的深度、^{240}Pu/^{239}Pu 同位素比值的平均值及 $^{239+240}$Pu/^{137}Cs 比活度比值的平均值

柱样名称	Z-9	LH-10	LH-14	LH-18	DP-2	DP-4	LT-2
^{137}Cs 起始层位/cm	30	70	40	55	35	40	110
^{137}Cs 最大峰值出现深度/cm	25	32.5	35	10	30	27.5	82
^{137}Cs 比活度平均值/(Bq/kg)	17.658±1.021	4.774±1.052	4.07±1.154	4.749±1.095	4.267±.265	2.587±0.457	1.774±0.600
$^{239+240}$Pu 起始层位/cm	30	55	40	55	35	40	110
$^{239+240}$Pu 最大峰值出现深度/cm	25	30	12.5	20	30	27.5	80
$^{239+240}$Pu 比活度平均值/(mBq/g)	1.035±0.055	0.224±0.065	0.207±0.07	0.235±0.048	0.199±0.007	0.099±0.007	0.067±0.013
^{240}Pu/^{239}Pu 同位素比值平均值	0.184±0.044	0.199±0.021	0.184±0.026	0.197±0.041	0.180±0.034	0.184±0.031	0.217±0.050
$^{239+240}$Pu/^{137}Cs 比活度比值平均值	0.058	0.046	0.045	—	0.046	0.042	0.052

注：^{137}Cs 衰变校正到 2010 年 5 月 10 日。

此外，除柱样 LH-18、DP-2 和 DP-4 不存在次级峰外，其余 4 个柱样中 $^{239+240}Pu$ 比活度的最大峰值出现深度以上均有次级峰值出现；柱样 Z-9、LH-10、LH-14 和 LT-2 分别在深度 15 cm、37.5 cm、35 cm 和 50 cm 处产生次级峰值。相对于 ^{137}Cs 而言，除潮滩柱样 LT-2 外，其他柱样 ^{137}Cs 次级峰值出现的深度均比 $^{239+240}Pu$ 次级峰值出现的深度要浅。

图 4.9 为日本东京、筑波地区在 1957～2005 年检测到的 $^{239+240}Pu$ 与 ^{137}Cs 年沉降量(Hirose et al.，2008)，$^{239+240}Pu$ 与 ^{137}Cs 的最大年沉降年份在 1963 年。因此，研究区沉积物柱样中 $^{239+240}Pu$ 最大峰值与全球大气沉降 $^{239+240}Pu$ 最大峰值所对应的年份 1963 年一致。柱样中 $^{239+240}Pu$ 最大峰值深度以下的次级峰值则可能与另一个 Pu 的沉积年份(1958 年)对应。但是在日本东京、筑波地区并没有检测出 1986 年 $^{239+240}Pu$ 的次级峰值，因此，柱样 Z-9、LH-10、LH-14 和 LT-2 分别在深度 15 cm、37.5 cm、35 cm 和 50 cm 处的次级峰值可能与 20 世纪 70～80 年代我国核试验的区域沉降有关。在柱样 LH-14 和 LH-18 中，$^{239+240}Pu$ 比活度最大峰值出现的深度与 ^{137}Cs 比活度最大峰值出现的深度差异较大(表 4.5)，其余柱样中 $^{239+240}Pu$ 与 ^{137}Cs 比活度最大峰值出现的深度是一致的。这可能是 $^{239+240}Pu$ 与 ^{137}Cs 的来源和再吸附的特性存在一定的差别所引起的；在海水中的 ^{137}Cs 溶解度相对较高，且主要以离子态的形式存在；若存在潮流和波浪的扰动作用，则会使 ^{137}Cs 解吸作用增强(Schaffner et al., 1987)，这可能会引起 ^{137}Cs 的重新分布与再迁移；其次，21 世纪初，环境中的 ^{137}Cs 已经衰变至(半衰期 30.17 a)60%左右，这使得 ^{137}Cs 的 1963 年的最大蓄积峰值也会衰变到原来的 2/3 左右；随着 ^{137}Cs 自产生到现在的时间越来越久，在沉积物中，^{137}Cs 作为计年时标的灵敏度将会受到一定程度的影响(Pan et al., 2012)。再次，流域内的侵蚀作用和密集的人类活动，也加剧了沉积物中 ^{137}Cs 的再分布，可能会导致 ^{137}Cs 蓄积峰值发生变化。对于 Pu 同位素而言，其物理性质和 ^{137}Cs 不尽相同；在海水中 Pu 同位素主要是以溶解状态存在，在遇到细颗粒物后就会被迅速地吸附在细颗粒物质上，然后再随细颗粒物质沉积下来；沉积物中的有机质、胶体及黏土矿物等有很强的吸附性，会使 Pu 吸附在沉积物中使其不易发生移动(Lee et al.，1998)。此外，Pu 同位素的活度分布不仅仅受制于 Pu 的来源，而且还与随之而来的海洋过程(如海流、河流淡水和悬浮物的输入、现场的生物活动及清除过程)有关。Ketterer 等(2002)通过测定 Old Woman Creek 河口沉积物中 $^{239+240}Pu$ 与 ^{137}Cs 的比活度，发现这两种同位素的最大峰值出现的深度非常接近，可以得出 $^{239+240}Pu$ 能够当作水相沉积物测年的有效方法。Pan 等(2011)分析长江口水下三角洲区域的柱样 SC07，发现该沉积物柱样中 $^{239+240}Pu$ 与 ^{137}Cs 比活度的垂直分布均在 1963 年有一个最大蓄积峰值出现。在云南程海湖沉积物中，$^{239+240}Pu$ 与 ^{137}Cs 比活度的最大蓄积峰值位于同一深度处，且它们的垂直分布趋势也基本是一致的(万国江等，2011)。

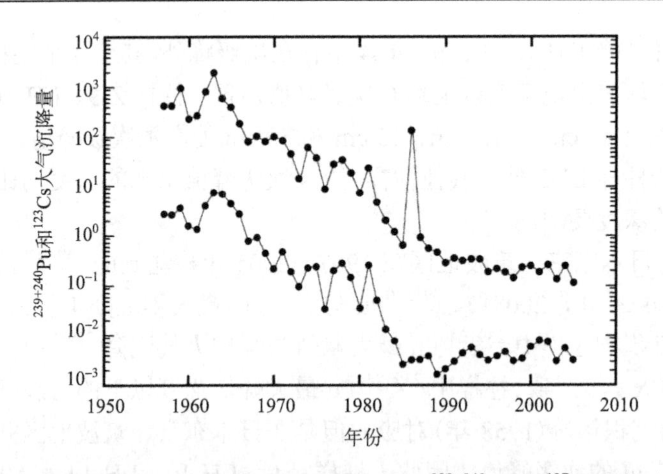

图 4.9　1957～2005 年日本东京和筑波地区检测到的 $^{239+240}Pu$ 和 ^{137}Cs 的年大气沉降量值

上部分曲线为 ^{137}Cs 的年大气沉降量，下部分曲线为 $^{239+240}Pu$ 的年大气沉降量[据 Hirose 等(2008)的文献改绘]

本书对辽河口潮滩沉积物柱样 LT-2 中黏土及有机质的含量与 $^{239+240}Pu$ 比活度的相关关系做了分析，发现黏土含量与 $^{239+240}Pu$ 比活度相关性较高(R=0.4257，n=49，通过 α=0.01 的显著性检验)，而有机质与 $^{239+240}Pu$ 比活度之间没有相关性；说明 $^{239+240}Pu$ 比活度与沉积物黏土含量之间的相关性较为显著，但 $^{239+240}Pu$ 比活度与沉积物中的有机质含量的相关性却不显著(图略)，且本书前面研究发现沉积物中 ^{137}Cs 比活度与有机质含量的相关关系也不显著。有研究发现，在河口环境中，Pu 同位素与 ^{137}Cs 的地球化学行为存在一定的差异性：^{137}Cs 可能存在向外迁移的过程，且 ^{137}Cs 易被碱性金属、矿物碎屑等颗粒物吸附；但是 Pu 同位素却极易被难溶性的氧化物、有机质或者胶状颗粒物等吸附在细颗粒物质中，且 Pu 同位素比 ^{137}Cs 能更容易地从水中转移到沉积物中去(Smith et al., 1995; Lee et al., 1998; Su and Huh, 2002)。

由于核材料的设计与制造工艺存在一定的差异，不同来源的 $^{240}Pu/^{239}Pu$ 同位素比值也存在一定的差异性。全球大气沉降的 $^{240}Pu/^{239}Pu$ 同位素比值为 0.18±0.02(Krey, 1976; Kelley et al., 1999)、PPG 来源的 $^{240}Pu/^{239}Pu$ 同位素比值在 0.30～0.36、切尔诺贝利核事故与福岛核事故来源的 $^{240}Pu/^{239}Pu$ 同位素比值分别为 0.42 和 0.323～0.33，还有被推断认为我国核试验释放的 $^{240}Pu/^{239}Pu$ 同位素比值 0.25(Warneke et al., 2002)。其中，全球大气沉降与 PPG 来源的 Pu 对环境的影响较为深远，切尔诺贝利核事故与我国核试验释放的 Pu 同位素相对于 PPG 来说是微不足道的。

通过对辽河口海岸带沉积物 7 个柱样中 $^{240}Pu/^{239}Pu$ 同位素比值的垂直分布(图 4.8)及 $^{240}Pu/^{239}Pu$ 同位素比值与 $^{240+239}Pu$ 比活度相关关系(图 4.10)的研究发现：除柱样 LH-10、LH-18 和 LT-2 以外，其他柱样的 $^{240}Pu/^{239}Pu$ 同位素比值随深度变化的趋势不是很明显，且 $^{239+240}Pu$ 比活度随深度的变化也不是很明显；它们的 $^{240}Pu/^{239}Pu$ 同位素比值的平均值都在 0.180～0.184(表 4.5)，与全球沉降产生的 $^{240}Pu/^{239}Pu$ 同位素比值一致。在柱样 LH-10 中，$^{240}Pu/^{239}Pu$ 同位素比值随深度的变化较为明显，变化范围在(0.171±0.017)～(0.251±0.028)，平均值为 0.199±0.021，但平均值和北半球大气沉降的同位素比值 0.18±0.02 也较为接近(Krey, 1976; Kelley et al., 1999)。柱样 LH-10 中的 $^{240}Pu/^{239}Pu$ 同位素比值的最大值 0.251±0.028 出现的深度(30 cm，图 4.8)和 $^{239+240}Pu$ 比活度最大峰值出现的深度刚好一致。在柱样 LH-18 中，$^{240}Pu/^{239}Pu$ 的同位素比值介于(0.169±0.039)～(0.229±0.058)，平均值为 0.197±0.041，与全球沉降的比值非常接近；40 cm 以下，$^{240}Pu/^{239}Pu$ 同位素比值开始增加，最大值在深度 50 cm 处为 0.229±0.058。$^{240}Pu/^{239}Pu$ 的同位素比值在“暂停核试验宣言”的前后有显著差异。Koide 等(1979, 1985)的研究发现：

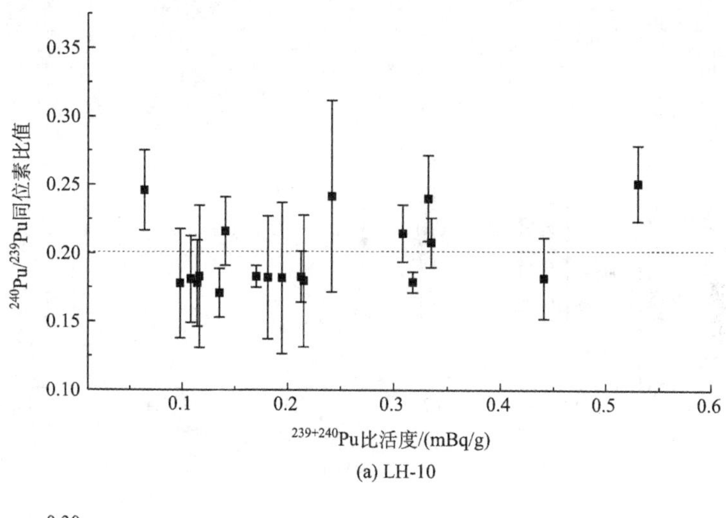

(a) LH-10

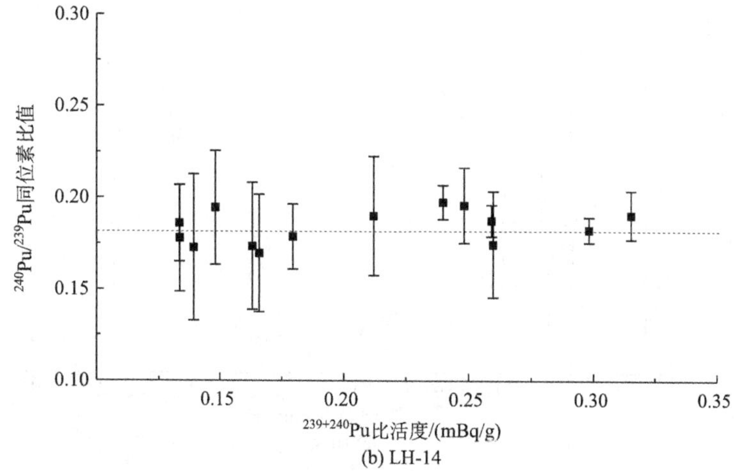

(b) LH-14

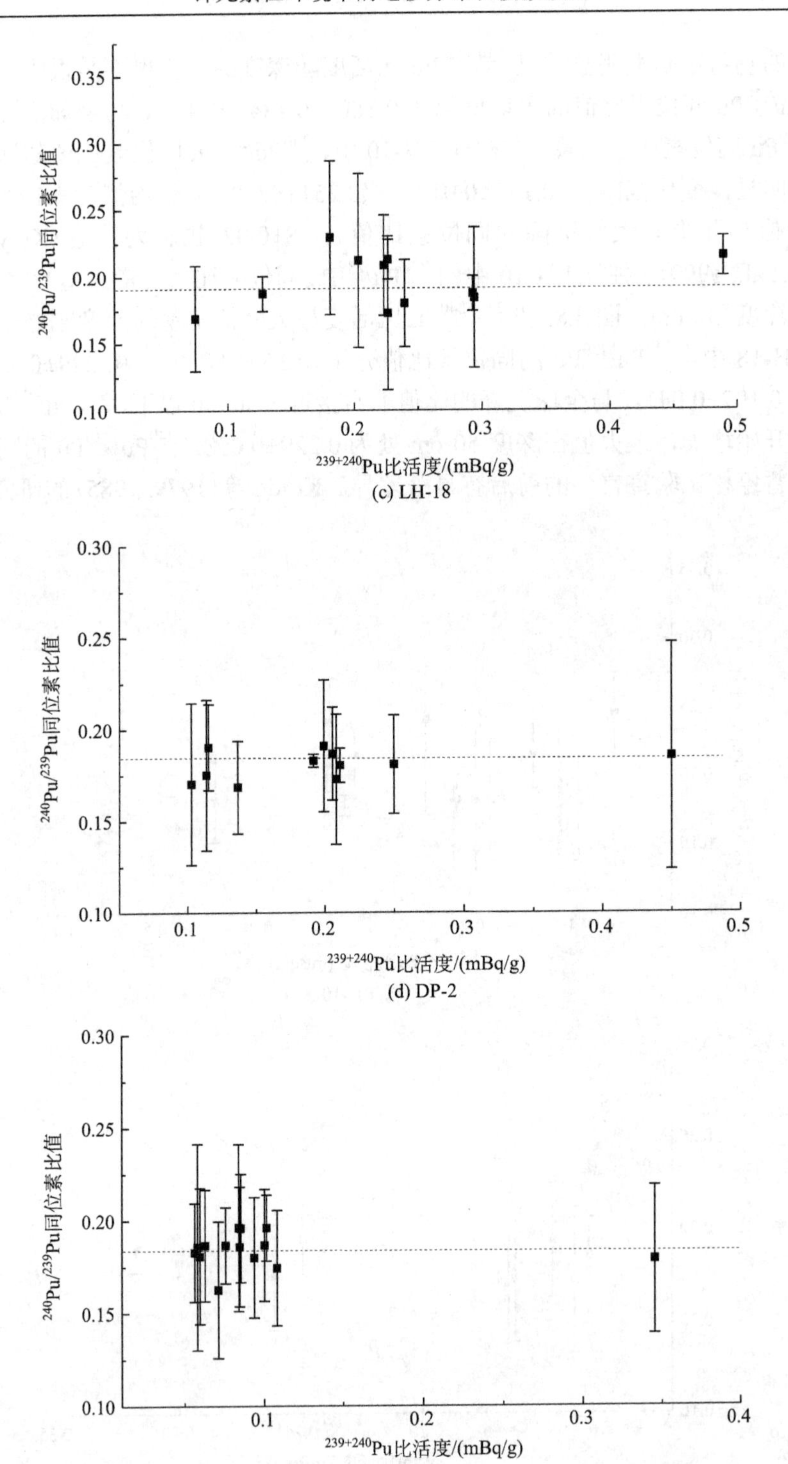

(c) LH-18

(d) DP-2

(e) DP-4

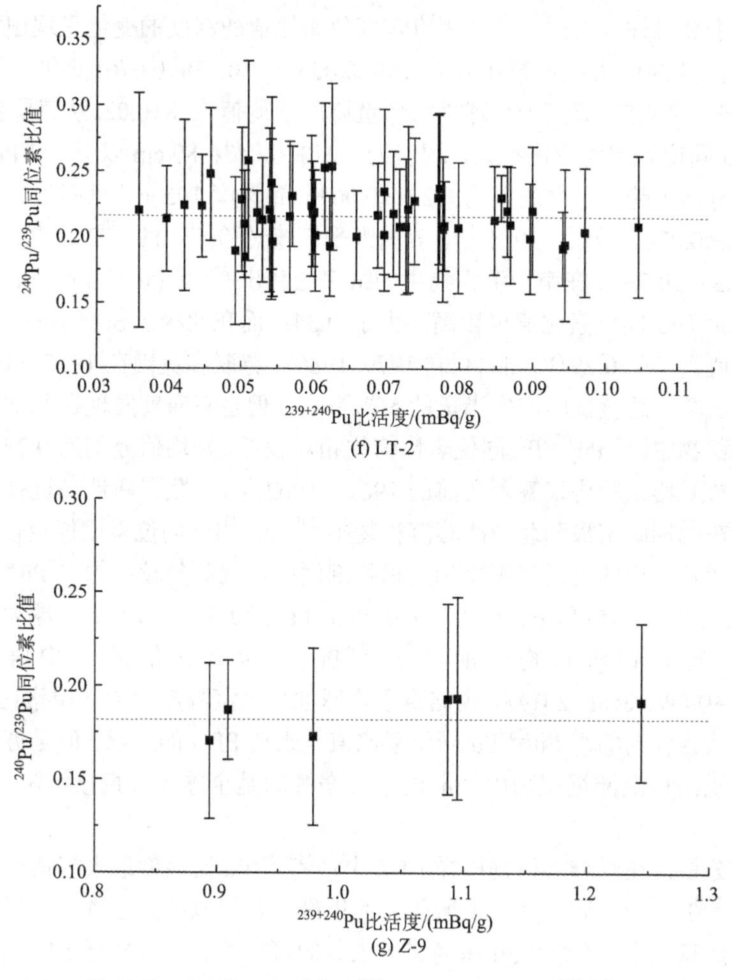

图 4.10　辽河口海岸带沉积物柱样中 $^{240}Pu/^{239}Pu$ 同位素比值与 $^{239+240}Pu$ 比活度相关关系
虚线表示其同位素比值平均值

在 20 世纪 60 年代以前，全球大气沉降核素 Pu 的同位素比值高于 0.18，为 0.20～0.24。我国程海湖沉积物柱样（CH970608-1）中的 $^{240}Pu/^{239}Pu$ 同位素比值为 0.164～0.271，平均值为 0.195±0.021（万国江等，2011），与北半球 20°～30°范围内的大气沉降比值 0.178±0.019（Kelley et al., 1999）一致。在柱样 LH-10 中，其深度 15 cm 处存在较高的 $^{240}Pu/^{239}Pu$ 同位素比值，原因可能是在该时段的沉积层中存在着非全球沉降的沉降源。根据本书 ^{137}Cs 计算沉积速率的结果推算，15 cm 深度处刚好对应的是 1986 年的沉积层位，但是该沉积速率值仅仅是一个相对平均值。但对于研究辽河口海岸带沉积物中 Pu 的来源是否受到切尔诺贝利核事故的影响，仅有上述分析是不够的，还需要做进一步的分析。

而对于潮滩柱样 LT-2，$^{240}Pu/^{239}Pu$ 同位素比值随深度的变化呈现出波动状的变化态势，其同位素比值范围在(0.189±0.056)～(0.258±0.076)变化，平均值为 0.217±0.050(表 4.5)，略高于全球性大气沉降的平均值 0.18±0.02。从表层到 80 cm，$^{240}Pu/^{239}Pu$ 同位素比值变化不大，均值为 0.213±0.047；80 cm 以下，$^{240}Pu/^{239}Pu$ 同位素比值有增大趋势，平均值为 0.231±0.063；到深度 105 cm 处附近，达到最大比值 0.258±0.076。1952～1954 年，美国太平洋核试验产生的 $^{240}Pu/^{239}Pu$ 同位素比值较高(0.33～0.36)。在南极沉积物中的最底层测出 $^{240+239}Pu$ 有较高的比活度，同时其 $^{240}Pu/^{239}Pu$ 同位素比值也较高，大于 0.34；而在北极沉积物中的 $^{240}Pu/^{239}Pu$ 同位素比值则小于 0.29(Koide et al., 1979, 1985)。苏联和英国在 1955～1958 年间进行的核试验占总核试验产生当量的 50%左右；但也有研究发现在此期间的南极和北极沉积物中，$^{240}Pu/^{239}Pu$ 同位素比值均相对较低，平均值分别为 0.22 和 0.25。而在暂停核武器试验协议签署之前的 1961～1962 年，苏联在新地岛进行了一系列核试验，在此期间南极和北极冰芯沉积物中 $^{240}Pu/^{239}Pu$ 同位素比值也仅有 0.18。而在东海和长江口的表层沉积物和沉积物剖面中，观测到较高的 $^{240}Pu/^{239}Pu$ 同位素比值(0.214～0.295) (Tims et al., 2010; Pan et al., 2011)，均大于全球大气沉降比值 0.18；珠江口沉积物中的 $^{240}Pu/^{239}Pu$ 同位素比值的平均值为 0.212±0.021(*n*=9) (Wu et al., 2014)，也略高于全球性大气沉降产生的同位素比值；且这些研究均认为较高的 $^{240}Pu/^{239}Pu$ 同位素比值是来自 PPG 的贡献。但是苏北新阳港潮滩和临洪河口潮滩沉积物中 Pu 的主要来源却是全球大气直接沉降(刘志勇，2011)。

综上分析，在潮滩沉积物柱样 LT-2 中，$^{239+240}Pu$ 比活度最大峰值所代表的沉积年代与 $^{240}Pu/^{239}Pu$ 同位素比值所代表的年份具有相似性；这进一步说明在辽河口海岸带沉积物中，可使用 Pu 作为定年工具的可靠性。再者，柱样 LT-2 中的 $^{240}Pu/^{239}Pu$ 同位素比值略大于全球性大气沉降的比值，而 PPG 来源的 Pu 具有较高的 $^{240}Pu/^{239}Pu$ 同位素比值；但辽河流域沉积物中的 Pu 却主要来自全球大气直接沉降，其 $^{240}Pu/^{239}Pu$ 同位素比值相对较低[≤(0.18±0.02)]；当两者之间发生吸附以及混合作用时，就有可能会形成辽河口潮滩沉积物中独特的 $^{239+240}Pu$ 比活度值与 $^{240}Pu/^{239}Pu$ 同位素比值。这也说明该区域除了有来自全球大气沉降的 Pu，还可能有来自 PPG 的 Pu 通过洋流输送到此处。

由于不同来源的 $^{239+240}Pu/^{137}Cs$ 比活度比值不同，所以其比值也可以作为判定环境中核素来源的一个重要指标(Hodge et al., 1996; Everett et al., 2008)。Hodge 等(1996)对北半球 155 个土壤样品中 $^{239+240}Pu$ 与 ^{137}Cs 的比活度和 $^{239+240}Pu/^{137}Cs$ 比活度比值进行测定，发现全球沉降的 $^{239+240}Pu/^{137}Cs$ 比活度比值为 0.026(^{137}Cs 衰变校正到 1998 年 7 月 1 日)。程海湖沉积物中 $^{239+240}Pu/^{137}Cs$ 比活度比值范围在 0.016～0.041，平均值为 0.0215(^{137}Cs 衰变校正至沉降时间)，这个比值与全球大

气沉降的 $^{239+240}Pu/^{137}Cs$ 比活度比值 0.021 较为一致；而我国在 70 年代进行的一系列核试验，其 $^{239+240}Pu/^{137}Cs$ 比活度比值仅为 0.019，略小于全球大气沉降的比值；从而认为程海湖沉积物中核素主要是来自全球大气沉降，进而也证实了该区域受到 70 年代我国核试验的影响。

根据前面对各个柱样 $^{240}Pu/^{239}Pu$ 同位素比值的分析可知，辽河口海岸带沉积物中 $^{239+240}Pu$ 主要来源是全球性大气沉降，但在河口潮滩柱样 LT-2 中，$^{240}Pu/^{239}Pu$ 同位素比值略高于全球大气沉降值，推断可能有 PPG 来源的 Pu 通过洋流输入该区域周围。因此，本书对潮滩柱样 LT-2 中 $^{239+240}Pu/^{137}Cs$ 比活度比值进行计算，以便进一步分析其 Pu 的来源。从表 4.5、图 4.11 中可以看出柱样 LT-2 中 $^{239+240}Pu/^{137}Cs$ 比活度比值变化范围介于 0.013～0.233，平均值为 0.052（^{137}Cs 衰变校正至 2015 年 5 月 10 日），该平均值 0.052 与图 4.6 中 $^{239+240}Pu$ 与 ^{137}Cs 比活度的相关关系的斜率 0.0491（通过 α=0.01 显著性检验）很接近；但这个比值明显高于全球大气沉降产生的比值 0.042。潮滩柱样 LT-2 的 $^{239+240}Pu/^{137}Cs$ 比活度比值随深度的变化较为明显，在 1～38 cm 处，$^{239+240}Pu/^{137}Cs$ 比活度比值的平均值为 0.085，40 ～70 cm 深度间的 $^{239+240}Pu/^{137}Cs$ 比活度比值的平均值为 0.038，70 cm 以下的 $^{239+240}Pu/^{137}Cs$ 比活度比值的平均值为 0.048。从图 4.11 还可以看出，1～38 cm 深度的 $^{239+240}Pu$ 与 ^{137}Cs 比活度的平均值分别为（0.058±0.009）mBq/g 和（0.949±0.07）Bq/kg；而 40～110 cm 深度的 $^{239+240}Pu$ 与 ^{137}Cs 比活度的平均值分别为（0.071±0.017）mBq/g、（2.0±0.533）Bq/kg；可以看出 ^{137}Cs 比活度随深度呈明显降低趋势，而 $^{239+240}Pu$ 比活度随深度仅略有降低。由于 ^{137}Cs 半衰期较短，而 $^{239+240}Pu$ 的半衰期较长，因此随着时间的推移，^{137}Cs 比活度减少的幅度远大于 $^{239+240}Pu$ 比活度减少的幅度，这应该也是导致 $^{239+240}Pu/^{137}Cs$ 66 活度比值随深度变化较大的主要原因（Smith et al., 1995）。再者，由于 $^{239+240}Pu$ 的吸附能力强于 ^{137}Cs，而 ^{137}Cs 具有更强的迁移能力，大量的 ^{137}Cs 在水体中以溶解态及悬浮物的形式向外输出（Huh and Su, 1999），进而也会导致 $^{239+240}Pu/^{137}Cs$ 比活度比值发生变化。也有研究表明：在海湾环境中，Pu 同位素可以优先地在生物干扰的氧化性沉积物中发生迁移，并再次由沉积物表面扩散，而后进入上覆水体中（万国江等，2011）。但是，Pu 同位素在还原条件下的海洋沉积物和淡水中是不发生迁移的，它的迁移主要是受它对微粒的亲和力以及微粒自身的迁移性所控制的；$^{239+240}Pu/^{137}Cs$ 比活度比值的变化主要是 ^{137}Cs 在海洋环境中具有较大的溶解度和迁移性所引起。$^{239+240}Pu$ 与 ^{137}Cs 在地球化学特征方面存在的差异，使得 $^{239+240}Pu/^{137}Cs$ 比活度比值在用于物源示踪方面的运用变得复杂，尤其是在水动力环境较为复杂的河口地区。长江口水下三角洲沉积物柱样 SC07 中 $^{239+240}Pu/^{137}Cs$ 比活度比值为 0.058（^{137}Cs 衰变校正到 2007 年 1 月 1 日），可以看出长江口地区 $^{239+240}Pu/^{137}Cs$ 比活度比值偏高，说明 $^{239+240}Pu$ 存在区域沉降来源。在南海北部沉积物柱样 A8 中 $^{239+240}Pu/^{137}Cs$

比活度比值变化范围较大，在 0.283～1.325，平均值为 0.721，明显高于全球沉降产生的 0.026±0.01（^{137}Cs 衰变校正至 2010 年 1 月 1 日）(Wu et al., 2013, 2014)。在 Spitsbergen 的苔原土壤中，$^{239+240}$Pu/^{137}Cs 比活度比值范围在 (0.01±0.01)～(0.42±0.11)，平均值为 0.06；其比值相对较高的原因是 ^{137}Cs 在沉降后的再次迁移(Łokas et al., 2013)。

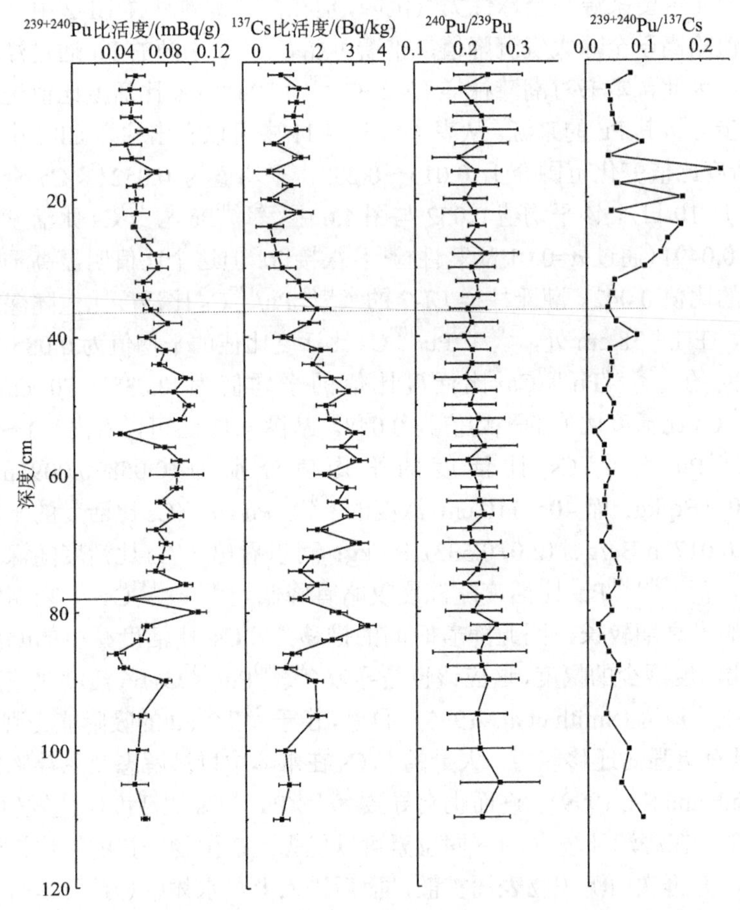

图 4.11　柱样 LT-2 中 $^{239+240}$Pu 与 ^{137}Cs 比活度、^{240}Pu/^{239}Pu 同位素比值及 $^{239+240}$Pu/^{137}Cs 比活度比值的垂直分布

此外，由于在不同时间段和不同区域进行核试验的次数和规模不同，其产生核素 ^{137}Cs、$^{239+240}$Pu 的当量也不相同，因此对沉积物柱样中 $^{239+240}$Pu/^{137}Cs 比活度比值的分析也可以反映出沉积年代。Koide 等(1985)测定分析了格陵兰与南极冰芯中 $^{239+240}$Pu/^{137}Cs 比活度比值，发现美国于 1952～1958 年间在太平洋核试验场进行核试验产生的 $^{239+240}$Pu/^{137}Cs 比活度比值为 0.023～0.04（^{137}Cs 衰变校正至沉降

时间)，而 1961～1962 年间苏联进行核试验产生的 $^{239+240}Pu/^{137}Cs$ 比活度比值为 0.011～0.013(^{137}Cs 衰变校正至沉降时间)，这说明暂停核试验前后的 $^{239+240}Pu/^{137}Cs$ 比活度比值有明显的差异。在辽河口潮滩柱样 LT-2 中，在深度 40～80 cm 的 $^{239+240}Pu/^{137}Cs$ 比活度比值的平均值 0.037 要小于深度 80 cm 以下的平均值 0.048。可见在柱样 LT-2 中，80 cm 以下深度对应于暂停核试验前 1952～1958 年间的大气核试验阶段，而在深度 80 cm 以上，核素来源于暂停核试验之后的全球性大气沉降；这也可以进一步证明 Pu 同位素与 ^{137}Cs 在 1963 年所对应的沉积层位定年的准确性和可靠性。

结合前面 ^{137}Cs 与 $^{239+240}Pu$ 的分析可知，该区域 ^{137}Cs 有大气直接沉降和流域输入来源，但 $^{239+240}Pu/^{137}Cs$ 比活度比值比全球大气沉降比值大，再结合 $^{240}Pu/^{239}Pu$ 同位素比值，可以推断出该区域潮滩沉积物中 Pu 存在其他来源。

4.3 Pu 在辽河口沉积物中的来源及沉积速率的探讨

经过以上分析，得出辽河口沿岸沉积物中 Pu 的主要来源是全球大气沉降；而在河口潮滩沉积物中，可能存在 PPG 来源的 Pu 通过洋流输运至该区域。为了能够较为准确地估算出全球大气沉降和 PPG 来源的 Pu 对辽河口地区的贡献量，采用两端元混合模型(Krey，1976)来判定这两个来源各自所占的贡献率：

$$\frac{(\mathrm{Pu})_1}{(\mathrm{Pu})_2}=\frac{(R_2-R)(1+3.67R_1)}{(R-R_1)(1+3.67R_2)} \tag{4.1}$$

$$(\mathrm{Pu})_1+(\mathrm{Pu})_2=100 \tag{4.2}$$

式(4.1)和式(4.2)中，$(Pu)_2$ 和 $(Pu)_1$ 分别代表 PPG 沉降与全球大气沉降所占的比例；R 代表柱样 LT-2 中 $^{240}Pu/^{239}Pu$ 同位素比值的平均值 0.217；R_2 是全球大气沉降的 $^{240}Pu/^{239}Pu$ 同位素比值 0.18(Krey, 1976; Kelley et al., 1999)；R_1 代表 PPG 来源的 Pu 的 $^{240}Pu/^{239}Pu$ 同位素比值 0.30～0.36(Krey，1976)；常数 3.67 是 ^{239}Pu 与 ^{240}Pu 比活度和同位素比值换算时产生的(Wu et al., 2014)。通过式(4.1)、式(4.2)，就可以计算出全球大气沉降和 PPG 来源的 Pu 对辽河口潮滩沉积物中 Pu 的贡献率。所以，当 R_1=0.30 或 R_1= 0.36 时，PPG 贡献率的计算结果如下。

计算结果表明：当 R_1=0.30 时，PPG 来源的 Pu 对辽河口潮滩沉积物柱样 LT-2 的贡献率为 36.06%；当 R_1=0.36 时，PPG 来源的 Pu 对该沉积物柱样 LT-2 的贡献率为 17.07%。那么，PPG 来源的 Pu 在辽河口潮滩沉积物中的比率范围为 17.07%～36.06%，平均为 26.57%；则全球大气沉降来源的 Pu 所占的比率为 63.94%～82.93%，平均为 73.43%。辽河口潮滩沉积物中 PPG 来源 Pu 的贡献率和珠江口沉积物中 PPG 来源的贡献率 30%接近(Wu et al., 2014)，但小于长江口沉积物中 PPG 来源的 40%～44%(Pan et al., 2011; 刘志勇，2011)的贡献率。

沉积物柱样中 $^{239+240}$Pu 蓄积总量是评估 Pu 同位素在海洋中累积过程的很好指标，有助于揭示其来源、清除效率和水体及颗粒物中 Pu 同位素的水平运移过程。根据

$$T_s = \sum_{i=1}^{n} C_i \cdot B_i \cdot D_i \tag{4.3}$$

式中，T_s 为沉积柱样的 ^{137}Cs 与 $^{239+240}$Pu 的总量；i 为分层序号；n 为分层数；C_i 为第 i 层中 ^{137}Cs 与 $^{239+240}$Pu 的比活度，Bq/kg；D_i 为第 i 层样品所在的厚度，m；B_i 为第 i 层的土壤容重，kg/m^3。

利用式(4.3)与实测 $^{239+240}$Pu 比活度数据，计算得到辽河口潮滩柱样 LT-2 中 $^{239+240}$Pu 蓄积总量为(109.9±3.76) Bq/m^2。那么，根据两端元混合模型得出 PPG 来源 Pu 的贡献率，得到 PPG 来源 Pu 的贡献量为 29.2 Bq/m^2，剩余的 Pu 均来自全球大气沉降和辽河流域输入，约为 80.7 Bq/m^2。在 30°～40°N，Pu 同位素的大气沉降总量约为 42 Bq/m^2 (UNSCEAR, 2000)；扣除沉积物中 $^{239+240}$Pu 全球大气直接沉降总量，剩余的 $^{239+240}$Pu 就是辽河流域的输入量，约为 38.7 Bq/m^2，占 $^{239+240}$Pu 总量的 35.2%左右。因此，辽河口潮滩沉积物中 Pu 的来源以全球大气沉降和辽河流域输入为主。而在长江口地区，陆源输入的 Pu 在沉积物中的比例为 45%，PPG 来源的 Pu 在沉积物中的比例占 44%，剩下 11%来自全球大气直接沉降(刘志勇，2011)。

有学者对黄海海水沉积物中 Pu 和 ^{137}Cs 同位素分布特征做了研究，发现在泥质沉积区，Pu 和 ^{137}Cs 的比活度都较高，他们将这种现象归结为长江等河流带来过剩的 Pu 和 ^{137}Cs 导致的(Nagaya and Nakamura, 1992)，而对洋流输运来的 PPG 来源的 Pu 忽略不计。由外海进入的高盐“黄海暖流余脉”以及低盐“渤海沿岸流系”共同构成了渤海环流系统(管秉贤等, 1997)；在冬季，来自“对马暖流水”和“东海混合水”通过侧向混合则形成黄海暖流水(图 4.12)(苏纪兰和袁立业，2005)。而后，黄海暖流余脉犹如一股射形流向西延伸到渤海西岸后，由于受到海岸阻挡被分为南、北两支。北支沿辽东湾西岸北上，会同沿岸径流，构成湾内顺时针向的大流环；南支融合到黄河入海径流为主的渤海沿岸流内，由渤海海峡南部向东流出，形成一个逆时针的大流环(苏纪兰和袁立业，2005；毕聪聪，2013)。

由以上分析可知，辽河口潮滩沉积物中 Pu 的来源以全球大气沉降和辽河流域输入为主，其余部分的 Pu 是来自 PPG 的贡献；可能是通过对马暖流水和东海混合水形成的黄海暖流水输入而来的。

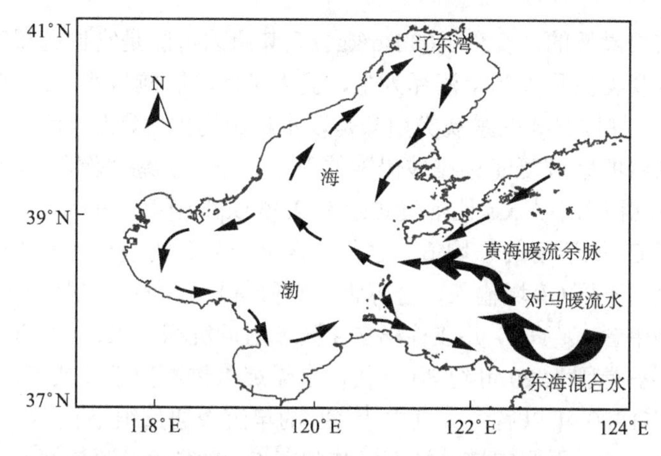

图 4.12　渤海环流水形成示意图[据苏纪兰和袁立业(2005)的文献改绘]

不同学者对黄海表层海水中 $^{240}Pu/^{239}Pu$ 同位素比值做了调查分析，Yamada 和 Zheng(2011)发现其同位素比值为 0.223±0.016；而 Kim 等(2004)发现其同位素比值的范围在 1999 年为 0.18～0.33，平均值为 0.23±0.01(n=10)，2001 年其比值范围在 0.26～0.29，平均值为 0.28±0.01(n=5)，2002 年 $^{240}Pu/^{239}Pu$ 同位素比值为 0.22～0.27，平均值为 0.23(n=5)。此外，Wu 等(2014)也对福岛核事故对中国海的影响做了评估，发现福岛核事故前后 $^{239+240}Pu$ 的比活度与 $^{240}Pu/^{239}Pu$ 同位素比值几乎相同，这说明福岛核事故对南海北部的影响基本可以忽略或者其输入量太低以至于还不能改变 Pu 同位素的组成。Kim 等(2020)对朝鲜半岛海洋中 Pu 同位素的检测发现，其 Pu 同位素的含量与福岛核事故前相比也没有明显的变化。

4.4　^{137}Cs 在辽河口海岸带的分布特征

4.4.1　表层沉积物中的空间分布特征

放射性核素 ^{137}Cs 在河口沉积物中含量的大小受到诸多因素的影响，其主要影响因素：放射性同位素输入量的多少、河口沉积物的沉积速率、沉积物的粒度、沉积物中有机质的含量、生物扰动作用、沉积物的矿物组成、沉积物所在区域的水深、河口的地形特征、同位素在沉积物中的迁移速率以及含有同位素的细颗粒物质的再悬浮作用等(Lansard et al.，2007；刘志勇，2011)。

本书中，各柱样表层沉积物的厚度均在 0～5 cm 处的深度范围内。从图 4.13 中可以看出，辽河口海岸带表层沉积物中 ^{137}Cs 比活度的变化范围在(1.03±1.01)～(15.68±1.13) Bq/kg，平均值为(5.09±0.34) Bq/kg(n=17)；沉积物柱样 Z-9 中 ^{137}Cs 比活度较其他柱样高很多，达到 15.68 Bq/kg，而沉积物柱样 Z-8 中 ^{137}Cs 比活度是本研究区域内最低的，仅有 1.03 Bq/kg。究其原因可能是它们的景观类型不同，柱样 Z-9 的景观类型是以芦苇沼泽为主，受人类活动影响较小，或许也是沉积物的堆积区域；而柱样 Z-8 的景观类型却是以水稻田为主，受人类活动影响比较大，所以此柱样周围的区域可能存在被侵蚀的现象。而对于潮滩沉积物柱样 LT-1 和 LT-2，其表层沉积物中 ^{137}Cs 比活度也仅有 2.36 Bq/kg 和 3.16 Bq/kg，低于研究区表层沉积物 ^{137}Cs 比活度的平均值。这种核素空间分布的差异性产生的可能原因：一是它们的来源不同(流域输入、全球大气沉降等)引起的；二是周围新近水平搬运来的沉积物中含有 ^{137}Cs，并在柱样 Z-9 区域附近沉积下来，导致该区域的 ^{137}Cs 比活度较高；三是因为 20 世纪 80 年代以来无沉积物堆积于此或者沉积后又被侵蚀。若假定在 1980 年以后，大气中 ^{137}Cs 的年沉降通量很小且逐渐趋近于 0 值(Milan et al., 1995)，再假定该区域沉积物中 ^{137}Cs 的唯一来源是 ^{137}Cs 大气直接沉降，则这个区域的沉积物中在 1980 年以后就不会含有 ^{137}Cs。但从图 4.13 中可以看出，该区域的表层沉积物中都含有 ^{137}Cs，这表明流域内的侵蚀输入是导致该区域表层沉积物中 ^{137}Cs 比活度空间差异较大的主要原因。Yang 等(2002, 2003)对河口三角洲及河口湿地的侵蚀现象研究发现，水下三角洲沉积物的堆积过程有减缓的趋势，但是自 1980 年以来还存在沉积物的堆积过程。因此，该区域 80 年代以来无沉积物在此处堆积的可能性也是不存在的。

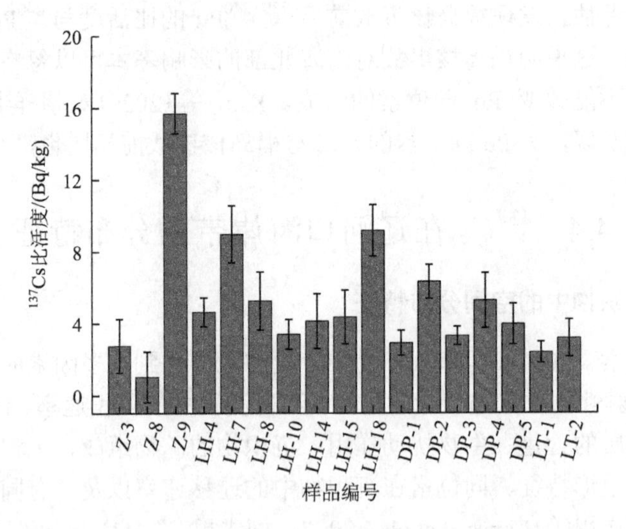

图 4.13　辽河口海岸带表层沉积物中 ^{137}Cs 比活度

而从表层沉积物的空间分布图(图 4.14)可以看出，辽河口海岸带沉积物中 ^{137}Cs 比活度的空间差异显著，呈现出由东向西、由潮滩向陆逐渐增加的趋势。^{137}Cs 比活度含量的高低与沉积环境的稳定性有关，而海岸带的沉积环境自潮滩向陆地越来越稳定(王颖和朱大奎，1990)；沉积环境越趋于稳定，^{137}Cs 在表层沉积物的比活度就可能越高。邢闪(2015)对我国表层土壤中 ^{137}Cs 比活度的空间分布进行了分区域研究，发现在东北地区的表层土壤中 ^{137}Cs 比活度为 7.126 Bq/kg，略高于本书的研究结果。杜金洲等(2010)通过测量核素 ^{210}Pb、^{137}Cs、^{7}Be 在长江口地区表层沉积物中的分布特征，发现 ^{210}Pb 和 ^{7}Be 从海向岸没有明显的空间差异性，而 ^{137}Cs 从海向岸则有明显的空间差异性，从海向岸呈现出逐渐增加的趋势；这些核素空间分布的差异性可能是它们的来源不同引起的，^{137}Cs 主要为长江的输入，而 ^{7}Be、^{210}Pb 却主要是来自大气沉降。有学者对江苏北部潮滩表层沉积物中 ^{137}Cs 的空间分布研究发现，由海至陆地方向，^{137}Cs 比活度呈逐渐增加趋势(Liu et al., 2010)，这和本书得出的结论一致。

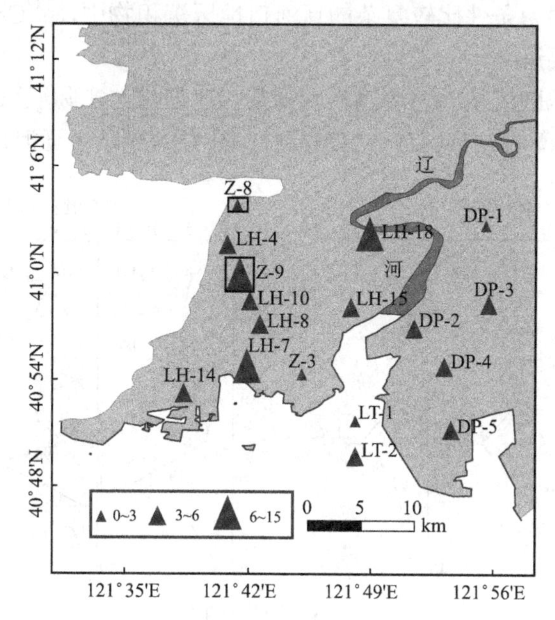

图 4.14　辽河口海岸带表层沉积物中 ^{137}Cs 比活度的空间分布

4.4.2　海岸带沉积物中的垂直分布特征

河口海岸带沉积物中核素 ^{137}Cs 的主要来源是自 20 世纪 40 年代中期以来所进行的一系列大气核试验，^{137}Cs 散落在空中后，通过大气沉降的形式并伴随着降水输入地表和海洋环境中。^{137}Cs 比活度开始被检测到的某一深度就是起始层位深度，且 ^{137}Cs 起始层位深度所对应的时标是 1954 年，这个时标曾被普遍应用于我国河口海岸沉积物的沉积过程研究中(潘少明等，2008；夏小明等，2004)。而大气沉降的 ^{137}Cs 在 1963 年存在一个最大峰值，这个最大峰值看成 ^{137}Cs 定年的时间标志；1963 年之后，大气中的 ^{137}Cs 明显减少，到 20 世纪 80 年代初期，大气中的 ^{137}Cs 即将接近零值(Milan et al., 1995)。而在 1986 年发生的切尔诺贝利核泄漏事故，又再次使得全球部分区域环境中可以检测到 ^{137}Cs；有学者分析认为该事故产生 ^{137}Cs 的年沉降量仅有 1963 年的 10%左右，它对欧洲的影响较大，对东亚的影响相对较小，因此可以忽略(Shcherbak, 1996；张信宝等，2012)。有研究发现切尔诺贝利核事故释放出的放射性核素 ^{137}Cs 有大约 90%可能沉降在距离核事故 1500 km 以内的区域(Simsek et al., 2014)；但对日本筑波、东京等地区的 ^{137}Cs 大气沉降监测发现，^{137}Cs 在 1986 年存在一个明显的次级峰值(Hirose et al., 2008)；曹立国等(2015)在对辽东湾 ^{137}Cs 大气沉降通量的研究中，也发现 ^{137}Cs 在 1986 年存在一个次级峰值；且他们均认为该次级峰值与 1986 年的切尔诺贝利核事故有关。因此，在水动力条件比较复杂的辽河口地区沉积物中，^{137}Cs 是否存在 1986 年的次级峰值需要进一步的探讨分析。

由于辽河口地区沉积动力环境较为复杂，在理想与实际沉积环境中，沉积物柱样中 ^{137}Cs 比活度的分布均有一定差异性。图 4.15 显示了辽河口海岸带 17 个沉

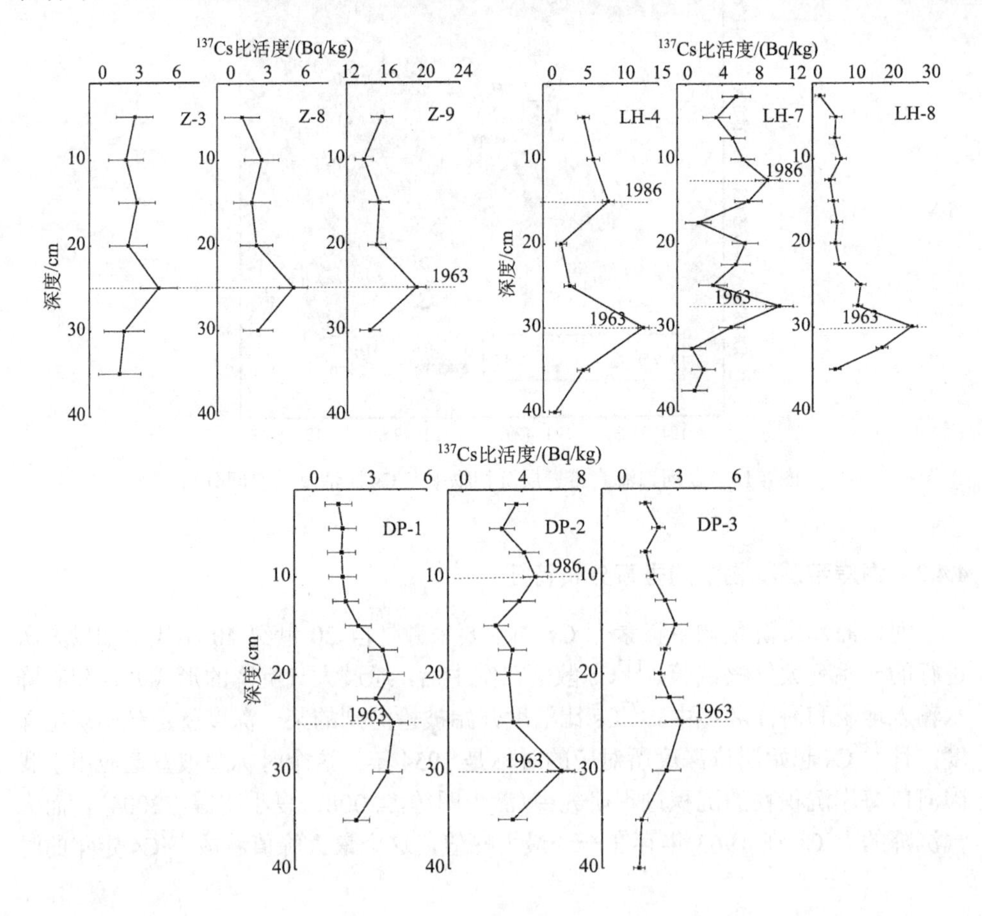

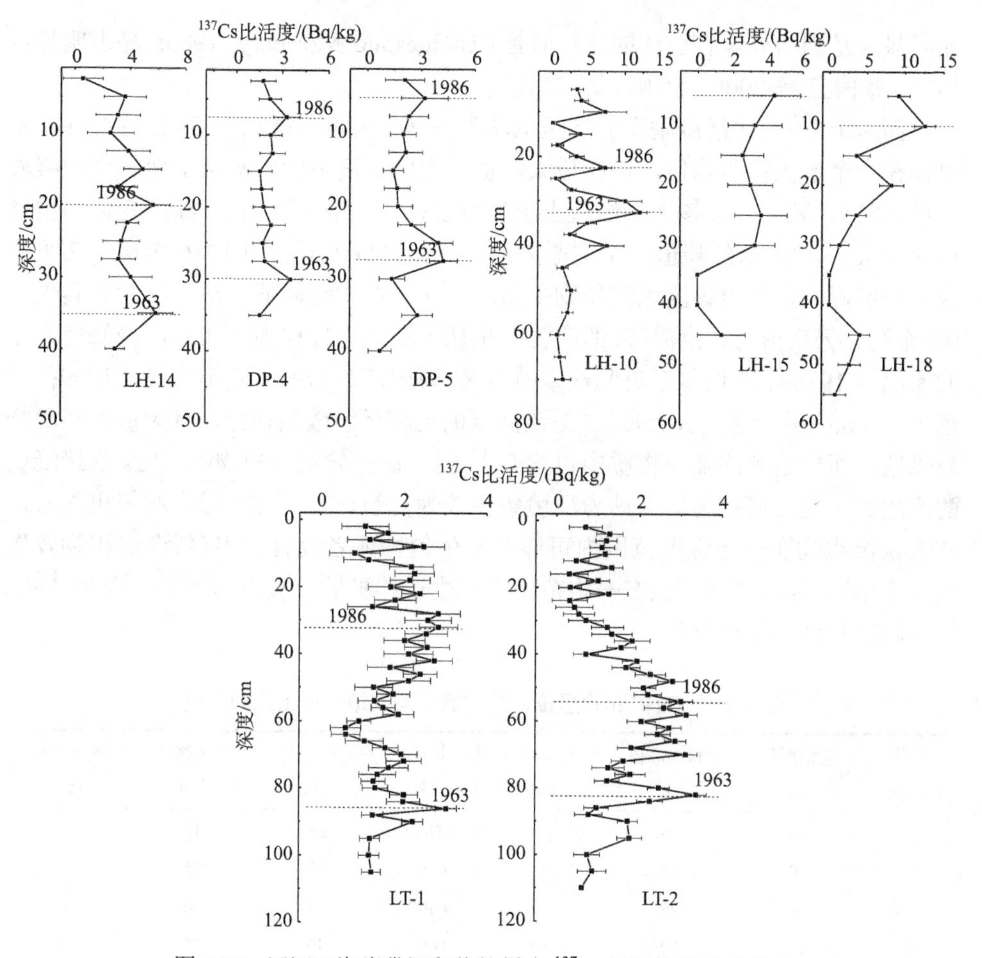

图 4.15　辽河口海岸带沉积物柱样中 ^{137}Cs 比活度的垂直分布

积物柱样中 ^{137}Cs 比活度的垂直分布情况；为了能更加深入地分析辽河口海岸带各个沉积物柱样中 ^{137}Cs 比活度的垂直分布情况，将本书研究区中所选用的 17 个沉积物柱样按照 ^{137}Cs 比活度的垂直分布曲线分成三类：①单峰型曲线：Z-3、Z-8、Z-9、LH-8、DP-1、DP-3；②双峰型曲线：LH-4、LH-7、LH-10、LH-14、DP-2、DP-4 、DP-5、LT-1 和 LT-2；③不规则曲线：LH-15、LH-18。

从图 4.15 可以看出，在 ^{137}Cs 比活度垂直分布呈现出单峰型曲线的沉积物柱样中，都有一个明显的 ^{137}Cs 最大峰值存在。^{137}Cs 最大蓄积峰值的范围在 (3.17±0.84)～(19.37±1.02) Bq/kg，且其出现的深度介于 25～30 cm；从表层 0 cm 到最大峰值出现的深度之间，^{137}Cs 比活度随深度的变化具有一定程度的相似性，其变化范围较小。有研究表明，在典型的 ^{137}Cs 比活度垂直分布曲线中，^{137}Cs 最大峰值所对应的时标为 1963 年，且 1963 年沉积层位中 ^{137}Cs 比活度的峰值也最为明显，是国内外学者公认的计年时标(Ritchie and McHenry, 1985; 潘少明等，1997; 张信宝等, 2009; 万国江等, 2011)。

而对于 ^{137}Cs 比活度垂直分布呈双峰型曲线的柱样，虽然 ^{137}Cs 在各个柱样中也存在一个最大蓄积峰值，但在最大峰值以上的深度范围内却又出现一个次级峰值(图 4.15、表 4.6)，该次级峰值出现的深度范围在 5～54 cm，深度变化的幅度相对较大。^{137}Cs 次级峰值产生的原因：一是该区域可能受到 1986 年切尔诺贝利核事故的影响，使得该区域沉积物中出现 ^{137}Cs 的次级峰值。部分学者对其他地区(东海、云南洱海、渤海等)的研究，也认为沉积物柱样中 ^{137}Cs 次级峰值产生的原因与 1986 年的切尔诺贝利核事故有关(万国江，1999；夏小明等，1999；王福等，2006；杨俊鹏，2011)。二是该区域的沉积环境较为稳定，有大量的陆源物质供给，而供给来的陆源物质中也含有 ^{137}Cs，这会导致沉积物中 ^{137}Cs 次级峰值的产生。三是在河口地区水动力环境条件较为复杂，当 ^{137}Cs 最大峰值出现时，其表层沉积物在一定深度范围内可能会发生侵蚀或者混合作用(新老沉积物发生混合作用)，导致 ^{137}Cs 也在一定范围内产生迁移扩散，从而形成了一个与 ^{137}Cs 最大峰值相似的次级峰值。

表 4.6 ^{137}Cs 的起始层位、最大峰值与次级峰值出现的深度

柱样名称	起始层位/cm	最大峰值/cm	次级峰值/cm	柱样名称	起始层位/cm	最大峰值/cm	次级峰值/cm
Z-3	35	25	—	LH-18	55	10	—
Z-8	30	25	—	DP-1	35	25	—
Z-9	30	25	—	DP-2	35	30	10
LH-4	40	30	15	DP-3	40	25	—
LH-7	37.5	27.5	12.5	DP-4	35	30	7.5
LH-8	35	30	—	DP-5	40	27.5	5
LH-10	70	32.5	22.5	LT-1	105	86	32
LH-14	40	35	20	LT-2	110	82	54
LH-15	45	5					

注：“—”表示该柱样中不含有次级峰值。

将本书研究区内沉积物中 ^{137}Cs 次级峰值的产生看成与 1986 年苏联发生的切尔诺贝利核事故有关，那么，柱样深度在 15 cm(LH-4)、12.5 cm(LH-7)、22.5 cm(LH-10)、20 cm(LH-14)、10 cm(DP-2)、7.5 cm(DP-4)、5 cm(DP-5)、32 cm(LT-1)和 54 cm(LT-2)处的峰值对应的时标就是 1986 年，则可以估算出 1963～1986 年、1986～2012 年(2015 年)间的沉积速率(表 4.7)。所有 ^{137}Cs 分布呈双峰型曲线的柱样，其沉积速率从 1963～1986 年到 1986～2012 年(2015 年)间有明显的减小趋

势；且潮滩柱样 LT-2 的沉积速率在 1986～2015 年间的平均值为 1.8 cm/a，这与张子鹏(2013)采用 ^{137}Cs 估算双台子河(辽河)口潮滩的沉积速率(平均值为 1.61 cm/a)非常接近。河口海岸带沉积物中 ^{137}Cs 的来源以全球性大气沉降与流域的水平搬运输入为主，尤其是河口海岸带地区的流域沉积物供给变化、当地的潮位情况、极端气候事件以及大规模围填海活动，可能会使得 ^{137}Cs 实测峰值在沉积物柱样中的分布有一定的不确定性出现。有研究发现北半球的 ^{137}Cs 逐年大气沉降总量变化曲线在 1986 年出现了一个明显的次级峰值(Mcmanus and Duch, 1993)；Hirose 等(2008)对日本东京、筑波等地区 ^{137}Cs 的大气沉降历史研究发现，^{137}Cs 在 1986 年有一个明显的次级峰值出现；有研究发现辽东湾地区 ^{137}Cs 大气总沉降通量在 1986 年也出现了一个沉降峰值(曹立国等，2015)；且他们也都认为 1986 年发生的切尔诺贝利核事故是 ^{137}Cs 沉降峰值产生的主要原因。虽然 ^{137}Cs 的全球大气沉降量在各地区有所差异，但其与沉积物中所反映出来的 ^{137}Cs 峰值特征是基本吻合的，^{137}Cs 作为时标定年的工具并没有受影响。所以，辽河口海岸带沉积物中 ^{137}Cs 次级峰值的出现，很有可能是受到了 1986 年切尔诺贝利核事故的影响。

表 4.7　次级峰存在条件下的沉积速率　(单位：cm/a)

年份	LH-4*	LH-7*	LH-10*	LH-14*	DP-2	DP-4	DP-5	LT-1	LT-2
1963～1986	0.65	0.65	0.98	0.65	0.87	0.98	0.98	2.35	1.22
1986～2012	0.58	0.43	0.83	0.74	—	—	—	—	—
1986～2015	—	—	—	—	0.34	0.26	0.17	1.06	1.8

*该柱样采集时间是 2012 年，其他柱样采集时间是 2015 年；“—”表示无沉积速率。

对于 ^{137}Cs 比活度分布呈不规则曲线的柱样 LH-15 和 LH-18，其 ^{137}Cs 最大峰值出现在表层和次表层。有研究表明：在河口、盐沼等区域，若沉积物中有机质含量较高，^{137}Cs 就有可能会富集在有机质中(项亮，1995)，这会极大增加沉积物中 ^{137}Cs 的蓄积峰向表层迁移的可能性。也有可能是 ^{137}Cs 最大峰值所在层位深度以上的部分被侵蚀了或者自 20 世纪 60 年代以来的沉积速率极低，这都会造成表层或者次表层 ^{137}Cs 的蓄积峰值较大。再者，辽河口地区正在大面积的开发中，人工修建的养鱼养蟹池，挖掘出的深层沉积物堆积于河口沿岸表层(杨俊鹏，2011)，这也是表层出现 ^{137}Cs 蓄积峰值的原因之一。在我国海岸带的其他地区(渤海独流减河堤后盐沼、长江口外侧海区等)S1、S2、460-8、460-20、460-39、493-10、493-15、551-27、551-34 等柱样中也有这类 ^{137}Cs 的分布曲线出现(Huh and Su, 1999; Su and Huh, 2002; 李建芬等，2003；王福，2009)。此外，沉积物柱样 LH-15 和 LH-18 中 ^{137}Cs 比活度的垂直分布在深度 35～40 cm 处出现断层，这表明在这两个沉积物柱样的附近区域，其沉积过程是不连续的。这可能是因为在该区域的沉积过程中，流域内物源供给、气候条件及水动力环境的改变使得该区域发生侵蚀，从而使得该柱样中 ^{137}Cs 比活度的垂直分布在 35～40 cm 处出现断层；也可能是受到其他物理、化学过程或者生物扰动作用的影响，使得 ^{137}Cs 在沉积物中发生迁移后出现断层。

沉积物中 ^{137}Cs 起始层位深度指的是 ^{137}Cs 在沉积物中刚开始被检测到的某一层位所对应的深度，其深度所对应的时标为 1954 年，该时标被广泛使用于我国河口海岸沉积物的沉积过程研究中(潘少明等，2008；夏小明等，2004)。当 ^{137}Cs 最初沉降到地表并开始在沉积物中沉积时，扰动作用会在扰动层厚度范围内产生 ^{137}Cs 的混合沉积(王福，2009)，导致 ^{137}Cs 在沉积物中的实际沉积层位深度可能会下移到扰动层厚度。在理想的情况下，仪器可检测到 ^{137}Cs 的最大深度(即 ^{137}Cs 的起始层位)必须要考虑扰动层的厚度范围；但本书在选取 ^{137}Cs 的起始层位深度时，忽略扰动层厚度对起始层位的干扰。辽河口海岸带沉积物柱样中 ^{137}Cs 的起始层位深度范围在 30～110 cm(表 4.6)，也可以推断出在辽河口海岸带沉积物中，^{137}Cs 的起始层位深度由海向陆呈现出逐渐减小的趋势。海水中的 ^{137}Cs 绝大多数以离子态形式存在，具有很高的溶解度；由于潮流和波浪扰动作用的存在，^{137}Cs 解吸作用也很明显，这会导致 ^{137}Cs 的重新分布和再迁移，这必然会引起沉积物中的 ^{137}Cs 出现在比预期深度更深的层位中(Schaffner et al., 1987；孙丽等，2007)；但也有研究发现这种影响只是稍微会加宽沉积物柱样中 ^{137}Cs 比活度的最大蓄积峰的形状，而 ^{137}Cs 蓄积峰值的最大层位深度却不会改变(陈绍勇等，1988；潘少明等，1997)。有学者研究发现：在沉积物中 ^{137}Cs 的垂向迁移以及生物扰动作用、物理过程及化学过程等因素引起的表层底泥的扰动对沉积物中 ^{137}Cs 的再分配会改变其垂直分布(Sholkovitz and Mann，1984；Walling and He，1992；孙丽等，2007)；再者，1954 年所对应的沉积层中 ^{137}Cs 比活度本来就比较低，若是再加上这种扰动作用，该年份 ^{137}Cs 含量的强度将会进一步降低，这可能会增加以 1954 年作为 ^{137}Cs 时标定年的难度，还可能会引起沉积物的起始层位时标失效。

此外，采用一元线性回归对辽河口海岸带沉积物中黏土含量、有机质与 ^{137}Cs 比活度的相关关系做了分析，发现黏土含量、有机质与 ^{137}Cs 比活度相关性都较低，^{137}Cs 比活度与沉积物中黏土含量与有机质之间的关系不明显。辽河口沉积环境相对复杂，其淤积沉积物的主要来源是被潮流、波浪以及冲淡水输运而来的入海泥沙。此外，由于人类活动的强烈干扰，这也有可能会影响沉积物中 ^{137}Cs 比活度与黏土含量及有机质之间的相互关系。

4.5　辽河口沉积物中 $^{239+240}Pu$ 与 ^{137}Cs 的垂直分布比较

沉积物中 $^{239+240}Pu$ 与 ^{137}Cs 比活度的垂直分布较为相似，但由于 $^{239+240}Pu$ 与 ^{137}Cs 具有不同的物理化学属性，它们能否一致地揭示沉积过程并较为准确地测定沉积年代这一问题尚需进一步分析。有学者发现在水动力环境较弱且受人类活动干扰相对较少的淡水湖泊环境中，$^{239+240}Pu$ 与 ^{137}Cs 能反映相同的沉积过程信息(Zheng et al., 2008)。而在河口海岸环境中，$^{239+240}Pu$ 相对于 ^{137}Cs 而言，其迁移能力较弱且来源比 ^{137}Cs 更为复杂。此外，沉积物中 $^{239+240}Pu$ 的测年原理与 ^{137}Cs 相似，均采用起始层位法和最大峰值法来确定主时标。$^{239+240}Pu$ 在沉积物中可检测到的最早年份是 1948 年，可以把可检测到 $^{239+240}Pu$ 比活度的深度作为起始层位；大气中 $^{239+240}Pu$ 的沉降量在 1963 年前后达到最大值，而在沉积物中 $^{239+240}Pu$ 最大峰值所在的深度层位对应的时标就是 1963 年。根据以上分析，用 $^{239+240}Pu$ 的起始层位法和最大峰值法计算辽河口海岸带 7 个柱样的沉积速率(表 4.8)，并与 ^{137}Cs 的计算结果加以比较。

表 4.8　沉积物中 ^{137}Cs 与 Pu 同位素得到的沉积速率　(单位：cm/a)

柱样名称	^{137}Cs 起始层位法(1954～2012 年)	^{137}Cs 最大峰值法(1963～2012 年)	$^{239+240}Pu$ 起始层位法(1948～2012 年)	$^{239+240}Pu$ 最大峰值法(1963～2012 年)
Z-9	0.59	0.50	0.46	0.50
LH-10	1.19	0.65	0.85	0.60
LH-14	0.68	0.7	0.62	0.25
LH-18	—	—	0.85	0.40
DP-2*	0.56	0.58	0.51	0.57
DP-4*	0.56	0.58	0.59	0.52
LT-2*	1.77	1.58	1.62	1.51

*该柱样的采样时间是 2015 年；“—”表示无数据。

从表 4.8 中可以看出，按照 $^{239+240}Pu$ 起始层位法计算辽河口海岸带沉积物的沉积速率的结果范围在 0.46～1.62 cm/a，平均值约为 0.79 cm/a；而采用 $^{239+240}Pu$ 最大峰值法计算的结果介于 0.25～1.51 cm/a，平均值约为 0.62 cm/a。这个结果与 ^{137}Cs 的结果有一定的相似性：采用 $^{239+240}Pu$ 和 ^{137}Cs 起始层位法计算出的沉积速率都大于使用 $^{239+240}Pu$ 与 ^{137}Cs 最大峰值法计算得到的结果。此外，为了检验两种核素 $^{239+240}Pu$ 与 ^{137}Cs 得到的沉积速率两者之间是否有显著性差异，对计算结果进行 t 检验。对起始层位法得到的结果 t 检验(t=0.4289＜$t_{0.01,11}$=3.106，n=7)，结果表明，采用 $^{239+240}$Pu 与 ^{137}Cs 两种核素的起始层位法对沉积物沉积速率的计算没有显著性差异；对最大峰值法得到的沉积速率进行 t 检验（$t=0.6335<t_{0.01,11}=3.106$，$n=7$）的结果也表明，采用 $^{239+240}$Pu 与 ^{137}Cs 两种核素的最大峰值法对沉积物沉积速率的计算也没有显著性差异。这进一步说明了核素 Pu 同样具有现代沉积物沉积计年的时标价值，也弥补了 ^{137}Cs 因半衰期较短而用于地球化学环境过程示踪的不足；也说明采用两种核素 $^{239+240}$Pu 与 ^{137}Cs 对沉积物的沉积年代进行判定，使得到的定年结果更加准确、可靠。

为了更好地利用 $^{239+240}$Pu 与 ^{137}Cs 来揭示沉积过程及沉积年代信息，本书对研究区沉积物柱样中 $^{239+240}$Pu 与 ^{137}Cs 比活度随深度的变化趋势（图 4.16）作以比较分析。结果发现：在沉积物柱样 LH-10、LH-14、DP-2、DP-4 和 LT-2 中，^{137}Cs 比活度存在次级峰值的层位深度处，$^{239+240}$Pu 比活度却未出现次级峰值。Hirose 等(2008)对日本东京、筑波地区 1957～2008 年间 $^{239+240}$Pu 与 ^{137}Cs 的年沉降记录研究发现(图 4.9)，^{137}Cs 大气沉降量值分别在 1963 年、1986 年有一个最大峰值和一个次级峰值出现，且 ^{137}Cs 次级峰值在日本东京、筑波地区出现的主要原因是该地区受 1986 年切尔诺贝利核事故的影响；而 $^{239+240}$Pu 大气沉降在 1986 年却没有监测出该次级峰值。本书利用 ^{137}Cs 理论峰值模型对辽河口沉积物中 ^{137}Cs 次级峰值加以验证，发现 ^{137}Cs 次级峰值对应的时标是 1986 年；并证明了辽河口海岸带沉积物中 ^{137}Cs 与 $^{239+240}$Pu 的主要来源是全球大气沉降。那么，结合 Hirose 等(2008)的研究结果，可以推断出辽河口沉积物柱样中 ^{137}Cs 次级峰值的出现，很有可能是受了 1986 年切尔诺贝利核事故的影响。

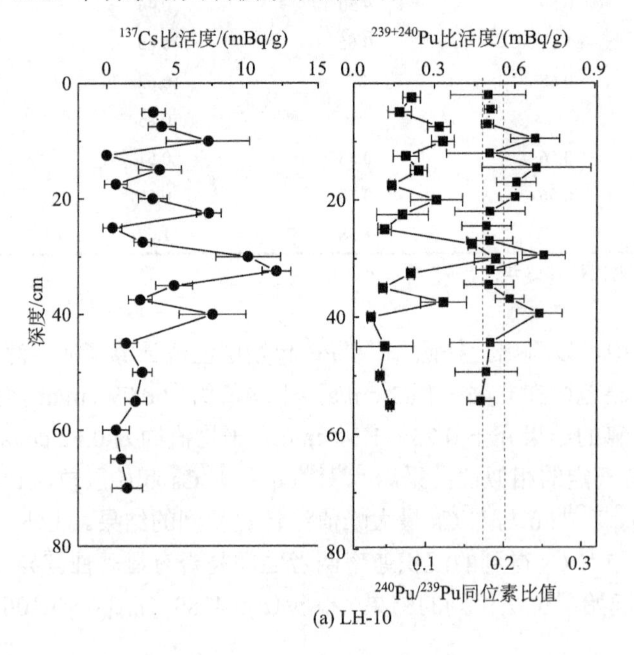

(a) LH-10

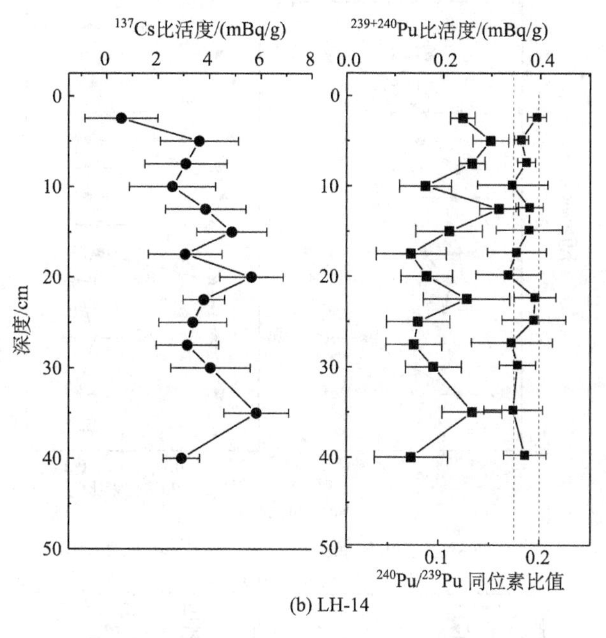

^{137}Cs比活度/(mBq/g)
0
2
4
6
8
$^{239+240}$Pu比活度/(mBq/g)
0.0
0.2
0.4
深度/cm
0
10
20
30
40
50
0.1
0.2
^{240}Pu/^{239}Pu 同位素比值

(b) LH-14

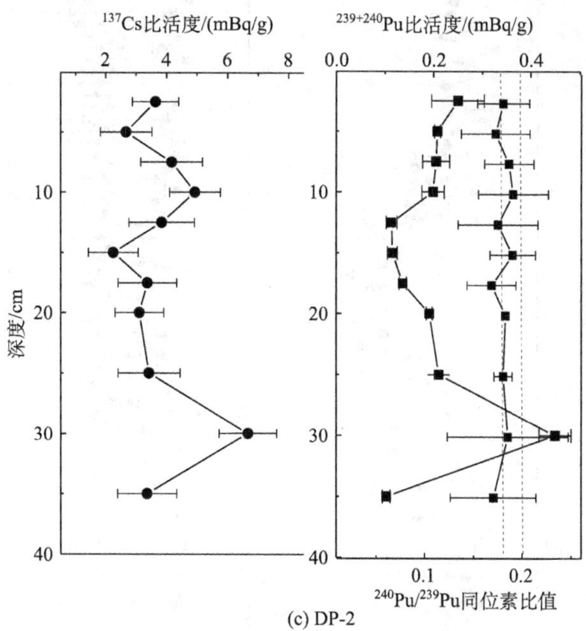

^{137}Cs比活度/(mBq/g)
2
4
6
8
$^{239+240}$Pu比活度/(mBq/g)
0.0
0.2
0.4
深度/cm
10
20
30
40
0.1
0.2
^{240}Pu/^{239}Pu同位素比值

(c) DP-2

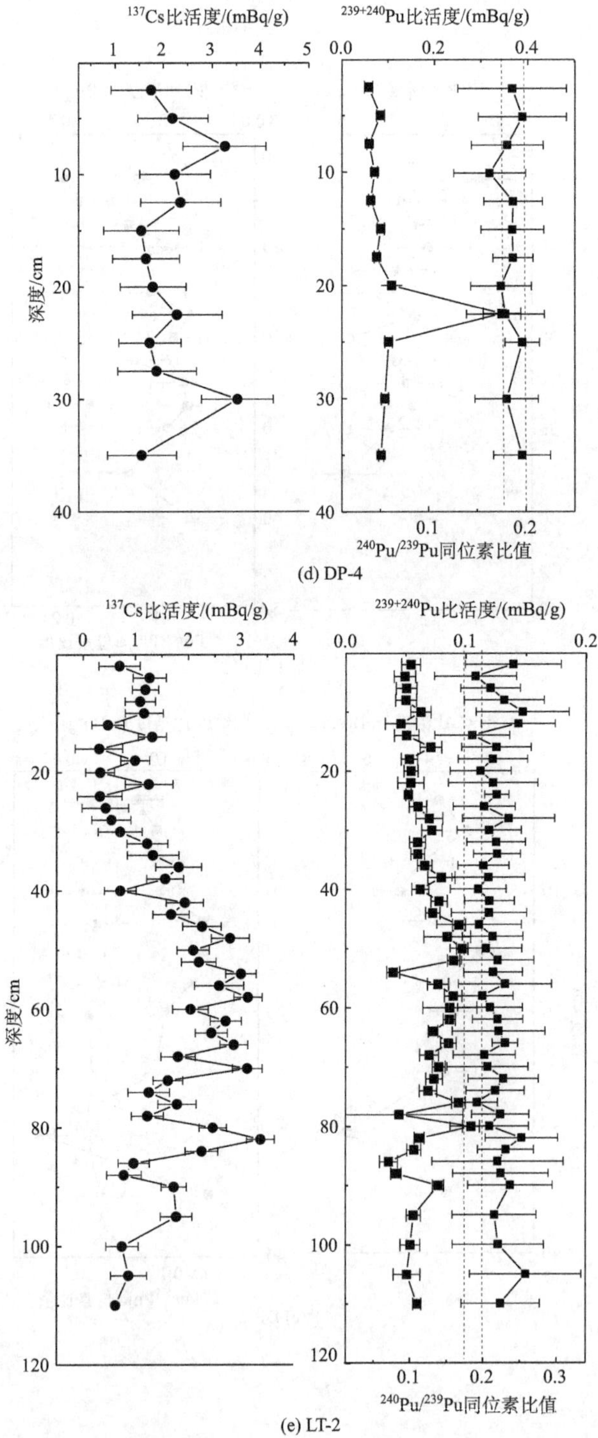

图 4.16　沉积物柱样中 $^{239+240}$Pu 与 ^{137}Cs 的垂直分布比较分析

4.6　辽河口海岸带现代沉积物环境变化的原因

4.6.1　流域输水沙量的变化

辽河口地貌在发育初期的河流输沙量大，平均为 3.07×10^7 t/a；而辽河在建闸前，河流的径流量也较大，1935～1958 年的平均径流量为 42.8×10^8 m^3；但其入海径流量和输沙量在 1958 年建闸后，均呈现出明显的减小趋势；在 1959～1979 年间，年平均径流量和含沙量分别为 33.4×10^8 m^3 和 3.78 kg/m^3，而在 1987～1992 年间，年平均径流量为 36.5×10^8 m^3，年平均含沙量为 1.8 kg/m^3(朱龙海等，2009)。再根据对辽河流域水文观测站六间房 1954～2007 年近 54 年水沙资料分析表明，在 1964 年以前的 11 年里，水沙处于丰水多沙的状态，之后到 20 世纪 80 年代初期，水沙量持续较低；80 年代中期到 90 年代后期，水沙量又进入相对较高的时期；1987～2005 年多年平均径流量为 30.29×10^8 m^3，多年平均输沙量为 4.82×10^6 t(王颖，2012)。但自 20 世纪末之后，年径流量和年输沙量都呈减少趋势，2001～2007 年平均径流量为 11.9×10^8 m^3，年输沙量为 7.2×10^5 t。这与本书采用 ^{137}Cs 计年时标法分时段(1954～1963 年、1963～1986 年、1986～2012 年(2015 年))估算辽河口海岸带沉积物速率有很好的一致性。再者，该地区多年平均降水量为 623.2 mm(图 4.17)，降水主要集中在 7、8 月份，夏季降水量占全年降水总量的 62.9%，且年降水量也呈逐年减少趋势，这与辽河口 ^{137}Cs 全球大气沉降通量在 1980 年以后的变化趋势也基本上是一致的。

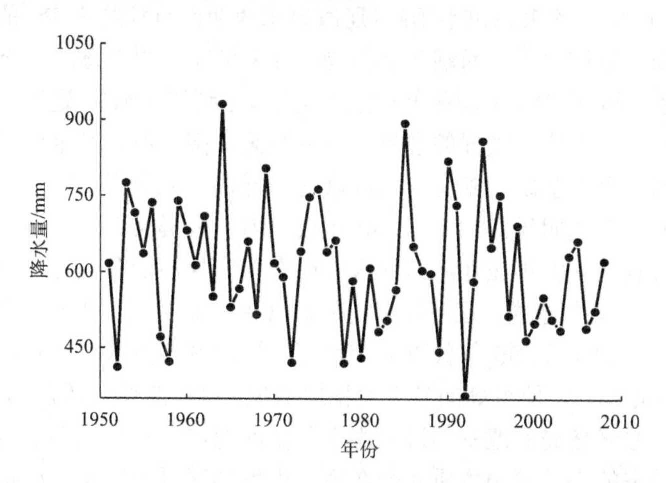

图 4.17　辽河口 1950～2010 年平均降水量变化趋势

此外，涨落潮时，潮道中有大量的沉积物质被冲刷后再次被掀起产生悬浮，并向潮滩搬运，且涨潮流带来的泥沙远比随落潮流带走的泥沙要多；再次悬浮的泥沙到达潮滩后，由于潮流流速变小，粗颗粒将会沉积，细颗粒被落潮流带入外海沉积或者淤积岸边，潮滩将会不断地淤积增高。辽河口淤积的沉积物主要来源是大凌河和小凌河入海泥沙随潮流及沿岸流的输运，而输送到海的泥沙又受到潮波的影响主要沉积在大凌河与双台子河之间，而辽河口西部沉积条件优于东部。以上论述也被本书中 ^{137}Cs 蓄积总量的分析结果所证实，即辽河口海岸带沉积物柱样中 ^{137}Cs 蓄积总量的空间分布趋势是河口西岸沉积物中 ^{137}Cs 蓄积总量大于东岸。

4.6.2 人类活动的影响

辽河口海岸带表层沉积物中 ^{137}Cs 与 $^{239+240}$Pu 比活度的空间分布呈现出由潮滩向陆地、由东向西增加的趋势；产生这种空间差异的原因除了自然因素，人类活动也是一个主要因素。近年来，由于人工岸线的增加，隔断了海水进入陆地。有研究表明：辽河口海岸线长度在 1979～2013 年间总体上呈现增加趋势(图 4.18)，岸线不断向海推进，目前岸线的长度与 1979 年相比延伸了约为 63 km，而陆域面积却增加了 410 km^2 以上；这主要是因为最初的淤泥质岸线向现今的养殖围堤岸线以及盐田围堤岸线转化，淤泥质岸线大约有近 70%转化成为人工岸线(王建步等，2015)。辽河口东西两岸与潮滩沉积物的沉积速率由陆向海逐渐增大，且沉积物中 ^{137}Cs 蓄积总量也有明显的空间差异性，这是因为自然岸线被转变成人工岸线以后，该区域会产生一系列的地质环境效应，给海岸带的稳定性产生不利影响。此外，因为人工岸线的增加，阻碍了海水进入陆地，使得辽河口东西两岸与潮滩沉积物中 Pu 同位素的来源也不相同(辽河口东西两岸沉积物中 Pu 的来源主要是全球大气沉降与流域输入；而潮滩沉积物中 Pu 的来源以全球大气沉降与流域输入为主，还有一部分 PPG 来源的 Pu 通过洋流输送到该区域)。辽河口地区近年来的社会经济状况呈现快速发展的态势，石油开采、围填海、开垦苇田、水利、交通和能源电网等重大基础设施在该地区修建和开发，人类活动对辽河口海岸带周围环境的影响越来越明显。20 世纪 50 年代以前，人类活动对辽河口地区的影响相对较少，直到 1960 年在辽河口地区发现有丰富的石油和天然气资源后，再到 1964 年的第一口油井建成，辽河油田的采油规模不断扩大，使得辽河油田成为全国第三大油田。20 世纪 90 年代以来，辽河口沿岸许多围填海工程实施，潮滩的宽度被大幅度地压缩，使得潮间带大面积地消失；这在改变区域自然环境的同时，也会引起潮滩冲淤格局的改变，进而产生了新的海岸沉积环境(张子鹏，2013)。围填海工程带来的许多异源物质，会在短期内增加区域的物质供应量，这可能会导致海底表层沉积物加速沉积异源物质，或表层被侵蚀露出旧的沉积层、新旧沉积物混合后再次沉积。最终，围填海活动将会不同程度地影响河口海岸带区域的沉积环境。本书研究区的沉积物柱样 LH-15 和 LH-18，其中 ^{137}Cs 比活度的最大峰值出现在表层或者次表层，这可能是在修建养鱼养蟹池时，挖掘出的深层沉积物堆积于表层造成的。

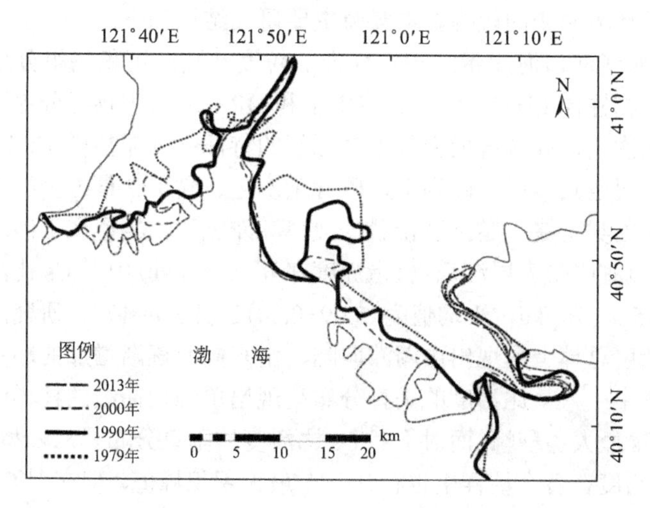

图 4.18　辽河口 1979～2013 年间海岸线的变化情况[据王建步等(2015)的文献改绘]

辽河流域水库和河道堤防工程的修建，由于其产生的束水作用，阻断了河流的自然循环方式，冲刷了水道低床，导致入海水沙量的减少，进而也引起泥沙淤积的方向和位置被彻底地改变；再加上建筑采沙，又引起部分岸段的侵蚀后退。例如，红山水库于 1962 年建成蓄水后，辽河上游的多沙支流老哈河的大量泥沙就被该水库拦截，导致辽河干流水沙量急剧下降并维持在一个相对比较低的水平(刘成等，2007)。从海岸带沉积作用看，辽河河口段入海沙量逐年减少，也会导致其沉积速率降低；这与本书采用 ^{137}Cs 不同时段(1963～1986 年，1986～2012 年)计算该区域沉积速率的结果是一致的。此外，辽河口地区海水养殖(养虾、养蟹)呈明显增长趋势，养虾、养蟹池面积仅在 1986～2000 年间就由原来的 3655 hm^2 增至 8705 hm^2，河口的潮滩面积却减少了 6039 hm^2(朱龙海等，2009)。养虾、养蟹池的修建将潮滩面积人为地缩小了，导致纳潮量减小；改变了自然系统的连贯性，地表漫流也受到一定的影响，潮汐排水以及自然洪水结构进而也被彻底改变(林倩，2009)。

综上所述，采用 ^{137}Cs 与 $^{239+240}$Pu 时标定年的方法计算辽河口海岸带沉积物的沉积速率，并结合已有研究结果发现辽河口目前的现代沉积环境整体是处于弱侵蚀状态，而这种状态主要是受到流域内自然因素(如降水量、台风等)与人类活动(石油开采、围填海、港口建设、海水养殖等)的双重影响所致。

本章节通过对辽河口海岸带沉积物中人工放射性核素 ^{137}Cs 与 Pu 比活度的测定，探讨海岸带沉积物中 ^{137}Cs 与 $^{239+240}$Pu 比活度的分布特征，并通过 ^{137}Cs 理论

峰值模型验证传统 ^{137}Cs 测年方法在沉积环境复杂地区应用的可靠性；根据 $^{240}Pu/^{239}Pu$ 同位素比值示踪沉积物中 Pu 同位素的来源，阐述了自然因素与人类活动对近代沉积环境演变的影响。本章节主要研究结论如下：

(1) 通过对辽河口海岸带沉积物柱样的粒度参数及沉积物组分分析表明：河口两岸的沉积物柱样 LH-7、LH-15、DP-1 和 DP-3 的沉积物组分主要呈现出以粉砂为主、黏土次之、砂含量最少且不含砾石的特征；潮滩柱样 LT-1 和 LT-2，其沉积物组分主要也具有以粉砂为主、砂含量次之、黏土含量最少的特征。因此，河口两岸沉积物类型属于黏土质粉砂，河口潮滩沉积物类型属于砂质粉砂。

(2) 辽河口海岸带表层沉积物(指深度在 0～5 cm 处)中 ^{137}Cs 比活度的变化范围在 1.03～15.68 Bq/kg，平均值为(5.09±0.34) Bq/kg (n=17)；研究区表层沉积物中 ^{137}Cs 比活度总体上呈现出由潮滩向陆、由东向西逐渐增加的趋势。在辽河口海岸带沉积物中 ^{137}Cs 比活度的垂直分布呈现出单峰型曲线的柱样中，均存在一个明显的 ^{137}Cs 最大蓄积峰；而对于 ^{137}Cs 比活度的垂直分布呈双峰型曲线的柱样，虽然 ^{137}Cs 比活度在各个柱样中也存在一个最大蓄积峰值，但在 ^{137}Cs 最大峰值以上的深度处却又出现一个次级峰值，该次级峰值的出现可能是受到了 1986 年切尔诺贝利核事故的影响。

(3) 按照 ^{137}Cs 起始层位法计算辽河口海岸带沉积物的沉积速率，所得结果的平均值约为 0.80 cm/a；采用 ^{137}Cs 最大峰值法所得结果的平均值约为 0.70 cm/a；该区域大部分沉积物柱样采用 ^{137}Cs 起始层位法测出的沉积速率都大于使用 ^{137}Cs 最大峰值法计算得到的结果。该区域沉积物的沉积速率总体上呈现出从北到南，也就是从陆地到海洋逐渐增加的趋势。沉积物中 ^{137}Cs 蓄积总量范围在(980±46)～(6094±92) Bq/m^2，平均值为(2278±42) Bq/m^2；而本书区域 ^{137}Cs 大气直接沉降值为 1259 Bq/m^2(衰变校正到 2015 年)，^{137}Cs 大气直接沉降通量占该区域 ^{137}Cs 蓄积总量的 55.2%左右，这说明研究区沉积物中 ^{137}Cs 的来源是以全球大气直接沉降为主。

(4) 通过 ^{137}Cs 理论峰值模型的构建，对辽河口海岸带沉积物中 ^{137}Cs 实测峰值所对应的时标为 1963 年、1986 年所在的沉积层位进行了验证。在理想的沉积环境中，不同取样间隔和不同沉积速率计算得到 ^{137}Cs 的最大峰值，均是在 1963 年所在的层位。在 ^{137}Cs 比活度测定误差允许的范围内，^{137}Cs 理论计算峰值范围与实测峰值有较好的对应关系，而 ^{137}Cs 实测次级峰值均在理论次级峰值的范围内。因此，在测量误差允许的范围内，^{137}Cs 的理论峰值可以作为判断 ^{137}Cs 实测峰值是否与 1963 年、1986 年沉积层位相对应的标准之一。

(5) 辽河口海岸带表层沉积物中 $^{239+240}Pu$ 比活度呈现出由潮滩向陆、由东向西逐渐增大的趋势，这和表层沉积物中 ^{137}Cs 的分布趋势基本是一致的。表层沉积物中 $^{240}Pu/^{239}Pu$ 同位素比值的平均值为 0.188±0.039 (n=7)，非常接近全球大气沉降的同位素比值。该区域7个沉积物柱样中$^{239+240}Pu$比活度的垂直分布均有一个最大峰值出现；采用$^{239+240}Pu$起始层位法对辽河口海岸带沉积物沉积速率的计算结果的平均值约为0.79 cm/a；而采用$^{239+240}Pu$最大峰值法所得结果的平均值约为0.62 cm/a。这个结果与采用^{137}Cs计算的结果有一定的相似性。对沉积物柱样中Pu与^{137}Cs比活度的垂直分布加以比较，发现沉积物柱样中^{137}Cs存在次级峰值的深度层位处，而Pu未出现次级峰值。结合已有的研究，可以推断出辽河口沉积物中^{137}Cs次级峰值的出现，很有可能是受到了1986年切尔诺贝利核事故的影响。

(6)在辽河口海岸带7个沉积物柱样中，除潮滩沉积物柱样LT-2外，其他柱样的$^{240}Pu/^{239}Pu$同位素比值的平均值均在0.180～0.199，与全球大气直接沉降的同位素比值较为接近。对于潮滩柱样LT-2，其$^{240}Pu/^{239}Pu$同位素比值的平均值为0.217±0.050，高于全球大气沉降的同位素比值，说明该区域除了有来自全球大气直接沉降的Pu，还可能有来自PPG来源的Pu通过洋流输送到此处。采用两端元混合模型对潮滩柱样LT-2中不同来源的Pu所占比例进行计算，结果表明：PPG来源的Pu在辽河口沉积物中所占的比例为26.57%，而全球大气沉降与流域输入来源的Pu所占的比例为73.43%。此外，柱样LT-2中$^{239+240}Pu$的总量为(109.9±3.76) Bq/m^2，那么PPG来源Pu的贡献量为29.2 Bq/m^2，剩余的Pu均是来自全球大气沉降和辽河流域的输入，约为80.7 Bq/m^2。因此，辽河口潮滩沉积物中Pu的来源以全球大气沉降和辽河流域输入为主。

参考文献

毕聪聪. 2013. 渤海环流季节变化及机制分析研究. 青岛: 中国海洋大学.

曹立国, 潘少明, 何坚, 等. 2015. 辽东湾地区^{137}Cs大气沉降研究. 环境科学学报, (1): 80-86.

陈绍勇, 李文权, 施文远, 等. 1988. 湄州湾沉积物的混合速率和沉积速率的研究. 海洋学报, (5): 566-574.

陈则实. 1998. 中国海湾志. 北京: 海洋出版社.

谌艳珍, 方国智, 倪 金, 等. 2010. 辽河口海岸线近百年来的变迁. 海洋学研究, 28(2): 14-21.

杜金洲, 吴梅桂, 姜亦飞. 2010. 长江口大气沉降核素^{7}Be和^{210}Pb通量变化及其环境意义. 2010年海峡两岸环境与能源研讨会, 上海: 1.

关道明. 2012. 中国滨海湿地. 北京: 海洋出版社.

管秉贤, 丁文兰, 李长松. 1997. 渤海、黄海、东海表层海流图. 青岛: 中国科学院海洋研究所.

黄桂林, 张建军, 李玉祥. 2000. 辽河三角洲湿地分类及现状分析——辽河三角洲湿地资源及其生物多样性的遥感监测系列论文之一. 林业资源管理, (4): 51-56.

金尚柱. 1996. 辽河油田浅海油气区海洋环境. 大连: 大连海事大学出版社.

李凤业, 史玉兰. 1995. 渤海现代沉积的研究. 海洋科学, 19(2): 47-50.

李建芬, 王宏, 夏威岚, 等. 2003. 渤海湾西岸$^{210}Pb_{exc}$、^{137}Cs测年与现代沉积速率. 地质调查与研究, 26(2): 114-128.

李建国. 2005. 辽河三角洲景观格局变化特征及影响分析. 长春: 吉林大学.
林冰. 2012. 辽河口海岸滩涂开发利用存在的问题及对策. 农业与技术, 32(8): 50-51.
林倩. 2009. 辽河口湿地景观演变与生态系统健康评价研究. 大连: 大连理工大学.
刘宝林, 胡克, 徐秀丽, 等. 2010. 双台子河口重金属污染的沉积记录. 海洋科学, 34(4): 84- 88.
刘成, 王兆印, 隋觉义. 2007. 我国主要入海河流水沙变化分析. 水利学报, 38(12): 1444-1452.
刘晓曼, 王桥, 庄大方, 等. 2013. 湿地变化对双台河口自然保护区服务功能的影响. 中国环境科学, (12): 2208-2214.
刘志杰, 公衍芬, 周松望, 等. 2013. 海洋沉积物粒度参数 3 种计算方法的对比研究. 海洋学报, (3): 179-188.
刘志勇. 2011. 长江口及苏北潮滩沉积物中放射性核素钚(Pu)的分布特征与环境意义. 南京: 南京大学.
潘桂娥. 2005. 辽河口演变分析. 泥沙研究, (1): 57-62.
潘少明, 郭大永, 刘志勇. 2008. ^{137}Cs 剖面的沉积信息提取——以香港贝澳湿地为例. 沉积学报, 26(4): 655-660.
潘少明, 朱大奎, 李炎, 等. 1997. 河口港湾沉积物中的 ^{137}Cs 剖面及其沉积学意义. 沉积学报, 15(4): 67-71.
苏纪兰, 袁立业. 2005. 中国近海水文. 北京: 海洋出版社.
孙丽, 介冬梅, 濮励杰. 2007. ^{210}Pb、^{137}Cs 计年法在现代海岸带沉积速率研究中的应用述评. 地理科学进展, 26(2): 67-76.
万国江. 1999. 现代沉积年分辨的 ^{137}Cs 计年——以云南洱海和贵州红枫湖为例. 第四纪研究, 19(1): 73-80.
万国江, 吴丰昌, 万恩源, 等. 2011. $^{239+240}$Pu 作为湖泊沉积物计年时标: 以云南程海为例. 环境科学学报, 31(5): 979-986.
王福. 2009. 渤海湾海岸带 ^{210}Pb、^{137}Cs 示踪与测年研究: 现代沉积及环境意义. 北京: 中国地质科学院.
王福, 王宏, 李建芬, 等. 2006. 渤海地区 ^{210}Pb、^{137}Cs 同位素测年的研究现状. 地质论评, 52(2): 244-250.
王建步, 张杰, 陈景云, 等. 2015. 近30余年辽河口海岸线遥感变迁分析. 海洋环境科学, 34(1): 86-92.
王颖. 2012. 中国区域海洋学——海洋地貌学. 北京: 海洋出版社.
王颖, 朱大奎. 1990. 中国的潮滩. 第四纪研究, 10(4): 291-300.
夏小明, 谢钦春, 李炎, 等. 1999. 东海沿岸海底沉积物中的 ^{137}Cs、^{210}Pb 分布及其沉积环境解释. 东海海洋, 17(1): 20-27.
夏小明, 杨辉, 李炎, 等. 2004. 长江口–杭州湾毗连海区的现代沉积速率. 沉积学报, 22(1): 130-135.
项亮. 1995. ^{137}Cs 湖泊沉积年代学方法应用的局限——Crawford 湖为例. 湖泊科学, 7(4): 307-313.
邢闪. 2015. 长寿命放射性核素 $^{239+240}$Pu 和 ^{129}I 在环境中的示踪研究. 西安: 中国科学院地球环

境研究所.
徐仪红. 2014. 辽东湾沿岸土壤中钚同位素的分布特征及其土壤侵蚀示踪研究. 南京: 南京大学.
杨俊鹏. 2011. 辽河口潮滩沉积物元素地球化学特征及其环境效应. 北京: 中国地质大学.
杨松林, 刘国贤, 杜瑞芝, 等. 1993. 用 ^{210}Pb 年代学方法对辽东湾现代沉积速率的研究. 沉积学报, (1): 128-135.
张福然, 孙成强. 2012. 辽河入海河口站水沙变化分析. 水与水技术(第二辑)选编.
张信宝, 曾奕, 龙翼. 2009. ^{137}Cs 质量平衡法测算青海湖现代沉积速率的尝试. 湖泊科学, 21(6): 827-833.
张信宝, 龙翼, 文安邦, 等. 2012. 中国湖泊沉积物 ^{137}Cs 和 $^{210}Pb_{ex}$ 断代的一些问题. 第四纪研究, 32(3): 430-440.
张子鹏. 2013. 辽东湾北部现代沉积作用研究. 青岛: 中国海洋大学.
朱龙海, 吴建政, 胡日军, 等. 2009. 近20年辽河三角洲地貌演化. 地理学报, 64(3): 357-367.
Aoyama M. 1987. Evidence of stratospheric fallout of caesium isotopes from the Chernobyl accident. Geophysical Research Letters, 15: 327-330.
Everett S E, Tims S G, Hancoak G J, et al. 2008. Comparision of Pu and ^{137}Cs as tracers of soil and sediment transport in a treeestrial environment. Journal of Environmental Radioactivity, 99(2): 383-393.
Goodbred S L, Kuehl S A. 1998. Floodplain processes in the Bengal Basin and the storage of Ganges-Brahmaputra river sediment: An accretion study using ^{137}Cs and ^{210}Pb geochronology. Sedimentary Geology, 121(3-4): 239-258.
He Q, Walling D E, Owens P N. 1996. Interpreting the ^{137}Cs profiles observed in several small lakes and reservoirs in southern England. Chemical Geology, 129: 115-131.
Hedvall R, Erlandsson B, Soren M. 1996. ^{137}Cs in fuels and ash products from biofuel plants in Sweden. Journal of Environmental Radioactivity, 31(1): 103-117.
Hirose K, Igarashi Y, Aoyama M. 2008. Analysis of the 50-year records of the atmospheric deposition of long-lived radionuclides in Japan. Applied Radiation and Isotopes, 66: 1675-1678.
Hodge V, Smith C, Whiting J. 1996. Radiocesium and plutonium: Still together in "background" soils after more than thirty years. Chemosphere, 32(10): 2067-2075.
Huh C A, Su C C. 1999. Sedimentation dynamics in the East China Sea elucidated from ^{210}Pb, ^{137}Cs and $^{239+240}Pu$. Marine Geology, 160(1): 183-196.
Kelley J M, Bond L A, Beasley T M. 1999. Global distribution of Pu isotopes and ^{237}Np. Science of the Total Environment, 237-238: 483-500.
Ketterer M, Watson B R, Matisoff G, et al. 2002. Rapid dating of recent aquatic sediments using Pu activities and $^{240}Pu/^{239}Pu$ as determined by quadrupole inductively coupled plasma mass spectrometry. Environmental Science and Technology, 36: 1307-1311.
Kim C K, Kim C S, Chang B U, et al. 2004. Plutonium isotopes in seas around the Korean Peninsula. Science of the Total Environment, 318(1-3): 197-209.

Kim S H, Lee S H, Lee H M, et al. 2020. Distribution of ^{239,240}Pu in marine products from the seas around the Korean Peninsula after the Fukushima nuclear power plant accident. Journal of Environmental Radioactivity, 217: 106191.

Koide M, Michel R, Goldberg E D. 1979. Depositional history of artificial radionuclides in the Ross Ice Shelf, Antarctica. Earth and Planetary Science Letters, 44: 205-223.

Koide M, Bertine K K, Chow T J, et al. 1985. The ^{240}Pu ^{239}Pu ratio, a potential geochronometer. Earth and Planetary Letters, 72: 1-8.

Krey P W. 1976. Remote plutonium contamination and total inventories from Rocky Flats. Health Physics, 30(2): 209-214.

Lansard B, Charmasson S, Gascó C, et al. 2007. Spatial and temporal variations of plutonium isotopes(^{238}Pu and $^{239+240}$Pu) in sediments off the Rhone River mouth(NW Mediterranean). Science of the Total Environment, 376(1-3): 215-227.

Lee M H, Lee C W, Moon D S, et al. 1998. Distribution and inventory of fallout Pu and Cs in the sediment of the East Sea of Korea. Journal of Environmental Radioactivity, 41(2): 99-110.

Liu Z Y, Pan S M, Liu X Y, et al. 2010. Distribution of ^{137}Cs and ^{210}Pb in sediments of tidal flats in north Jiangsu Province. Journal of Geographical Sciences, 20(1): 91-108.

Lokas E, Mietelski J W, Ketterer M E, et al. 2013. Sources and vertical distribution of ^{137}Cs, ^{238}Pu, $^{239+240}$Pu and ^{241}Am in peat profiles from southwest Spitsbergen. Applied Geochemistry, 28: 100-108.

Mcmanus J, Duch R W. 1993. Geomorphology and sedimentology of lakes and reservoirs. Chichester: John Wiley and Sons Ltd: 55-71.

Meng W, Lei K, Zheng B H, et al. 2005. Modern sedimentation rates in the intertidal zone on the west coast of the Bohai Gulf. Acta Oceanologica Sinica, 3: 46-53.

Milan C S, Swenson E M, Turner R E, et al. 1995. Assessment of the ^{137}Cs method for estimating sediments accumulation rates: Louisiana Salt Marshes. Journal of Coastal Research, 11(2): 296-307.

Nagaya Y, Nakamura K. 1992. $^{239+240}$Pu and ^{137}Cs in the East China and the Yellow Seas. Journal of Oceanography, 48(1): 23-35.

Pan S M, Tims S G, Liu X Y, et al. 2011. ^{137}Cs, $^{239+240}$Pu concentrations and the ^{240}Pu/^{239}Pu atom ratio in a sediment core from the sub-aqueous delta of Yangtze River estuary. Journal of Environmental Radioactivity, 102(10): 930-936.

Pan S M, Xu Y H, Wang A D, et al. 2012. The ^{137}Cs distribution in sediment profiles from the Yangtze River estuary: A comparison of modeling and experimental results. Journal of Radioanalytical and Nuclear Chemistry, 292(3): 1207-1214.

Papastefanou C, Ioannidou A, Stoulos S, et al. 1995. Atmospheric deposition of cosmogenic ^{7}Be and ^{137}Cs from fallout of the Chernobyl accident. Science of the Total Environment, 170(1): 151-156.

Ritchie J C, McHenry J R. 1985. A comparison of three methods for measuring recent rates of sediment accumulation. Water Resources Bulletin, 21 (1): 99-103.

Schaffner L C, Diaz R J, Olsen C R, et al. 1987. Faunal characteristics and sediment accumulation processes in the James River estuary, Virginia. Estuarine Coastal and Shelf Science, 25 (2): 211-226.

Shcherbak Y M. 1996. Ten years of the Chornobyl Era: The environmental and health effects of nuclear power's greatest calamity will last for generations. Scientific American, 4: 44-49.

Sholkovitz E R, Mann D R. 1984. The pore water chemistry of $^{239+240}Pu$ and ^{137}Cs in sediments of Buzzards Bay, Massachusetts. Geochimica et Cosmochimica Acta, 48 (5): 1107-1114.

Simpson H J, Olsen C R, Trier R M, et al. 1976. Man-made radionuclides and sedimentation in the Hudson River estuary. Science, 4261: 179-183.

Simsek V, Pozzoli L, Unal A, et al. 2014. Simulation of ^{137}Cs transport and deposition after the Chernobyl Nuclear Power Plant accident and radiological doses over the Anatolian Peninsula . Science of the Total Environment, 499: 74-88.

Smith J N, Ellis K M, Naes K, et al. 1995. Sedimentation and mixing rates of radionuclides in Barents Sea sediments off Novaya Zemlya. Deep Sea Research Part Ⅱ, Topical Studies in Oceanography, 42: 1471-1493.

Su C C, Huh C A. 2002. ^{210}Pb, ^{137}Cs and $^{239+240}Pu$ in East China Sea sediments: Sources, pathways and budgets of sediments and radionuclides. Marine Geology, 183 (s1-4): 163-178.

Tims S G, Pan S M, Zhang R, et al. 2010. Plutonium AMS measurements in Yangtze River estuary sediment. Nuclear Instruments and Methods in Physics Research, 268 (7-8): 1155-1158.

UNSCEAR. 2000. Sources and effects of ionizing radiation. United Nations Scientific Committee on the Effects of Atomic Radiation Exposures to the Public from Man-made Sources of Radiation, Yew York.

Walling D E, He Q. 1992. Interpretation of caesium-137 profiles in lacustrine and other sediments: The role of catchment-derived inputs. Hydrobiologia, 235-236 (1): 219-230.

Walling D E, He Q. 1997. Use of fallout ^{137}Cs in investigations of overbank sediment deposition on river floodplains. Catena, 29: 263-282.

Warneke T, Croudace W I, Warwick E P, et al. 2002. A new ground-level fallout record of uranium and plutonium isotopes for northern temperate latitudes. Earth and Planetary Science Letters, 203 (3-4) :1047-1057.

Wu J W, Zheng J, Dai M H, et al. 2014. Isotopic composition and distribution of plutonium in northern South China Sea sediments revealed continuous release and transport of Pu from the Marshall Islands. Environmental Science and Technology, 48 (6): 3136-3144.

Wu J W, Zhou K B, Dai M H. 2013. Impacts of the Fukushima nuclear accident on the China Seas: Evaluation based on anthropogenic radionuclide ^{137}Cs. Chinese Science Bulletin, 58 (4-5): 552-558.

Yang S L, Belkin I M, Belkina A I, et al. 2003. Delta response to decline in sediment supply from the Yangtze River: Evidence of the recent four decades and expectations for the next half-century.

Estuarine Coastal and Shelf Science, 57(4): 689-699.
Yang S L, Zhao Q Y, Belkin I M. 2002. Temporal variation in the sediment load of the Yangtze River and the influences of the human activities. Journal of Hydrology, 263: 56-71.
Yamada M, Zheng J. 2011. Determination of $^{240}Pu/^{239}Pu$ atom ratio in seawaters from the east China sea. Radiation Protection Dosimetry, 146: 311-313.
Zheng J, Liao H Q, Wu F C, et al. 2008. Vertical distributions of $^{239+240}Pu$ atom ratio in sediment core of Lake Chenghai, SW China. Journal of Radioanalytical and Nuclear Chemistry, 275(1): 37-42.

第5章　渤海湾沉积物中放射性核素的分布特征

5.1　渤海湾区域概况

5.1.1　地理位置

渤海湾是我国渤海三大海湾之一，为渤海西部的浅水海湾，京津冀的海上门户，华北海运枢纽。三面环陆，与河北、天津、山东的陆岸相邻，东以滦河口至黄河口的连线为界，与渤海相通。面积1.59万km^2，约占渤海的1/5。海底地势由岸向湾中缓慢加深，平均水深12.5m。湾内有天津新港。渤海湾是渤海西部的一个海湾，位于唐山、天津、沧州和山东省黄河口的半包围区域内，海河注入渤海湾。

5.1.2　地质地貌

在蓟运河河口，由于河口输沙量少和受潮流的冲刷，形成一条从西北伸向东南的水下河谷，至渤海中央盆地消失。平均潮差(塘沽)2.5m，最大可能潮差5.1m。渤海湾正处在中生代古老地台活化地区，位于冀中、黄骅、济阳三拗陷边缘，经历了各个地质时期的构造运动和地貌演变，形成湖盆，并在其上覆有1～7km巨厚松散沉积层。沿岸几乎全为新近纪—古近纪沉积物，形成典型的粉砂淤泥质海岸。又因几经海水进退作用，使海湾西岸遗存有沿岸泥炭层和3条贝壳堤。海底沉积物均来自河流携带的大量泥沙，经水动力的分选作用，呈不规则的带状和斑块状分布。一般来说，沿岸粒度较粗，多粉砂和黏土粉砂，东北部沿岸多砂质粉砂；海湾中部粒度较细，多黏土软泥和粉砂质软泥。

5.1.3　气候特征

渤海湾地区受暖温带海洋季风气候控制，由于其为半封闭性海湾，三面环陆，位于中纬度季风区，离蒙古高原较近，因此气候有明显的“大陆性”特征：受季风控制，季风气候显著；冬寒夏热，四季分明，气温年变化差别大；雨季较短，主要集中在夏季7、8月，春季少雨。渤海湾地区冬季结冰，冰厚20～25cm。沿岸为淤泥质平原海岸，泥深过膝，宽1.5～10km。

5.1.4　水文特征

渤海湾沿岸河流含沙量大，滩涂广阔，淤积严重。流入海湾的主要河流有黄河、海河、蓟运河和滦河。黄河年均径流量约 440 亿 m^3，多年平均输沙量约 16 亿 t，占渤海输沙量的 90%以上，是渤海湾现代沉积物的主要来源。海河年均径流量 211.6 亿 m^3，年均输沙量约 600 万 t，在 1958 年海河建闸之后其径流量减少至 7.1 亿 m^3，年输沙量减少至 30 万 t 以下，其对渤海湾的沉积影响已大大减小。蓟运河在建闸后年径流量和年输沙量也大大减小，现分别为 0.66 亿 m^3 和 1.56 万 t。滦河年均径流量为 47.9 亿 m^3，年输沙量为 2210 万 t。据统计，流入渤海湾的年径流量约 650 亿 m^3，年均输沙量约 600 万 t。

黄海暖流是控制渤海洋流的主要洋流，其由黄海通过渤海海峡流入渤海(图 5.1)，向西流动到达海岸后分为两个分支，分别向南北流动：一个分支向渤海湾方向流动，经过黄河故口进入莱州湾，由渤海海峡南部流出，形成逆时针洋流；另一支沿着辽东湾西岸至东岸，形成顺时针旋转(Guan, 1994)。

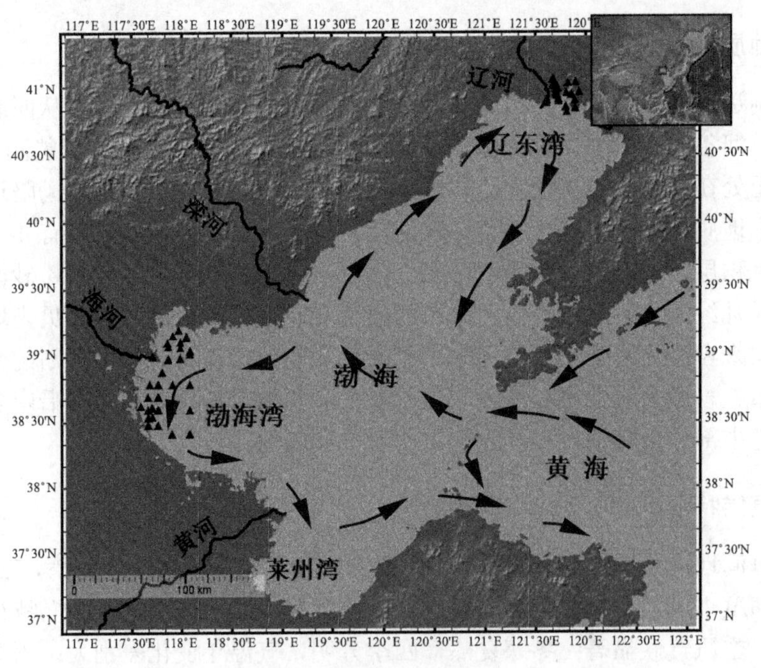

图 5.1　渤海区域中洋流分布

5.2　Pu 及 ^{137}Cs 在渤海湾表层沉积物中的空间分布特征

渤海湾 37 个采样点(图 5.2)表层沉积物中 ^{137}Cs 比活度、$^{239+240}$Pu 比活度以及 ^{240}Pu/^{239}Pu 同位素比值如表 5.1 所示。渤海湾表层沉积物中的 $^{239+240}$Pu 比活度的范围为 0.103～0.987 mBq/g，平均值为(0.497±0.269)mBq/g。与 1992 年 Nagaya 和 Nakamura 研究中已知黄海 $^{239+240}$Pu 比活度(0.23mBq/g)相比是其两倍，但与我国东海区域 Pu 比活度(0.47mBq/g)结果相似。值得注意的是，在被植物覆盖(如盐碱蓬、芦苇和水稻)的滩涂湿地中，$^{239+240}$Pu 的比活度更高。渤海湾 ^{240}Pu/^{239}Pu 同位素比值范围为 0.172～0.236(均值：0.201±0.015)，该平均值大于全球沉降值(0.178±0.019)，这说明渤海湾沉积物中 Pu 的主要来源为全球沉降，且可能受 PPG 来源的 Pu 的影响。

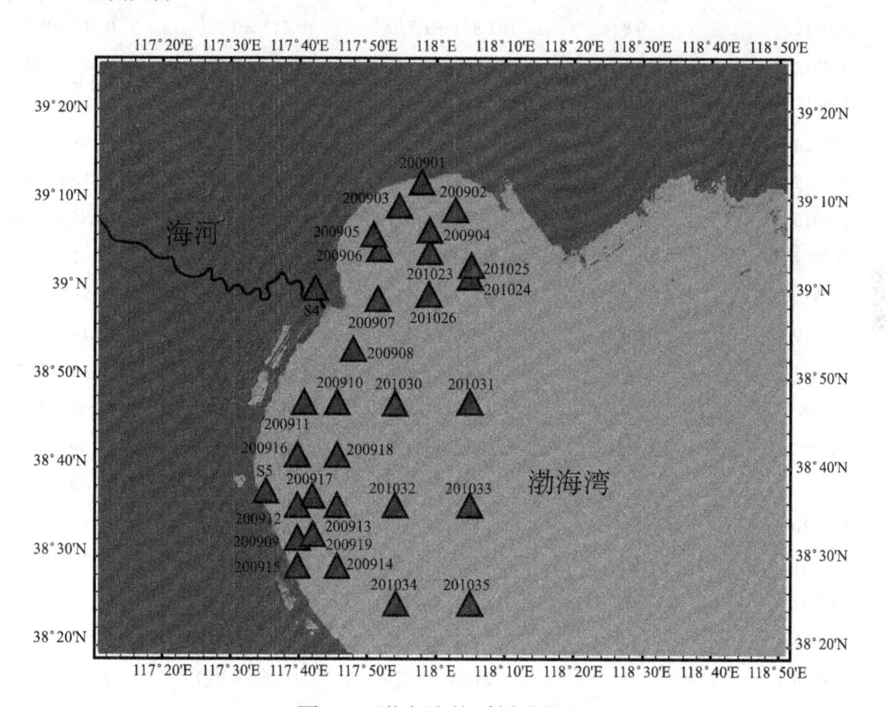

图 5.2　渤海湾的采样点位置

表 5.1　渤海湾表层沉积物 ^{137}Cs 比活度、$^{239+240}$Pu 比活度以及 ^{240}Pu/^{239}Pu 同位素比值

站点	水深	^{137}Cs 比活度 [a] /(mBq/g)	$^{239+240}$Pu 比活度 /(mBq/g)	^{240}Pu/^{239}Pu 同位素比值
S4	0	<LOD	0.259 ± 0.027	0.197 ± 0.042
S5	0	<LOD	0.356 ± 0.021	0.195 ± 0.021

续表

站点	水深	^{137}Cs 比活度[a] /(mBq/g)	$^{239+240}Pu$ 比活度 /(mBq/g)	$^{240}Pu/^{239}Pu$ 同位素比值
200901	1.5	1.566 ± 0.719	0.784 ± 0.022	0.189 ± 0.022
200902	2.3	1.512 ± 0.991	0.207 ± 0.032	0.179 ± 0.021
200903	1.6	1.224 ± 0.913	0.214 ± 0.031	0.194 ± 0.025
200904	2.4	1.326 ± 0.821	0.326 ± 0.029	0.191 ± 0.022
200905	1.4	1.414 ± 0.701	0.103 ± 0.039	0.192 ± 0.022
200906	1.5	0.993 ± 0.659	0.749 ± 0.022	0.211 ± 0.022
200907	1.7	0.842 ± 0.853	0.421 ± 0.029	0.186 ± 0.026
200908	2.0	0.734 ± 0.742	0.245 ± 0.025	0.201 ± 0.023
200909	1.2	2.284 ± 0.747	0.234 ± 0.039	0.172 ± 0.027
200910	2.2	3.521 ± 0.772	0.683 ± 0.020	0.194 ± 0.023
200911	0.8	1.801 ± 1.720	0.412 ± 0.021	0.212 ± 0.024
200912	0.6	5.696 ± 3.770	0.745 ± 0.025	0.187 ± 0.021
200913	1.4	3.892 ± 0.932	0.698 ± 0.032	0.223 ± 0.026
200914	0.8	4.831 ± 0.976	0.351 ± 0.040	0.191 ± 0.028
200915	0.3	5.741 ± 1.002	0.841 ± 0.019	0.216 ± 0.021
200916	0.7	9.776 ± 0.841	0.129 ± 0.025	0.185 ± 0.024
200917	1.1	6.235 ± 0.809	0.421 ± 0.018	0.201 ± 0.026
200918	1.6	6.571 ± 0.641	0.528 ± 0.025	0.199 ± 0.021
200919	0.4	5.422 ± 0.723	0.341 ± 0.021	0.210 ± 0.020
201023	3.5	1.904 ± 0.892	0.987 ± 0.023	0.198 ± 0.025
201024	7.4	3.495 ± 0.842	0.574 ± 0.088	0.201 ± 0.023
201025	6.8	2.136 ± 0.853	0.242 ± 0.087	0.199 ± 0.024
201026	8.1	0.159 ± 0.502	0.127 ± 0.016	0.198 ± 0.024
201030	7.9	1.887 ± 0.652	0.781 ± 0.028	0.191 ± 0.021
201031	12.5	4.124 ± 0.863	0.876 ± 0.024	0.225 ± 0.028
201032	7.5	3.432 ± 0.961	0.847 ± 0.018	0.231 ± 0.026
201033	11.6	4.048 ± 0.822	0.498 ± 0.017	0.211 ± 0.027
201034	1.9	2.046 ± 0.751	0.476 ± 0.019	0.201 ± 0.026
201035	5.6	5.093 ± 0.945	0.957 ± 0.026	0.236 ± 0.024

注：所有误差在 2 个标准差误差范围内。

a ^{137}Cs 比活度衰减至 2012 年 9 月 1 日；γ 谱仪的探测极限(LOD)为 0.7mBq/g。

从图 5.3(b)和(c)中可以看出，$^{239+240}Pu$ 比活度和 $^{240}Pu/^{239}Pu$ 同位素比值有明显的分布差异。在图 5.3(b)中可以看出，$^{239+240}Pu$ 比活度从海岸至海洋有明显的升高趋势，原因是，渤海湾 Pu 是由洋流带来的，因此海洋中 $^{239+240}Pu$ 比活度更高，而类似空间变化特征在长江入海河口沉积物中也有发现(Liu et al., 2011)。而在图 5.3(c)中也能看到明显的海岸至海洋的 $^{240}Pu/^{239}Pu$ 同位素比值减小的变化，Wu 等(2004)在珠江入海河口沉积物中发现类似的空间变化特征。^{137}Cs 在渤海湾表层沉积物中比活度的最大值为 9.776 mBq/g，平均值为(3.021±2.313) mBq/g。从图 5.3(a)中可以看出，渤海湾北部 ^{137}Cs 的浓度较低，而西部、东部、南部中心带 ^{137}Cs 浓度较高。

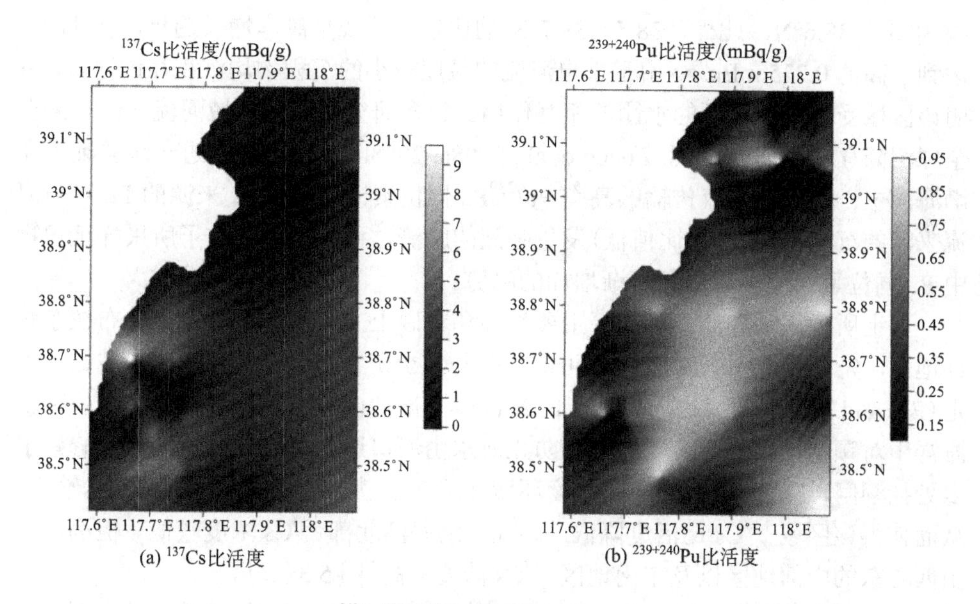

(a) ^{137}Cs比活度　　(b) $^{239+240}Pu$比活度

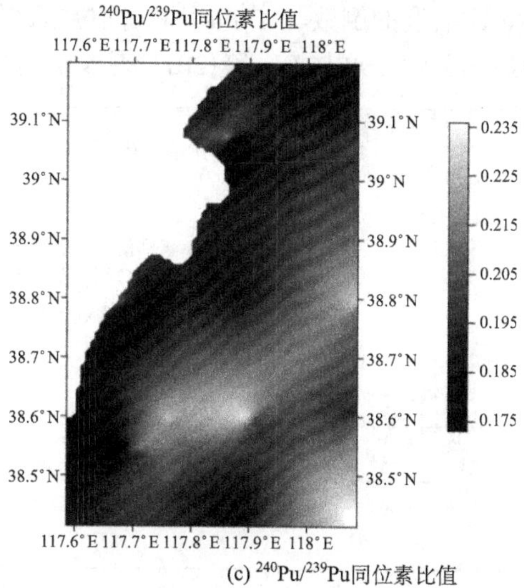

(c) $^{240}Pu/^{239}Pu$同位素比值

图 5.3　渤海湾 ^{137}Cs 比活度、$^{239+240}Pu$ 比活度及 $^{240}Pu/^{239}Pu$ 同位素比值分布图

Hu 等(2010)研究表明，来自滦河、海河的细粒沉积物受黄海暖流的作用逆时针由西向东流动，并在渤海湾中部沉积。总体来说，砂和粉砂覆盖了渤海湾北部地区，而黏土粉砂则分布在东南部地区。Xu 等(2017)已证明，Pu 同位素由于具有高颗粒亲和力，易与直径较小的粒子结合。因此，该地区的 $^{239+240}$Pu 活性显著较高[图 5.3(b)]，这也说明，细粒沉积物有较理想的 Pu 清除作用。

如图 5.3(c)所示，^{240}Pu/^{239}Pu 同位素比值等值线最大值中心在 117.7°～117.9°E 和 38.5°～38.6°N。此外，38.5～38.7°N 的比值等值线呈离岸增长趋势，在 119°E 达到了高值 0.235 mBq/g。由于来自河流的粒度较小的沉积物均沉积在此区域，表明该区域受到不同来源的水团的相互作用。很多研究表明，流域河流 Pu 均来自全球沉降(Liao et al., 2008; Zheng et al., 2008a, 2008b)。这种趋势进一步验证了在渤海湾中，由黄海暖流传输的高 ^{240}Pu/^{239}Pu 同位素比值的 PPG 来源的 Pu 可与河流来源的沉积物(同位素比值低)发生强烈的廓清过程，这就导致了所采样沉积物中 Pu 同位素比值由岸到海逐渐增加的趋势。

如上所述，渤海湾北部地区主要为砂和粉砂土，而黏土粉砂主要分布在东南部地区。先前的研究表明，^{137}Cs 可能主要与黏土矿物结合，因为其优先被黏土固定(Fan and Takahashi, 2017; Xu et al., 2017)。Fan 等(2014)在研究中发现，^{137}Cs 在海洋中对颗粒物的附着力较低。为防止海水由河口进入上游，渤海湾北部修建了多处挡潮闸，这些挡潮闸造成高盐度环境并降低了渤海湾北部河流沉积物的输送，从而使得该区域 ^{137}Cs 比活度降低。因此，渤海湾北部 ^{137}Cs 浓度较低。但渤海湾由西向东的中部地区以及东南地区 ^{137}Cs 浓度较高[图 5.3(a)]。

图 5.4 为 $^{239+240}$Pu 比活度的倒数与 ^{240}Pu/^{239}Pu 同位素比值关系的散点图。由图可知，两者并无明显相关性，这与 Liu 等(2011)对长江河口沉积物中的发现不

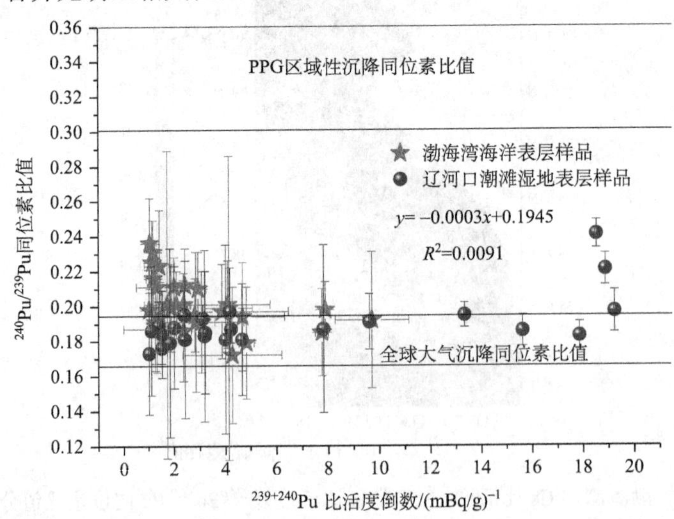

图 5.4　$^{239+240}$Pu 比活度的倒数与 ^{240}Pu/^{239}Pu 同位素比值关系的散点图

同。在长江河口的研究中，$^{239+240}Pu$ 同位素比活度与 $^{240}Pu/^{239}Pu$ 同位素比值有较好的相关关系，这说明，PPG 来源的 Pu 进入河流入海口后在海水中和粒子结合并发生廓清过程(Tims et al., 2010)。渤海湾与辽河口潮滩观测到的两者之间关系与长江口不同。渤海湾 Pu 的主要来源为全球沉降和河流输入，而 PPG 来源的 Pu 较少。与辽东湾相比，渤海湾 PPG 来源的 Pu 受到廓清作用的影响，因此导致 $^{240}Pu/^{239}Pu$ 同位素比值较高。

5.3　Pu 及 ^{137}Cs 在渤海湾柱状沉积物中的垂直分布特征

渤海湾柱状沉积物中 ^{137}Cs 比活度和 $^{239+240}Pu$ 比活度以及 $^{240}Pu/^{239}Pu$ 同位素比值的垂直分布如图 5.5 所示。在之前的研究中有报道，渤海湾柱状物中 $^{239+240}Pu$ 比活度范围为 12.48～117.90 Bq/m^2，平均值为 44.50 Bq/m^2(Zhang et al., 2018)。

图 5.5 显示了渤海湾区域 10 个沉积物柱样 200901、200906、200909、200911、200912、201023、201026、201030、201033、201034 中 ^{137}Cs 比活度、$^{239+240}Pu$ 比活度以及 $^{240}Pu/^{239}Pu$ 同位素比值随深度的变化。辽河口柱样 ^{137}Cs 比活度、$^{239+240}Pu$ 比活度以及 $^{240}Pu/^{239}Pu$ 同位素比值如图 4.5 所示。

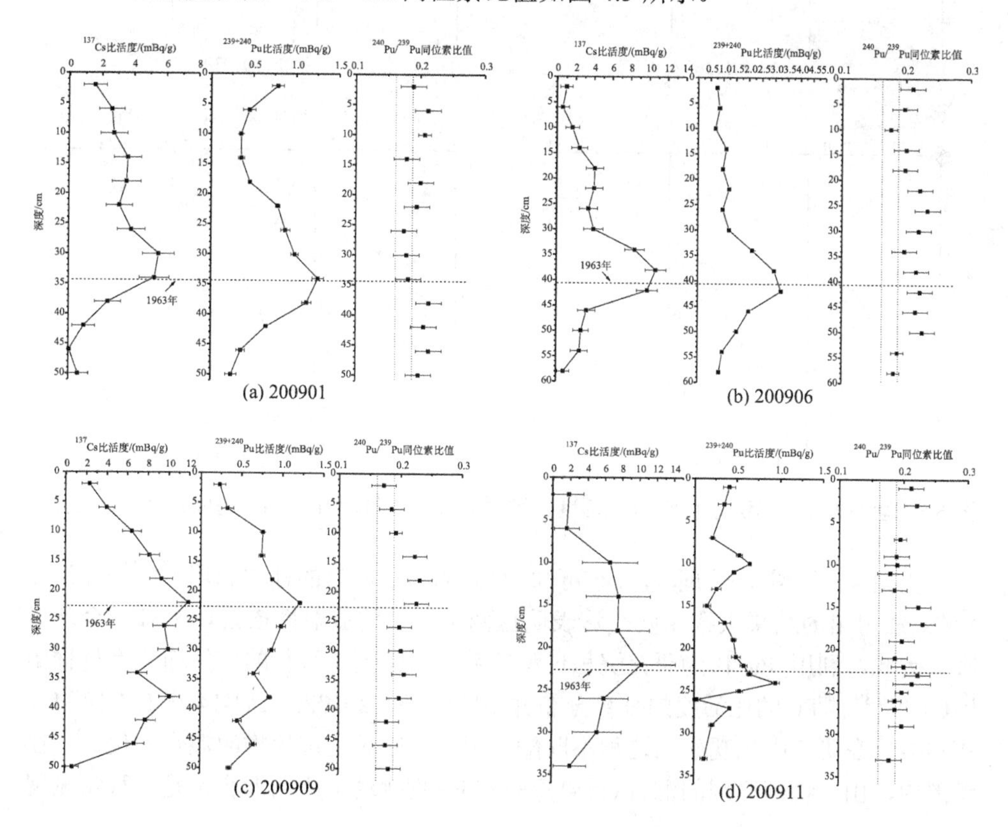

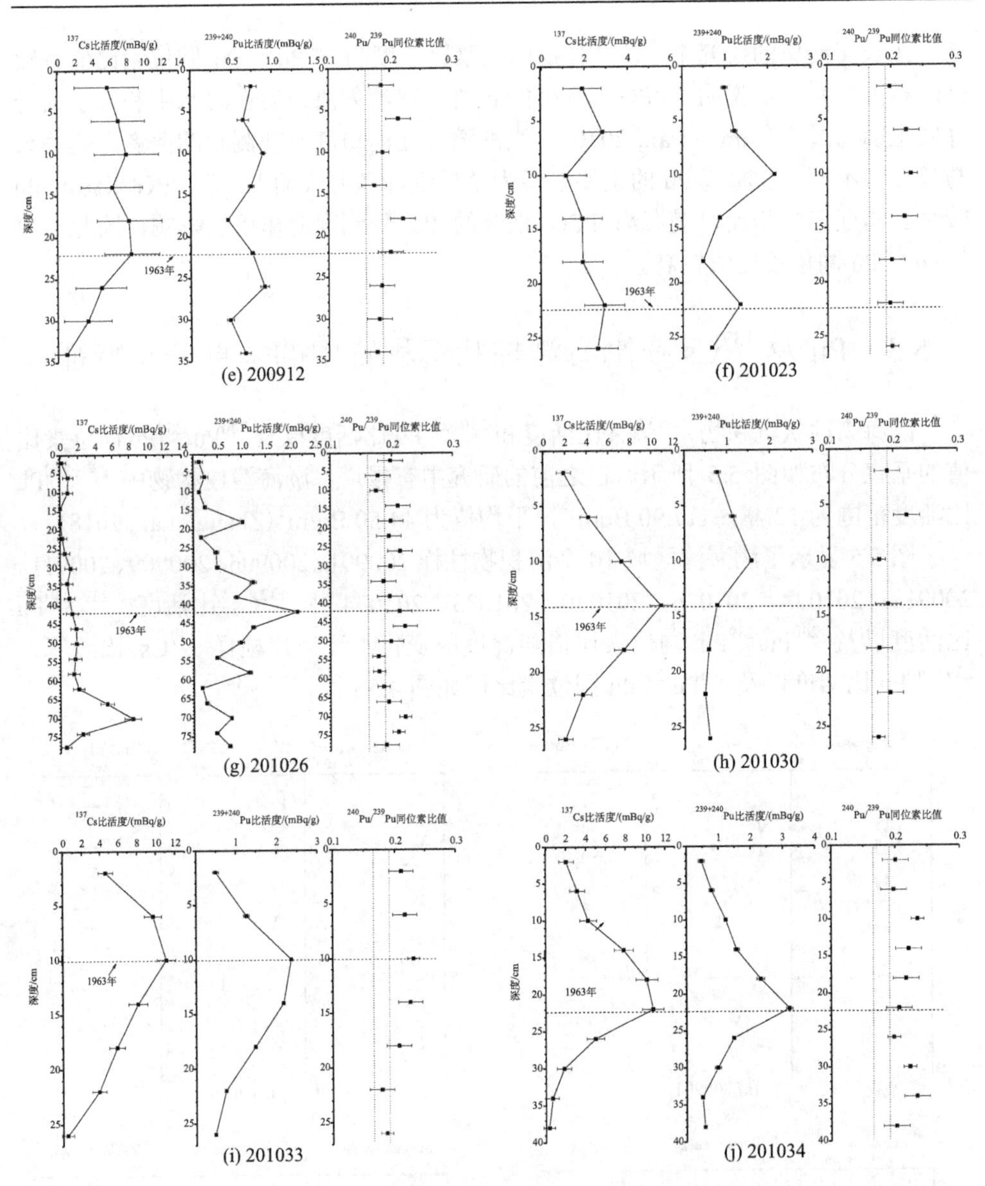

图 5.5 渤海湾柱状沉积物中 ^{137}Cs 比活度、$^{239+240}$Pu 比活度和 ^{240}Pu/^{239}Pu 同位素比值垂直分布

由图 4.5 与图 5.5 的垂直分布可知，渤海湾与辽河口的柱样利用 $^{239+240}$Pu 法和 ^{137}Cs 法得出的结果大致相同，这表明这两个区域的放射性核素均来源于全球沉降，因此，利用 Pu 作为研究沉积过程的替代失踪剂是可行的。然而，有柱样中 ^{137}Cs 和 $^{239+240}$Pu 的比活度的垂直分布并不匹配，如 201026、LH-14 和 LH-18。Liu 等(2011) 在研究中也观察到这种不匹配的现象，归因为沉积物的混合和侵蚀。在潮滩中，由于物理原因的混合(再悬浮等)和生物扰动造成的混合也是一种常见现

象(Andersen et al., 2000)。^{137}Cs 的混合或沉积可能导致 ^{137}Cs 向下移动到沉积物中。在柱样 201026 中可以发现，利用 $^{239+240}Pu$ 计算的沉积速率(0.91 cm/a)比 ^{137}Cs 计算的速率小 40%。

图 5.6(a)与(b)显示了渤海湾 ^{137}Cs 和 $^{239+240}Pu$ 的沉积速率的空间分布特征。在 Mary 等(2015)的研究中表明，沉积速率不仅受沉积物来源的控制，而且受人类活动如复垦、城市化、工业化等因素(Godoy et al., 2012)的影响。实际上，Zhang 等(2016a, 2016b)的研究指出，1980 年存在转折点，原因为水利工程建设的增加，河水流量迅速减少。从图 5.6(a)与(b)可看出，渤海湾西北部区域 ^{137}Cs 和 $^{239+240}Pu$ 存在沉积速率峰值。Wang 等(2014, 2016)利用 ^{210}Pb 和 ^{137}Cs 测年方法发现近 50

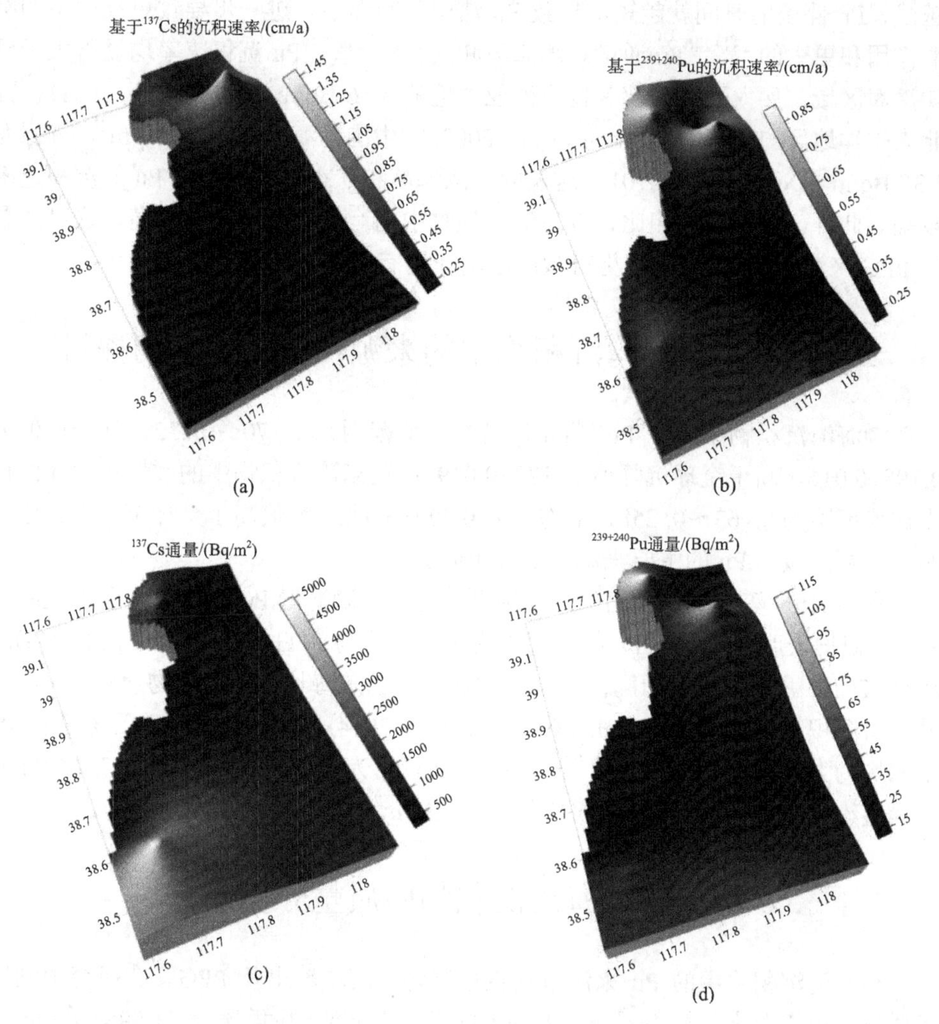

图 5.6　渤海湾 ^{137}Cs、$^{239+240}Pu$ 沉积速率与 ^{137}Cs、$^{239+240}Pu$ 通量分布

年来渤海湾河流泥沙输送量急剧下降，这与 20 世纪 80 年代以来海岸工程导致的渤海湾潮下带地区的沉积侵蚀或重新侵蚀有关。然而，Zhang 等(2016b)指出，1980 年之前渤海湾的沉积速率并未随着河道流量的减少而减少，1980 年之后趋于增加，这可能是由于沿海填海量的增加。近年来，位于渤海湾西北部的曹妃甸和天津北港的确存在填海(Zhu et al., 2016)。因此，人类活动(如沿海岸线的填海造地和挡潮闸的建设)对 1980 年以后渤海湾的泥沙量的沉积起到了重要的控制作用。

以往的研究表明，沉积物中 $^{239+240}$Pu 的通量与水深成反比，与沉积物的沉积速率呈线性关系(Hong et al., 1999)。也就是说，海水深度越大，从水柱到沉积物的可沉积量越少、输运时间越长，这意味着 $^{239+240}$Pu 通量越小；相反，海水深度越浅，Pu 停留的时间就越短，导致 Pu 滞留时间缩短，进一步导致更高效率的廓清作用和更大的 $^{239+240}$Pu 通量。渤海湾和辽东湾 $^{239+240}$Pu 沉积速率均显著大于已知深海区域，如太平洋中部美拉尼西亚盆地的 3.56 Bq/m^2(Dong et al., 2011)，西北太平洋地区<10 Bq/m^2(Moon et al., 2003)，中国南海地区 3.75 Bq/m^2，苏禄海 1.38 Bq/m^2(Dong et al., 2010)。这表明，渤海湾和辽东湾沉积物中 Pu 的沉积速率较高。此外，和辽东湾相比，渤海湾沉积物中的 $^{239+240}$Pu 的含量更高，这可能是与 PPG 来源的 Pu 在海水中更有效的廓清作用有关。

5.4 Pu 在渤海湾沉积物中的来源及沉积速率的探讨

渤海湾沉积物中的 ^{240}Pu/^{239}Pu 同位素比值范围为 0.170～0.235，其平均值为 0.198±0.016，高于全球沉降值(0.178±0.019)；辽东湾沉积物中的 ^{240}Pu/^{239}Pu 同位素比值范围为 0.163～0. 258，平均值为 0.200±0.022，均值高于全球沉降值，这表明，该两区域的 Pu 的主要来源为全球沉降。

利用 Krey 等(1976)提出的二元模型，可得出渤海湾 Pu 的来源为全球沉降和 PPG。研究表明，辽东湾 Pu 的来源也为全球沉降与 PPG(Zhang et al., 2018; Hao et al., 2018)。但两区域的同位素比值均显著小于东海长江口沉积物(44%)和南海珠江口沉积物(30%)(Liu et al., 2011; Wu et al., 2014)。由于渤海湾和辽东湾的 Pu 来源均为大气沉降，渤海湾的 $^{239+240}$Pu 的通量值为 44.50 Bq/m^2，PPG 来源 Pu 的通量值约为 6.50 Bq/m^2，全球沉降约为 38 Bq/m^2。

5.5 Pu 在渤海湾沉积物中质量守恒的探讨

渤海湾沉积物中的 Pu 来源包括直接沉降、流域输出及 PPG。在研究中利用了质量守恒模型来计算不同来源的 Pu 的量。渤海湾的面积约为 1.59×10^4 km^2，$^{239+240}$Pu 的平均通量约为 44.50 Bq/m^2 ，沉积物中的 Pu 约为 7.1×10^{11} Bq。各来源

Pu 的量如图 5.7 所示。

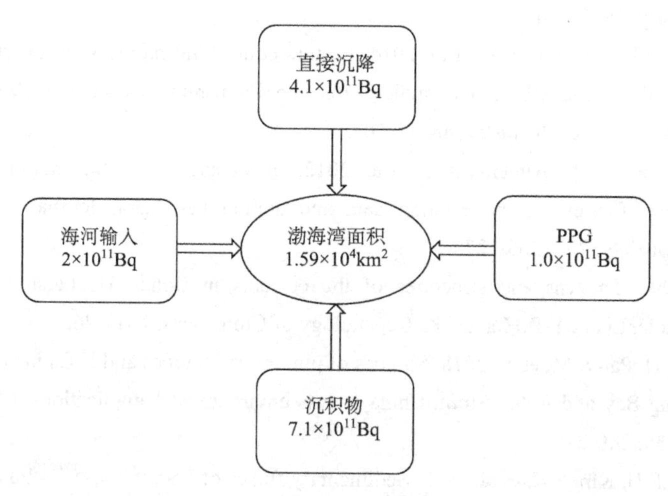

图 5.7　渤海湾 $^{239+240}Pu$ 质量守恒

在本章节中，对渤海湾、辽东湾沉积物中的 ^{137}Cs 和 Pu 进行了研究和分析。由 $^{240}Pu/^{239}Pu$ 同位素比值研究结果表明，渤海地区的 Pu 主要来自全球大气沉降。此外，越来越多的人类活动，如建造挡潮闸和填海造地，也有可能影响 Pu 在渤海湾地区的分布。对于辽东湾的开阔滩涂，植被和水动力可能会因为沉积带的变化对 ^{137}Cs 和 Pu 的空间分布产生影响。二元混合模型表明，渤海湾地区的主要污染源是全球沉降物(85.4%)，而 PPG 污染源的 Pu 仅占次要地位(14.6%)。根据质量平衡模型，估算渤海湾总 Pu 量为 7.1×10^{11} Bq。据估计，从靠海流域输入渤海湾地区的 Pu 的量占全球沉降值的 32.8%，这远小于长江口海岸带的值，这说明海河流域土壤保持能力比长江流域更好。该研究为渤海湾地区核电站风险评估建立了基本参考值。

参 考 文 献

Andersen T J, Mikkelsen O A, Moller A L, et al. 2000. Deposition and mixing depths on some European intertidal mudflats based on ^{210}Pb and ^{137}Cs activities. Continental Shelf Research, 20: 1569-1591.

Dong W, Zheng J, Guo Q J, et al. 2010. Characterization of plutonium in deep-sea sediments of the Sulu and South China seas. Journal of Environmental Radioactivity, 101(8): 622-629.

Dong W, Zheng J, Yamada M, et al. 2011. Distribution of plutonium isotopes in sediments of Melanesian Basin, Central Pacific. Journal of Radioanalytical and Nuclear Chemistry, 287(3): 943-948.

Fan Q H, Takahashi Y. 2017. Employment of the generalized adsorption model for the prediction of the solid-water distribution of radiocesium in the river estuary-ocean system. Applied Geochemistry, 79: 75-84.

Fan Q H, Tanaka K, Sakaguchi A, et al. 2014. Factors controlling radiocesium distribution in river sediments: Field and laboratory studies after the Fukushima Dai-ichi nuclear power plant accident. Applied Geochemistry, 48: 93-103.

Godoy J M, Oliveira A V, Almeida A C, et al. 2012. Guanabara Bay sedimentation rates based on ^{210}Pb dating: Reviewing the existing data and adding new data. Journal of the Brazilian Chemical Society, 23: 1265-1273.

Guan B X. 1994. Patterns and structures of the currents in Bohai, Huanghai and East China Seas//Zhou D, Liang Y B, Zeng C K. Oceanology of China Seas, 1: 17-26.

Hao Y P, Xu Y H, Pan S M, et al. 2018. Sources of plutonium isotopes and ^{137}Cs in coastal seawaters of Liaodong Bay and Bohai Strait, China and its environmental implications. Marine Pollution Bulletin, 130: 240-248.

Hong G H, Lee S H, Kim S H, et al. 1999. Sedimentary fluxes of ^{90}Sr, ^{137}Cs, $^{239+240}Pu$ and ^{210}Pb in the East Sea (Sea of Japan). Science of the Total Environment, 237-238: 225-240.

Hu N J, Shi X F, Liu J H, et al. 2010. Concentrations and possible sources of PAHs in sediments from Bohai Bay and adjacent shelf. Environmental Earth Sciences, 60: 1771-1782.

Kelley J M, Bond L A, Beasley T M. 1999. Global distribution of Pu isotopes and ^{237}Np. Science of the Total Environment, 237: 483-500.

Krey P W, Hardy E P, Pachucki C, et al. 1976. Mass isotopic composition of global fallout plutonium in soil. Transuranium Nuclides in the Environment, Vienna: 671-678.

Liao H Q, Zheng J, Wu F C, et al. 2008. Determination of plutonium isotopes in freshwater lake sediments by sector-field ICP-MS after separation using ion-exchange chromatography. Applied Radiation and Isotopes, 66: 1138-1145.

Liu Z Y, Zheng J, Pan S M, et al. 2011. Pu and ^{137}Cs in the Yangtze River estuary sediments: Distribution and source identification. Environmental Science and Technology, 45 (5): 1805-1811.

Mary Y, Eynaud F, Zaragosi S, et al. 2015. High frequency environmental changes and deposition processes in a 2 kyr-long sedimentological record from the Cap-Breton canyon (Bay of Biscay). The Holocene, 25: 348-365.

Moon D S, Hong G H, Kim Y, et al. 2003. Accumulation of anthropogenic and natural radionuclides in bottom sediments of the Northwest Pacific Ocean. Deep Sea Research Part Ⅱ: Topical Studies in Oceanography, 50: 2649-2673.

Nagaya Y, Nakamura K. 1992. $^{239+240}Pu$ and ^{137}Cs in the East China and the Yellow Seas. Journal of Oceanography, 48: 23-25.

Tims S G, Pan S M, Zhang R, et al. 2010. Plutonium AMS measurements in Yangtze River estuary sediment. Nuclear Instruments and Methods in Physics Research Section B: Beam Interactions with Materials and Atoms, 268: 1155-1158.

Wang F, Wang H, Zong Y, et al. 2014. Sedimentary dynamics along the west coast of Bohai Bay, China, during the Twentieth century. Journal of Coastal Research, 30: 379-388.

Wang F, Zong Y Q, Li J F, et al. 2016. Recent sedimentation dynamics indicated by $^{210}Pb_{exc}$ and ^{137}Cs records from the subtidal area of Bohai Bay, China. Journal of Coastal Research, 32: 416-423.

Wu J W, Zheng J, Dai M H, et al. 2014. Isotopic composition and distribution of plutonium in northern South China Sea sediments revealed continuous release and transport of Pu from the Marshall Islands. Environmental Science and Technology, 48 (6) : 3136-3144.

Xu Y H, Pan S M, Wu M M, et al. 2017. Association of plutonium isotopes with natural soil particles of different size and comparison with ^{137}Cs. Science of the Total Environment, 581: 541-549.

Zhang K X, Pan S M, Liu Z Y, et al. 2018. Vertical distributions and source identification of the radionuclides ^{239}Pu and ^{240}Pu in the sediments of the Liao River estuary, China. Journal of Environmental Radioactivity, 181: 78-84.

Zhang M M, Li Z, Tian B, et al. 2016a. The backscattering characteristic Cs of wetland vegetation and water-level changes detection using multimode SAR: A case study. International Journal of Applied Earth Observation and Geoinformation, 45: 1-13.

Zhang Y, Lu X Q, Shao X L, et al. 2016b. Temporal variation of sedimentation rates and potential factors influencing those rates over the last 100 years in Bohai Bay, China. Science of the Total Environment, 572: 68-76.

Zheng J, Liao H Q, Wu F C, et al. 2008a. Vertical distributions of $^{239+240}Pu$ atom ratio in sediment core of Lake Chenghai, SW China. Journal of Radioanalytical and Nuclear Chemistry, 275: 37-42.

Zheng J, Wu F C, Yamada M, et al. 2008b. Global fallout Pu recorded in lacustrine sediments in Lake Hongfeng, SW China. Environmental Pollution, 152: 314-321.

Zhu G R, Xie Z L, Xu X G, et al. 2016. The landscape change and theory of orderly reclamation sea based on coastal management in rapid industrialization area in Bohai Bay, China. Ocean and Coastal Management, 133: 128-137.

第6章 北部湾沉积物中放射性核素的分布特征

6.1 北部湾区域概况

北部湾地处南海西北部，为半封闭港湾，海湾内的水质较好，被誉为“中国的最后一片洁海”，具有丰富的海洋资源，是我国重要的海洋生态系统；同时北部湾的湾内海洋动力较弱，海水交换速度迟缓，污染物容易富集，生态环境脆弱，海域内的环境自我调节能力较差。目前，北部湾经济开发区处于飞速发展的时期，石油、化工等重工业在海湾沿岸兴建，这对北部湾的环境造成了巨大压力。放射性核素 Pu 的空间分布能够用来评价人类活动对海湾沿岸地区土壤沉积物环境造成的影响。近年来，国内研究人员对北部湾的放射性核素 ^{137}Cs、^{210}Pb 进行了研究，得到了这些核素在北部湾的分布特征，并对北部湾的放射性核素的沉积速率等进行了大量分析(胡金君，2014；何正中，2015；徐伟等，2015)。

北部湾北部沿岸有大量河流入海，海洋与陆地的交互作用较强，且沿岸多数地区海拔较低，沉积作用、侵蚀作用明显，不同区域的海洋和河流行为差异较大，推测北部湾沿岸的不同区域间 Pu 的含量有一定的变化。对不同区域 Pu 的含量分析能够对北部湾沿岸海陆行为、沉积作用进行探讨。

北部湾地区的防城港红沙核电站已于 2016 年 1 月正式进入商用，在核电站运行过程中产生的不可预料的核废料泄露及发生极端堆芯熔融导致的核事故风险可能会影响周围地区的沉积物及海洋。本章主要为该核电站周边地区提供数据基础。

本章的研究区域主要位于北部湾北部沿岸，包括防城港、钦州湾、三娘湾附近的临海区域(图 6.1)。其中，柱样 SN 取自三娘湾的海湾内。

北部湾全湾面积为 12.8 万 km^2，是南海最大的海湾，海岸线总长约 1595 km，东接广东雷州半岛、海南岛西部，并与广州湾通过琼州海峡相连，西临越南东北部地区，北接广西壮族自治区，濒临北海市、钦州市及防城港市，南面与中国南海相通。

6.1.1 北部湾地理地貌

北部湾处于热带地区，为大陆架浅水海湾，海湾内等深线大致与海岸平行，沿岸水深较浅，一般水深 20～50 m，平均水深为 38 m，最大水深 106 m。湾内有岛屿 624 个，其中较大的岛屿有涠洲岛、吉婆岛和斜阳岛，岛上均有居民居住。其沿岸海湾较多，大多分布在北岸，主要有北海港、三娘湾、钦州湾、防城港、珍珠港等。最终流向北部湾的河流共有 93 条，其中直接在北部湾入海的较大河流有南流江、钦江、防城河、茅岭江等。

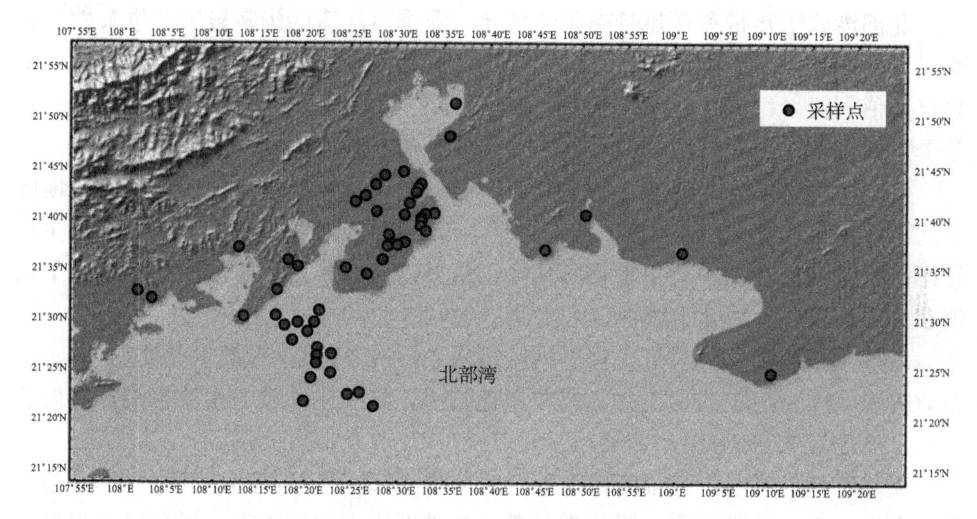

图 6.1　北部湾地理位置

从地质方面看，北部湾沿岸位于新华夏构造体系的第二隆起带和华南褶皱带的交会地区，地壳活动性强，地震频率高，区域内海陆进退频繁，地基稳定性差（唐昌韩和周瑞良，1994）。

北部湾海岸带地势大致北高南低，北部横贯十万大山、六万大山两大山脉，山脉走向与新华夏构造体系第二隆起带相仿，多为东北—西南向，山势较高，平均海拔接近 1000 m。海岸带侵蚀严重，北部湾内除钦江口为三角洲型海岸外，其他海岸大多数为侵蚀型海岸（苏志等，2009）。受人类活动影响，人工海岸增多，海岸线趋于平直化（葛振鹏等，2014）。

北部湾海底地形主要表现为北部、东北部、西部坡度平缓，海南岛西侧邻近海域的海底坡度较大。海底地貌类型既有海积地貌，如陆架堆积平原、水下堆积岸坡等；又有海蚀地貌，如陆架侵蚀浅谷及洼地、潮流沙脊-沙波群和侵蚀残余凸地等（杨木壮等，2000）。海底地势较为平坦，由北向南缓慢倾斜，平均倾斜度约为 2%，覆盖着 93 条河流从大陆带来的泥沙等沉积物（乔延龙和林昭进，2007）。

北部湾海底表面沉积物主要为陆源矿质沉积物，沉积物的粒径大小范围分布广泛，距海岸较近、水深较浅的区域颗粒较细，多为砂质，地形起伏变化大；湾内水深较大的区域颗粒较粗，以软弱黏性土为主（董志华等，2004）。总的来看，存在较多的是颗粒较细的沉积物，主要是粉质黏土、细砂和粉砂。北部湾的北部钦州湾附近海洋环境能量较高，可形成一个小型涡旋，使得研究区域附近形成一个狭窄的泥质沉积带，主要的沉积物是黏土质粉砂。

6.1.2 北部湾气象条件

北部湾属于热带和亚热带季风性气候，受季风环流的影响较大，季节性变化明显，夏季风主要来自西北太平洋(东南季风)和印度洋(西南季风)，冬季风主要来自西伯利亚。夏季风盛行时，受到来自海洋的暖湿气流影响，温度高，降水多；冬季风盛行时，受来自西伯利亚的内陆气流影响，温度低，降水量相对较少。

北部湾地区平均气温 22.7～23.4℃。研究区域内年降水量较多，是内陆地区平均年降水量的 2～3 倍，年平均降水量大于 2150 mm，海岸西段多，东段少；沿岸降水多集中在夏季。由于临海且降水量多，研究区内相对湿度较大，年平均值在 82%～84%，因此土壤也较为湿润(李剑兵，2000)。

北部湾沿岸多大风天气，年平均风速为 3.4～6.1 m/s，风向以北北东(即正北至北偏东 45°之间的方向)为主；夏季风速较小，冬季受冷空气南下影响，多偏北大风，风速较大(杨澄梅，1996)。

受热带气旋影响，北部湾沿海地区的夏半年(北半球的春分到秋分之间)常出现、发生台风、热带风暴、强热带风暴、热带低压等自然灾害，受台风等强热带气旋影响，研究区域多有大风和暴雨天气。台风对北部湾海底地形会产生一定影响，可使其小范围内出现凹坑和沟槽。

6.1.3 北部湾海域水文条件

北部湾沿岸区域海水主要是沿岸水，受沿岸河流的影响较大，盐度较低，水温垂直分布均匀，呈现区域性、季节性差异。北部湾当中的海水运动季节性差异较大，主要受两个因素影响：一是南海暖流中流入北部湾的外海水影响，夏半年外海水自湾口西部进入湾内，形成顺时针环流，冬半年(北半球的秋分到次年春分之间)外海水自湾口东部进入，形成逆时针环流；二是受风向影响，夏半年受偏南风影响，海水向北方延伸，冬半年与夏半年相反(谭光华，1987)。北部湾区域的洋流运动见图 6.2。

北部湾的潮汐类型除铁山港和龙门港为非正规全日潮以外，其他均为正规全日潮，潮差较大，平均潮差大于 2 m，属强潮海岸，潮流以往复流为主，潮汐涨落的方向大多为东北—西南方向。

北部湾波浪的平均波高为 0.5 m，波浪类型有风浪、涌浪和混合浪，以风浪为主，因而季节性差异较大，夏半年风浪低于冬半年，波向与风向基本保持一致，冬季以北北东向浪为主，夏季以南南西向浪为主。

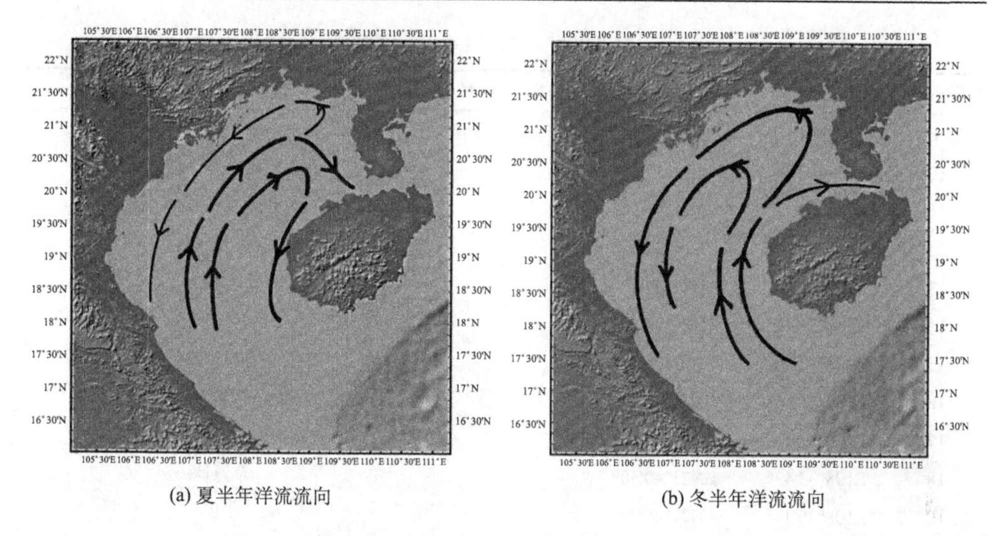

(a) 夏半年洋流流向　　(b) 冬半年洋流流向

图 6.2　北部湾洋流的夏、冬半年流向(谭光华，1987)

6.1.4　采样位置

采样点经纬度范围为 21.40°～22.00°N，108.0°～109.2°E，采样点的位置主要在广西壮族自治区钦州市、防城港市、北海市 3 个地区的北海港、钦州湾、防城港、珍珠港等多个港湾，见图 6.1。样品采集分两次完成，采样时间分别为 2012 年 7 月 15～19 日、2012 年 8 月 10～14 日，其中柱样采集于第二次。表层样主要采集表面土壤样品，取样深度 0～5 cm，采集土壤样品所在的自然环境包括旱田、水稻田、河道、养殖区等，具体采样点详情见表 6.1。柱样 SN 取自三娘湾海湾内，采样深度为 40 cm，将柱样按间距分样，0～4 cm 以 4 cm 间距分样，4～40 cm 以 2 cm 间距分样。所采集的土壤样品、沉积物样现场装入分样袋，带回实验室后进行下一步处理。

表 6.1　采样点经纬度及详细描述

样品号	经度	纬度	进行 Pu 的测量	采样点详细信息
1	E108°25′35″	N21°41′58″		佛子潭以北，水稻田内
2	E108°25′35″	N21°41′58″		佛子潭以北，水稻田内
3	E108°27′43″	N21°40′56″	是	中间坪以西，水稻田内
4	E108°29′05″	N21°38′40″		山地坡面，旁边为侧挖的水塘，植被茂密
5	E108°28′52″	N21°37′33″		耕地内，旁边公路
6	E108°28′27″	N21°36′14″		水稻田内
7	E108°28′06″	N21°33′47″		香蕉树林内
8	E108°26′45″	N21°34′44″		洼地

续表

样品号	经度	纬度	进行 Pu 的测量	采样点详细信息
9	E108°24′26″	N21°35′18″		大片草地内
10	E108°30′00″	N21°37′40″		山地内的养鸡场附近，草地
11	E108°30′47″	N21°37′57″	是	山地内的草地
12	E108°32′53″	N21°39′06″		废弃鱼塘内
13	E108°33′04″	N21°39′00″		水稻田内
14	E108°32′29″	N21°39′25″		旱田
15	E108°32′34″	N21°39′56″		旱田
16	E108°32′36″	N21°40′21″		核电站附近，空间剂量为 0.13μSv/h
17	E108°33′00″	N21°40′40″		核电站西侧，有核电地界标示
18	E108°33′49″	N21°40′50″		草滩地
19	E108°30′47″	N21°40′42″		水田
20	E108°31′20″	N21°41′49″		水田
21	E108°31′59″	N21°42′58″		旱地
22	E108°32′13″	N21°43′23″		山边烧毁的树林内，旁边养殖渔场
23	E108°26′33″	N21°42′32″	是	水稻田
24	E108°27′40″	N21°43′39″		林地
25	E108°28′37″	N21°44′36″		林地
26	E108°30′38″	N21°44′59″	是	翻耕的水田
27	E108°18′15″	N21°36′06″		海边林地
28	E108°19′17″	N21°35′33″		旱田
29	E108°17′00″	N21°33′12″	是	水稻田内
30	E108°13′24″	N21°30′28″		公路边的山地表层
31	E108°03′19″	N21°32′15″		北仑河口
32	E108°01′50″	N21°32′59″	是	北仑河口河道内的泥，下水取样
33	E108°12′47″	N21°37′23″		桉树林
34	E108°35′37″	N21°48′29″		红树林旁边的湾内
35	E108°45′59″	N21°37′13″		三娘湾
36	E108°50′24″	N21°40′39″		炮台附近海湾内，红色泥沙较多
37	109°10′30″	N21°24′51″		北海银滩附近红树林
38	109°10′30″	N21°24′51″		北海银滩附近红树林
39	109°0′56″	N21°36′54″		南流江入海口附近潮水闸口
40	E108°21′18″	N21°25′52″		钦州港
41	E108°20′42″	N21°24′19″		红沙核电站外海
42	E108°22′48″	N21°24′51″		钦州港码头西延
43	E108°19′55″	N21°22′01″		大坪坡外海，排污，大面积养大蚝
44	E108°24′40″	N21°22′41″		新建填海堤外

续表

样品号	经度	纬度	进行 Pu 的测量	采样点详细信息
45	E108°25′55″	N21°22′51″		犀牛脚镇外海 1km
46	E108°22′54″	N21°26′45″	是	金鼓江养殖区
47	E108°21′20″	N21°26′54″		钦州港红树林
48	E108°21′19″	N21°26′38″		钦州港红树林
49	E108°21′22″	N21°26′39″		钦州港红树林
50	E108°21′02″	N21°29′53″		钦江口，航道旁，排污口
51	E108°20′21″	N21°28′59″	是	钦江口外 3km，航道旁
52	E108°18′41″	N21°28′05″		茅岭江出口外 4km，茅岭海内
53	E108°19′18″	N21°29′53″		茅尾海中部
54	E108°16′56″	N21°30′32″		茅岭江内
55	E108°17′50″	N21°29′38″		茅岭江外，附近有红树林
56	E108°36′5″	N21°51′41″		钦江红树林，林内 1
57	E108°36′5″	N21°51′41″		钦江红树林，林内 2
58	E108°21′39″	N21°31′01″		钦江红树林，林外
59	E108°21′20″	N21°27′16″		七十二泾红树林片区外，无树林覆盖
60	E108°21′20″	N21°27′16″		七十二泾红树林片边缘地带
61	E108°21′20″	N21°27′16″		七十二泾红树林
62	E108°36′7″	N21°51′48″		钦江桥内，航道旁
63	E108°32′36″	N21°43′43″	是	龙门港养殖场
64	E108°32′36″	N21°43′43″		龙门港养殖场
65	E108°27′26″	N21°21′32″		三娘湾

表层样共采集 65 个，在进行了 ^{137}Cs 的分析后，选择了其中 9 个进行了 Pu 的分析测量。通常来说，其主要来源相似，大多都由大气核试验释放到环境当中，^{137}Cs 与 $^{239+240}$Pu 的比活度是呈正比关系的，因此，在挑选样品时，选择了不同土壤类型、不同地理位置中 ^{137}Cs 比活度较大的表层样，对 Pu 进行分析测量。所选择的样品编号：3、11、23、26、29、32、46、51、63。

样品的初步处理(烘干、研磨等)在广西大学进行，样品的化学制样与 ICP-MS 测量 $^{239+240}$Pu 比活度及 ^{240}Pu/^{239}Pu 同位素比值实验在苏州大学进行。

6.2　Pu 在北部湾沿岸土壤中的空间分布特征

6.2.1　北部湾沿岸表层样中 Pu 比活度的空间分布

北部湾沿岸的 9 个表层样中，$^{239+240}$Pu 比活度均小于 0.5Bq/kg，主要集中在 0.13～0.20Bq/kg，表层样中 $^{239+240}$Pu 比活度的最大值出现在钦州湾东侧沿岸，钦江口外的航道附近，样品编号为 51，为 0.469Bq/kg，而最小值出现在钦州湾西侧沿岸龙门港养殖场，样品编号为 63，为 0.088Bq/kg。

9 个表层样的 $^{240}Pu/^{239}Pu$ 同位素比值差别较小，标准差为 4.869×10^{-3}，平均值为 0.1785。

各个表层样的 $^{239+240}Pu$ 比活度及 $^{240}Pu/^{239}Pu$ 同位素比值见表 6.2。$^{239+240}Pu$ 比活度及 $^{240}Pu/^{239}Pu$ 同位素比值的误差主要来源于样品制备和仪器测量两方面：①样品的制备，化学制备时仪器精度有限、不同样品中存在交叉污染、环境中存在尘埃等污染导致样品制备产生误差；②仪器测量，仪器测量时仪器本身误差也会导致结果产生误差。

表 6.2　各个表层样的 $^{239+240}Pu$ 比活度及 $^{240}Pu/^{239}Pu$ 同位素比值

样品编号	测量时间	$^{239+240}Pu$ 比活度/(Bq/kg)	$^{240}Pu/^{239}Pu$ 同位素比值
3	2015/8/10	0.198±0.038	0.182±0.009
15	2015/8/10	0.159±0.030	0.172±0.010
23	2015/8/10	0.136±0.055	0.176±0.014
26	2015/8/14	0.194±0.025	0.172±0.009
29	2015/8/14	0.272±0.040	0.185±0.013
32	2015/8/14	0.168±0.018	0.185±0.018
46	2015/8/14	0.170±0.034	0.180±0.011
51	2015/8/14	0.469±0.057	0.179±0.022
63	2015/8/14	0.088±0.031	0.176±0.011
平均值		0.206	0.179
标准差		0.036	0.012

钦州湾、防城港两个海湾之间的陆地区域是主要的采样地点，除 32、46、51 号样品外，所测量的样品都来自该半岛地区。在进行 Pu 测量的半岛地区样品中，除 63 号采样点 Pu 比活度较小，29 号采样点 Pu 的比活度较大外，其他地区 Pu 的比活度相对不大，最大值与最小值之间差距仅 0.062Bq/kg。29 号、63 号两个采样点与其他地区略有差别，可能与地形地势、海水流速有关：29 号采样点位于该半岛地区的顶端，有马鞍岭、南蛇头岭等，海拔相对较高，土壤中的 Pu 流失较少；63 号采样点位于龙门港养殖场附近，与红沙核电站隔水相望，处于钦州湾内最窄的海道附近，流速相对较大，因而土壤沉积物中 Pu 的流失较为严重。

从海岸线推进变化来看，钦州湾茅尾海区域，西侧沿岸中 Pu 的平均活度(样品号 26、63，平均值 0.141Bq/kg)明显小于东侧沿岸(样品 51，0.469Bq/kg)。根据近年来钦州湾的海湾岸线变化，茅尾海西岸因围垦，导致岸线淤进，年平均淤积幅度可达 15～50m；而茅尾海东部海岸冲淤基本稳定，51 号采样点附近并无明显的海岸线进退变化。因而西侧采样点的沉积物寿命相对较短，且砂质沉积物含量多，可能是 Pu 同位素富集较少的原因。

从北部湾北部沿岸整体来看，32 号采样点与其他采样点距离较远，位于防城港东兴市，中越国界线附近。该采样点的 $^{239+240}Pu$ 比活度、$^{240}Pu/^{239}Pu$ 同位素比值与其他采样点相比无明显差别，说明北部湾北部沿岸地区土壤沉积物中 Pu 的含量、比值较为平均。可能的原因是北部湾的海水冬、夏半年的流向相反，造成区域内核素分布均衡。

51 号土壤样品中 Pu 含量明显高于其他采样点。可能造成的原因是：51 号采样点处在相对比较封闭的海湾沿岸，离航道距离不远，受内陆河流沉积作用影响较大，海水侵蚀作用较小，使得 Pu 同位素不断地在该区域沉淀；土壤呈泥状，颗粒较小，Pu 容易被吸附到土壤当中。因而 Pu 的比活度比其他区域略高。

63 号采样点位于红沙核电站附近，但 $^{239+240}Pu$ 比活度并不明显高于其他区域，可能是因为 63 号采样点位于核电站的北部，在海水流向的上游，受核电站影响较小。从洋流、季风来看，核电站开工后，受影响较大的区域有二：一是距离红沙核电站较近的区域，可能受固体放射性废物的影响；二是红沙核电站洋流的下游方向，如 11 号采样点附近及北部湾北部沿岸的大部分靠近陆地的海域。

研究区域内入海河流众多，沿岸海水受江河影响大。北部湾主要的外来海水是通过南海暖流带来的，海水沿我国东南沿岸从北向南流动，流经广州沿岸区域，进入北部湾。海水在北部湾中以冬季逆时针环流、夏季顺时针环流的方式流动(图 6.2)。因此从洋流情况来看，北部湾地区有受太平洋核试验基地(PPG)影响的可能。长江口、珠江口与附近沿岸区域的 $^{240}Pu/^{239}Pu$ 同位素比值均在 0.22 以上，而本章研究区内土壤沉积物的 $^{240}Pu/^{239}Pu$ 同位素比值均在 0.18 左右，属于大气沉降的正常范围内。对比与海岸距离不同的样品点可知，距离海岸较近的采样点(29、32、46 号采样点) $^{240}Pu/^{239}Pu$ 同位素比值略高于距离海岸较远的采样点。推测北部湾中距岸边较远的海域内可能得到更高的 $^{240}Pu/^{239}Pu$ 同位素比值，需要进行下一步实验分析。

6.2.2　Pu 含量与土壤类型的关系

本章中 9 个表层样中，有 1 个取自草地，1 个取自旱田，3 个取自水田，4 个取自河口海湾。其中取自河口海湾的 4 个样品中，有 2 个取自养殖区，其环境受到人类活动影响较大。

其中不同区域草地、耕地的表层样中，Pu 的含量差别不大；而不同地区河口海湾的表层采集样中，Pu 的差别较为明显。草地、耕地表层样中除上面说明过的 29 号样外，Pu 的比活度范围在 0.136～0.194Bq/kg，标准差为 0.026；河口海湾表层样中 Pu 的范围在 0.088～0.496Bq/kg，最大、最小值之间差值为 0.381Bq/kg，标准差为 0.145，远远大于草地、耕地。可能原因是河口的海岸地形变化强烈，河水冲击、海水侵蚀、沉积作用使得在不同位置的土壤沉积物，在土壤类型、颗粒大小、沉积、侵蚀速率等方面均差别较大，从而对 Pu 的吸附能力差别较大。

将旱田、草地看成相同土壤类型，与水田比较可得到类似的结论，不同地区旱田、草地的采样中 Pu 的偏差略小于水田，Pu 的含量较为稳定。这可能是因为水田中常年淹水，土壤的沉积和受侵蚀变化较多。

北部湾沿岸土壤沉积物中，人类活动对 Pu 的比活度影响不显著。46 号、63 号样品取样区域位于养殖场，去除地理位置、海水运动等因素，Pu 的含量与比值与其他采样点之间并无明显差异。

6.2.3 Pu 比活度与 ^{137}Cs 比活度之间的关系

与 Pu 同位素类似，环境当中的 ^{137}Cs 主要来自核试验、核事故、核设施等，绝大多数 ^{137}Cs 是 20 世纪 50～60 年代的大气核试验释放的，因而 ^{137}Cs 和 Pu 的比活度大小分布较为相似。

Hodge 等(1996)测得 1994 年 7 月 1 日，北半球大气沉降所得的 ^{137}Cs/$^{239+240}$Pu 比值为 37±4，经衰变修正后，2015 年 7 月 1 日大气沉降所得的 ^{137}Cs/$^{239+240}$Pu 比值为 22.77±2.47。而本章中除 23 号点 ^{137}Cs 比活度数据缺失、江口的 51 号点偏差略大外，其他采样点的 ^{137}Cs/$^{239+240}$Pu 比值为 10.4～27.2，平均值为 17.6，略小于该值，见图 6.3。由于表层样随机性较强，单个表层样所得偏差可能较大，而本章中所选取的样本较少，因而其平均值可能也会存在较大的误差。

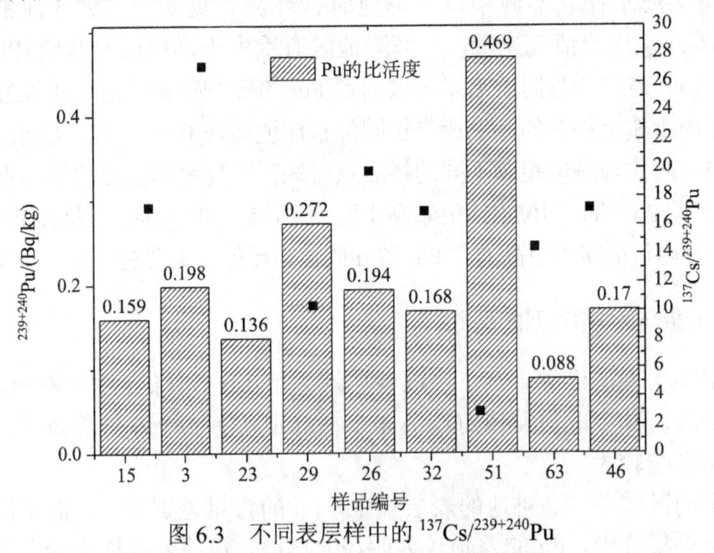

图 6.3 不同表层样中的 ^{137}Cs/$^{239+240}$Pu

在选取的样品中，旱田、草地中的 ^{137}Cs/$^{239+240}$Pu 比值稍大于水田、河口，不同土壤类型的 ^{137}Cs/$^{239+240}$Pu 比值差别不大。分析中样品的 ^{137}Cs 比活度数据引自文献(徐伟等，2015）。

6.2.4　北部湾与其他区域的 Pu 比活度对比

北部湾历史上无放射性污染，是典型的季风气候，多山地，土壤有机物丰富，地处 20°N 附近。研究区域内 $^{239+240}$Pu 比活度与我国土壤中 Pu 比活度的特征相对吻合，略有偏差，比南方土壤中平均 Pu 含量(约为 0.1Bq/kg)稍有偏大。

广东沿海地区与广西北部湾海岸地理位置相近，沉积环境也有相似之处，Wu 等(2014)分析了南海广州沿岸沉积物和近海域海水中 Pu 的含量和比值。广州珠江口的土壤沉积物 $^{239+240}$Pu 比活度为 0.01～0.15Bq/kg，^{240}Pu/^{239}Pu 同位素比值为 0.175～0.190，与本章所采集的表层样中 Pu 的空间分布差别不大，来源类似。

北部湾沿岸 Pu 的比活度稍大于广东沿岸，可能是因为北部湾是一个半封闭的海湾，海湾内海水流速较慢，且冬夏半年流向相反，同时，流入北部湾的河流均为较小型，河水的侵蚀作用小，导致该地区 Pu 流失较少，富集程度较高；而广东沿岸是开放的沿海区域，海水流速较高，同时珠江是我国年径流量第二大的河流，对河口的侵蚀作用较强，Pu 的流失较多，因而广东沿岸的 Pu 比活度略小于北部湾北部沿岸。

6.3　Pu 在北部湾海洋沉积物中的垂直分布特征

6.3.1　Pu 的垂直分布特征

三娘湾柱样 SN 中 Pu 的垂直分布见图 6.4，各个分层的 Pu 比活度、比值的垂直分布见表 6.3。其中，7cm、27cm、33cm 深度的土壤中可能受到了污染，结果误差较大或低于仪器检测限，不予分析。

北部湾北部三娘湾柱样 SN 中的 $^{239+240}$Pu 比活度范围为(0.075±0.017)～(2.088±0.672)Bq/kg，平均值为 0.569Bq/kg。^{240}Pu/^{239}Pu 同位素比值范围在(0.169±0.006)～(0.198±0.012)，平均值为 0.190。

表 6.3　三娘湾柱样 SN 中各层沉积物的 $^{239+240}$Pu 比活度及 ^{240}Pu/^{239}Pu 同位素比值

深度/cm	测量时间	$^{239+240}$Pu 比活度	^{240}Pu/^{239}Pu 同位素比值
2	2015/8/14	0.301±0.034	0.171±0.012
5	2015/8/18	0.184±0.039	0.198±0.012
9	2015/8/18	0.493±0.089	0.192±0.008
11	2015/8/18	0.782±0.138	0.169±0.006
13	2015/8/18	0.183±0.024	0.189±0.008
15	2015/8/18	1.573±0.460	0.186±0.009
17	2015/8/18	1.319±0.411	0.189±0.002

续表

深度/cm	测量时间	$^{239+240}Pu$ 比活度	$^{240}Pu/^{239}Pu$ 同位素比值
19	2015/8/18	0.787±0.133	0.174±0.005
21	2015/8/18	2.088±0.672	0.173±0.004
23	2015/8/18	0.167±0.035	0.172±0.002
25	2015/8/22	0.094±0.019	0.171±0.001
29	2015/8/22	0.217±0.023	0.173±0.009
31	2015/8/22	0.175±0.019	0.183±0.012
35	2015/8/22	0.100±0.042	0.179±0.012
37	2015/8/22	0.075±0.017	0.172±0.005

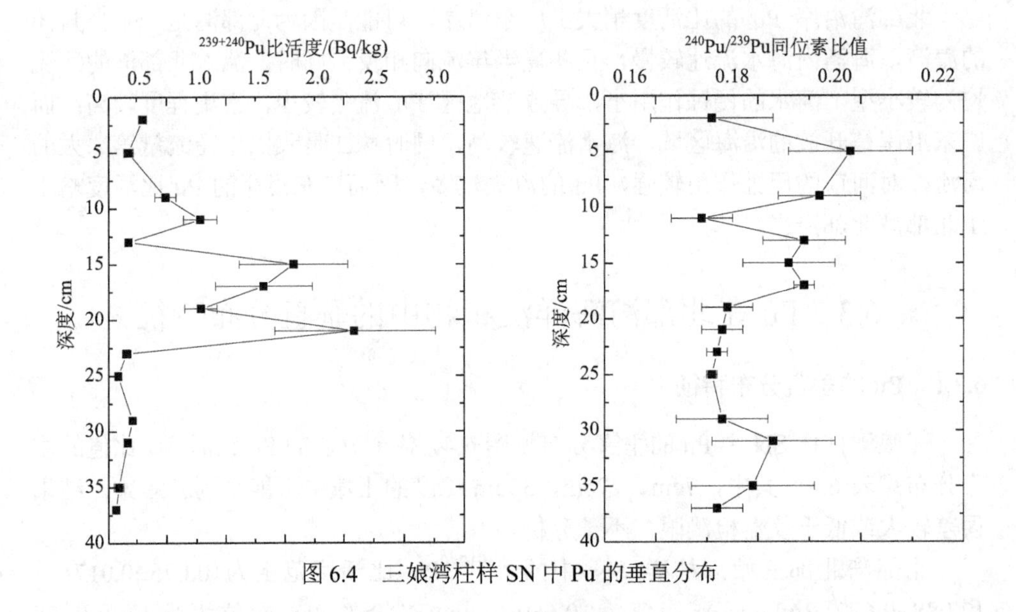

图 6.4　三娘湾柱样 SN 中 Pu 的垂直分布

在三娘湾柱样中，Pu 在距离表面较近的地方含量较高，在 13～21cm 范围内出现较大的值，当深度达到 23cm 时，Pu 的比活度开始急剧下降，接近于 0。柱样中 $^{240}Pu/^{239}Pu$ 同位素比值的变化较小，在 5～17cm 范围内出现较大的值，与 $^{239+240}Pu$ 比活度曲线走势大致相同，但同一深度的样品中 $^{240}Pu/^{239}Pu$ 同位素比值与 $^{239+240}Pu$ 比活度的值没有明显关联性。

Pu 的比活度、同位素比值分别在深度为 13～21cm、5～17cm 处出现了显著变化，在数值上两者都是增大，可能代表 20 世纪 50～60 年代时期，全球范围大规模大气核试验释放大量 Pu。大量的 Pu 释放到环境当中，进入全球大气、洋流循环，有两个途径进入北部湾的沉积物中：一是通过大气沉降，直接进入北部湾地区，或者进入入海口在北部湾区域的河流内，通过陆地河流输送进该区域沉积下来；二是Pu进入海洋，通过洋流的带动进入北部湾沿岸并沉积下来。

通过这两种方式沉积到北部湾中的Pu，在环境当中活动的时间可能会有差异，导致不同方式的沉积时间、沉积量等各不相同，因而可能存在Pu的比活度、同位素比值峰值不同步的现象。通过大气沉降进入该区域的Pu是通过大气循环流动，一般在核试验进行1年内沉积下来，运动时间较短，沉积量大；而通过海水沉积物进入该区域的Pu经过洋流输运，运动时间相对较长，且底层海水与表层海水会在运动中交换，而流入北部湾的海水中携带的Pu有限，通过该方式沉积在北部湾中的Pu较少。

对于北部湾地区，可能通过大气沉降进入的Pu来源广泛，根据季风变化，苏联西伯利亚核试验场、中国罗布泊核试验场、美国太平洋核试验场均有贡献，Pu同位素比值相对较低，在该柱样上为21cm左右，Pu的比活度明显增大而同位素比值变化较小；而随着时间推移，通过洋流进入的Pu也沉积到北部湾地区，这些Pu同位素大多来自美国太平洋核试验场，$^{240}Pu/^{239}Pu$同位素比值较大而比活度随时间变化越来越小，反映在该柱样上为5～17cm处。

北部湾地区的沉积速率大约为0.44cm/a，由此可得22cm左右处是全球大规模核试验阶段，与本章前面的推断相符。

6.3.2　Pu含量与土壤颗粒分布的关系

北部湾历史上无放射性污染，地处热带，是典型的季风气候，多山地，土壤含水率高、有机物含量丰富，北部湾中Pu同位素在土壤中的分布情况可能不均匀。研究中土壤颗粒的粒径数据来自文献(徐伟等，2015)。

整体来看，研究区域内，Pu的比活度跟土壤粒径之间并无明显关联。两者之间关联不明显可能是由于土壤粒径不是影响Pu比活度的主要因素。局部定量分析可得，相对而言，土壤粒径较大的部分，Pu同位素含量较小；土壤粒径较小的部分，Pu同位素含量较大，见表6.4。同时，若某一部分的土壤粒径较大/小，则与之相邻深度部分中土壤粒径较小/大。如根据9～15cm的Pu分布规律来看，深度为13cm处的Pu比活度应为0.75～1.6Bq/kg，而实际上13cm处的值为0.183Bq/kg，这可能是因为11cm、15cm处土壤颗粒均为13μm左右，而13cm处的土壤颗粒为37.72μm，造成该处的土壤对Pu同位素吸附能力差，Pu的含量小。

表6.4　三娘湾柱样9～15cm处的Pu比活度、土壤粒径变化

深度/cm	Pu比活度/(Bq/kg)	土壤粒径大小/μm	深度/cm	Pu比活度/(Bq/kg)	土壤粒径大小/μm
9	0.493	22.8	13	0.183	37.72
11	0.782	13.07	15	1.573	13.31

6.3.3 Pu 比活度与 ^{137}Cs 比活度、^{210}Pb 比活度之间的关系

从北部湾三娘湾采集的柱样中发现，Pu 比活度与 ^{137}Cs 比活度、^{210}Pb 比活度随深度变化曲线见图 6.5。在该柱样中，$^{239+240}Pu$ 与 ^{137}Cs 两种元素的比活度随深度的变化趋势大致相同，这可能是因为两种元素表现了相同的沉积性质，而且其主要来源大致相同。

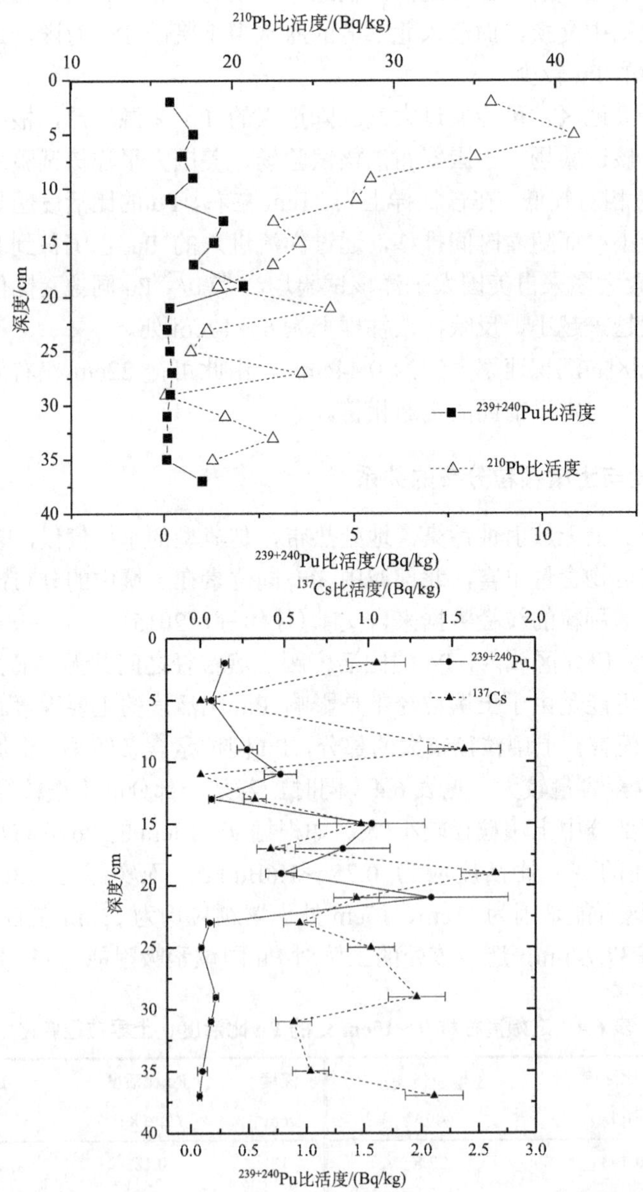

图 6.5 北部湾三娘湾柱样中，$^{239+240}Pu$ 比活度、^{137}Cs 比活度、^{210}Pb 比活度随深度变化曲线

$^{239+240}$Pu、^{210}Pb 两种元素的垂直分布则没有明显联系。与 $^{239+240}$Pu 不同，^{210}Pb 比活度在表层达到最大值，随深度变化呈指数衰减。可能是两种元素的来源和沉积性质区别较大，且 ^{210}Pb 半衰期较短而导致的。

相对于 $^{239+240}$Pu 在一定深度后比活度明显降低，^{137}Cs、^{210}Pb 两种同位素在 23cm 以下比活度呈现摆形分布，且在 38cm 以内不存在一个截止深度，使得大于这个深度中该元素比活度接近于 0。研究中 ^{137}Cs、^{210}Pb 数据来自文献(何正中，2015)。

6.3.4　Pu 的沉积通量

三娘湾柱样的 Pu 沉积通量见表 6.5。采样时选取的柱样内径 D 为 8.4cm，因此计算所取柱样的底面积为 $S=\pi\times\left(\frac{D}{2}\right)^2=55.4\text{cm}^2$。表中沉积物的质量为该段沉积物经过干燥、研磨处理后的质量。

表 6.5　三娘湾柱样各层 Pu 沉积通量

深度/cm	质量/g	质量深度/(g/cm²)	沉积通量/(Bq/m²)	深度/cm	质量/g	质量深度/(g/cm²)	沉积通量/(Bq/m²)
2	27.5	0.496	1.494	21	50.7	6.108	19.110
5	18.9	0.838	0.628	23	40	6.830	1.202
9	29.7	1.877	2.644	25	46.3	7.666	0.789
11	32.4	2.462	4.571	29	50.3	9.195	1.973
13	36.6	3.123	1.211	31	36.3	9.850	1.149
15	37.7	3.803	10.700	35	44	11.309	0.793
17	34.3	4.422	8.169	37	43.5	12.094	0.589
19	42.7	5.193	6.069	总计			61.091

三娘湾的柱样中，38cm 内沉积物中 Pu 的通量计算值为 61.091Bq/m^2。考虑该计算值去除 6～8cm、26～28cm、32～34cm 共 6cm，实际 SN 柱样中 38cm 内沉积通量应大于该数值，可能在 70Bq/m^2，略大于中国内陆湖泊中 Pu 的沉积通量(为 30～60Bq/m^2)，小于珠江口、长江口等沿海地区的沉积通量(均大于 300Bq/m^2)。这跟北部湾的地理位置、海湾环境有关。北部湾地区沉积物中 Pu 的来源包括大气沉降、内陆输入、海洋沉积等，而内陆湖泊沉积物中 Pu 的来源主要是大气沉降，因此该地区中 Pu 的沉积通量大于内陆湖泊；此外，北部湾是半封闭海湾，天然的封闭场所让南海向北部湾中输送的 Pu 较少，且沉积作用相对较弱，因而 Pu 的沉积通量小于珠江口、长江口。由该数值来看，三娘湾地区 Pu

主要来源是大气沉降作用。

6.4　Pu 在北部湾沉积物中的来源探讨

北部湾北部沿岸中不同来源的 Pu 通常有三种：①大气沉降；②入海河流输入；③洋流带来的 Pu 的输入。其中，入海河流输入的 Pu 来源于内陆地区 Pu 的大气沉降，而在北部湾入海的河流中，由于没有流经受污染地区，这些河流中沉降的 Pu 与北部湾区域差别不大，两者 Pu 的原始来源是近似相同的。受太平洋、印度洋洋流变化影响，北部湾地区由洋流带来的 Pu 原始来源有二：一是通过大气沉降进入海洋中的 Pu，二是 PPG 释放到海洋当中的 Pu。其中，通过大气沉降进入这些区域海水中的 Pu 主要来源同样是 PPG。因此，总的来看，北部湾沿岸的 Pu 主要原始来源有二：①大气沉降；②PPG。区分两者的主要依据是 $^{240}Pu/^{239}Pu$ 同位素比值。

北部湾沿岸的表层样中，$^{240}Pu/^{239}Pu$ 同位素比值变化不大，都在大气沉降的合理范围内，因此表层样中的 Pu 绝大多数来自大气沉降，在此不作讨论。

三娘湾柱样中，深度在 20cm 内沉积物的 $^{240}Pu/^{239}Pu$ 同位素比值与更大深度的沉积物相比有明显变化，由于 ^{240}Pu、^{239}Pu 的半衰期都在几千年到上万年范围内，因此可以推断，深度在 20cm 内沉积物受到了少量 PPG 释放出的 Pu 的影响。若认为该柱样中的 Pu 来源只有大气沉降和 PPG，则两种不同来源的 Pu 比活度之比的公式为

$$\frac{(\mathrm{Pu})_P}{(\mathrm{Pu})_G}=\frac{(R-G)(1+3.674P)}{(P-R)(1+3.674G)} \tag{6.1}$$

式中，R 是样品中的 $^{240}Pu/^{239}Pu$ 同位素比值；G，P 分别代表大气沉降、PPG 来源的 $^{240}Pu/^{239}Pu$ 同位素比值。由此可得到表 6.6（计算中大气沉降的 $^{240}Pu/^{239}Pu$ 同位素比值选取了 0.176，PPG 的 $^{240}Pu/^{239}Pu$ 同位素比值选取了 0.345）。有 3 个深度段出现负值，代表此处的 $^{240}Pu/^{239}Pu$ 同位素比值小于 0.176。由于与 0.176 差距不大，可以看成正常偏差，样品中绝大部分的 Pu 来自大气沉降。

表 6.6　三娘湾柱样前 20cm 中各层 Pu 的来源

深度/cm	$^{240}Pu/^{239}Pu$ 同位素比值	$(Pu)_P/(Pu)_G$	$(Pu)_P$ 占总百分比/%	PPG 来源的 Pu 比活度/(Bq/kg)
2	0.171	–0.038	–3.933	—
5	0.198	0.209	17.267	0.032
9	0.192	0.143	12.484	0.062
11	0.169	–0.052	–5.540	—
13	0.189	0.117	10.468	0.019

续表

深度/cm	$^{240}Pu/^{239}Pu$ 同位素比值	$(Pu)_P/(Pu)_G$	$(Pu)_P$ 占总百分比/%	PPG 来源的 Pu 比活度/(Bq/kg)
15	0.186	0.090	8.220	0.129
17	0.189	0.111	9.971	0.132
19	0.174	−0.019	−1.932	—

三娘湾柱样中，深度在 20cm 内沉积物受太平洋核试验基地释放出的 Pu 影响相对较大，其中，来源于 PPG 的 Pu 占总百分比最多的是 5cm 深度处的土壤沉积物，为 17.267%；来源于 PPG 的 Pu 比活度最多的是 17cm 深度处的土壤，为 0.132Bq/kg。受到影响的样品中，来自太平洋核试验基地的 Pu 在总的 Pu 比活度中占比在 8.220%～17.267%。

本章节主要对广西北部湾地区的土壤沉积物样品进行了放射性核素 $^{239+240}Pu$ 比活度及 $^{240}Pu/^{239}Pu$ 同位素比值的分析，结合地理环境、洋流变化等因素，主要研究了研究区域内放射性同位素 Pu 的空间分布特征、垂直分布特征及其来源，并与前人所做的工作进行了对比分析。本书主要得出了以下结论：

(1)北部湾沿岸 9 个表层样中，$^{239+240}Pu$ 比活度均小于 0.5Bq/kg。相对而言，地形地势、海水流速对 Pu 的比活度影响较大，不同地理环境的采样点的样品中 Pu 的比活度有明显差异，沉积活动较为激烈的地区 Pu 的比活度较为不稳定；整个北部湾北部沿岸地区的土壤沉积物中 Pu 的比活度、比值较为稳定。

(2)北部湾沿岸土壤沉积物中，人类活动对 Pu 的含量影响不大，养殖场等人类活动较为频繁的地区所采土壤样品中 Pu 的比活度与其他地区没有明显差别。

(3)研究区域内 $^{239+240}Pu$ 比活度与我国土壤中 Pu 含量的特征相对吻合，由于样品受海陆交互活动影响，与内陆土壤略有差异，比南方土壤中平均 Pu 含量(约为 0.1Bq/kg)稍大。

(4)北部湾沿岸表层土壤沉积物中，$^{240}Pu/^{239}Pu$ 同位素比值接近于大气沉降的值，主要受大气沉降和内陆江河的影响，基本不受 PPG 影响。研究区域内 $^{240}Pu/^{239}Pu$ 同位素比值差别较小，距离海岸较近的区域 $^{240}Pu/^{239}Pu$ 同位素比值略高于距离海岸较远的区域。

(5)草地、耕地表层样中，不同区域 Pu 差别不大；而河口海湾中的表层样中，不同地区采集样品中 Pu 的差别较为明显，这可能是河口海岸地形变化强烈导致的。将旱田、草地看成相同土壤类型，与水田比较可得到类似的结论，旱田、土壤中不同采样点的 Pu 差别不大，水田中不同采样点的 Pu 差别明显。

(6)北部湾沿岸三娘湾柱样中 Pu 的垂直分布：Pu 主要集中在距离表面较近的地方，在 14～20cm 范围内出现较大的值，当深度达到 23cm 时，Pu 的含量急剧下降。14～20cm 处代表 20 世纪 50～60 年代全球大规模核试验时期 Pu 的大量释放，而 23cm 及更深处代表在人类试验之前，自然界中存在的 Pu 极少。这与前人对沉积速率的研究得到的结果近似相同。

(7) Pu 的比活度、同位素比值分别在深度为 13～21cm、5～17cm 处出现了显著变化，数值上两者都是增大。可能代表着 20 世纪 50～60 年代时期，全球范围进行的大规模大气核试验释放出来的 Pu。Pu 的比活度、同位素比值峰值出现在不同深度的原因可能是由于全球大气沉降、PPG 来源的 Pu 在不同时期占比不同。

(8) 北部湾沿岸三娘湾柱样的垂直分布中 $^{239+240}$Pu 与 ^{137}Cs 两种元素的比活度随深度的变化趋势大致相同，可能是因为其主要来源大致相同。$^{239+240}$Pu 与放射性 ^{210}Pb 的垂直分布则没有明显联系，可能是因为自然界中的 ^{210}Pb 主要来源于镭的衰变。

(9) 土壤粒径大小不是 Pu 的比活度的主要影响因素。可能存在的关系：土壤粒径较大的部分，对 Pu 同位素的吸附能力较小；土壤粒径较小的部分，对 Pu 同位素的吸附能力较大。

(10) 三娘湾 38cm 内沉积通量计算值为 61.091Bq/m^2，略大于中国内陆湖泊中的沉积通量，小于珠江口、长江口等沿海地区的沉积通量。这说明三娘湾的海陆交互活动较小，符合半封闭海湾的地理特征。

(11) 北部湾土壤和表层沉积物中的 Pu 主要来自大气沉降和内陆江河沉积，垂直分布中，深度在 20cm 内的沉积物存在 PPG 释放出的 Pu，在总的 Pu 比活度中占比为 8.220%～17.267%。

参 考 文 献

董志华, 曹立华, 薛荣俊. 2004. 台风对北部湾南部海底地形地貌及海底管线的影响. 海洋技术, 23(2): 24-34.

葛振鹏, 戴志军, 谢华亮, 等. 2014. 北部湾海湾岸线时空变化特征研究. 上海国土资源, 35(2): 49-53.

何正中. 2015. 广西北部湾沉积速率研究. 南宁: 广西大学.

胡金君. 2014. 广西北部湾土壤中 ^{137}Cs 及重金属的分布特征. 南宁: 广西大学.

李剑兵. 2000. 北部湾泮的气候资源以及开发利用探讨. 广东气象, (增刊 1): 50-52.

乔延龙, 林昭进. 2007. 北部湾地形、地质特征与渔场分布的关系. 海洋湖沼通报, (s): 232-238.

苏志, 余纬东, 黄理, 等. 2009. 北部湾海岸带的地理环境及其对气候的影响. 气象研究与应用, 30(3): 44-47.

谭光华. 1987. 北部湾海区水文结构及其特征的初步分析. 海洋湖沼通报, (4): 7-15.

唐昌韩, 周瑞良. 1994. 广西北部湾沿岸地区地质环境及地质灾害现状. 中国地质科学院 562 综合大队集刊, 11-12: 55-72.

徐伟, 潘少明, 贾培宏, 等. 2015. 北部湾防城港沿岸土壤 ^{137}Cs 背景值及表层分布特征. 地理研究, 34(4): 655-665.

杨澄梅. 1996. 北部湾海面冬季(11～1 月)偏北大风的气候分析和预报. 广西气象, 17(4): 30-33.

杨木壮, 梁修权, 王宏斌, 等. 2000. 南海北部湾海洋工程地质特征. 海洋地质与第四纪地质, 20(4): 47-52.

Hodge V, Smith C, Whiting J. 1996. Radiocesium and plutonium: Still together in "background" soils after more than thirty years. Chemosphere, 32(10): 2067-2075.

Wu J W, Zheng J, Dai M H, et al. 2014. Isotopic composition and distribution of plutonium in northern South China Sea sediments revealed continuous release and transport of Pu from the Marshall Islands. Environmental Science and Technology, 48(6): 3136-3144.

第7章 华南地区沉积物中放射性核素的分布特征

7.1 华南地区介绍

华南地区是我国七大地理分区之一(华北、华东、华南、华中、东北、西北、西南)，包括广东、广西、海南、香港和澳门。该区域北面与华中、华东地区相接；南临南海和南海诸岛，与菲律宾、马来西亚等国家相望。华南多发育河流流域，如广东省内的主要流域有珠江流域和粤西沿海流域。而华南地区的众多河流最终都流向了中国南海。

本书中的样品都是采自我国华南地区的河流表层沉积样。其中在广东省主要采集来自北江、东江、韩江、珠江和粤西沿海地区的河流表层沉积样，在广西采集来自红水河的表层沉积样，在福建省主要采集来自晋江河流的表层沉积样，以及来自海南岛河流的表层沉积样(图7.1)。在这些河流流域中共采集了52个河流表层沉积样，对采集到的样品，主要测试样品中的黏土含量、有机质含量、$^{239+240}Pu$比活度和$^{240}Pu/^{239}Pu$同位素比值。具体信息详见表7.1和表7.2。

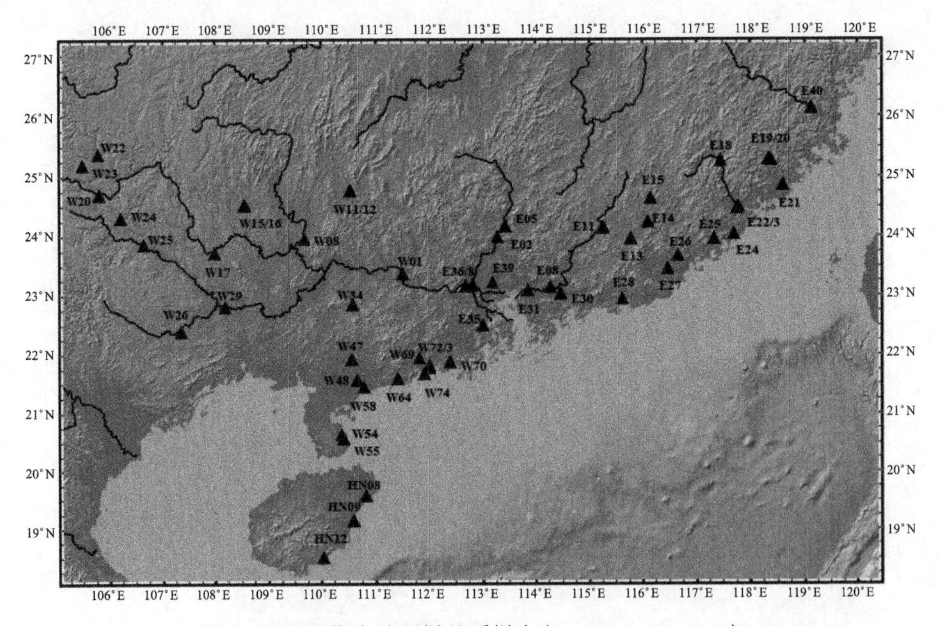

图7.1 我国华南地区样品采样点(Zhuang et al., 2018)

表 7.1　采集样品站位信息及样品性质

样品点	经度/°E	纬度/°N	地区	有机质含量/%
E02	113.273	23.998	北江	3.81
E05	113.425	24.183	北江	6.37
E08	114.269	23.161	东江	0.91
E11	115.259	24.154	东江	5.81
E13	115.779	23.963	韩江	4.34
E14	116.101	24.241	韩江	4.88
E15	116.141	24.646	韩江	2.19
E26	116.653	23.683	韩江	2.08
E27	116.464	23.461	韩江	16.62
E28	115.619	22.955	韩江	4.87
E30	114.462	23.040	东江	1.62
E31	113.846	23.104	东江	6.95
E35	112.999	22.503	珠江	7.23
E36	112.689	23.175	珠江	2.18
E38	112.808	23.189	珠江	5.93
E39	113.176	23.235	珠江	3.80
W47	110.555	21.927	粤西沿海诸河	3.80
W48	110.658	21.578	粤西沿海诸河	2.72
W54	110.369	20.642	粤西沿海诸河	3.38
W55	110.408	20.581	粤西沿海诸河	5.48
W58	110.783	21.455	粤西沿海诸河	4.51
W64	111.412	21.597	粤西沿海诸河	1.42
W69	111.819	21.953	粤西沿海诸河	2.45
W70	112.399	21.891	粤西沿海诸河	10.16
W72	112.015	21.830	粤西沿海诸河	9.53
W73	112.015	21.791	粤西沿海诸河	4.51
W74	111.914	21.686	粤西沿海诸河	7.43
E18	117.449	25.278	晋江	4.66
E19	118.330	25.300	晋江	2.20
E20	118.378	25.286	晋江	1.96
E21	118.591	24.877	晋江	4.42
E22	117.781	24.508	晋江	2.74
E23	117.755	24.488	晋江	1.42
E24	117.697	24.044	晋江	1.80
E25	117.334	23.973	晋江	3.30
W08	111.504	23.383	红水河	2.72

续表

样品点	经度/°E	纬度/°N	地区	有机质含量/%
W11	110.532	24.775	红水河	2.06
W12	110.534	24.784	红水河	5.32
W15	108.559	24.531	红水河	1.59
W16	108.554	24.531	红水河	4.54
W17	107.989	23.732	红水河	4.29
W20	105.803	24.705	红水河	6.91
W22	105.787	25.381	红水河	5.30
W23	105.483	25.206	红水河	8.41
W24	106.208	24.316	红水河	2.73
W25	106.647	23.871	红水河	4.79
W26	107.351	22.412	红水河	1.51
W29	108.187	22.820	红水河	4.15
W34	110.568	22.861	红水河	7.53
HN08	110.816	19.585	海南岛河流	0.65
HN09	110.592	19.154	海南岛河流	1.14
HN12	110.035	18.522	海南岛河流	0.53

表 7.2　站点 $^{239+240}$Pu 比活度和 ^{240}Pu/^{239}Pu 同位素比值

样品点	$^{239+240}$Pu 比活度/(mBq/g)	^{240}Pu/^{239}Pu 同位素比值
E02	0.341 ± 0.012	0.199 ± 0.032
E05	0.305 ± 0.021	0.198 ± 0.021
E08	0.283 ± 0.035	0.191 ± 0.015
E11	0.336 ± 0.015	0.186 ± 0.021
E13	0.391 ± 0.035	0.176 ± 0.022
E14	0.321 ± 0.042	0.178 ± 0.016
E15	0.259 ± 0.053	0.191 ± 0.026
E26	0.690 ± 0.067	0.179 ± 0.020
E27	1.792 ± 0.134	0.169 ± 0.015
E28	0.483 ± 0.243	0.175 ± 0.012
E30	0.788 ± 0.059	0.175 ± 0.022
E31	3.322 ± 0.499	0.183 ± 0.023
E35	1.580 ± 0.192	0.172 ± 0.031
E36	0.043 ± 0.013	0.165 ± 0.028
E38	0.133 ± 0.021	0.184 ± 0.026
E39	0.011 ± 0.019	0.179 ± 0.021

续表

样品点	$^{239+240}Pu$ 比活度/(mBq/g)	$^{240}Pu/^{239}Pu$ 同位素比值
W47	0.056 ± 0.028	0.171 ± 0.014
W48	0.114 ± 0.046	0.215 ± 0.021
W54	0.339 ± 0.022	0.201 ± 0.024
W55	0.132 ± 0.014	0.187 ± 0.021
W58	0.094 ± 0.014	0.176 ± 0.013
W64	0.033 ± 0.009	0.169 ± 0.014
W69	0.066 ± 0.024	0.163 ± 0.019
W70	0.458 ± 0.027	0.212 ± 0.012
W72	4.676 ± 0.075	0.221 ± 0.024
W73	0.339 ± 0.029	0.215 ± 0.021
W74	0.396 ± 0.020	0.201 ± 0.017
E18	0.412 ± 0.038	0.192 ± 0.026
E19	0.403 ± 0.065	0.184 ± 0.016
E20	0.091 ± 0.051	0.168 ± 0.027
E21	0.561 ± 0.036	0.221 ± 0.015
E22	0.586 ± 0.053	0.207 ± 0.013
E23	0.218 ± 0.028	0.183 ± 0.011
E24	0.430 ± 0.128	0.167 ± 0.014
E25	0.289 ± 0.055	0.222 ± 0.011
E40	0.029 ± 0.011	0.182 ± 0.016
W08	0.012 ± 0.017	0.171 ± 0.026
W11	0.014 ± 0.034	0.169 ± 0.024
W12	0.065 ± 0.020	0.221 ± 0.021
W15	0.083 ± 0.042	0.174 ± 0.018
W16	0.117 ± 0.022	0.168 ± 0.016
W17	0.109 ± 0.024	0.196 ± 0.014
W20	0.127 ± 0.018	0.172 ± 0.024
W22	0.253 ± 0.104	0.189 ± 0.012
W23	0.269 ± 0.051	0.190 ± 0.021
W24	0.122 ± 0.046	0.179 ± 0.014
W25	0.114 ± 0.040	0.199 ± 0.021
W26	0.093 ± 0.012	0.175 ± 0.032
W29	0.190 ± 0.047	0.212 ± 0.022
W34	0.079 ± 0.008	0.181 ± 0.021
HN08	0.076 ± 0.015	0.168 ± 0.025
HN09	0.034 ± 0.011	0.172 ± 0.022
HN12	0.057 ± 0.021	0.167 ± 0.016

7.2　华南地区沉积物中 $^{239+240}$Pu 比活度的分布特征

在这 52 个河流表层沉积样中，$^{239+240}$Pu 比活度变化很大，变化范围为 0.011～4.676 mBq/g。在广东省的北江流域的 E02 和 E05 两个样品中，$^{239+240}$Pu 比活度较接近，浓度为(0.305±0.021)～(0.341±0.012) mBq/g，平均浓度为(0.323±0.017) mBq/g。然而在韩江流域的六个样品(E13～E15 和 E26～E28)中，$^{239+240}$Pu 比活度变化却很大，变化范围是(0.259±0.053)～(1.792±0.134) mBq/g，平均浓度为(0.656±0.096) mBq/g。来自东江流域的样品[(0.283±0.035)～(3.322±0.499) mBq/g，平均为(1.182±0.152) mBq/g]和来自粤西沿海流域的样品 $^{239+240}$Pu 比活度[(0.033±0.009)～(4.676±0.075) mBq/g，平均为(0.609±0.028) mBq/g]同样变化很大。同时，可以从站位分布图(图 7.1)和比活度分布图(图 7.2)中看出，广东省沿海流域的 W72 样品有最高的 $^{239+240}$Pu 比活度[(4.676±0.075) mBq/g]，而 W72 采样点非常靠近中国南海。东江流域的 E31 样品同样具有高的 $^{239+240}$Pu 比活度[(3.322±0.499) mBq/g]，而 E31 采样点则位于东江的入海口。但是，相对于广东省的其他流域的样品，来自珠江流域的样品则含有相对低的 $^{239+240}$Pu 比活度，变化范围为 (0.011±0.019)～(1.580±0.192) mBq/g，这个测试结果和 Wu 等(2010)报道的结果一致(0.026～0.137mBq/g)。而且，相对低的 $^{239+240}$Pu 比活度在长江入海口表层沉积样中也有发现(Liu et al., 2011)。

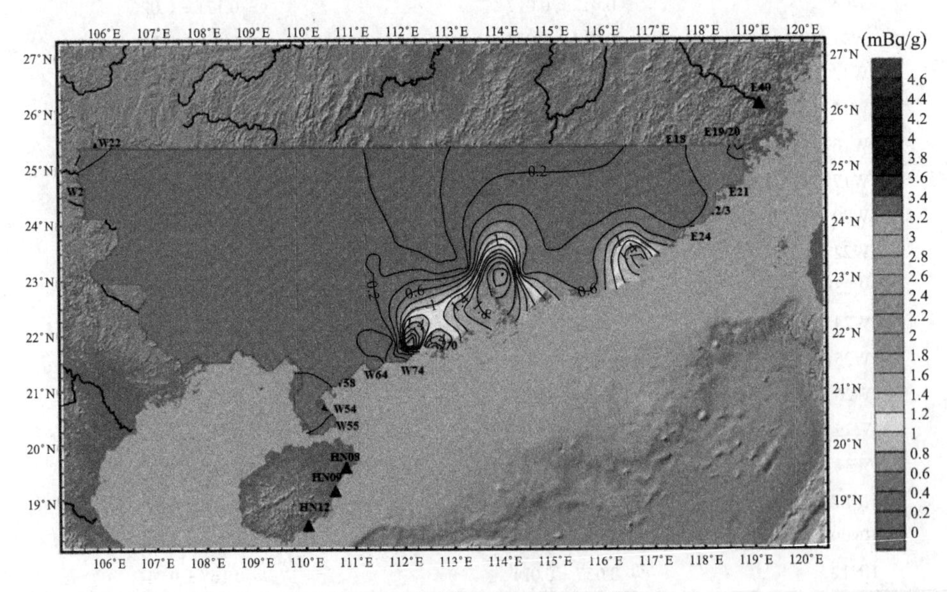

图 7.2　$^{239+240}$Pu 比活度分布图

福建省内晋江流域的 8 个河流表层沉积样(E18～E25)中的 $^{239+240}Pu$ 比活度变化范围为(0.091±0.051)～(0.586±0.053) mBq/g，平均为(0.374±0.042) mBq/g。来自广西壮族自治区的红水河的表层沉积样中(W08, W11, W12, W15～W17, W20, W22～W26, W29, W34)的 $^{239+240}Pu$ 比活度较接近，变化范围为 (0.012±0.017)～(0.269±0.051) mBq/g，平均为(0.118±0.035) mBq/g。来自海南岛河流的表层沉积样的 $^{239+240}Pu$ 比活度则相对较低，范围为(0.034±0.011)～(0.076±0.015) mBq/g，平均为(0.056±0.016) mBq/g。

通过以上的测试结果，可以看出来自广东省的河流表层沉积物有相对较高的 $^{239+240}Pu$ 比活度，平均为(0.323±0.017)～(1.182±0.152) mBq/g。同样地，位于河流入海口和靠近中国南海样品中(E31、E27、E35、W72)的 $^{239+240}Pu$ 比活度也相对较高。不同的河流有不同的表层沉积样 $^{239+240}Pu$ 比活度，而且 $^{239+240}Pu$ 比活度分布是极不均匀的(图 7.2)。总之，$^{239+240}Pu$ 比活度从河流的中上游部分到入海口呈现增加的趋势。这个增加的趋势可能是很多因素造成的。比如，样品中有机质含量和沉积物的颗粒大小、沿岸流和河流的输入(Kersting, 2013)，以及河口活动(如修堤坝、石油开采等) (Zhu et al., 2009; Zhang et al., 2018)。但是，中国南部表层土壤的 $^{239+240}Pu$ 比活度为 0.03～0.17 mBq/g，平均为 0.07 mBq/g(邢闪, 2015)。很明显，除了海南河流的表层沉积样，中国南部(＜25°N)的河流表层沉积样中的 $^{239+240}Pu$ 比活度比表层土壤 $^{239+240}Pu$ 比活度高。“源到汇”也能解释这种趋势，相对于河流，海洋是河流的“汇”，而且河流的运输可能是河流入海口和海洋中 Pu 的主要来源。对于河流的入海口区域和沿海地带，这些河流是 Pu 的源区，入海口和沿海地带则是这些源区的“汇”。关于中国边缘海海洋沉积物和海水中 $^{239+240}Pu$ 比活度已有较多报道，而且 $^{239+240}Pu$ 比活度高于中国大陆土壤中 $^{239+240}Pu$ 比活度(Zhuang et al., 2019; Wu, 2018; Wu et al., 2018)。来自全球沉降的 Pu 比较容易吸附在河水中，同时在河流底部沉淀。因此，随着河流物质的输入，Pu 在一些区域，尤其是河流入海口、沿海地带、边缘海区域发生再悬浮和再沉积(Sternberg et al., 2001)。

7.3　华南地区沉积物中 $^{240}Pu/^{239}Pu$ 同位素比值特征

$^{240}Pu/^{239}Pu$ 同位素比值对于 Pu 源区的识别有重要的指示意义。对于北半球(0～30°N)，全球大气沉降的 $^{240}Pu/^{239}Pu$ 同位素比值为 0.18±0.02(Kelley et al., 1999)。不同于全球大气沉降平均值，来自广东省北江、东江、韩江、珠江以及粤西沿海地带的河流表层中的 $^{240}Pu/^{239}Pu$ 同位素比值分别为(0.198±0.021)～(0.199±0.032)，(0.175 ±0.022)～(0.191±0.015)，(0.169±0.015)～(0.191±0.026)，(0.165±0.028)～(0.184±0.026)，(0.163±0.019)～(0.221±0.024)，平均为 0.186±0.020

(1σ)(表 7.2)。福建省晋江流域的河流表层沉积样的 $^{240}Pu/^{239}Pu$ 同位素比值变化范围为(0.168 ± 0.027)～(0.222 ± 0.011)，平均为 0.193±0.017(1σ)。广西壮族自治区红水河流域的河流表层沉积样的 $^{240}Pu/^{239}Pu$ 同位素比值范围为(0.168±0.016)～(0.221±0.021)，平均为 0.185±0.020(1σ)。海南岛河流的表层沉积样的 $^{240}Pu/^{239}Pu$ 同位素比值范围为(0.167±0.016)～(0.172±0.022)，平均为 0.169±0.021(1σ)。通过以上的测试结果可知，这些样品的 $^{240}Pu/^{239}Pu$ 同位素比值和全球大气沉降的 $^{240}Pu/^{239}Pu$ 同位素比值一致(图 7.3)，这个结果同样和已报道的我国南部表层土壤中的 $^{240}Pu/^{239}Pu$ 同位素比值一致(Xing et al., 2018; Dong et al., 2010)。而且，这些样品中 Pu 来源于全球大气沉降。在我国中部和北部区域，同样的 $^{240}Pu/^{239}Pu$ 同位素比值也有报道(Xing et al., 2018; Dong et al., 2010; Xu et al., 2013)。

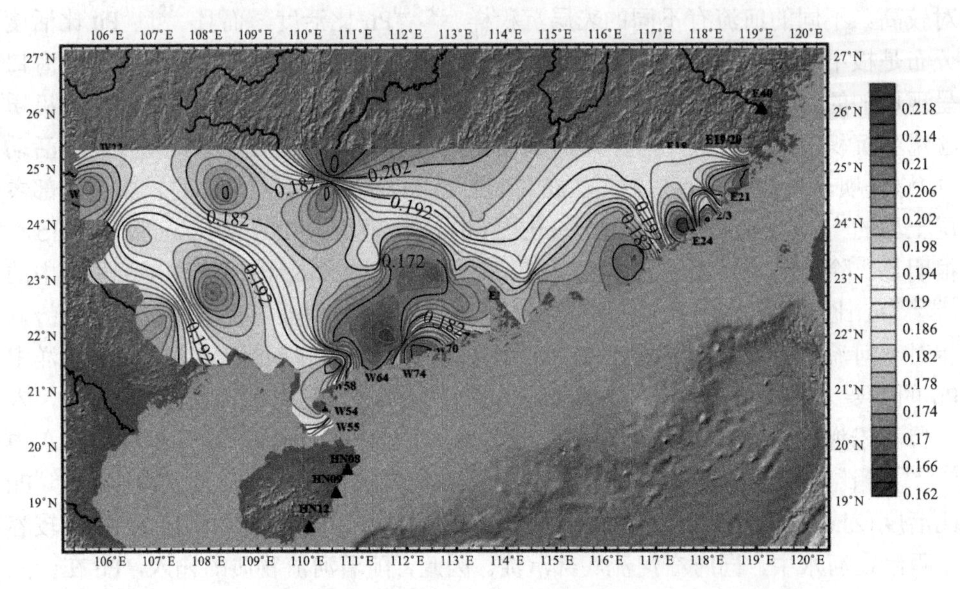

图 7.3　我国华南地区河流表层沉积物中 $^{240}Pu/^{239}Pu$ 同位素比值分布图

7.4　Pu 在华南地区沉积物中的来源探讨

通过以上的分析和讨论的结果，$^{239+240}Pu$ 比活度分布不仅受到 Pu 源区的影响，同样受到其他因素的影响。尽管华南区域河流表层沉积样的 $^{240}Pu/^{239}Pu$ 同位素比值非常接近 0.18，而且，我国区域内 Pu 的污染来源主要是全球大气沉降和中国核试验基地罗布泊(董微, 2010; Xu et al., 2013; Zheng et al., 2008)。但是，华南地区河流表层沉积样中 $^{239+240}Pu$ 比活度比土壤中高，这可能是多重因素共同作用的结果，包括：

(1)河流表层沉积样中有机质含量和样品颗粒大小；

(2)多样的气候因素(降水、干旱、风等)，比如，风和降水可能影响河水中 Pu 相关的物质再悬浮和再沉积(Emerson et al., 2019; Cao et al., 2017; Olsen et al., 1989; Ren et al., 1998)；

(3)河口活动，比如，河流输入、潮汐、海岸流和一些人类活动(如修建堤坝、开采石油)(Zhu et al., 2009)；

(4)河流表层沉积样中物质的成分。

同时，为了评估 Pu 同位素对区域的污染程度，除了直接的测试，一些相关系数也可以被应用。一些学者已经用 Pu 同位素与 ^{144}Ce、^{103,106}Ru、^{137}Cs 等同位素的相关性来评估环境中 Pu 和其他放射性沉降物的含量(Rudak et al., 2006; Antovic et al., 2012)。为了这些目的，在以前的研究中也做了一些有用的相关性分析(Antovic et al., 2005)。比如，北半球土壤和沉积物中的 ^{137}Cs/$^{239+240}$Pu 活性比值测试结果是 36±4，表明 Pu 的来源是全球大气沉降(Turner et al., 2003)，而且，活性比值中的偏差可能指示 Cs 和(或)Pu 的源区不止全球大气沉降(Hodge et al., 1996; Turner et al., 2003)。以不同半衰期为特征的放射性核素之间具有很强的相关性(R^2>0.95)，这意味着来源于一个单一的源区，而多个来源将导致 Pu 的值高于 ^{137}Cs 的值(Zaborska et al., 2010)。Cs 的比活度与沉积物粒度的分选性和富集在有机质中的物质相关(Lepage et al., 2015; Sakaguchi et al., 2015)，而且，沉积物中 ^{137}Cs 比活度和有机质含量没有明显的关系(Funaki et al., 2018)。尽管 Pu 和 Cs 有很多相关性(Sakaguchi et al., 2014; Zheng et al., 2012)，但 $^{239+240}$Pu 更容易吸附在难溶氧化物、胶体粒子和有机物中(Kersting et al., 1999; Santschi et al., 2002; Xu et al., 2008)；而且活性较强的 $^{239+240}$Pu 颗粒容易被沉积颗粒转移到沉积物中，因此 $^{239+240}$Pu 在沉积物中有较高的储量(Nagaya and Nakamura, 1987, 1993; Smith et al., 1995; Dai et al., 2001)。因此，本书特别关注了沉积物中物质的成分，如黏土含量和有机质含量等对 $^{239+240}$Pu 比活度的影响。

在本书中，河水表层沉积物中有机质含量分布不均，在河口区域和沿海地带沉积物中有相对高的有机质含量，一些河流流域零散的区域也含有相对高的有机质含量(图 7.4)。而且在河口区域和沿海地带的表层沉积物中也有相对较高的 $^{239+240}$Pu 比活度，这与有机质含量分布一致(图 7.5)。但是有些零散的区域含有相对高的有机质含量，但不含有相对高的 $^{239+240}$Pu 比活度，这可能是河流环境的复杂性造成的，而且本书研究的河流流域太宽广。总之，河流表层沉积物中的 $^{239+240}$Pu 比活度和有机质含量有一定的相关性。

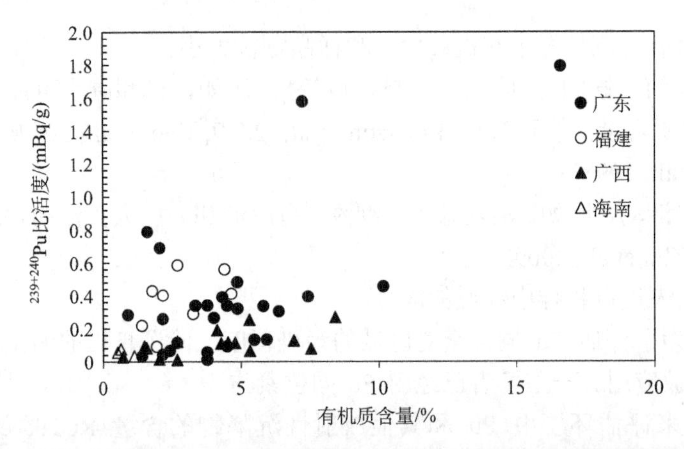

图 7.4 我国华南地区河流表层沉积物中 $^{239+240}$Pu 比活度和有机质含量关系图

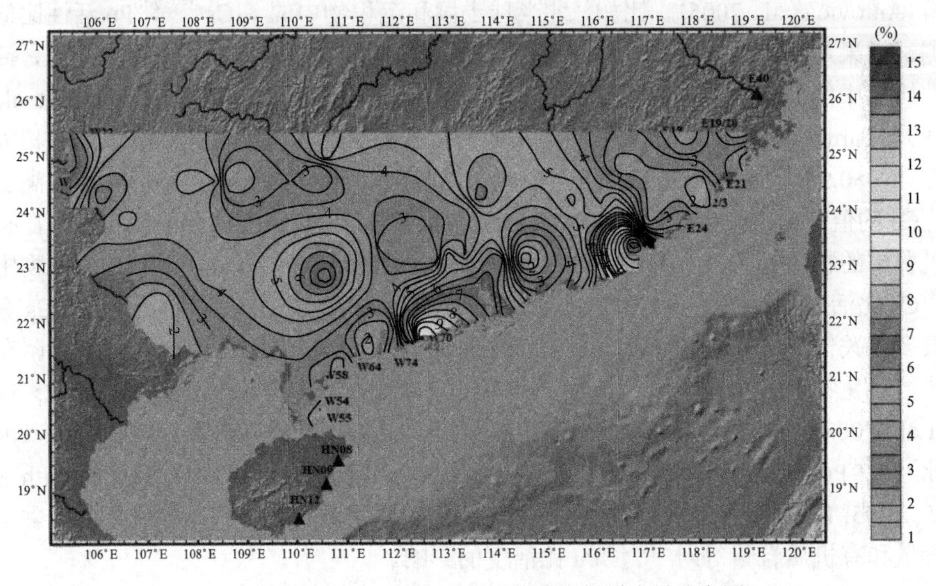

图 7.5 华南地区河流表层沉积物中有机质含量分布图

关于 Pu 同位素与土壤颗粒的关系的研究已经证明，由于比表面积较大，较细的颗粒更容易吸附 Pu 同位素(Xu et al., 2017; Chen et al., 2013)。Bu 等(2013)证实了影响 Pu 在土壤中垂向迁移的因素，包括降水、土壤颗粒和有机质，有趣的是，虽然不同土壤的粒度分布和有机质含量不同，但其迁移参数之间没有显著差异。在本书里，不同的样品有不同的黏土含量，而黏土含量高的样品出现在河流的中上游区域(图 7.6)。但是，在入海口和沿海地带有相对高的 $^{239+240}$Pu 比活度(图 7.2)，这和样品中黏土含量的高低不一致(图 7.7)。

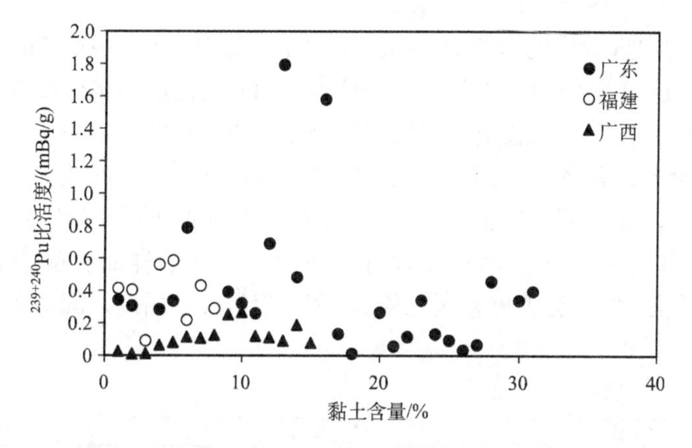

图 7.6　我国华南地区河流表层沉积物中 $^{239+240}$Pu 比活度和黏土含量关系

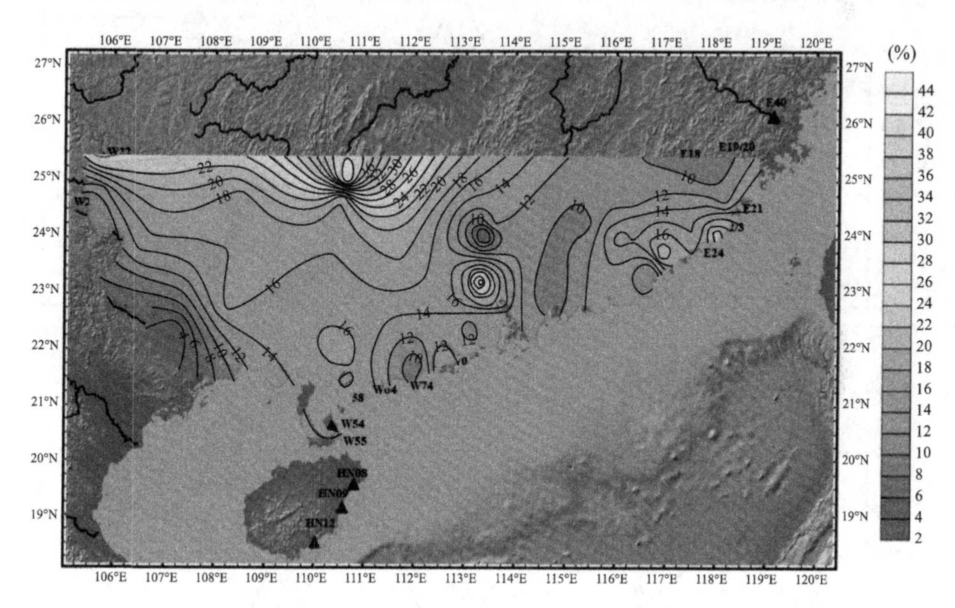

图 7.7　我国华南地区河流表层沉积物中黏土含量分布图

重金属被认为是一组具有高度生态意义的污染物，因为它们不是通过自净作用从水中去除的(Ghrefat and Yusuf, 2006)。河流是造成沿海水域重金属污染的主要原因，因为大量的重金属顺流进入海洋(Xu et al., 2017; Ma et al., 2019)。结果就是，河流相当于重金属的“池子”，重金属倾向于在河流沉积物中聚集和沉降。尽管 Pu 同位素的测试技术快速发展，但对于 Pu 同位素的特性还知之甚少(Bu et al., 2013; Xing et al., 2018; Dong et al., 2010; Qiao et al., 2010)。既然 Pu 同位素和重金属存在于同一个空间里，可以根据 $^{239+240}$Pu 比活度和重金属分布来研究它们之间的关系，窥探影响 $^{239+240}$Pu 比活度的因素。结合研究得到的华南区域河流流域的表层沉积物中重金属的含量(V, Cr, Co, Ni, Cu, Zn, Ga, As, Cd, Sn, Tl, Pb, Mn)(Zhuang et al., 2018)，人们做了一些 $^{239+240}$Pu 比活度和重金属含量之间的相关性，来观察它们在河流表层沉积物中的分布趋势。在图 7.8 中，可以清楚地看出，除了重金属元素 As，大部分重金属的分布趋势和 $^{239+240}$Pu 分布趋势不一致。在图 7.8(a)中，同样可以看出 $^{239+240}$Pu 的分布趋势和 As 的分布趋势很一致，它们之间的相关系数为 0.69，意味着含有较高 As 含量的样品中就会含有较高的 $^{239+240}$Pu 比活度。但是有关重金属元素 As 和 $^{239+240}$Pu 比活度之间的关系还需要进一步研究。

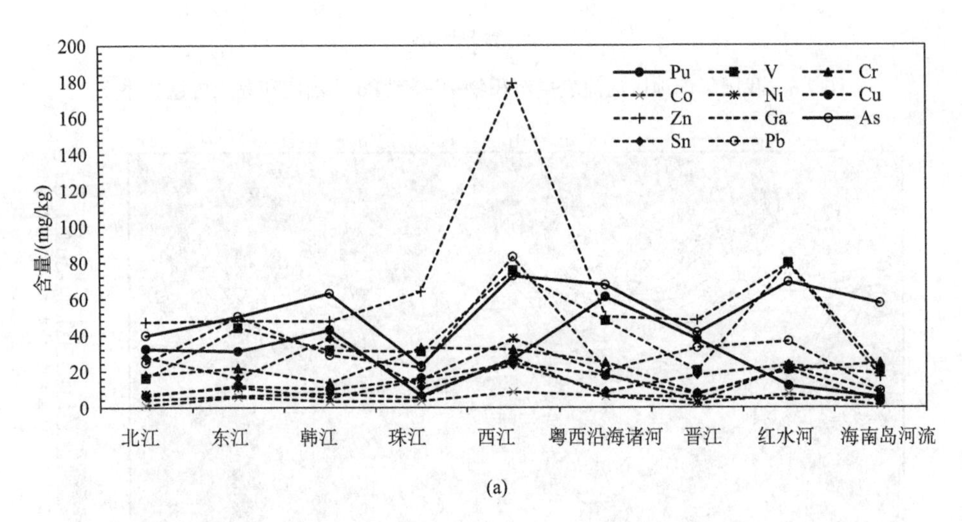

(a)

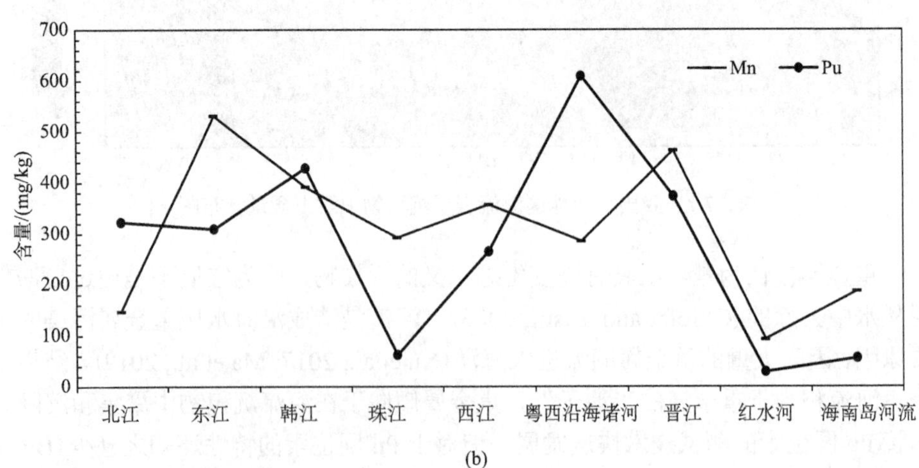

(b)

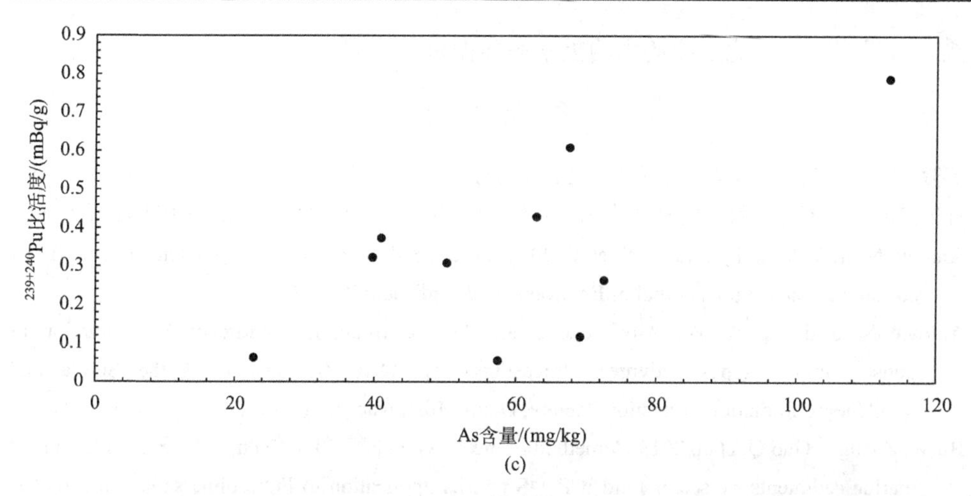

图 7.8　我国华南地区河流表层沉积物中 $^{239+240}$Pu 比活度和重金属含量分布趋势图

(a)图中 $^{239+240}$Pu 比活度值增大 100 倍，(b)图中 $^{239+240}$Pu 比活度值增大 1000 倍；重金属数据来自 Zhuang 等(2018)的文献

通过以上的分析和讨论，河水表层沉积物中 $^{239+240}$Pu 比活度和黏土含量没有明显的关系，但是和样品中有机质含量有一定的关系。而且，$^{239+240}$Pu 比活度和重金属元素 As 的含量有明显的相关性。但是，在我国华南区域，河水表层沉积物中的 $^{239+240}$Pu 比活度要明显高于土壤中的 $^{239+240}$Pu 比活度，这可能表明，在河水表层沉积物中除了黏土含量、颗粒粒度分布、有机质和重金属含量，还有其他因素影响着 $^{239+240}$Pu 的比活度，这些影响因素可能包括沉积物溶液的化学性质(pH、其他无机离子浓度)、吸水根系及生物学效应(Komosa, 1999; Demirkanli et al., 2008; Kirchner et al., 2009; Matisoff et al., 2011)。这些因素对河流表层沉积物中 $^{239+240}$Pu 比活度的影响还需进一步深入研究。

华南流域河流表层沉积物中 $^{239+240}$Pu 比活度的空间分布不均一。由于河流输入大量的 Pu 到海洋，河口区域储存了较高的 $^{239+240}$Pu 比活度，而且从河流中上游区域到入海口，$^{239+240}$Pu 的比活度呈现递增的趋势。和我国南部表层土壤中 $^{239+240}$Pu 比活度相比，河流表层沉积物中有较高的比活度(邢闪，2015)。华南流域河流表层沉积物中 ^{240}Pu/^{239}Pu 同位素比值为(0.165±0.028)～(0.221±0.021)，表明华南流域中 Pu 的来源主要是大气沉降，这个结果和我国南部表层土壤中 Pu 的来源一致(Huang et al., 2019; 邢闪，2015; 董微，2010)。这表明，除了一些特殊区域[罗布泊(0.12)和甘肃(0.048)]，在我国 Pu 的来源主要是大气沉降(Huang et al., 2019; 邢闪，2015; 董微，2010)。分析河流表层沉积物中颗粒成分，只有有机质含量和重金属 As 的含量与 $^{239+240}$Pu 的比活度有一定的关系。河流表层沉积物的颗粒成分、颗粒大小和重金属(除了 As)含量与 $^{239+240}$Pu 比活度没有直接关系。对于 $^{239+240}$Pu 比活度的影响因素需要做进一步研究。

参 考 文 献

董微. 2010. 放射性同位素钚在环境中的分布与行为研究. 北京：北京大学.

邢闪. 2015. 长寿命放射性核素 ^{239,240}Pu 和 ^{129}I 在环境中的示踪研究. 北京：中国科学院大学.

Antovic N M, Vukotic P, Svrkota N, et al. 2012. Pu-239+240 and Cs-137 in Montenegro soil: Their correlation and origin. Journal of Environmental Radioactivity, 110: 90-97.

Antovic N, Rudak E A, Tulubtsov A J, et al. 2005. Correlations significant for estimation of transuranium isotopes activities. Proceedings of XXIII Symposium of the Serbia and Montenegro Radiation Protection Society, Donji Milanovac: 157-160.

Bu W, Zheng J, Guo Q, et al. 2013. A method of measurement of ^{239}Pu, ^{240}Pu, ^{241}Pu in high U content marine sediments by sector field ICP-MS and its application to Fukushima sediment samples. Environmental Science and Technology, 48 (1): 534-541.

Cao L, Ishii N, Zheng J, et al. 2017. Vertical distributions of Pu and radiocesium isotopes in sediments from Lake Inba after the Fukushima Daiichi Nuclear Power Plant accident: Source identification and accumulation. Applied Geochemistry, 78: 287-294.

Chen X, Li T, Zhang X, et al. 2013. A Holocene Yalu River-derived fine-grained deposit in the southeast coastal area of the Liaodong Peninsula. Chinese Journal of Oceanology and Limnology, 31 (3): 636-647.

Dai M H, Buesseler K O, Kelley J M, et al. 2001. Size-fractionated plutonium isotopes in a coastal environment. Journal of Environmental Radioactivity, 53 (1): 9-25.

Demirkanli D I, Molz F J, Kaplan D I, et al. 2008. A fully transient model for long-term plutonium transport in the Savannah River Site vadose zone: Root water uptake. Vadose Zone Journal, 7 (3): 1099-1109.

Dong W, Zheng J, Guo Q, et al. 2010. Characterization of plutonium in deep-sea sediments of the Sulu and South China Seas. Journal of Environmental Radioactivity, 101 (8): 622-629.

Emerson H P, Kaplan D I, Powell B A. 2019. Plutonium binding affinity to sediments increases with contact time. Chemical Geology, 505: 100-107.

Funaki H, Yoshimura K, Sakuma K, et al. 2018. Evaluation of particulate ^{137}Cs discharge from a mountainous forested catchment using reservoir sediments and sinking particles. Journal of Environmental Radioactivity, 189: 48-56.

Ghrefat H, Yusuf N. 2006. Assessing Mn, Fe, Cu, Zn, and Cd pollution in bottom sediments of Wadi Al-Arab Dam, Jordan. Chemosphere, 65 (11): 2114-2121.

Hirche H J, Kosobokova K N, Gaye-Haake B, et al. 2006. Structure and function of contemporary food webs on Arctic shelves: A panarctic comparison: The pelagic system of the Kara Sea-Communities and components of carbon flow. Progress in Oceanography, 71 (2-4): 288-313.

Hodge V, Smith C, Whiting J. 1996. Radiocesium and plutonium: Still together in "background" soils after more than thirty years. Chemosphere, 32(10): 2067-2075.

Huang Y, Tims S G, Froehlich M B, et al. 2019. The $^{240}Pu/^{239}Pu$ atom ratio in Chinese soils. Science of the Total Environment, 678: 603-610.

Kelley J M, Bond L A, Beasley T M. 1999. Global distribution of Puisotopes and ^{237}Np. Science of the Total Environment, 237: 483-500.

Kersting A B. 2013. Plutonium transport in the environment. Inorganic Chemistry, 52(7): 3533-3546.

Kersting A B, Efurd D W, Finnegan D L, et al. 1999. Migration of plutonium in ground water at the Nevada Test Site. Nature, 397(6714): 56.

Kirchner G, Strebl F, Bossew P, et al. 2009. Vertical migration of radionuclides in undisturbed grassland soils. Journal of Environmental Radioactivity, 100(9): 716-720.

Komosa A. 1999. Migration of plutonium isotopes in forest soil profiles in Lublin region(Eastern Poland). Journal of Radioanalytical and Nuclear Chemistry, 240(1): 19-24.

Lepage H, Evrard O, Onda Y, et al. 2015. Depth distribution of Cesium-137 in paddy fields across the Fukushima pollution plume in 2013. Journal of Environmental Radioactivity, 147: 157-164.

Liu Z, Zheng J, Pan S, et al. 2011. Pu and ^{137}Cs in the Yangtze River Estuary sediments: Distribution and source identification. Environmental Science and Technology, 45(5): 1805-1811.

Ma T, Sheng Y, Meng Y, et al. 2019. Multistage remediation of heavy metal contaminated river sediments in a mining region based on particle size. Chemosphere, 225: 83-92.

Matisoff G, Ketterer M E, Rosén K, et al. 2011. Downward migration of chernobyl-derived radionuclides in soils in Poland and Sweden. Applied Geochemistry, 26(1): 105-115.

Nagaya Y, Nakamura K. 1987. Artificial radionuclides in the western Northwest Pacific(Ⅱ): ^{137}Cs and $^{239,240}Pu$ inventories in water and sediment columns observed from 1980 to 1986. Journal of the Oceanographical Society of Japan, 43(6): 345-355.

Nagaya Y, Nakamura K. 1993. Distributions and mass-balance of $^{239,240}Pu$ and ^{137}Cs in the northern North Pacific. Elsevier Oceanography Series, 59: 157-167.

Nishihara K, Iwamoto K, Kenya S. 2012. Estimation of fuel compositions in Fukushima-daiichi Nuclear Power Plant. Japan Atomic Energy Agency.

Olsen C R, Thein M, Larsen I L, et al. 1989. Plutonium, lead-210, and carbon isotopes in the Savannah estuary: Riverborne versus marine sources. Environmental Science and Technology, 23(12): 1475-1481.

Povinec P P. 2010. Trends in radiometrics and mass spectrometry technologies: Synergy in environmental analyses. Journal of Radioanalytical and Nuclear Chemistry, 286(2): 401-407.

Povinec P P, Hirose K, Aoyama M. 2013. Fukushima Accident: Radioactivity Impact on the Environment. Waltham: Elsevier.

Qiao J, Hou X, Roos P, et al. 2010. High-throughput sequential injection method for simultaneous determination of plutonium and neptunium in environmental solids using macroporous anion-exchange chromatography, followed by inductively coupled plasma mass spectrometric detection. Analytical Chemistry, 83 (1): 374-381.

Ren T, Zhang S, Li Y, et al. 1998. Methodology of retrospective investigation on external dose of the downwind area in Jiuquan region, China. Radiation Protection Dosimetry, 77 (1-2): 25-28.

Rudak P, Lee Y, Morgan T J. 2006. Method for determining skew angle and location of a document in an over-scanned image: U. S. Patent 7027666.

Sakaguchi A, Steier P, Takahashi Y, et al. 2014. Isotopic compositions of ^{236}U and Pu isotopes in "black substances" collected from roadsides in Fukushima Prefecture: Fallout from the Fukushima Dai-ichi Nuclear Power Plant accident. Environmental Science and Technology, 48 (7): 3691-3697.

Sakaguchi A, Tanaka K, Iwatani H, et al. 2015. Size distribution studies of ^{137}Cs in river water in the Abukuma Riverine system following the Fukushima Dai-ichi Nuclear Power Plant accident. Journal of Environmental Radioactivity, 139: 379-389.

Santschi P H, Roberts K A, Guo L. 2002. Organic nature of colloidal actinides transported in surface water environments. Environmental Science and Technology, 36 (17): 3711-3719.

Schwantes J M, Orton C R, Clark R A. 2012. Analysis of a nuclear accident: Fission and activation product releases from the Fukushima Daiichi nuclear facility as remote indicators of source identification, extent of release, and state of damaged spent nuclear fuel. Environmental Science and Technology, 46 (16): 8621-8627.

Smith J N, Ellis K M, Naes K, et al. 1995. Sedimentation and mixing rates of radionuclides in Barents Sea sediments off Novaya Zemlya. Deep Sea Research Part Ⅱ, Topical Studies in Oceanography, 42: 1471-1493.

Smith J N, Ellis K M, Polyak L, et al. 2000. ^{239,240}Pu transport into the Arctic Ocean from underwater nuclear tests in Chernaya Bay, Novaya Zemlya. Continental Shelf Research, 20 (3): 255-279.

Sternberg R W, Aagaard K, Cacchione D, et al. 2001. Long-term near-bed observations of velocity and hydrographic properties in the northwest Barents Sea with implications for sediment transport. Continental Shelf Research, 21 (5): 509-529.

Turner M, Rudin M, Cizdziel J, et al. 2003. Excess plutonium in soil near the Nevada Test Site, USA. Environmental Pollution, 125 (2): 193-203.

Wu J. 2018. Sources and scavenging of plutonium in the East China Sea. Marine Pollution Bulletin, 135: 808-818.

Wu F, Zheng J, Liao H, et al. 2010. Vertical distributions of plutonium and ^{137}Cs in lacustrine sediments in northwestern China: Quantifying sediment accumulation rates and source identifications. Environmental Science and Technology, 44 (8): 2911-2917.

Wu J, Dai M, Xu Y, et al. 2018. Sources and accumulation of plutonium in a large Western Pacific marginal sea: The South China Sea. Science of the Total Environment, 610: 200-211.

Xing S, Zhang W, Qiao J, et al. 2018. Determination of ultra-low level plutonium isotopes (^{239}Pu, ^{240}Pu) in environmental samples with high uranium. Talanta, 187: 357-364.

Xu C, Santschi P H, Zhong J Y, et al. 2008. Colloidal cutin-like substances cross-linked to siderophore decomposition products mobilizing plutonium from contaminated soils. Environmental Science and Technology, 42(22): 8211-8217.

Xu Y, Pan S, Wu M, et al. 2017. Association of plutonium isotopes with natural soil particles of different size and comparison with ^{137}Cs. Science of the Total Environment, 581: 541-549.

Xu Y, Qiao J, Hou X, et al. 2013. Plutonium in soils from northeast China and its potential application for evaluation of soil erosion. Scientific Reports, 3: 3506.

Zaborska A, Mietelski J W, Carroll J L, et al. 2010. Sources and distributions of ^{137}Cs, ^{238}Pu, ^{239,240}Pu radionuclides in the north-western Barents Sea. Journal of Environmental Radioactivity, 101(4): 323-331.

Zhang K, Pan S, Liu Z, et al. 2018. Vertical distributions and source identification of the radionuclides ^{239}Pu and ^{240}Pu in the sediments of the Liao River estuary, China. Journal of Environmental Radioactivity, 181: 78-84.

Zheng J, Liao H, Wu F, et al. 2007. Vertical distributions of $^{239+240}$Pu activity and ^{240}Pu/^{239}Pu atom ratio in sediment core of Lake Chenghai, SW China. Journal of Radioanalytical and Nuclear Chemistry, 275(1): 37-42.

Zheng J, Tagami K, Uchida S. 2013. Release of plutonium isotopes into the environment from the Fukushima Daiichi nuclear power plant accident: What is known and what needs to be known. Environmental Science and Technology, 47(17): 9584-9595.

Zheng J, Tagami K, Watanabe Y, et al. 2012. Isotopic evidence of plutonium release into the environment from the Fukushima DNPP accident. Scientific Reports, 2: 304.

Zheng J, Wu F, Yamada M, et al. 2008. Global fallout Pu recorded in lacustrine sediments in Lake Hongfeng, SW China. Environmental Pollution, 152(2): 314-321.

Zhu L H, Wu J Z, Hu R J, et al. 2009. Geomorphological evolution of the Liaohe river delta in recent 20 Years. Acta Geographica Sinica, 64(3): 357-367.

Zhuang Q, Li G, Liu Z. 2018. Distribution, source and pollution level of heavy metals in river sediments from South China. Catena, 170: 386-396.

Zhuang Q, Li G, Wang F, et al. 2019. ^{137}Cs and $^{239+240}$Pu in the Bohai Sea of China: Comparison in distribution and source identification between the inner bay and the tidal flat. Marine Pollution Bulletin, 138: 604-617.

第 8 章　南海地区沉积物中放射性核素的分布特征

8.1　南海地区介绍

Pu 主要是通过核武器试验(Sholkovitz, 1983)、意外释放(Zheng et al., 2012)以及核燃料后处理站和核电站的排放(Dai et al., 2005)进入海洋环境。虽然海洋中的 Pu 同位素毒性高、半衰期长、内部辐射暴露的风险高，但它们正逐渐成为一个重大的环境问题。值得注意的是，由于洋流作用，海洋中的 Pu 沉积可以被输送到离源头很远的地方。此外，由于传输，Pu 对环境的影响可能超出区域范围(Buesseler et al., 2017)。近年来，越来越多的学者研究我国边缘海中的 Pu，如珠江口和南海以及南海北部(Wu et al., 2014, 2018, 2019)、黄海(Lee and Chao, 2003; Xu et al., 2018)、东海以及长江口(Liu et al., 2011；Wu, 2018)(表 8.1)。此外，有超过 20 个核电站已经在我国沿海区域建立。然而，关于 Pu 的运输和迁移信息依然有限(Guan et al., 2018; Zhuang et al., 2019)。

表 8.1　我国边缘海中的 Pu

样品(柱样)	$^{239+240}$Pu 比活度 /(mBq/g)	^{240}Pu/^{239}Pu 同位素比值	参考文献
渤海湾	0.497±0.269	0.201±0.015	Zhuang et al., 2019
辽东湾	0.343±0.276	0.190±0.014	Zhuang et al., 2019
北黄海	0.175～0.190	0.022～0.515	Xu et al., 2018
东海	0.048～0.492	0.158～0.297	Wang et al., 2017
长江口	0.405	0.240	Liu et al., 2011
珠江口	0.026～0.137	0.186～0.244	Wu et al., 2014
南海盆地	0.002～0.157	0.227～0.300	Dong et al., 2010
南海北部	0.157～0.789	0.246～0.281	Wu et al., 2014
苏禄海	0.002～0.508	0.257～0.281	Dong et al., 2010
珠江口	0.040～0.356	0.205～0.254	Wang et al., 2019
南海北部	0.166～1.847	0.231～0.305	Wang et al., 2019

我国边缘海 ^{240}Pu/^{239}Pu 的同位素比值大部分均高于全球沉降值，说明 Pu 的来源既有全球沉降，又有 PPG。而在我国东海大陆棚内，廓清海水水体中的 Pu 到

沉积物中的效率高于在中国南海海盆以及南海北部大陆棚。我国东海较高的 Pu 的廓清效率可能与长江中下游陆缘物质或沉积物的高输入量有关(Wu et al., 2018; Liu et al., 2007; Li et al., 2007)。

研究珠江口和南海北部沉积物中的 $^{239+240}Pu$ 比活度以及 $^{240}Pu/^{239}Pu$ 同位素比值表明 Pu 在南海北部主要来自全区大气沉降(0.178±0.014, 0～30°N) (Kelley et al., 1999)及 PPG(0.30～0.36) (Muramatsu et al., 2001; Buesseler, 1997)。南海北部及珠江口中的 PPG 来源的 Pu 主要是通过北赤道洋流和黑潮流运输而来。

南海位于 0°～23°N，99°～121°E，是中国最大的边缘海，总面积为 3.5×10^6 km^2。在南海东部，菲律宾群岛和巴拉望群岛将南海与太平洋分隔开来。在南海中部，南海被琼州海峡分隔成南海北部和南海南部。在南海，大陆架平缓倾斜，大陆坡陡峭，盆地东侧无大陆架。太平洋的中深层水经过吕宋海峡流入南海，成为南海底部海水(Broecker et al., 1986)。所以，在南海海盆底部海水温度大约是 2.4℃，氧水平超过 1.75 mL/L(Rathburn et al., 1996)。珠江口年均运沙量约为 8579 万 t，形成悬浮沙羽。此外，流入海洋的河流沉积物大多是细颗粒(Wang, 1985)。

在南海，东亚季风导致海面环流的季节交替，冬季为气旋环流(11～3 月)，夏季为反气旋环流(6～9 月)。因此，南海具有特殊的环流模式，通过吕宋海峡与北太平洋西部洋流进行动态交换，深度约为 2000m。来自黑潮流的一个分支从北太平洋西部流入南海上层(约 400m)，沿南海北部陆坡向西流动。南海中层水(约 50～1500m)流入北太平洋西部，北太平洋西部的海水流入南海深部(约 1500m) (Liu et al., 2014; Wu et al., 2015)。黑潮流是重要的西太平洋边界流，代表着分叉的北赤道流，另一个分支向西流入菲律宾海(Wang et al., 2011; Centurioni et al., 2004)。黑潮流通过吕宋海峡进入南海，呈现季节性，冬季较夏季强。

8.2　南海地区沉积物中 $^{239+240}Pu$ 比活度的分布特征

南海北部大陆架上表层沉积物的 $^{239+240}Pu$ 比活度范围为 0.166～1.847 mBq/g [平均为(0.904±0.102) mBq/g]，而在南海北部大陆坡(18～103m)上表层沉积物的 $^{239+240}Pu$ 比活度范围为 0.357～0.918 mBq/g[平均为(0.594±0.044) mBq/g] (Wang et al., 2019)，另一研究南海北部大陆坡上表层沉积物的 $^{239+240}Pu$ 的比活度范围为 0.157～0.789 mBq/g[平均为(0.501±0.010) mBq/g] (Wu et al., 2014)，明显高于南海海盆表层沉积物的 $^{239+240}Pu$ 比活度[(0.157±0.010) mBq/g]。在南海北部大陆坡沉积物中 $^{239+240}Pu$ 比活度高于大陆架沉积物中 Pu 的比活度[(0.594±0.044) mBq/g]。而且，南海北部大陆坡上沉积物中 $^{239+240}Pu$ 比活度高于开阔海域沉积物中 Pu 的比活度，如南海海盆[(0.157±0.010) mBq/g] (Dong et al., 2010)，东海(0.47 mBq/g) (Wang et al., 2017)，黄海(0.107 mBq/g) (Xu et al., 2018)，但是却低于冲绳海槽中

沉积物中 Pu 比活度(1.366～2.496 mBq/g)(Wang and Yamada, 2005)。此外，在南海北部沉积物中 $^{239+240}$Pu 比活度从内大陆坡到大陆架呈现先增加后减少的趋势(Wang et al., 2019)，而这一结论与 Wu 等(2014)的从内大陆坡到外大陆依次增加的趋势有出入。且 $^{239+240}$Pu 比活度最大值出现在水深 50m 等深线附近(图 8.1)。采自南海北部的柱样沉积物 A8 中 $^{239+240}$Pu 比活度变化范围为 0.036～1.772 mBq/g[(0.871±0.016)mBq/g](Wu et al., 2014)。在 A8 沉积柱中 $^{239+240}$Pu 通量为(365.6±3.0)Bq/m^2，是南海海盆 $^{239+240}$Pu 通量的 100 倍[(3.75±0.29)Bq/m^2]。南海北部大陆架上沉积物的 $^{239+240}$Pu 通量是同纬度大气沉降通量的 9 倍(40 Bq/m^2，20°～30°N)(Zheng and Yamada, 2005)，而且明显高于同纬度开阔的太平洋沉积物中的 $^{239+240}$Pu 的通量值(＜30 Bq/m^2)(Bu and Guo, 2013)。此外，南海北部大陆架上沉积物中 $^{239+240}$Pu 的通量与东海大陆架 $^{239+240}$Pu 的通量值近似(333～407 Bq/m^2)(Broecker et al., 1986; Lee et al., 2005)，但高于日本海大陆架(约 241 Bq/m^2)(Wang, 1985)。而长江口表层沉积物的 $^{239+240}$Pu 比活度范围为 0.040～0.356 mBq/g [平均为 (0.018±0.028)mBq/g](Wang et al., 2017)，同时，Wu 等(2014)研究珠江口表层沉积物的 $^{239+240}$Pu 比活度范围为 0.026～0.137 mBq/g[平均为(0.072±0.003)mBq/g]。珠江口沉积物中 $^{239+240}$Pu 比活度明显比长江口沉积物中 $^{239+240}$Pu 比活度低(0.405 mBq/g)，这可能是由于从长江带来大量的水和悬浮沉积物的原因(Liu et al.,2011; Nagaya and Nakamura, 1992; Pan et al., 2011)。

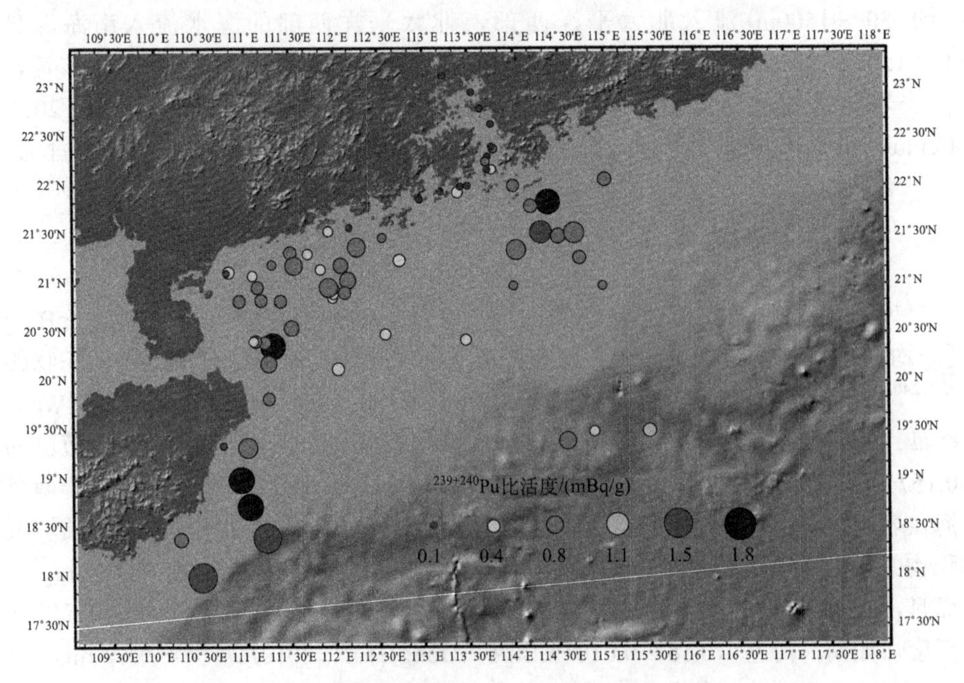

图 8.1　南海北部表层沉积物中 $^{239+240}$Pu 比活度(mBq/g)(Wang et al., 2019)

以往对我国近海的研究表明，我国边缘海的 Pu 主要是通过北赤道洋流和黑潮流将 PPG 中的 Pu 传输到我国近海区域(Dong et al., 2010;Yamada et al., 2006)。事实上，珠江口和南海北部沉积物中 $^{239+240}Pu$ 比活度明显高于南海海盆及陆地土壤中的 $^{239+240}Pu$ 比活度(Huang et al., 2019)，而这可能是大量细颗粒沉积，生物地球化学过程以及混合作用控制的 Pu 的廓清作用导致的(Lindahl et al., 2010)。比如，在河口及沿海区域，Pu 主要是由固-液-胶体颗粒运输，而在边缘海域及开阔海域，Pu 主要由液相运输。此外，先前的研究表明，Pu 具有很高的生物利用度(Gouzy et al., 2005)，海洋生物群对其的吸收依赖于物种和周围的环境(IAEA, 2004)。而且，在沉积物中栖息的物种可能通过混合和搅动重新分布沉积物中的 Pu(Ryan, 2002)。浅水区具有较强的混合和搅动过程，沉积物可以吸附更多的 Pu。

根据南海海域海底地形，南海北部区域明显比南海海盆(4234m)浅。在浅水区域颗粒浓度较高，相对高比率的 Pu 从水体转移到沉积物中，而在开阔海域表层水中，这个过程主要由生物活动控制(Lindahl et al., 2010, 2011, 2012)。此外，对马绍尔群岛周围的 Pu 研究表明，这些近距离沉降的 Pu 是由于周围介质中富含钙质颗粒且具有不同的物理化学特性，Pu 从表层海水转移到沉积物中的速度更快(Buesseler, 1997)。因此，在南海北部区域可能有更强的 Pu 的廓清作用。另外，来自粤西沿海诸河以及珠江的沉积物流入南海北部，导致南海北部生物生产力及颗粒通量提高(Sholkovitz, 1983; He et al., 2010)。因此，大陆河流提供的沉积物缩短了 Pu 从源到汇的时间。此外，这些区域的悬浮颗粒可能促进了生物成因颗粒的再矿化，从而在 Pu 沉积及廓清过程中促进了 Pu 同位素的循环。因此，浅海比深海盆地更多地储存 Pu(如高的 $^{239+240}Pu$ 比活度)。相比之下，在珠江口，前人的研究报道，Pu 的分布进一步受潮汐混合为主的水循环模式和水滞留时间的影响(Wu et al., 2018)。而珠江口的平均潮差较小，水在珠江口的滞留时间小于 3 天(Yin et al., 2000)。在一定程度上，这个滞留时间明显低于在南海北部表层海水中的滞留时间(1.3a) (Lindahl et al., 2012)，因此，珠江流域大部分的 Pu 主要是通过再沉积、再悬浮和侵蚀作用沉积在珠江口。而比较特殊的是，在海南岛东南区域水深 300m 等深线附近发现较高的 $^{239+240}Pu$ 比活度[(1.847±0.327) mBq/g]，而这些高的 $^{239+240}Pu$ 比活度可能是由于海南岛大量的沉积物输入沿海区域，然后由水团输送到深海(Wang et al., 2019)。而且在此区域水深 300m 等深线的沉积物为均质，且地形陡峭易于储存细粒沉积物。此外，该地区表层沉积物中 Pu 的廓清作用和累积作用，使得 PPG 来源的 Pu 和河流沉积物中的 Pu 一起沉积，导致该区域高的 $^{239+240}Pu$ 比活度。然而，这些高的 Pu 比活度与南海北部大陆坡 50m 等深线附近中沉积物的 $^{239+240}Pu$ 比活度相似，这可能是南海北部大陆坡在 50m 等深线附近储存了较多的淤泥和黏土，沉积物中含有较多的 Pu 的原因。

8.3 南海地区沉积物中 $^{240}Pu/^{239}Pu$ 同位素比值特征

南海北部大陆坡沉积物中 $^{240}Pu/^{239}Pu$ 同位素比值的变化范围为0.231～0.305，大陆架上沉积物中 $^{240}Pu/^{239}Pu$ 同位素比值变化范围为 0.245～0.281，在南海北部沉积柱样 A8 中，$^{240}Pu/^{239}Pu$ 同位素比值变化范围为0.276～0.312，这些比值明显高于全球沉降值(0.178±0.019, 0°～30°N)(Kelley et al., 1999)。这就表明，在南海北部区域接受了高 $^{240}Pu/^{239}Pu$ 同位素比值的来源。根据前人的研究，这个高的 Pu 同位素比值可能是 20 世纪 50 年代来自马绍尔群岛的 PPG(Liu et al., 2011; Wu et al., 2014; Wu, 2018)。而且，前人在广东南部海岸柱样沉积物 YX03 和 A1 中发现其沉积物 ^{14}C-AMS 定年为2210～7670 年和 1900～3030 年(Liu et al., 2014)。因此，这个区域的沉积物沉积极其缓慢，且沉积物很可能指示了表层沉积物中 Pu 的廓清作用是从 20 世纪 50 年代开始的，并且保存至今，未受到海洋沉积动力的较大干扰。

南海北部 $^{240}Pu/^{239}Pu$ 同位素比值从外大陆架到内大陆架呈现增加的趋势，从内大陆架到海边呈现减少的趋势，而且这个明显的分界线是水深 50m 等深线附近，这一点也和南海北部 $^{239+240}Pu$ 比活度的分布趋势一致(图 8.2)(Wang et al., 2019)。根据前人的研究结果，南海北部外大陆架沉积物大多是淤泥和黏土(Liu et al., 2014)。一方面，外大陆架沉积物中黏土颗粒的性质不同于内大陆架，影响

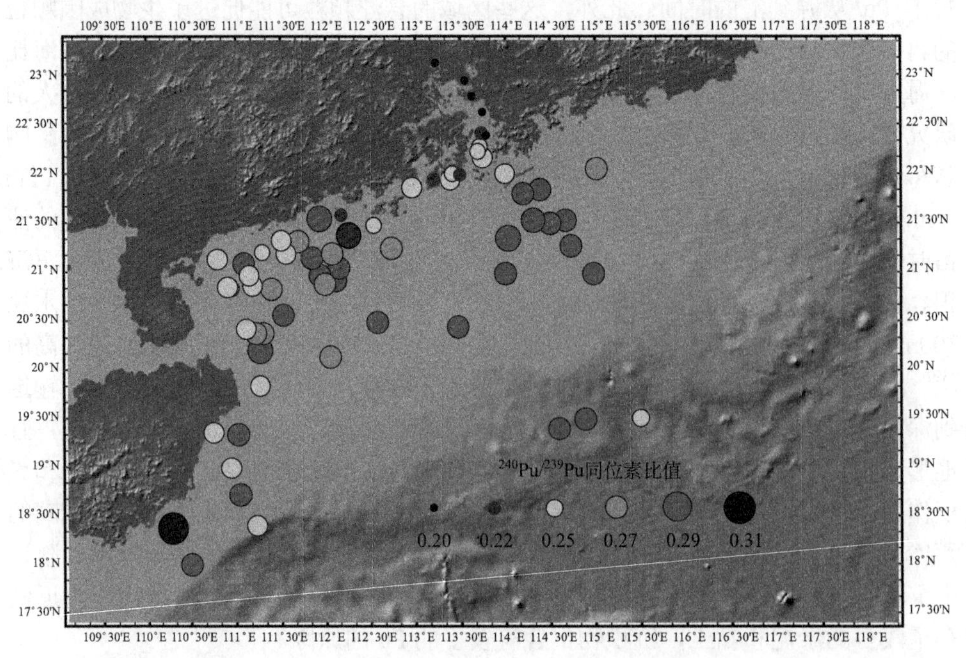

图 8.2 南海北部表层沉积物中 $^{240}Pu/^{239}Pu$ 同位素比值分布图(Wang et al., 2019)

Pu 的吸附；另一方面，内大陆架的水团、洋流和潮汐相互作用可以引起细颗粒的再悬浮，使得沉积物更容易吸附 Pu。总之，由于复杂的沉积作用和水动力，在南海北部表层沉积物中 $^{240}Pu/^{239}Pu$ 同位素比值的分布与前人的结论不一致。Wu 等(2014)研究南海北部沉积物发现 $^{240}Pu/^{239}Pu$ 同位素比值呈现从外大陆架到海滨减少的趋势。对于南海北部沉积物中 $^{239+240}Pu$ 比活度的分布，不仅与 Pu 的源区有关，而且与海洋动态过程有关，如洋流、河流输入、生物活动及廓清作用。然而不管这些因素和过程多复杂，$^{240}Pu/^{239}Pu$ 同位素比值是 Pu 源区的示踪剂(Buesseler, 1997)，其分布可以揭示 Pu 源区的迁移途径。

在珠江口表层沉积物中 $^{240}Pu/^{239}Pu$ 同位素比值变化范围为 0.205～0.263(0.239±0.014)(Wang et al., 2019)，明显高于全球 Pu 沉降值(0.178±0.019, 0°～30°N)(Kelley et al., 1999)，这表明有来自 PPG 的贡献。而且，在珠江口表层沉积物中，$^{239+240}Pu$ 比活度和 $^{240}Pu/^{239}Pu$ 同位素比值的分布整体呈现从上游到下游增加的趋势(即从陆地到河口)。事实上，珠江口沉积物沉积速率也比较低(～0.34cm/a)(Peng et al., 2008)。在某种程度上，这个区域的 $^{240}Pu/^{239}Pu$ 同位素比值应该与南海北部大陆架上相似。然而，珠江口沉积物的 $^{240}Pu/^{239}Pu$ 同位素比值总体上低于南海北部大陆架沉积物的 $^{240}Pu/^{239}Pu$ 同位素比值，这可能与 PPG 在珠江口的贡献降低且河流输入导致该区域 Pu 被稀释等原因有关。

在南海北部大陆坡沉积物中的 $^{240}Pu/^{239}Pu$ 同位素比值比大陆架沉积物中的 $^{240}Pu/^{239}Pum$ 同位素比值低，但是与南海海盆中沉积物的比值相似(0.251)(Dong et al., 2010)。大陆坡的海底地形比大陆架的海底地形陡得多，因此在坡面沉积物的储存量很少。此外，根据前人的报道，斜坡上的沉积物主要是由砂土组成，且砂土的沉积速率较慢(Liu et al., 2014)。而且，南海海水中 $^{240}Pu/^{239}Pu$ 同位素比值从海水表面到水深 200m 呈下降趋势，然后到水深 1000m 呈增加的趋势(Wu et al., 2018)。南海表层海水的高 $^{240}Pu/^{239}Pu$ 同位素比值可能与黑潮传输的 Pu 有关，黑潮传输的 Pu 的 $^{240}Pu/^{239}Pu$ 同位素比值为 0.250～0.263，主要集中在 100～200m(Wu et al., 2018)。而且在海水中生物源性颗粒结合 Pu 再矿化，释放 Pu 到海水中，并沉积在沉积物中。如上所述，大部分 Pu 同位素仍保留在海水中，故南海北部沉积物中 $^{240}Pu/^{239}Pu$ 同位素比值低于 PPG 来源的比值。因此，可以推断斜坡上沉积物中的 Pu 主要来自 PPG。

然而，位于海南岛东南方位大陆架上沉积物中 Pu 的情况较复杂，比如，有些沉积物有低的 $^{239+240}Pu$ 比活度，但却有高的 $^{240}Pu/^{239}Pu$ 同位素比值；有些沉积物有高的 $^{239+240}Pu$ 比活度，但却有低的 $^{240}Pu/^{239}Pu$ 同位素比值。这些 $^{239+240}Pu$ 比活度和 $^{240}Pu/^{239}Pu$ 同位素比值异常的模式可能不仅是由于该地区比南海北部更陡峭的地形和更高的黏土含量，而且还与该区域不同的廓清和混合作用有关(Wu et al., 2014; Liu et al., 2011)。

从南海北部沉积物中 $^{240}Pu/^{239}Pu$ 同位素比值与 $^{239+240}Pu$ 比活度倒数散点图（图 8.3）中可以看出，$^{240}Pu/^{239}Pu$ 同位素比值与 $^{239+240}Pu$ 比活度的倒数有很明显的相关性（R^2=0.497, p<0.05, n=44）(Wang et al., 2019)。图中很清楚地表明，南海北部沉积物中 $^{240}Pu/^{239}Pu$ 同位素比值落在全球沉降值与 PPG 值之间，而且，这些值被分成两组：一组是 $^{239+240}Pu$ 比活度的倒数大于 5，一组是 $^{239+240}Pu$ 比活度的倒数小于 5。这个图也进一步说明了南海北部沉积物中高 $^{240}Pu/^{239}Pu$ 同位素比值可能来源于 PPG。相比之下，珠江口沉积物中较低的 $^{240}Pu/^{239}Pu$ 同位素比值主要是由珠江输入的大量沉积物中的 Pu 与来自 PPG 的 Pu 混合而成。

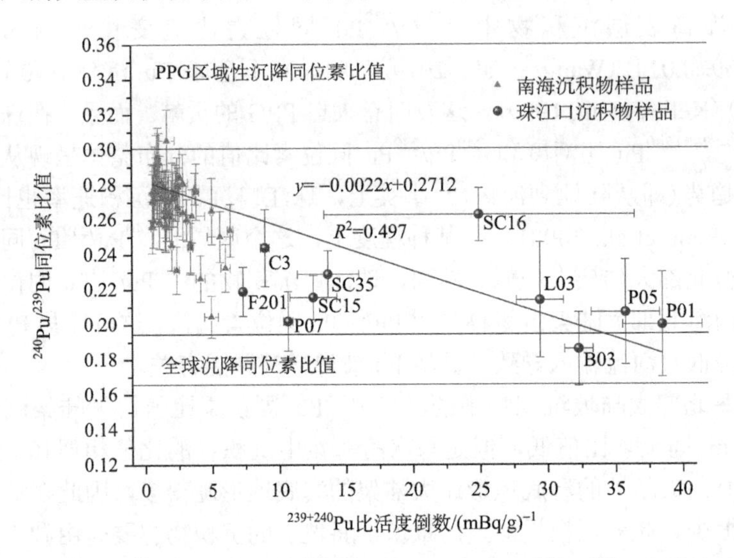

图 8.3　南海北部表层沉积物中 $^{239+240}Pu$ 比活度倒数与 $^{240}Pu/^{239}Pu$ 同位素比值关系图(Wang et al., 2019)

8.4　南海地区 Pu 来源探讨

计算全球沉降和 PPG 来源的 Pu 在南海北部及珠江口沉积物中的贡献比率可以用二端元模型(Krey, 1976)。在这个二端元模型中，河流输入及全球沉降为一端元（有相似的 $^{240}Pu/^{239}Pu$ 同位素比值），而 PPG 来源的 Pu 为另一端元。计算结果显示，在南海北部大陆架沉积物中 PPG 来源的 Pu 的比例为 60%～71%，小于前人研究的南海北部沉积物柱样 A8 中 PPG 来源的 Pu 的比例（67%～90%）(Wu et al., 2014)。而南海北部大陆架沉积物 PPG 来源所占比例与南海盆地(57%)(Dong et al., 2010)、东海(45%)(Liu et al., 2011)一致，却高于日本海(20%)。在珠江口沉积物中，PPG 来源的 Pu 所占的比例为 42%～56%，在南海大陆坡沉积物中 PPG

来源的 Pu 所占的比例为 58%～79%。

8.5　南海北部 Pu 同位素的时间变化

可以使用一种比较保守的方法来区分 Pu 沉积的特征及不同来源对沉积物中 Pu 的影响，再次将沉积记录划分为四个时间段：1945 年以前、1946～1960 年、1961～1980 年和 1981 年以后。

1945 年以前，环境中很少有大气沉降的 Pu。然而，在南海北部沉积柱样 A8 的底部却有较高的 $^{240}Pu/^{239}Pu$ 同位素比值，这可能是与 20 世纪 50 年代沉积的 PPG 来源的 Pu 有关(Wu et al., 2014)。

从 1946～1960 年，PPG 来源的 Pu 近距离辐射影响显著，对应时期的 $^{239+240}Pu$ 比活度剧增。20 世纪 50 年代，$^{240}Pu/^{239}Pu$ 同位素比值达到 0.305，清楚地指示了 PPG 来源的 Pu 的信号。1952～1958 年，美国在马绍尔群岛进行大规模的核试验(Buesseler, 1997)，核试验产生的放射性 Pu 在马绍尔群岛附近沉积总量达到约 27.4Mt(UNSCEAR, 2000)，沉积柱样 A8 在此期间剧增的 $^{239+240}Pu$ 比活度(从 0.414 mBq/g 增加到 1.772 mBq/g)可能与此有关。

1961～1980 年，沉积柱样 A8 中 $^{239+240}Pu$ 比活度从 1.650 mBq/g 逐渐下降到 1.159 mBq/g，这并不像 1963 年全球沉降最大值以来的快速下降所预期的那样急剧。这表明，在地球大气层、海洋圈及陆地土壤中储存着大量的 Pu。在 1960～1965 年，相对高的 $^{239+240}Pu$ 比活度[(1.650±0.021) mBq/g]在 1963 年沉积达到最大。此外，$^{240}Pu/^{239}Pu$ 同位素比值在此期间从 0.274 增加到 0.284，表明 PPG 来源的 Pu 通过北赤道海流和黑潮流流入西太平洋。根据计算的 PPG 来源的 Pu 在南海北部沉积物中所占比例(60%～71%)，表明 PPG 来源的 Pu 是南海北部沉积物中 Pu 的主要来源。

1981～2009 年，沉积柱样 A8 中的 $^{239+240}Pu$ 比活度值与这一期间停止大气核试验不符，原因与上面所述相同(1961～1980 年)。$^{239+240}Pu$ 的比活度在 28 年内从 1.0 mBq/g 下降到 0.721 mBq/g，意味着 Pu 在环境中的滞留时间为 72 年。同时，沉积柱样 A8 中 $^{240}Pu/^{239}Pu$ 同位素比值(0.272±0.009)仍明显高于全球沉降值，表明 PPG 来源的 Pu 对南海北部不断地供给。根据计算的 PPG 来源的 Pu 在南海北部沉积物中所占比例(69%)，这和 1981～1999 年 PPG 来源的 Pu 在西北太平洋的贡献(69%)(Lindahl et al., 2011)一致，而且和 1961～1980 年 PPG 的贡献比例(72%)一致。相似的结果在相模湾(日本东海岸)和冲绳海槽的表层(1981 年以后)也有报道，估计 PPG 来源的 Pu 的贡献比例为 40%(Lee et al., 2004; Zheng and Yamada, 2004)。

在南海北部沉积物柱样 A8 中 $^{239+240}Pu$ 比活度和 $^{240}Pu/^{239}Pu$ 同位素比值的时

空分布模式进一步验证了在南海是通过北赤道洋流和黑潮流传输 PPG 来源的 Pu 到此区域。此外，日本福岛核电站事故后从南海北部沉积物中的 $^{239+240}$Pu 比活度和 ^{240}Pu/^{239}Pu 同位素比值来看，这一事故对南海的影响不大(Wu et al., 2014)。

8.6 洋流对 Pu 分布的影响

Pu 在边缘海的分布需要结合水文数据(如温度、盐度和沉积颗粒)来确定，以便详细研究动态迁移过程及廓清过程。由于廓清过程的重要性，水动力学，包括温度、盐度和沉降颗粒对大陆架沉积物中 Pu 的分布特征有重要影响(Lee and Chao, 2003)。

前人研究，南海海域 PPG 来源的 Pu 主要是通过北赤道洋流和黑潮流传输而来(Buesseler, 1997; Lee et al., 2004, 2005; Kim et al., 2004)。北赤道洋流分成黑潮流沿大陆架向北流动。与此同时，黑潮流通过台湾与吕宋岛弧之间的海峡流入中国海域形成黑潮流的南海分支，并沿着南海大陆架边缘向南流动(Liu et al., 2014; Su and Huh, 2002)。此外，南海北部大陆架受东亚季风影响较大：冬季以东北风为主，夏季以西南风为主。所以，这些季节性季风造成了海洋环流(Su, 2004)。例如，东北风迫使广东海流在冬季向西移动。夏季，西南风迫使广东海流自南海东北部向东流动，在南海东北部沿海岸向西流动(Ding et al., 2017; Yang et al., 2003)。已有研究表明，无论是夏季还是冬季，广东海流主要沿海岸线向西输送珠江口的悬浮沉积物(Wang, 2007)。此外，珠江口淡水和盐水的混合会引起强的絮凝作用且有助于沉积颗粒的形成。因此，南海沿岸沉积物的 ^{240}Pu/^{239}Pu 同位素比值高于大陆土壤。此外，在浅海区域，受洋流上升和下降的混合作用更容易形成淤泥区域(Liu et al., 2006, 2007)，且强洋流过程将 Pu 从海水中转移到沉积物中。而且，在淤泥区强大的生物地球化学作用使得沉积物更多吸附 Pu 同位素。因此，在水深 50m 等深线附近可以观察到高 $^{239+240}$Pu 比活度和 ^{240}Pu/^{239}Pu 同位素比值。而在较深的外大陆架，由于细颗粒较少，混合作用较弱，因此对 Pu 的廓清作用较低，使得 $^{239+240}$Pu 的比活度和 ^{240}Pu/^{239}Pu 同位素比值较低(图 8.1、图 8.2)。

在南海北部外大陆架，南海暖流在冬季沿大陆架向东北方向流动，并在夏季蔓延到沿岸流以外的大陆架的大部分区域(Su, 2004)。这股海流将一些来自南海岛屿的沉积物输送到南海，这些沉积物沉积到南海大陆架上具有很强的廓清作用，而且不同来源的 Pu 混合在一起使得该区域 $^{239+240}$Pu 比活度和 ^{240}Pu/^{239}Pu 同位素比值较高。最后，再悬浮的细颗粒可以吸附更多的 Pu(全球沉降 Pu 和 PPG 来源 Pu)。相比之下，珠江口附近相对低的 ^{240}Pu/^{239}Pu 同位素比值是因为珠江输入了大量 ^{240}Pu/^{239}Pu 同位素比值较低的河水和沉积物，而 PPG 来源的 Pu 所占比例相对较低。

参考文献

Broecker W S, Patzert W C, Toggweiler J R, et al. 1986. Hydrography, chemistry, and radioisotopes in the Southeast Asian basins. Journal of Geophysical Research Oceans, 91 (C12) :14345-14354.

Bu W, Guo Q. 2013. Concentration and characterization of plutonium in soils and groundwater sediments in China. Radiation Protection, 33 (3) : 144-150.

Buesseler K O. 1997. The isotopic signature of fallout plutonium in the North Pacific. Journal of Environmental Radioactivity, 36 (1) : 69-83.

Buesseler K, Dai M, Aoyama M, et al. 2017. Fukushima Daiichi-derived radionuclides in the ocean: Transport, fate, and impacts. Annual Review of Marine Science, 9 (1) : 173-203.

Centurioni L, Niiler P, Lee D. 2004. Observations of inflow of Philippine Sea surface water into the South China Sea through the Luzon Strait. Journal of Physical Oceanography, 34 (1) : 113-121.

Dai M, Buesseler K, Pike S. 2005. Plutonium in groundwater at the 100K-Area of the US DOE Hanford Site. Journal of Contaminant Hydrology, 76 (3-4) : 167-189.

Ding Y, Bao X, Yao Z, et al. 2017. A modeling study of the characteristic Cs and mechanism of the westward coastal current during summer in the northwestern South China Sea. Ocean Science Journal, 52 (1) : 11-30.

Dong W, Zheng J, Guo Q, et al. 2010. Characterization of plutonium in deep-sea sediments of the Sulu and South China Seas. Journal of Environmental Radioactivity, 101 (8) : 622-629.

Gouzy A, Boust D, Connan O, et al. 2005. Post-depositional reactivity of the plutonium in different sediment facies from the English Channel-an experimental approach. Radioprotection, 40: 613-619.

Guan Y, Sun S, Sun S, et al. 2018. Distribution and sources of plutonium along the coast of Guangxi, China. Nuclear Instruments and Methods in Physics Research Section B: Beam Interactions with Materials and Atoms, 437: 61-65.

He B Y, Dai M H, Huang W, et al. 2010. Sources and accumulation of organic carbon in the Pearl River Estuary surface sediment as indicated by elemental, stable carbon isotopic, and carbohydrate compositions. Biogeosciences, 7: 3343-3362.

Huang Y, Tims S G, Froehlich M B, et al. 2019. The ^{240}Pu/^{239}Pu atom ratio in Chinese soils. Science of the Total Environment, 678: 603-610.

IAEA. 2004. Sediment distribution coefficients and concentration factors for biota in the marine environment. Technical Report Series, International Atomic Energy Agency, Vienna.

Kelley J M, Bond L A, Beasley T M. 1999. Global distribution of Pu isotopes and ^{237}Np. Science of the Total Environment, 237: 483-500.

Kim C K, Kim C S, Chang B U, et al. 2004. Plutonium isotopes in seas around the Korean Peninsula. Science of the Total Environment, 318: 197-209.

Krey P W. 1976. Remote Pu contamination and total inventories from Rocky Flats. Health Physics,

30: 209-214.

Lee H J, Chao S Y. 2003. A climatological description of circulation in and around the East China Sea. Deep Sea Research Part Ⅱ: Topical Studies in Oceanography, 50 (6-7) : 1065-1084.

Lee S H, Pavel P P, Wyse E, et al. 2005. Distribution and inventories of ^{90}Sr, ^{137}Cs, ^{241}Am and Pu isotopes in sediments of the Northwest Pacific Ocean. Marine Geology, 216 (4) : 249-263.

Lee S Y, Huh C A, Su C C, et al. 2004. Sedimentation in the Southern Okinawa Trough: Enhanced particle scavenging and teleconnection between the Equatorial Pacific and western Pacific margins. Deep Sea Research, Part I, 51: 1769-1780.

Li M, Xu K, Watanabe M, et al. 2007. Long-term variations in dissolved silicate, nitrogen, and phosphorus flux from the Yangtze River into the East China Sea and impacts on estuarine ecosystem. Estuarine, Coast and Shelf Science, 71 (1-2) : 3-12.

Lindahl P, Andersen M B, Keith-Roach M, et al. 2012. Spatial and temporal distribution of Pu in the Northwest Pacific Ocean using modern coral archives. Environment International, 40: 196-201.

Lindahl P, Asami R, Iryu Y, et al. 2011. Source of plutonium to the tropical Northwest Pacific Ocean (1943-1999) identified using a natural coral archive. Geochimica et Cosmochimica Acta, 75(5): 1346-1356.

Lindahl P, Lee S H, Worsfold P, et al. 2010. Plutonium isotopes as tracers for ocean processes:A review. Marine Environmental Research, 69 (2) : 73-84.

Liu J P, Li A C, Xu K H, et al. 2006. Sedimentary features of the Yangtze River-derived along-shelf clinoform deposit in the East China Sea. Continental Shelf Research, 26 (17-18) : 2141-2156.

Liu J P, Xu K H, Li A C, et al. 2007. Flux and fate of Yangtze River sediment delivered to the East China Sea. Geomorphology, 85 (3-4) : 208-224.

Liu Y, Gao S, Wang Y P, et al. 2014. Distal mud deposits associated with the Pearl River over the northwestern continental shelf of the South China Sea. Marine Geology, 347: 43-57.

Liu Z, Zheng J, Pan S, et al. 2011. Pu and ^{137}Cs in the Yangtze River estuary sediments: Distribution and source identification. Environmental Science and Technology, 45 (5) : 1805-1811.

Muramatsu Y, Hamilton T, Uchida S, et al. 2001. Measurement of $^{240}Pu/^{239}Pu$ isotopic ratios in soils from the Marshall Islands using ICP-MS. Science of the Total Environment, 278 (1-3) : 151-159.

Nagaya Y, Nakamura K. 1992. $^{239,240}Pu$ and ^{137}Cs in the east China and the Yellow seas. Journal of Physical Oceanography, 48 (1) : 23-35.

Pan S M, Tims S G, Liu X Y, et al. 2011. ^{137}Cs, $^{239+240}Pu$ concentrations and the $^{240}Pu/^{239}Pu$ atom ratio in a sediment core from the sub-aqueous delta of Yangtze River estuary. Journal of Environmental Radioactivity, 102 (10) : 930-936.

Peng X Z, Wang Z D, Yu Y Y, et al. 2008. Temporal trends of hydrocarbons in sediment cores from the Pearl River Estuary and the northern South China Sea. Enviromental Pollution, 156 (2) : 442-448.

Rathburn A E, Corliss B H, Tappa K D, et al. 1996. Comparisons of the ecology and stable isotopic compositions of living (stained) benthic foraminifera from the Sulu and South China Seas. Deep

Sea Research Part I: Oceanographic Research Papers, 43(10): 1617-1646.

Ryan T P. 2002. Transuranic biokinetic parameters for marine invertebrates-a review. Environment International, 28: 83-96.

Sholkovitz E R. 1983. The geochemistry of plutonium in fresh and marine water environments. Earth Science Reviews, 19(2): 95-161.

Su C C, Huh C A. 2002. ^{210}Pb, ^{137}Cs and $^{239+240}$Pu in East China Sea sediments: Sources, pathways and budgets of sediments and radionuclides. Marine Geology, 183: 163-178.

Su J L. 2004. Overview of the South China Sea circulation and its influence on the coastal physical oceanography outside the Pearl River Estuary. Continental Shelf Research, 24(16): 1745-1760.

UNSCEAR. 2000. Sources and Effects of Ionizing Radiation; United Nations Scientific Committee on the Effects of Atomic Radiation Exposures to the Public from Man-made Sources of Radiation; United Nations Publications.

Wang G, Xie S P, Qu T, et al. 2011. Deep South China Sea circulation. Geophysical Research Letters, 38: L05601-1-6.

Wang J, Baskaran M, Hou X, et al. 2017. Historical changes in ^{239}Pu and ^{240}Pu sources in sedimentary records in the East China Sea: Implications for provenance and transportation. Earth and Planetary Science Letters, 466: 32-42.

Wang R, Lei L, Li G, et al. 2019. Identification of the distribution and sources of Pu in the Northern South China Sea: Influences of provenance and scavenging. ACS Earth and Space Chemistry, 3(12): 2684-2694.

Wang W J. 1985. Sedimentation and sedimentary facies of the Zhujiang(Pearl River) Mouth. Acta Sedimentologica Sinica, 3(2): 129-140.

Wang W J. 2007. Study on the Coastal Geomorphological Sedimentation of the South China Sea(in Chinese with English abstract). Guangzhou: Guangdong Economy Publishing House.

Wang Z L, Yamada M. 2005. Plutonium activities and ^{240}Pu/^{239}Pu atom ratios in sediment cores from the East China Sea and Okinawa Trough: Sources and inventories. Earth and Planetary Science Letter, 233: 441-453.

Wu J. 2018. Sources and scavenging of plutonium in the East China Sea. Marine Pollution Bulletin, 135: 808-818.

Wu J, Dai M, Xu Y, et al. 2019. Plutonium in the western North Pacific: Transport along the Kuroshio and implication for the impact of Fukushima Daiichi Nuclear Power Plant accident. Chemical Geology, 511: 256-264.

Wu J, Dai M, Xu Y, et al. 2018. Sources and accumulation of plutonium in a large Western Pacific marginal sea: The South China Sea. Science of the Total Environment, 610: 200-211.

Wu J, Zheng J, Dai M, et al. 2014. Isotopic composition and distribution of plutonium in northern South China Sea sediments revealed continuous release and transport of Pu from the Marshall Islands. Environmental Science and Technology, 48(6): 3136-3144.

Wu K, Dai M, Chen J, et al. 2015. Dissolved organic carbon in the South China Sea and its exchange with the Western Pacific Ocean. Deep Sea Research Part Ⅱ: Topical Studies in Oceanography, 122: 41-51.

Xu Y, Pan S, Gao J, et al. 2018. Sedimentary record of plutonium in the North Yellow Sea and the response to catchment environmental changes of inflow rivers. Chemosphere, 207: 130-138.

Yamada M, Zheng J, Wang Z L. 2006. ^{137}Cs, $^{239+240}$Pu and ^{240}Pu/^{239}Pu atom ratios in the surface waters of the western North Pacific Ocean, eastern Indian Ocean and their adjacent seas. Science of the Total Environment, 366(1): 242-252.

Yang S Y, Bao X W, Chen C S, et al. 2003. Analysis on characteristics and mechanism of current system in west coast of Guangdong Province in the summer. Acta Oceanologica Sinica, 25(6): 1-8.

Yin K, Qian P Y, Chen J C, et al. 2000. Dynamics of nutrients and phytoplankton biomass in the Pearl River estuary and adjacent waters of Hong Kong during summer: Preliminary evidence for phosphorus and silicon limitation. Marine Ecology Progress Series, 194: 295-305.

Zheng J, Tagami K, Watanabe Y, et al. 2012. Isotopic evidence of plutonium release into the environment from the Fukushima DNPP accident. Scientific Reports, 2: 304.

Zheng J, Yamada M. 2004. Sediment core record of global fallout and Bikini close-in fallout Pu in Sagami Bay, western Northwest Pacific margin. Environmental Science and Technology, 38: 3498-3504.

Zheng J, Yamada M. 2005. Vertical distributions of $^{239+240}$Pu activities and ^{240}Pu/^{239}Pu atom ratios in sediment cores: Implications for the sources of Pu in the Japan Sea. Science of the Total Environment, 340(1-3): 199-211.

Zhuang Q, Li G,Wang F, et al. 2019. ^{137}Cs and $^{239+240}$Pu in the Bohai Sea of China: Comparison in distribution and source identification between the inner bay and the tidal flat. Marine Pollution Bulletin, 138: 604-617.

第 9 章　辐射影响模型

为了评价人类以及其他生物、植物等受到的辐射的影响，可利用辐射影响模型为不同类型的用户提供辐射风险评估(潘自强，2004; Batlle et al., 2007)。在辐射影响评估时，需考虑环境中辐射来源以及不同生物类型，ERICA 是欧盟所推荐的一款程序，可用于水生生物和陆地生物的辐射影响(Beresford et al., 2007; Larsson et al., 2002; 姚青山等, 2006)。该程序适用性广、数据库体系完备、灵活性和针对性强，可根据用户的需要，添加新的核素和生物类型，目前在我国的非人类物种辐射影响评价工作中具有重要的用途。在操作过程中知道用户记录、计算并加以比较，帮助用户评价是否具有辐射风险(Brown et al., 2008)。本章具体介绍 ERICA 程序方法。

ERICA 项目是在欧洲委员会第 6 次框架的计划下，7 个欧洲国家的 15 个机构的共同努力下，开发用于研究电离辐射的生态环境风险的程序(Howard and Larsson, 2008)。该程序能够估算陆生生物和水生生物因辐射污染而受到的辐射剂量，并估算被选定生物群是否存在风险。该模型可以为特定用户对生态环境的危险进行评价和管理，并采取相关的决策。

9.1　ERICA 综合方法

ERICA 项目的两个主要部分是 ERICA 综合方法和 ERICA 工具，综合方法的总体结构由 Larsson(2008)提出。

9.1.1　ERICA 方法的假设基础

ERICA 综合方法的目的是帮助用户对电离辐射产生的效应进行一个恰当的判断和决策，继用了之前模型(FASSET 项目模型)的五个假设(Larsson et al., 2002)：

(1)假定生物体形状能够用简单的几何形状表达；

(2)生物和周围介质之间的密度差异可以忽略不计；

(3)吸收剂量是针对整个生物体体积的平均结果；

(4)在计算内照射剂量时认为核素在生物体内所有的器官中均匀分布并且能量全部沉积在器官中；

(5)在计算外照射剂量时认为生物完全浸没在无限大而且放射性活度恒定的

介质中(Williams, 2004)。

ERICA 综合方法的核心是环境风险的量化。其中一个关键因素是在放射性物质释放后，对环境造成的威胁进行量化，将有关环境转移的数据和计量学数据结合起来，提供暴露程度的衡量。然后将这些估计的数据与已知的有害影响的暴露水平进行比较，从而得出结果。其中所包括的辐射生物效应数据库是 FASSET 辐射效应数据库的延伸，约 30000 个数据可供使用(韩宝华，2010)。其评估过程分为三个不同的层次。

9.1.2 参考生物和核素

原始的参考生物清单在综合方法中进行了合理化的处理，试验性的生态系统被合成一个单一的具有代表性的生态系统，合理化的原因是一些生态系统的区域生态数据的缺乏以及不同生态系统中生态数据的交叉使用。每一种参考生物体作为评价具有类似生命周期和照射特征的生物体危害的基本参考点。表 9.1 概述了 ERICA 综合方法选取的参考生物及其相关生态系统。表 9.2 是相关的参考核素。

该方法包括一系列放射性核素的默认信息，这些核素被选来评估各种可以想象的情况：常规授权排放制度引起的情况，放射性废物储存库可能释放的、涉及规范和事故的情况。此外，在国际放射防护委员会(ICRP)中考虑的大多数放射性核素可以使用 ERICA 工具进行评估。

表 9.1　ERICA 综合方法选取的参考生物及其相关生态系统(韩宝华，2010)

淡水	海洋	陆地
两栖动物	鸟	树
浅水鱼	海底鱼	两栖动物
鸟类	双壳纲软体动物	鸟
双壳纲软体动物	甲壳纲动物	鸟蛋
甲壳纲动物	哺乳动物	食腐无脊椎动物
腹足纲动物	浅水鱼	飞行类昆虫
昆虫幼体	浮游植物	草和草本植物
哺乳动物	多毛纲蠕虫	地衣和苔藓植物
深水鱼	海葵、珊瑚	腹足纲动物
浮游植物	维管植物	哺乳动物
维管植物	大型藻类	爬行动物
浮游动物	爬行动物	灌木
	浮游动物	土壤无脊椎动物

表 9.2　ERICA 综合方法涉及的核素种类(韩宝华，2010)

元素	核素	元素	核素
Ag	^{110}Ag	P	^{32}P ^{33}P
Am	^{241}Am	Pb	^{210}Pb
C	^{14}C	Po	^{210}Po
Cd	^{109}Cd	Pu	^{238}Pu ^{239}Pu ^{240}Pu
Cl	^{36}Cl	Ra	^{226}Ra ^{228}Ra
Cm	^{242}Cm ^{243}Cm ^{244}Cm	Ru	^{103}Ru ^{106}Ru
Co	^{57}Co ^{58}Co ^{60}Co	S	^{35}S
Cs	^{134}Cs ^{135}Cs ^{136}Cs ^{137}Cs	Sb	^{124}Sb ^{125}Sb
Ce	^{141}Ce ^{144}Ce	Se	^{75}Se ^{79}Se
Eu	^{152}Eu ^{154}Eu	Sr	^{89}Sr ^{90}Sr
H	^{3}H	Th	^{227}Th ^{228}Th ^{230}Th ^{231}Th ^{232}Th ^{234}Th
I	^{125}I ^{129}I ^{131}I ^{132}I ^{133}I	Tc	^{99}Tc
Mn	^{54}Mn	Te	^{129}Te ^{132}Te
Nb	^{94}Nb ^{95}Nb	U	^{234}U ^{235}U ^{238}U
Np	^{237}Np	Zr	^{95}Zr
Ni	^{59}Ni ^{63}Ni		

9.1.3　组成与筛选级别

ERICA 综合方法包括 3 个模块：管理模块、评估模块和风险特性模块。其中，评估模块为 ERICA 综合方法的核心(于宁和郭佩芳，2011)，图 9.1 给出了三组分的详细用途。ERICA 有 3 个筛选级别，分别是第一、二和三级，在评价过程满足第一、二级的筛选条件即可退出评价，第三级筛选级别是最复杂、涉及数据最多的，而且用户还可以独立添加模型里没有的相关数据。第一级筛选要求输入环境介质(指土壤、水、沉积物或空气)的最大活度浓度，其特点是输入的数据少、简单、保守，不用考虑参考生物种类。如果 RQ(危害商)<1，则认为生物剂量率小于剂量率限值，电离辐射对非人类生物的危害可忽略不计，可终止评价。

第二级的要求相对第一级复杂一些，需输入更为准确的环境介质和生物的活度浓度，计算生物的内照射吸收剂量率和外照射吸收剂量率，而且可以补充模型内没有的生物和元素，第二级筛选评价同时使用 RQ 的计算值辐射防护通信(RQexp)和 RQ 的保守值(RQcons，等于 RQexp 乘不确定因子)来进行评价。第二级筛选评价结果分为 3 种情形。

第一种情形：没有超过剂量率限值，则电离辐射对环境的影响可忽略，可终止评价。

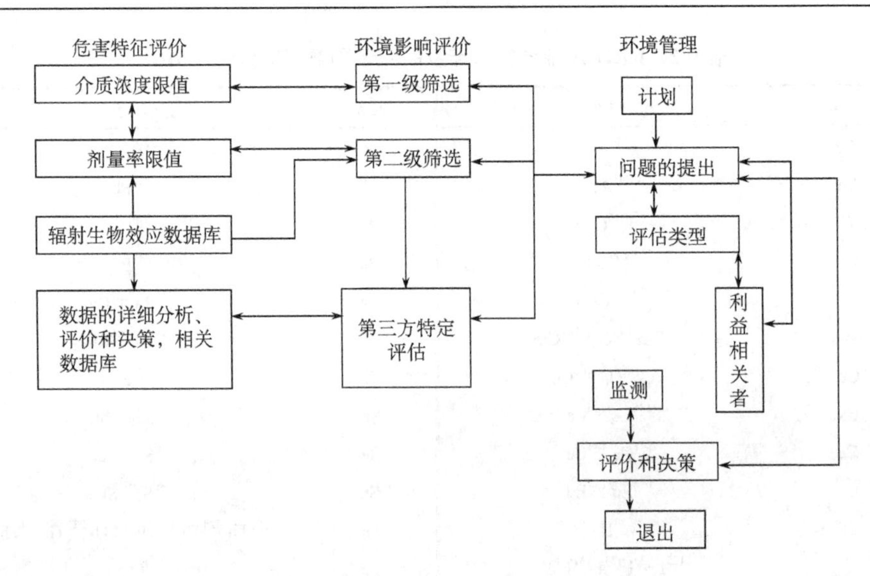

图 9.1 ERICA 综合方法结构图

第二种情形：可能超过剂量率限值，电离辐射对环境有潜在影响，重新考虑第二级筛选评价过程，使用更为准确的参数、背景值、生物剂量数据等；在表 9.3 中可见第二级筛选方式。

表 9.3 第二级中分级结果的标准和建议

RQcons＜1	RQcons≥1，RQexp＜1	RQexp≥1
超过筛选剂量率的概率很低	超过筛选剂量率的概率很大	超过筛选剂量率
环境风险可以忽略不计	应审查评估(第二级)	评估应继续(第三级)

第三种情形：超过剂量率限值，电离辐射对环境有影响，进行第三级评价。

第三级不再使用 RQ 来进行评价而是用概率和灵敏度来分析，不仅提供与预测剂量率相关的辐射生物效应数据库，还可使用不断更新的生物电离辐射效应文献。它的输入是具有一定分布特征的参数，计算出的剂量率分为两种，即输入单种数据的计算结果和输入具有分布特点的一系列数据计算得出的结果，以此进行评价和决策(韩宝华，2010)。

9.1.4 利益相关者的参与

在 ERICA 项目中，利益相关者的参与涉及三个主要领域：整个项目的一般互动、通过出席活动和考虑进行的具体咨询。“利益相关者”一词是指任何可能受某个问题影响或对某个问题感兴趣的个人或团体，因此成立了一个终端用户小组(EUG)，以促进 ERICA 联盟和利益相关者之间的双向对话。每一级筛选评价中都有一个利益相关者的选择，如果选择“否”，则要进行解释，选择“是”，则需对上述的利益相关者进行选择及参与时间等信息的描述(Zinger et al., 2008)。

在用 ERICA 综合方法和 ERICA 程序时，用户可自行决定要不要其参与评估过程，ERICA 综合方法及其工具的未来广泛使用，将证明与利益相关者的有用交互有助于生成有用的产品和得到有用的评估结果。在英国和瑞典，有实例表明，ERICA 整合方法及其工具被用作监管实践的一部分(Zinger et al., 2008)。

9.2 ERICA 工具的操作

ERICA 工具在 2014 年进行了一次较大的更新，进一步完善了核素、参考生物学参数和生物浓集因子数据库，能更好地适用于厂址生物辐射影响的评估。而且对浓度比[生物体内的活度浓度与环境介质中的活度浓度之比(Beresford et al., 2008)]外推做出了很大的调整(Brown et al., 2013)，在第二级和第三级中，用户可以选择一个默认的浓度比数据库从输入中估计生物群的全身活度浓度(Beresford et al., 2008)。

因为 ERICA 项目将分析的重点转向了更可靠的风险特征，因此需要考虑发生的概率，以及暴露的严重程度(Hosseini et al., 2008)。

9.2.1 第一级评估

工具建议输入的是最大测量介质浓度，评估过程将输入介质浓度与为每个放射性核素计算的最有限参考生物体计算的环境介质浓度限值进行比较。如果该工具建议可以退出评估，这种情况可以被认为是微不足道的放射性问题。有研究者提出，长期接触低于这些值的情况下不会产生可衡量的人口影响(Wood and Marshall, 2008)。除此之外，用户还可以自己更改剂量率值，剂量学模块已经集成到 ERICA 模块中，而且也可以作为独立版本使用(Ulanovsky et al., 2008)。在第一级筛选中，可以使用特定的媒体浓度，也可以使用 IAEA SRS-19 模型的数据。

IAEA SRS-19 模型能得到核素在环境介质中的浓度，或者直接输入特征厂址核素在环境介质中的浓度，该模型不仅考虑了核素在大气中的迁移和扩散过程，而且考虑了邻近建筑物的影响(魏其铭等，2017)。

9.2.2 第二级评估

评估人类和野生动物潜在风险的环境评估通常涉及通过关键途径建模预测污染物暴露。这种模型需要输入参数值，包括浓度比，以便根据环境介质(如水)中浓度的测量值或估计值来评估生物群中污染物的浓度(Yankovich et al., 2013)。

这层建议用户输入的是预期值的媒体浓度而不是最大值，因为此信息与不确定性因素的预期设计和应用兼容，结果可以根据自然发生的放射性核素的影响和暴露汇总表进行评估(Wood et al., 2013)。

在从问题制定到风险定性的所有阶段，评估取决于模型、情景、假设和推断，其中包括与所使用的数据有关的技术不确定性、与模型和设想方案有关的概念不确定性，以及经济影响、立法解释和评估的可接受性等社会不确定性，向利益相关者提供成果(Oughton et al., 2008)。因此在第二级评估里添加了不确定因子(UF)的选项，第二级预测“最佳估计”和“保守剂量率”，最佳估计来自用户输入数据和平均传输参数值(默认数据库)，保守剂量率的定义等于一个指定百分位数，这是通过将默认的不确定因子 3 和不确定因子 5 应用于计算出的最佳估计值来得到的。

当没有经验数据(确定的浓度比)时，可以使用 ERICA 工具提供的经验参数。

9.2.3 第三级评估

如果定义了基础参数概率分布函数，则可以允许用户选择以概率的方式运行评估，并且为用户提供指导、模板和工具，以帮助其进行更详细的评估。在这一级中用户可以重新输入参数，并且参数还可以选择不同的分布函数。

该工具嵌入了简单的传输模型——IAEA 通用模型，用于评估放射性物质排放对环境的影响。用户通过评估在基础模型参数中传播不确定性(主要是第二类不确定性或变异性)，从而量化最终剂量率结果中的不确定性，它在数据输入和不确定性分析方面与以前的层次不同。在计算时主要考虑了以下几个参数的统计规律：

(1)核素的分配系数 K_d(水生生态系统)；

(2)核素的生物浓集因子 CF；

(3)各类辐射的辐射权重因子(王茹静和杜风雷，2012)。

第三级最主要的特点就是可以进行灵敏度分析，提供的相关系数有两种(Pearson 和 Spearman)，并且工具中所包含的敏感性分析可用于对总剂量进行识别。评估人员还可以查阅在一些不同物种中受到电离辐射的生物影响的最新科学文献。例如，第三级可直接使用 FREDERICA 辐射效应数据库及其新功能，因为评估可能涉及特定的保护对象，如受保护物种，因此需要已识别物种的辐射效应数据(Copplestone et al., 2008)。如果数据库中没有实际的物种，那么可以选择最合适的“代理物种”或野生动物组进行搜索。

9.3 ERICA 工具的实用性

从第一、二级筛选评价中，ERICA 工具都有详细的指导步骤，并且提供可使用的模型与参数进行比较，使得非专业人士也可以很好地使用该软件，能大概得出评估结果和对结果进行相应的决策。ERICA 项目考虑的核素和参考生物也较为全面，可编辑性和灵活性强，输出数据保守直观，可作为我国现阶段开展生物辐射剂量评价的推荐程序，并具有对物种针对性强、可参考厂址具体特征及生物效应数据库全面、可按需增加新生物和核素等诸多优点。

就目前而言，我国对核电站液态流出物对水生生物的辐射影响评价开展的基础研究工作相对较少，而 ERICA 程序提供了一个比较便利的评估途径，也给我国研究人员提供了一个参考模型(魏其铭等，2015)。

虽然如此，但该工具仍然存在一些缺陷。测试的参数和假设的一些常用工具，尤其是在第二级中对不确定性因素的分布系数的应用，没有具备严格的判定，这可能成为今后进行全面评价的重点。此外，还存在几个不足的地方：

(1)缺乏陆地生态系统和淡水生态系统中浓集系数值的补充；

(2)缺乏淡水生态系统中分配系数的深入研究；

(3)缺乏环境本底剂量研究；

(4)缺乏辐射生物效应方面的深入研究；

(5)ERICA 模型没有考虑惰性气体对陆生生物外照射的贡献(白晓平和杜红燕，2012)。

ERICA 程序在计算陆生生物所受剂量率时，不考虑空气中核素产生的外照射。在 ERICA 工具中，只考虑了慢性暴露后所描述的那些影响的信息，没有关于两栖动物、水生植物和爬行动物长期照射对任何剂量率范围或终点的影响的资料，这些信息对于细菌、甲壳类动物、真菌、苔藓和地衣、浮游动物来说是稀缺的，所以很难对这些群体内的辐射暴露可能造成的影响得出结论。

9.4　ERICA 应用案例

ERICA 工具发布后，在世界各地得到了广泛的应用。案例包括：考虑来自不同欧洲国家的深层地质处置设施的潜在环境影响，根据新引入的环境法规确定分析范围，核电站运行和规划对环境的影响量化，评估医疗设施释放物和事故后生物群暴露估计(Brown et al., 2016)；为澳大利亚 U 矿业网站提供辐射质量指导方针(Gillian et al., 2017)。

在国际原子能机构方案下，ERICA 工具也被用于模型间比较和情景应用，在这些相互比较运用中，ERICA 工具通常可以很好地与其他方法进行比较。在韩国用 ERICA 评估的福岛核事故事项中，对限制生物的筛选水平评估表明，估计的最大土壤的风险系数明显小于陆地和淡水生物，以此得出的结论是福岛核事故释放到环境中的放射性物质对韩国公众和非人类生物群的辐射风险可以忽略不计(董光强等，2012)。

ERICA 程序对研究天然放射性核素在矿区的分散性具有重要意义，例如，在希腊北部伊里索斯湾矿区附近的沿海表层沉积物中，测定了放射性核素的空间变化，研究区采用 ERICA 评价工具的通用模型，研究地表沉积物中 ^{226}Ra 和 ^{235}U 的弥散情况，估算人类活动影响的面积，测得放射性核素的扩散面积约为 21km^2。天然放射性核素转移活度浓度的再现表明，从码头区域到海湾北部以及海湾南部的扩散途径可以忽略不计(Pappaa et al., 2019)。

ERICA 程序可以应用于评价非人类生物群的剂量率，环境成分中的放射性存在强烈的时间变化，可能导致得出过高的估计结果，并可能在事故发生的早期阶段无评估意义。为了更实际地分析事故情况，需要进行未来的研究，以解决全动态放射性生态模型的发展问题，以及其中各组成部分之间的放射性核素转移的相互关联，同时测量相关的动力学参数，特别是对陆生生物群体。

9.5　不同模型对 ERICA 的参考价值

在当今国外应用较为广泛的评价非人类物种的辐照剂量的模型、框架和计算程序主要有: RESRAD-BIOTA、IAEA SRS-19、R&D 128 等(商照荣，2006)。

9.5.1　RESRAD-BIOTA

RESRAD-BIOTA 程序是一个基于分级筛选方法的模型软件，可以用来估算水生和陆生生物所受到的辐射剂量率(白晓平等，2015)。它同 ERICA 一样，环境介质中和生物体内核素的浓度可以通过计算或实测的方法得到，之后利用各核素所对应的生物剂量率转换因子分别计算各核素对生物造成的内、外照射剂量率。两个程序对陆生生物辐射影响评价所考虑的环境介质的比较见表 9.4。

表 9.4　ERICA 与 RESRAD-BIOTA 对陆生生物辐射影响评价所考虑的环境介质的比较

介质	陆生植物		陆生动物	
	RESRAD-BIOTA	ERICA	RESRAD-BIOTA	ERICA
土壤	√	√	√	√
水	√		√	
空气		√		√

RESRAD-BIOTA 程序的一级筛选与 ERICA 程序的第一级筛选对应；二级筛选和三级筛选与 ERICA 程序的第二级筛选相对应；RESRAD-BIOTA 程序三级筛选里提供的不确定性分析模块与 ERICA 程序的第三级筛选对应。在程序保守性上，因为参考生物的选取即中、上层和底层参考生物的差异，二者的保守性也不

尽相同，RESRAD-BIOTA 程序评价的许多假设是较为保守的假设，也由此可认为其计算结果是偏保守的，而 ERICA 程序则针对具体的参考生物进行计算，其计算结果较之更加精确(傅小城等，2014)。表 9.5 为 RESRAD-BIOTA 和 ERICA 程序筛选方法比较。

表 9.5　RESRAD-BIOTA 和 ERICA 程序筛选方法比较

程序	RESRAD-BIOTA	ERICA
一级筛选	将环境介质(水、土壤)中的核素浓度与参考浓度进行比较，比值≥1，说明生物不安全，需进一步筛选	将环境介质(土壤、空气)中的核素浓度与环境介质浓度限值进行比较，比值≥1，说明生物存在潜在危险需进一步筛选
二级筛选	使用代表特定厂址的参数和条件，将核素浓度与特定厂址的参考浓度进行比较，并估算生物受到的辐射剂量率	结合特定厂址中的具体生物的放射性生态学参数、栖息特性等，估算各参考生物受到的辐射剂量率
三级筛选	采用生物动力学模型以及特定厂址和生物的特征参数，估算特定厂址中生物受到的辐射剂量率	在二级筛选的基础上引入统计学方法得到各参考生物具有统计意义的辐射剂量率

两者都可以对生物的栖息环境、生物量及参考生物尺寸进行分类，可以给出不同生物所对应的辐射剂量评估，但 ERICA 可定位的参考生物不一，可以包括所选厂址中的所有生物。ERICA 程序区分了淡水和海洋生物，使所测得的辐射影响更为准确，因为同一元素对应的淡水生物和海洋生物的浓集因子有时会相差几个量级，而对于不同生态系统中的水生生物采用相同的浓集因子，得到的结果可能差别较大。ERICA 较 RESRAD-BIOTA 的一个突出优点就是可根据用户的需要添加新的核素和生物，适用性更强。而且 ERICA 提供核素的运输模型(IAEA SRS-19 模型)，用户可直接根据模型进行计算，减少很多麻烦。RESRAD-BIOTA 程序认为水中的放射性核素也会对陆生动物产生外照射，因此分别计算了土壤和水对陆生动物的外照射；而 ERICA 主要考虑的是土壤和空气对陆生生物的外照射(白晓平等，2015)。

目前我们国家对陆生生物辐射影响评价的相关标准还没有明确的限制数值，USDOE(2011)、UNSCEAR(2008)、英国对陆生生物的剂量率限值相差无几：陆生动物为 40μGy/h，陆生植物为 400μGy/h；陆生生物的筛选剂量率值在欧盟 EC 中则相对较为严格，为 10μGy/h。

RESRAD-BIOTA 和 ERICA 两种方法计算得到的生物受照总辐射剂量率在一个量级上，变化趋势相同，具有一定的通用性；但在不同核素对剂量的贡献份额方面有一定差异。这种在评估剂量率方面的差异是由计算模型中生物群活度浓度转移参数值的差异导致的(Ćujić and Dragović, 2018)，因此可根据不同核电机型的实际情况选择合适的程序。其中 ERICA 具有相对灵活的应用性和拓展性，适用范围更广，在实际工作中更加实用(Sotiropoulou et al., 2017)，是我国现阶段进行核设施周围陆生生物辐射影响评价的主要推荐程序。但因为 RESRAD-BIOTA、ERICA 程序中所选择的陆生参考生物的解剖学、生理学、生活特征不一定能反映我国核设施厂址周围陆生生物的实际情况，除此之外，它们所考虑的环境介质、核素、计算参数的具体取值也存在一定的差别，所以我国在运用这些软件对国内环境进行评估时，应采取适用性研究，对程序中的计算参数进行补充和修正，提高其在我国的适用性、有效性。

9.5.2 IAEA SRS-19 通用模型

在使用 ERICA 程序对陆生生物的辐射影响进行评估时，可以选择 IAEA SRS-19 模型计算各核素在环境介质中的浓度，也可以直接输入特征厂址核素在环境介质中的浓度。但鉴于程序输入参数的特定厂址的核素浓度在 ERICA 程序中有时难以获取，且因为此程序不考虑惰性气体，所以通常采用 SRS 通用模型计算核素浓度。

IAEA SRS-19 模型考虑了核素在大气中的迁移和扩散过程，同时邻近建筑物的影响也被归纳其中，不过烟云抬升和烟云损耗却不在其考虑范围内，且全年大气稳定度被假定为 D 类。在使用该模型对陆生生物辐射剂量进行第二级筛选时，除需在 ERICA 程序中输入核素、生态系统类型、剂量率筛选值、生物种类、不确定因子 UF、浓集因子、生物居留因子、辐射权重因子外，还需要输入如表 9.6 所示参数(魏其铭等，2017)。

表 9.6 IAEA SRS-19 模型输入参数

输入参数	单位
排放速率	Bq/s
排放高度	m
与受体的距离	m
风速	m/s
风吹向受体方向的时间份额	—
干沉积系数	m/d
湿沉积系数	m/d
表层土壤密度	kg/m^3
排放持续时间	a
周围有无建筑物	—
建筑物高度	m
建筑物横截面积	m^2

对于表 9.6 中的参考因素，模型提供了风吹向受体方向的时间份额、干沉积系数、湿沉积系数等部分参数的缺省值，而对于在模型中未被提及的缺省值参数，计算时可以依据电厂的实际情况进行定值。鉴于我国陆生生物辐射影响评价尚处于起步阶段，在探究适用于我国的陆生生物辐射影响评价方法的道路上，特别是在核素迁移和照射途径方面，可借鉴相对成熟的人类辐射影响评价经验，然后同我国核设施厂址特征相结合，从而开发一套适用于我国厂址特征的环境介质核素浓度计算及生物辐射影响评价模型(叶素芬等, 2016)。

9.5.3　R&D 模型

由英格兰和威尔士环境部门资助开发的 R&D 128 是一款用于评价生物电离辐射影响的模型，该模型同 ERICA 一样，也分为淡水、海水、陆地三个生态系统，但是考虑的生物和核素相对于 ERICA 来说较为稀少，R&D 128 模型在陆地生态系统中对惰性气体进行了一定的考虑。

这两款模型均采用了基本的计算原理，即生物受到的辐射剂量包括生物在环境介质中受到的外照射剂量和生物食入受到的内照射剂量。两个模型建立的基本假设包括：

(1)在环境介质中核素浓度达到平衡，生物体中的核素浓度与环境中的核素浓度也达到平衡；

(2)核素在所有生物体的组织中分布是均匀的；

(3)吸收剂量是整个生物体体积的平均值；

(4)外照射剂量计算时假定生物全部浸没在无穷大的介质中(白晓平等, 2014)。

R&D 128 模型考虑了核设施排放的主要放射性核素以及这些核素对生物辐射影响的大小，ERICA 模型未考虑惰性气体对陆生生物外照射的影响，因此它的计算结果不是很全面，不能够真实地反映陆生生物所受的辐射影响，而 R&D 128 模型在 ERICA 的基础上作出了改进，增加了 ^{85}Kr、^{41}Ar 对陆生生物的影响。对于 ^{3}H 和 ^{14}C，ERICA 模型只考虑了内照射的贡献，未考虑外照射的贡献；而 R&D 128 模型对内、外照射的贡献都进行了考虑。

在 ERICA 模型中，首先选择当前出版物中已经给出的 CR 经验数值，如果缺乏相应的经验数值，则需要通过计算获得 CR 值。但 R&D 中的 CR 主要是经过大量的文献调研获得的，其中的数据源来源是 ISI(Institute for Scientific Information)数据库和 IAEA 的 INIS(The International Nuclear Information System)数据库(白晓平等，2014)。各元素对应的生物的 CR 值在文献中有一个对应的范围，R&D 128 模型取其中的平均值。而文献中没有给出的 CR 值，则需通过环境条件、核素的化学形态、照射的途径等数据来进行计算。

采用 ERICA 模型计算的陆地各参考生物的总剂量率都大于 R&D 128 模型计算的各参考生物的总剂量率，主要是由于 R&D 128 模型未计算 ^{133}I 对陆生生物的剂量率(于宁和郭佩芳，2011)。在我国现阶段，可参考 R&D 128 和 ERICA 模型各自的优缺点，使得两个模型有效地结合起来，互相取长补短，来对我国现阶段的陆生生物辐射影响进行评价，而且这样得到的计算结果也相对较为全面可靠。

参考文献

白晓平, 杜红燕. 2012. ERICA程序在核电厂址陆生生物辐射影响评价中的应用. 辐射防护通讯, 32(3): 4-9.

白晓平, 杜红燕, 周耀权, 等. 2015. RESRAD-BIOTA 和 ERICA 程序对陆生生物辐射影响评价的比较研究. 辐射防护通讯, 35(3): 65-71.

白晓平, 王晓亮, 杜红燕, 等. 2014. R&D 128 和 ERICA 模型在陆生生物辐射剂量估算中的应用研究. 辐射防护通讯, 34(3): 177-182.

董光强, 尹俊, 林光木, 等. 2012. 福岛核事故对大韩民国人类及非人类生物群的辐射剂量. 韩国原子能研究所, 150: 305-353.

傅小城, 王茹静, 杜风雷. 2014. 非人类物种辐射影响评价方法分析. 核安全, 13(3): 84-89.

韩宝华. 2010. 评价电离辐射对环境危害的方法——欧洲 ERICA 项目简介. 辐射防护通讯, 30(5): 6-12.

潘自强. 2004. 非人类物种电离辐射防护的进展. 辐射防护, 24(7): 1-7.

商照荣. 2006. 辐射防护概念的拓展与环境放射防护. 核安全, (4): 9-15.

王茹静, 杜风雷. 2012. 基于 ERICA 的生物辐射剂量评价. 环境科学与管理, 37(10): 165-177.

魏其铭, 杜红燕, 白晓平, 等. 2017. IAEA SRS-19 模型和 XOQDOQ 模型在 ERICA 程序陆生生物辐射影响评价中的应用研究. 辐射防护, 37(3): 223-229.

魏其铭, 杜红燕, 白晓平. 2015. 水生生物辐射影响评价软件 ERICA 版本变化分析及工程应用. 南方能源建设, 2(4): 147-150.

姚青山, 潘自强, 刘森林, 等. 2006. 国际主要非人类物种辐射剂量评估方法比较. 辐射防护通讯, 26(5): 1-7.

叶素芬, 张珞平, 陈伟琪. 2016. 海洋放射性污染生态风险评价研究进展. 生态毒理学报, 11(6): 1-11.

于宁, 郭佩芳. 2011. 基于 ERICA 框架的放射性核素环境安全浓度限值的计算. 中国海洋大学学报, 41(3): 19-23.

Batlle J V I, Balonov M, Beaugelin-Seiller K, et al. 2007. Inter-comparison of absorbed dose rates for non-human biota. Radiation and Environmental Biophysics, 46(4): 349-373.

Beresford N A, Gaschak S, Barnett C L, et al. 2008. Estimating the exposure of small mammals at three sites within the Chernobyl exclusion zone-a test application of the ERICA tool. Journal of Environmental Radioactivity, 99(9): 1496-1502.

Beresford N, Brown J, Copplestone D, et al. 2007. D-ERICA: An intergrated approach to the assessment and management of environment risks from ionising radiation. Brussels: European Commission.

Brown J E, Alfonso B, Avila R, et al. 2008. The ERICA tool. Journal of Environmental Radioactivity, 99(9): 1371-1383.

Brown J E, Alfonso B, Avila R, et al. 2016. A new version of the ERICA tool to facilitate impact assessments of radioactivity on wild plants and animals. Journal of Environmental Radioactivity, 153: 141-148.

Brown J E, Beresford N A, Hosseini A. 2013. Approaches to providing missing transfer parameter values in the ERICA tool-how well do they work? Journal of Environmental Radioactivity, 126: 399-411.

Copplestone D, Hingston J, Real A. 2008. The development and purpose of the FREDERICA radiation effects database. Journal of Environmental Radioactivity, 99: 1456-1463.

Ćujić M, Dragović S. 2018. Assessment of dose rate to terrestrial biota in the area around coal fired power plant applying ERICA tool and RESRAD BIOTA code. Journal of Environment Radioactivity, 188: 108-114.

Gillian A H, Mathew P J, Julia G C. 2017. Whole-organism concentration ratios in wildlife inhabiting Australian uranium mining environments. Journal of Environmental Radioactivity, 178/179: 385-393.

Hosseini A, Thørring H, Brown J E, et al. 2008. Transfer of radionuclides in aquatic ecosystems - Default concentration ratios for aquatic biota in the ERICA tool. Journal of Environmental Radioactivity, 99: 1408-1429.

Howard B J, Larsson C M. 2008. The ERICA integrated approach and its contribution to protection of the environment from ionising radiation. Journal of Environmental Radioactivity, 99: 1361-1363.

Larsson C M. 2008. An overview of the ERICA integrated approach to the assessment and management of environmental risks from ionising contaminants. Journal of Environmental Radioactivity, 99: 1364-1370.

Larsson C M, Brewitz E, Jones C, et al. 2002. Formulating the FASSET assessment context. Katrineholm: Swedish Radiation Protection Authority.

Oughton D H, Aguero A, Avila R, et al. 2008. Addressing uncertainties in the ERICA integrated approach. Journal of Environmental Radioactivity, 99: 1384-1392.

Pappaa F K, Tsabarisa C, Patirisa D L, et al. 2019. Dispersion pattern of ^{226}Ra and ^{235}U using the ERICA tool in the coastal mining area, Ierissos Gulf, Greece. Applied Radiation and Isotopes, 145: 198-204.

Sotiropoulou M, Florou M, Kitis G, et al. 2017. Calculating the radiological parameters used in non-human biota dose assessment tools using ERICA tool and site-specific data. Radiation and Environmental Biophysics, 56(4): 443-451.

Ulanovsky A, Pröhl G, Gómez-Ros J M. 2008. Methods for calculating dose conversion coefficients for terrestrial and aquatic biota. Journal of Environmental Radioactivity, 99: 1440-1448.

UNSCEAR. 2008. Effects of ionizing radiation on nonhuman biota. United Nations Scientific Committee on the Effects of Atomic Radiation Report to the General Assembly with Scientific Annexes.

USDOE. 2011. Radiation Protection of the public and the environment. DOE O 458.1 Chg 3. United States Department of Energy.

Williams C. 2004. Special issue: Framework for Assessment of Environmental Impact (FASSET) of ionising radiation in European ecosystems. Radiological Protection, 24 (4A) : A1.

Wood M D, Beresford N A, Howard B J, et al. 2013. Evaluating summarised radionuclide concentration ratio datasets for wildlife. Journal of Environmental Radioactivity, 126: 314-325.

Wood M D, Marshall W A. 2008. Application of the ERICA integrated approach to the Drigg coastal sand dunes. Journal of Environmental Radioactivity, 99: 1484-1495.

Yankovich T, Beresford N A, Fesenko J, et al. 2013. Establishing a database of radionuclide transfer parameters for freshwater wildlife. Journal of Environmental Radioactivity, 126: 299-313.

Zinger I, Oughton D H, Jones S R. 2008. Stakeholder interaction within the ERICA integrated approach. Journal of Environmental Radioactivity, 99: 1503-1509.